普通高等教育高职高专"十三五"规划教材

# 建设工程法规

主　编　颜志敏　陈瑞亮　陈卫东

副主编　赖德铭　童　君　范海峥

U0381993

中国水利水电出版社
www.waterpub.com.cn

# 内 容 提 要

《建设工程法规》根据现行颁布及实施的法律、行政法规、部门规章、规范及相关标准编写，为满足建筑工程技术专业群就业及可持续发展的需要，本教材编写中结合全国一级建造师、二级建造师、监理工程师考试要求及本学科内容的要求，积极突出职教特点，以"必需、够用"为度，按应用能力培养学生为原则，注重启发性，突出案例教学，强调实用和技能训练，深入浅出，便于自学。

全书共分十章，其内容主要有：建设工程基本法律知识，建设工程施工许可法规，建设工程发包与承包法规，建设工程监理法规，建设工程环境、文物保护和节约能源法规，建设工程安全生产法规，建设工程质量法律制度，建设工程合同和劳动合同法律制度，FIDIC 土木工程施工合同条件，建设工程纠纷的处理。书中附每一章的学习目标和能力目标以及大量工程案例、练习题。

本教材为建设工程技术及相关专业教材，可作为成人教育土建类及相关专业教材，也可作为建设工程岗位培训教材及一级、二级注册建造师、注册监理工程师考试自学教材，还可供从事建设工程及相关工作人员参考使用。

## 图书在版编目（ＣＩＰ）数据

建设工程法规 / 颜志敏，陈瑞亮，陈卫东主编. --
北京 ：中国水利水电出版社，2016.1(2022.2重印)
普通高等教育高职高专"十三五"规划教材
ISBN 978-7-5170-3977-8

Ⅰ．①建… Ⅱ．①颜… ②陈… ③陈… Ⅲ．①建筑法
－中国－高等职业教育－教材 Ⅳ．①D922.297

中国版本图书馆CIP数据核字(2015)第321302号

| 书　　名 | 普通高等教育高职高专"十三五"规划教材<br>**建设工程法规** |
| --- | --- |
| 作　　者 | 主编　颜志敏　陈瑞亮　陈卫东　　副主编　赖德铭　童君　范海峥 |
| 出版发行 | 中国水利水电出版社<br>（北京市海淀区玉渊潭南路 1 号 D 座　100038）<br>网址：www. waterpub. com. cn<br>E - mail：sales@waterpub. com. cn<br>电话：(010) 68367658（营销中心） |
| 经　　售 | 北京科水图书销售中心（零售）<br>电话：(010) 88383994、63202643、68545874<br>全国各地新华书店和相关出版物销售网点 |
| 排　　版 | 中国水利水电出版社微机排版中心 |
| 印　　刷 | 清淞永业（天津）印刷有限公司 |
| 规　　格 | 184mm×260mm　16 开本　19.75 印张　468 千字 |
| 版　　次 | 2016 年 1 月第 1 版　2022 年 2 月第 2 次印刷 |
| 印　　数 | 4001—6000 册 |
| 定　　价 | **52.00 元** |

# 前　言

　　"建设工程法规"是建筑工程专业的专业课。本课程着重讲述工程建设方面的法律知识、建设工程招标投标和合同管理等知识，是一门专业性、实践性和政策性均很强的课程。

　　本教材在充分体现《中华人民共和国建设法》《中华人民共和国招标投标法》和《中华人民共和国合同法》基本思想和主要内容的基础上，较系统地阐述了建设工程有关法律法规、建设工程招标投标与合同管理三部分内容。全面介绍了我国有关工程建设程序、工程建设执业资格法规、建设工程质量管理和安全生产法规、工程建设监理法规、招标投标法、建设法、合同法等在工程建设领域中的法律常识和建设合同管理、FIDIC土木工程施工合同条件、工程索赔等知识。

　　本教材根据国家一级、二级建造师和监理工程师考试大纲为标准、培养方案和本课程教学的基本要求组织编写。在编写中力求内容全面、充实，方法新颖、实用，并采用当前工程建设领域最新颁布的法律、法规和行政性规章制度。为使理论能更好地联系实际，便于读者理解和掌握，每章的最后都编有相关内容的实际案例及分析，并结合本章内容提出了复习思考题。

　　本教材编写人员及编写内容分工为：福建水利电力职业技术学院颜志敏编写第一章、第九章的第一节至第二节，长江工程职业技术学院陈瑞亮编写第四章、第五章，山西水利职业技术学院陈卫东编写第六章，福建水利电力职业技术学院赖德铭编写第二章、第九章的第三节至第六节，福建水利电力职业技术学院童君编写第三章、第七章，福建水利电力职业技术学院范海峥编写第八章、第十章。本书由颜志敏、陈瑞亮、陈卫东担任主编，赖德铭、童君、范海峥担任副主编，颜志敏负责全书的统稿，福建水利电力职业技术学院林张纪担任全书主审。

　　本教材在编写过程中，参考及引用了已经公开发表的有关文献、资料，在此谨向其作者表示衷心的感谢。

　　由于编者水平有限，书中疏漏和错误之处在所难免，恳请广大读者批评指正。

编　者

2015 年 10 月

# 目　　录

# 第一章　建设工程基本法律知识

**【本章概述】**

建设工程法律体系全面系统地介绍了建设工程活动中涉及的法律法规及行政审批程序。这些构成建设工程法律制度的法律规范着工程建设的不同领域，从横向上涵盖了建设工程项目的全过程管理，纵向上包含了项目管理的主要内容，既是项目管理人员进行工程建设所要遵守的准则，也是项目管理人员维护自身合法权益，获得最大经济利益和社会效益的有力武器。

建设法律责任是指建设法律关系中的主体由于违反建设法律规范的行为而依法应当承担的法律后果。建设法律责任具有国家强制性，法律责任的设定能够保证法律规定的权利和义务的实现。

建设工程法律制度包括建设工程法人制度、建设工程代理制度、建设工程物权制度、建设工程债权制度、建设工程知识产权制度、建设工程担保制度、建设工程保险制度。

《中华人民共和国建筑法》经 1977 年 11 月 1 日第八届全国人大常委会第二十八次会议通过；根据 2011 年 4 月 22 日第十一届全国人大常委会第二十次会议《关于修改〈中华人民共和国建筑法〉的决定》修正。《中华人民共和国建筑法》（以下简称《建筑法》）分总则、建筑许可、建筑工程发包与承包、建筑工程监理、建筑安全生产管理、建筑工程质量管理、法律责任、附则共八章八十五条，自 1998 年 3 月 1 日起施行。

**【学习目标】**

1. 掌握建设法规的概念。
2. 掌握建设法律体系的形式及其效力。
3. 掌握建设法律责任的种类及其承担方式。
4. 掌握建设活动中的物权制度、法人制度、担保制度、代理制度。
5. 掌握《建筑法》确立的基本制度。
6. 了解我国建设法律体系的基本框架。
7. 了解建设活动中的债权制度、保险制度。
8. 熟悉《建筑法》的适用范围及调整对象。

**【能力目标】**

1. 具备熟练应用不同的法律法规来认识、分析和解决案例的能力。
2. 能准确认识不同建设活动中的不同的法律责任。
3. 能够掌握各种不同的法律制度并在实际中应用，如认识案例及分析解决。
4. 能够了解建设工程施工许可证的申领条件。

**【课时建议】**

8 课时。

# 第一节　建设工程程序及行政审批

法是由一定物质生活条件所决定的统治阶级意志的反映。法是由国家制定或认可的，并由国家强制力保证实施的行为规范体系，它规定了人们在一定社会中的权利和义务，从而确认和保证有利统治阶级的社会关系和社会秩序。法也是一种规范，它确定了人的行为的自由程度，即在法律界限之内，人可以有自由行为，超越了界限，就应该被矫正。

建设法规是通过各种法律规范规定建筑业的基本任务、基本原则、基本方针，以加强建设业合理，维护建设市场秩序，促进建设业的健康发展，为国民经济各部门提供必需的物质基础，为国家增加积累，为社会增加财富，推动社会主义各项事业的发展，促进社会主义现代化建设，也是从事建设业管理人员必须掌握的专业知识。

## 一、法的基本情况

（一）法的特征

（1）法是调整人们行为或社会关系的规范。法作为社会规范，像道德规范、宗教规范一样，具有规范性。所谓法的规范性，是指法具有规定人们行为模式、指导人们行为的性质。它作为法的一个基本特征，在区别不同的法律文件的效力时是非常有意义的，法律文件有规范性文件与非规范性文件之分。法的表现形式往往是规范性法律文件，具有普遍的效力。而非规范性法律文件，如判决书、公证书、委任书、结婚证书等，虽然也是由一定的机关发布的，但因其内容不是规定人们的一般行为模式和标准，所以不具有普遍的效力，仅对特定的当事人有效。

（2）法是由国家制定或认可的社会规范。一切法的产生，大体上都是通过制定和认可这两种途径。所谓法的制定，就是国家立法机关按照法定程序创制规范性文件的活动。通过这种方式产生的法，称为制定法或成文法，即具有一定文字表现形式的规范性文件，如中国的各种法律（宪法、刑法、民法通则等）即属此类。所谓法的认可，是指国家通过一定的方式承认其他社会规范（道德、宗教、风俗、习惯等）具有法律效力的活动。

（3）法是由国家强制力保证实施的社会规范。一切社会规范（道德、纪律、习惯等）都具有强制性，即借助一定的社会力量强迫人们遵守的性质。然而，法不同于其他社会规范，它具有特殊的强制性，即国家强制性。法是以国家强制力为后盾，由国家强制力保证实施的。在此意义上，所谓法的国家强制性就是指法依靠国家强制力保证实施、强迫人们遵守的性质。也就是说，不管人们的主观愿望如何，人们都必须遵守法律，否则将招致国家强制力的干涉，受到相应的法律制裁。

（二）法的分类

根据不同的标准，可以对法进行不同的分类，主要有如下几种：

（1）国内法与国际法。按照法的创制与适用主体的不同，法可以分为国内法与国际法。国内法是由特定国家创制并适用于该国主权管辖范围内的法，包括宪法、民法、诉讼法等。国内法的主体一般为公民、社会组织和国家机关，国家只能在特定的法律关系中成为主体。国际法是指在国际交往中，由不同的主权国家通过协议制定或公认的适用于国家之间的法。国际法的主体一般是国家，在一定条件下或一定范围内，类似国家的政治实体以及由一定国家参加和组成的国际组织也可以成为国际法的主体。

（2）根本法与普通法。按照法的效力、内容和制定程序的不同，法可以分为根本法与普通法。根本法是宪法的别称，它规定了国家基本的政治制度和社会制度，公民的基本权利和义务，国家机关的设置、职权等内容，在一个国家中占据最高的法律地位，具有最高的法律效力，是其他法律制定的依据。普通法是指宪法以外的其他法，它规定了国家的某项制度或调整某一方面的社会关系。在制定和修改程序上，根本法比普通法更为严格。

（3）一般法和特别法。按照法的效力范围的不同，法可以分为一般法与特别法。一般法是指在一国范围内，对一般的人和事有效的法。特别法是指在一国的特定地区、特定期间或对特定事件、特定公民有效的法，如戒严法、兵役法、特别行政区法、教师法等。一般情况下，法律适用遵循特别法优于一般法的原则。

（4）实体法与程序法。按照法规定的具体内容的不同，法可以分为实体法与程序法。实体法是规定主要权利和义务（或职权和职责）的法，如民法、刑法、行政法等。程序法是指为保障权利和义务的实现而规定的程序的法，如民事诉讼法、刑事诉讼法等。当然，这种划分并不是绝对的，实体法中也可能有少数程序问题。实体法与程序法有着密切的关系，实体法是主要的，一般称为主法；程序法保障实体法的实现，称为辅助法。

（5）成文法与不成文法。按照法的创制和表达形式的不同，法可以分为成文法和不成文法。成文法是指由特定国家机关制定和公布，以文字形式表现的法，故又称制定法。不成文法是指由国家认可的不具有文字表现形式的法。不成文法主要为习惯法。随着法的发展，成文法日益增多，已成为法的主要组成部分。

（三）法的作用

1. 法的作用的概念

法的作用是指法对人们行为和社会生活产生的影响。法是统治阶级或人民按照自己的意志调整人们行为的工具，用以控制、变革或发展社会，进而建立并维护有利于统治阶级和人民自己的社会关系、社会秩序和社会进程。在本质上，法的作用意味着法作为一种社会工具对主体的用途、功能，或对主体的需要的某种满足。

2. 法的规范作用

根据行为主体的不同，法的规范作用可以分为：指引、评价、教育、预测和强制作用。

（1）指引作用。法的指引作用是指法律作为一种行为规范，为人们提供了某种行为模式，指引人们可以这样行为、必须这样行为或不这样行为。法的指引作用的对象是人的行为。法的指引作用有两种表现形式，即确定的指引和有选择的指引。确定的指引是指人们必须根据法律规范的指引而做出行为（包括作为及不作为）。有选择的指引是指人们对法律规范所指引的行为模式有选择余地，法律允许人们自行决定是否做出这样的行为。

（2）评价作用。法的评价作用是指法律具有判断、衡量他人行为是否合法或违法以及违法性质和程度的作用。评价作用的对象是他人的行为。法律的评价与其他社会规范相比，具有概括性、公开性和稳定性，所以法律的评价更客观、更明确、更具体。法的评价作用及其优点，使法为人们提供了一种维护社会秩序、促进社会发展的可靠的评价工具。

（3）教育作用。法的教育作用是指通过法律的实施对一般人今后的行为所产生的影响。这种作用的对象是一般人的行为。可以有不同的方式实现法的教育作用：第一，对违法行为实施法律制裁，对包括违法者本人在内的一般人来说都具有教育和警戒作用；第二，对合法行为加以保护、赞许或者奖励，对所有人都有鼓励和示范作用；第三，平等、有效地实施法律，可以在更高层次上实现法律的教育作用，根据法律程序来处理事情和接受法律判决的压力，可能比直接惩罚的威胁还要微妙；第四，一种法律能否真正实现这种作用以及这种作用的程度，归根到底取决于法律规定的内容是否真正体现绝大多数社会成员的利益。

（4）预测作用。法的预测作用是指当事人可以根据法律预先估计到他们相互将如何行为以及某种行为在法律上的后果。预测作用的对象是人们相互的行为。法律的预测作用也称为法律的可预测性，它可以分为两种情况，即行为人依据法律调整相互关系和行为人依据法律预测国家对某种行为的态度。在第一种情况下，当事人可以相互预测对方的行为，是指由于法律规范的存在，一定法律关系中的当事人可以预先估计到对方应当如何做出行为，从而使自己采取相应的对策。例如，在合同关系中，甲方在履行自己的合同义务时，可以合理地预计对方也会履行的合同义务；如果任何一方违约，违约方也会估计到另一方将采取哪些求偿行为。在第二种情况下，是指人们可以依据法律，预告估计到国家会对某种行为采取的态度，预见到某种行为是合法还是违法；在法律上是有效还是无效，国家会予以肯定、保护或奖励，还是否定或制裁。

（5）强制作用。法的强制作用是指法律对违法行为具有制裁、惩罚的作用。强制作用的对象是违法者的行为。法的强制作用有时通过制裁违法犯罪行为直接显现出来；有时则作为某种威慑力量，起到预防违法犯罪行为、增进社会成员的社会安全感的作用。

3. 法的社会作用

法的社会作用是指法具有维护有利于一定阶级的社会关系和社会秩序的作用。

（四）法的形式

法的形式即法的渊源，是指法律规范的来源，即法之源。法的渊源一般有实质意义与形式意义两种不同的解释。在实质意义上，法的渊源指法的内容的来源，如法源于经济或经济关系。形式意义上的法的渊源，也就是法的效力渊源，指一定的国家机关依照法定职权和程序制定或认可的具有不同法律效力和地位的法的不同表现形式，即根据法的效力来源不同，而划分法的不同形式。在我国，对法的渊源的理解，一般指效力意义上的渊源，主要是各种制定法。

目前中国法的渊源主要是以宪法为核心的各种制定法，包括宪法、法律、行政法规、地方性法规、经济特区的规范性文件、特别行政区的法律法规、国际条约、国际惯例等。

（五）法的效力

法的效力，通常有广义和狭义两种理解。

广义上的法的效力，泛指法的约束力和法的强制性。

狭义上的法的效力，是指法的生效范围或适用范围，即法在什么时间、什么地方和对什么人适用，包括法的时间效力、法的空间效力、法对人的效力。正确理解法的效力问题，是适用法的重要条件。本教材所讲的法的效力，是就狭义而言的。法的效力主要包括：法的时间效力、法的空间效力、法对人的效力。

**1. 法的时间效力**

法的时间效力是指法何时生效和何时终止效力，以及法对其颁布实施以前的行为和事件有无溯及力的问题。主要包括以下内容：

（1）法的生效时间。法的生效时间包括：自法律公布之日起生效；由该法明文规定具体的生效时间；规定法公布后到达一定期限开始生效。

（2）法的终止效力。法的终止效力即法被废止，绝对地失去其约束力。一般分为明示的废止和默示的废止两种方式。明示的废止，是在新法或其他法规中明文规定对旧法加以废止。这种终止法的效力的方式直接用语言文字明确表示，被称为"积极的表示方式"，是世界上大多数国家普遍采用的方式。

（3）法的溯及力。法的溯及力指法溯及既往的效力，即法颁布施行后，对其生效前所发生的事件和行为是否适用的问题，如果适用，该法就有溯及力；如果不适用，该法就不具有溯及力。由于人们不可能根据尚未颁布实施的法处理社会事务，因此近代以来各国的立法一般采用法不溯及既往的原则。

**2. 法的空间效力**

法的空间效力是指法生效的地域范围，即法在哪些地方具有约束力。根据国家主权原则，一国的法在其主权管辖的全部领域有效，包括陆地、水域及其底土和领空。法的空间效力一般分为法的域内效力和法的域外效力两方面。

**3. 法对人的效力**

法对人的效力是指法对哪些人具有约束力，即法对什么样的自然人和法人适用。

## 二、法律关系

法律关系是指由法律规范所确定和调整的人与人或人与社会之间的权利和义务关系。这里的"人"，从法律意义上讲，包括两种意义：一是指自然人，二是指法人。自然人是基于出生而成为民事法律关系主体的有生命的人。自然人作为民事法律关系的主体应当具有相应的民事权利能力和民事行为能力。民事权利能力是法律规定民事主体享有民事权利和承担民事义务的资格，自然人的民事权利能力始于出生，终于死亡，是国家法律直接赋予的。而民事行为能力是指民事主体以自己的行为参与民事法律关系，从而取得享有民事权利和承担民事义务的资格。不是所有自然人都具有民事行为能力，根据不同年龄和精神健康状态，可分为完全民事行为能力人、限制民事行为能力人和无民事行为能力人。法人是法律承认具有民事权利能力和民事行为能力，依法独立享有民事权利和承担民事义务的组织。

建设法律关系则是由建设法规所确认和调整的，在建设业管理和建设活动过程中所产生的具有相关权利、义务内容的社会关系。它是建设法规与建设领域中各种活动发生联系的途径，建设法规通过建设法律关系来实现其调整相关社会关系的目的。建设法律关系主要有以下几方面内容：

（一）建设法律关系主体

建设法律关系主体是指参加建设业活动，受建设法律规范调整，在法律上享有权利和承担义务的当事人。主要有自然人、法人和其他组织，包括政府相关部门、业主方、承包方、相关中介组织、中国建设银行以及公民个人等。

（1）政府相关部门。政府相关部门主要有国家权力机关和国家行政机关；国家权力机关参加建设法律关系的职能是审查批准国家建设计划和国家预决算，制定和颁布建设法律，监督检查国家各项建设法律的执行。国家行政机关是依照国家宪法和其他法律设立的依法行使国家行政职权，组织管理国家行政事务的机关，它包括国务院及其所属各部、各委、地方各级人民政府及其职能部门。

（2）业主方。业主方也是投资方或建设单位，可以是房地产开发公司、工厂、学校、医院，还可以是个人或各级政府委托的资产管理部门；由于这些建设单位最终得到的是建设产品的所有权，所以根据国际惯例，也可以称这些建设工程的发包主体为业主。

（3）承包方。承包方是指有一定生产能力、机械设备、流动资金，具有承包工程建设任务的营业资格，在建设市场中能够按照业主方的要求，提供不同形态的建设产品，并最终得到相应工程价款的建设企业。主要有：勘察、设计单位，建设安装施工企业，建设装饰施工企业，混凝土构配件、非标准预构件等生产厂家，商品混凝土供应站，建设机械租赁单位以及专门提供建设劳务的企业等。在我国建设市场上承包方一般被称为建设企业或乙方，在国际工程承包中习惯被称为承包商。

（4）相关中介组织。相关中介组织是指具有相应的专业服务资质，在建设市场中受发包方、承包方或政府管理机构的委托，对工程建设进行估算测量、咨询代理、建设工程监理等高智能服务，并取得服务费用的咨询服务机构和其他建设专业中介服务组织，如招标代理机构、监理公司、律师事务所、工程建设服务的专业会计师事务所等。

（5）中国建设银行。中国建设银行是我国专门办理工程建设贷款和拨款、管理国家固定资产投资的专业银行。其主要业务范围是：管理国家工程建设支出预决算；制定工程建设财务管理制度；审批各地区、各部门的工程建设财务计划和清算；经办工业、交通、运输、农垦、畜牧、水产、商业、旅游等企业的工程建设贷款及行政事业单位和国家指定的基本建设项目的拨款；办理工程建设单位、地质勘察单住、建设安装企业、工程建设物资供销企业的收支结算；经办有关固定资产的各项存款、发放技术改造贷款；管理和监督企业的挖潜、革新、改造资金的使用等。

（6）公民个人。公民个人在建设活动中也可以成为建设法律关系的主体。如建设企业工作人员（建设工、专业技术人员、注册执业人员等）与企业单位签订劳动合同时，即成为建设法律关系的主体。

（二）建设法律关系客体

建设法律关系客体是指建设法律关系主体享有的权利和承担的义务所共同指向的事物。在通常情况下，建设法律关系主体都是为了某一客体，彼此才设立一定的权利、义务，从而产生建设法律关系，这里的权利、义务所指向的事物，便是建设法律关系的客体。它既包括有形的产品——建设物，也包括无形的产品——各种服务。

建设法律关系的客体主要有四类：

（1）财。表现为财的客体主要是建设资金，如基本建设贷款合同的标的，即一定数量的货币。

（2）物。在建设法律关系中表现为物的客体主要是建设材料，如钢材、木材、水泥等，以及由其构成的建设物。另外还有建设机械等设备。某个具体基本建设项目即是建设法律关系中的客体。

（3）行为。在建设法律关系中，行为多表现为完成一定的工作，如勘察设计、施工安装、检查验收等活动。

（4）非物质财富。非物质财富也称为智力成果，在建设法律关系中，如果是设计单位提供的具有创造性的设计图纸，该设计单位依法享有专有权，使用单位未经允许不能无偿使用。

（三）建设法律关系的内容

建设法律关系的内容即是建设法律关系的主体对他方享有的权利和负有的义务，这种内容要由相关的法律或合同来确定，它是连接主体的纽带。如开发权、所有权、经营权以及保证工程质量的经济义务和法律责任都是建设法律关系的内容。

根据建设法律关系主体地位不同，其权利义务关系表现为两种不同的情况：

（1）基于主体双方地位平等基础上的对等的权利和义务关系。

（2）在主体双方地位不平等的基础上产生的不对等的权利和义务关系，如政府有关部门对建设单位和施工企业依法进行的监督和管理活动所形成的法律关系。

（四）建设法律关系的产生、变更和解除

1. 建设法律关系的产生

建设法律关系的产生是指建设法律关系的主体之间形成了一定的权利和义务关系。例如，某建设单位与施工单位签订了建设工程承包合同，主体双方产生了相应的权利和义务。此时，受建设法规调整的建设法律关系即告产生。

2. 建设法律关系的变更

建设法律关系的变更是指建设法律关系的三个要素发生变化。

（1）主体变更。主体变更是指建设法律关系主体数目增多或减少，也可以是主体改变。在建设合同中，客体不变，相应权利义务也不变，此时主体改变也称为合同转让。

（2）客体变更。客体变更是指建设法律关系中权利义务所指向的事物发生变化。客体变更可以是范围变更，也可以是其性质变更。

（3）内容变更。内容变更主要是指合同内容发生变化，导致法律关系发生变化。

3. 建设法律关系的解除

建设法律关系的解除是指建设法律关系主体之间的权利义务不复存在，彼此丧失了约束力。

（1）自然解除。自然解除是指某类建设法律关系所规范的权利义务顺利得到履行，取得了各自的利益，从而使法律关系终止。

（2）协议解除。协议解除是指建设法律关系主体之间协商解除某类建设法律关系规范的权利或义务，致使该法律关系归于消灭。

（3）违约解除。违约解除是指建设法律关系主体一方违约，或发生不可抗力，致使某类建设法律关系规范的权利不能实现。

**三、建设法规**

建设法规是指有立法权的国家机关或其授权的行政机关制定的，旨在调整政府部门、企事业单位、社会团体、其他经济组织以及公民个人在建设活动中相互之间所发生的各种社会关系的法律规范的总称。建设活动是指各类房屋及其附属设施的建造和与其配套的线路、管道、设备的安装活动。建设法规通过各种法律规范规定建设业的基本任务、基本原则、基本方针，以加强建设业的管理，维护建设市场秩序，促进建设业的健康发展，为国民经济各部门提供必需的物质基础，为国家增加积累，为社会增加财富，推动社会主义各项事业的发展，促进社会主义现代化建设。

（一）建设工程法规的构成

（1）建设行政法。建设行政法主要是调整国家建设行政主管部门在管理建设工程中所发生的各种社会关系的法律规范，如《建筑法》《招标投标法》等有关建设工程监督管理的法律法规，是建设工程法规的主要内容。

（2）建设经济法。建设经济法主要是调整国家在经济管理中发生的与建设工程有关的经济关系的法律规范，如《中外合资经营企业法》《统计法》等。

（3）建设民事、商事法。建设民事、商事法主要是调整作为平等主体的公民之间、法人之间，公民和法人之间的与建设工程有关的财产关系、人身关系、商事关系或商事行为的法律规范，主要包括《民法通则》《合同法》《公司法》《票据法》《担保法》等。

（4）建设技术法规。建设技术法规主要是国家制定或认可的，由国家强制力保证其实施的建设勘察、设计、施工、安装、检测、验收等的技术标准、规范、规程、规则、定额、条例、办法、指标等规范性文件。建设技术法规可分为国家、行业（部颁）、地方和企业四级。

（二）学习建设法规的目的

（1）了解建设业的基本内容，掌握建设法规所涉及的基本法理。

（2）熟悉建设工程的基本法律、法规和规章，并能在实践中逐渐加深对其的理解和运用。

（3）明确建设法规在建设活动中的地位、作用和如何实施，并能及时掌握我国新颁布的相关法律、法规和规章。

（4）树立法制观念，形成依法从事建设活动和依法管理的法制意识。

（三）学习建设法规的意义

（1）对一切工程项目建设活动起到依据和指针的作用，是建设业专业管理人员必修的内容。

（2）可以依法进行勘察、设计、施工、监理和监督，以保证建设工程的质量和安全。

（3）利用建设法规的知识，维护建设市场秩序，维护国家、企业和人民的利益。

（4）利用建设法规的知识，促进我国建设事业的健康发展。

### 四、工程项目建设程序

工程项目建设程序是指从项目的投资意向和投资机会选择，项目决策、设计、施工到项目竣工验收投入生产整个基本建设全过程中各项工作必须遵循的法定顺序。它是由工程项目建设自身所具有的固定性，生产过程的连续性和不可间断性，以及建设周期长、资源占用多、建设过程工作量大、牵涉面广、内外协作关系错综复杂等技术经济特点决定的，它不是人们主观臆造的，是在认识工程建设客观规律的基础上总结提出的，是工程项目建设过程的客观规律的反映。

　　我国现行的工程项目建设程序，主要包括立项决策阶段、建设准备阶段、工程实施阶段（详见表 1-1）。每个阶段都有其具体的内容和规定，凡国家、地方政府、国有企事业单位投资兴建的工程项目，特别是大中型项目，必须遵循此建设程序。

表 1-1　　　　　　　　　　　　　工程项目基本建设程序

| 三大阶段 | 八小阶段 | 重　要　标　志 |
|---|---|---|
| 项目决策阶段 | 项目建议书 | 批准的项目建议书 |
| | 可行性研究 | 批准的可行性研究报告，并作为勘察设计的依据；项目正式立项 |
| 建设准备阶段 | 勘察设计 | 工程地质勘察报告、施工图设计文件 |
| | 建设准备 | 通过技术、物质和组织方面的准备，为工程施工创造有利条件，具备开工条件 |
| 工程实施阶段 | 建设实施 | 按照计划文件要求，完成工程实体 |
| | 生产准备 | 项目投产前由建设单位进行的一项重要工作，达到项目转入生产经营的必要条件 |
| | 竣工验收 | 按照验收条件展开，符合要求，验收合格，投入使用 |
| | 后评价 | 建设项目使用一段时间（1～2 年）后，系统地评价、总结及发现问题，提高项目决策水平和投资效果 |

　　（一）立项决策阶段

　　立项是工程建设程序的第一个步骤。它是建设程序的决策阶段，该阶段形成工程建设项目的设想，其表现形式是项目建议书。立项被批准后，则要编制设计任务书。

　　项目建议书一般由计划部门审批。项目建议书经批准后，即可开展前期工作，进行可行性研究。可行性研究的任务是对建设项目在技术、工程和经济上是否合理和可行进行全面分析、论证，做出方案比较，提出评价，为编制和审批设计任务书提供可靠的依据。

　　（二）建设准备阶段

　　建设准备阶段主要是根据批准的可行性研究报告，成立项目法人，进行工程地质勘察、初步设计和施工图设计，编制设计概算，安排年度建设计划及投资计划，进行工程发包，准备设备、材料，做好施工准备等工作，这个阶段的工作中心是勘察设计。

　　（三）工程实施阶段

　　工程实施阶段是项目决策的实施、建成投产发挥投资效益的关键环节。该阶段是在建设程序中时间最长、工作量最大、资源消耗最多的阶段。这个阶段的工作中心是根据设计图纸进行建设安装施工，还包括做好生产或使用准备、试车运行、进行竣工验收、交付生产或使用等内容。

　　其中，竣工验收是全面考核工程项目建设成果、检验设计和施工质量的重要环节。按批准的设计文件和合同规定的内容建成的工程项目，其中生产性项目经负荷试运转和试生产合格，并能够生产合格产品的，以及非生产性项目符合设计要求，能够正常使用的，都要及时组织验收，办理移交固定资产手续。竣工验收是全面考核建设成果、检验设计和工程质量的重要步骤，是投资成果转入生产或使用的标志。所有建设项目，按批准的设计文件所规定的内容建成后，都必须组织竣工验收。

# 第二节　建设工程法律体系

法律体系，法学中有时也称为"法的体系"，是指由一国现行的全部法律规范按照不同的法律部门分类组合而形成的一个呈体系化的有机联系的统一整体，通常是指一个国家全部现行法律规范分类组合为不同的法律部门而形成的有机联系的统一整体。简单地说，法律体系就是部门法体系。部门法，又称法律部门，是根据一定标准、原则所制定的同类规范的总称。

建设工程法律体系是指将已经制定和需要制定的建设法规、建设行政法规和建设部门规章制度衔接起来，形成一个相互联系、相互补充、相互协调的完整统一的框架结构。就广义的建设法规体系而言，该体系应包括地方性建设法规和建设行政规章，是我国社会主义法律体系的重要组成部分。

我国法律体系的性质属于社会主义法律体系。一个国家的政治制度，核心是国体、政体问题，国家性质和国体决定法律体系的性质。宪法关于国家性质的规定，决定了我国法律体系的社会主义性质。按照党的十八大要求，坚持中国特色社会主义道路，要坚持法律体系的社会主义性质。

（1）以人民民主思想为基础。人民是国家和社会的主人，人民当家做主是社会主义民主政治的本质和核心。人民当家做主，最根本、最重要的是掌握国家权力。我国以宪法为统帅的法律体系体现了人民性。

（2）由基本国情决定的。我国处于社会主义初级阶段，并将长期处于社会主义初级阶段。初级阶段的基本国情，决定了我国法律体系不同于西方，不能用西方的法律体系套中国的法律体系。外国法律体系中的成功做法，如符合我国国情、我国需要，应当借鉴，特别是有利于我国经济社会发展和进步的国际社会通行的法治原则和做法，我国应当积极创造条件吸纳。

（3）重视公民基本权利的保障。现代法治重视人权保障。2004年宪法修正案，增加"国家尊重和保障人权"的规定，表现了国家对人权的重视。1996年刑事诉讼法修改，1997年刑法修订，弱势群体和特殊群体保障法、保护法的颁布实施，都加强了对公民特别是弱势群体基本权利的保障。

（4）强调维护法制的统一性。我国是一个统一的多民族的国家，宪法和立法法规定，全国人民代表大会及其常务委员会（以下简称全国人大及其常委会）行使国家立法权。法律一经通过并实施，在全国具有统一效力。国务院有权制定行政法规，但不得就犯罪和刑罚、剥夺公民政治权利和限制人身自由的强制措施和处罚、司法制度等做规定。地方性法规，不得与宪法、法律、行政法规相抵触。

建设法规体系应做到：必须与国家的宪法和相关法律保持一致；建设法规体系还必须保持相对独立、自成体系；建设法规体系必须覆盖建设活动的各个行业、各个领域以及工程建设的全过程，使建设活动的各个方面都有法可依；建设法规还要注意纵横性、不同层次间的配套和协调，不得出现重复、矛盾和抵触。

**一、法律体系的基本框架**

1. 宪法

宪法是国家的根本大法，是特定社会政治经济和思想文化条件综合作用的产物，集中反映政治力量的实际对比关系，确认革命胜利成果和现实的民主政治，规定国家根本任务和根本制度，即社会制度、国家制度的原则和国家政权的组织以及公民的基本权利和义务等内容。

宪法相关法有《全国人民代表大会组织法》《地方各级人民代表大会和地方各级人民政府组织法》《全国人民代表大会和地方各级人民代表大会选举法》《中华人民共和国国籍法》《中华人民共和国国务院组织法》《中华人民共和国民族区域自治法》等。

2. 民法

民法是规定并调整平等主体的公民间、法人间及公民与法人间的财产关系和人身关系的法律规范的总称。民法主要由《中华人民共和国民法通则》和单行民事法律组成，单行民事法律主要包括《合同法》《担保法》《专利法》《商标法》《著作权法》和《婚姻法》等。

为了保障公民、法人的合法的民事权益，正确调整民事关系，适应社会主义现代化事业发展的需要，根据《宪法》和我国实际情况，总结民事活动的实践经验，制定了民法。民法的调整对象是平等主体的公民之间、法人之间、公民和法人之间的财产关系和人身关系。

当事人在民事活动中的地位平等，民事活动遵循自愿、公平、等价有偿、诚实守信的原则。公民、法人的合法的民事权益受到法律保护，任何组织和个人不得侵犯。民事活动必须遵守法律，法律没有规定的，应当遵守国家政策。

公民从出生时起到死亡时止，具有民事权利能力，依法享有民事权利，承担民事义务。公民的民事权利一律平等。公民的民事行为能力依照公民的年龄与精神状况划分为完全民事行为能力、限制民事行为能力与无民事行为能力。

3. 商法

商法是调整市场经济关系中商人与其商事活动的法律规范的总称。我国采用民商合一的立法模式，商法被认为是民法的特别法和组成部分。商法主要包括《公司法》《证券法》《保险法》《票据法》《企业破产法》《海商法》等。

为了规范公司的组织和行为，保护公司、股东和债权人的合法权益，维护社会经济秩序，促进社会主义市场经济的发展，制定商法。商法所调整的市场经济关系中的主体是公司，主要是指依照商法的规定在中国境内设立的有限责任公司和股份有限公司。公司是企业法人，有独立的法人财产，享有法人财产权。公司以其全部财产对公司的债务承担责任。公司股东依法享有资产收益、参与重大决策和选择管理者等权利。

公司从事经营活动，必须遵守法律、行政法规，遵守社会公德、商业道德，诚实守信，接受政府和社会公众的监督，承担社会责任。

4. 经济法

经济法是调整国家在经济管理中发生的经济关系的法律，包括《建筑法》《招标投标法》《反不正当竞争法》《税法》等。经济法的调整对象是在社会生产和再生产过程中发生的宏观经济调控关系和市场规制关系。宏观经济调控关系也称宏观调控关系，是指国家在对国民经济和社会发展运行进行规划、调节和控制过程中发生的经济关系。

市场规制是指国家通过制定行为规范引导、监督、管理市场主体的经济行为，也同时规范、约束政府监管机关的市场监管行为，从而保护消费主体利益，保障市场秩序。具体表现为完善市场规则，有效地反对垄断，制止不正当竞争，保护消费者权益。

5. 行政法

行政法是调整国家行政管理活动中各种社会关系的法律规范的总合，主要包括《行政处罚法》《行政复议法》《行政监察法》《治安管理处罚法》等。

行政法规范的重点和核心是行政权；行政法调整的是因行政权的行使所引起的各种社会关系，包括行政管理关系和监督行政关系；行政法规范的内容包括行政权主体、行政权内容、行政权行使以及行政权运行的法律后果等方面；行政法形式上的重要特征是没有、也不可能有一部包含行政法全部内容的完整法典，这是由行政活动范围的广泛性、行政活动内容的变动性以及行政关系的复杂性、多层次性决定的，因此，行政法只能是各项法律规范的总和。

行政法的调整对象包括行政关系和监督行政关系。行政关系又称行政管理关系，是指行政主体在行使行政权的过程中与相对一方当事人所发生的各种社会关系，它分为两大类：一类为内部行政关系，包括行政机关相互之间的关系和行政机关与公务员之间的关系；另一类为外部行政关系，即行政机关与公民、法人及其他组织之间的关系。

监督行政关系是指行使监督行政权的国家机关和组织等监督主体，在运用监督权对行政管理权的行使进行监督和制约的过程中，与行政机关之间所形成的各种社会关系。我国对行政权的监督主要包括立法监督、行政监督和司法监督三个方面。

6. 劳动法与社会保障法

劳动法与社会保障法是调整劳动关系、社会保障和社会福利关系的法律规范的总称。它包括《矿山安全法》《劳动法》《职业病防治法》《安全生产法》《劳动合同法》等。

劳动法与社会保障相关的法律法规，是为了保护劳动者的合法权益，调整劳动关系，建立和维护适应社会主义市场经济的劳动制度，促进经济发展和社会进步，根据《宪法》的规定，制定相关的法律法规。国家机关、事业组织、社会团体和与之建立劳动合同关系的劳动者，适用于相关的法律。

劳动者享有平等就业和选择职业的权利、取得劳动报酬的权利、休息休假的权利、获得劳动安全卫生保护的权利、接受职业技能培训的权利、享受社会保险和福利的权利、提请劳动争议处理的权利以及法律规定的其他劳动权利。

劳动者应当完成劳动任务，提高职业技能，执行劳动安全卫生规程，遵守劳动纪律和职业道德。用人单位应当依法建立和完善规章制度，保障劳动者享有劳动权利和履行劳动义务。

劳动合同是劳动者与用人单位确立劳动关系，明确双方权利义务的协议。建立劳动关系应当订立劳动合同。订立和变更劳动合同，应当遵循平等自愿、协商一致的原则，不得违反法律、行政法规的规定。劳动合同依法订立即具有法律约束力，当事人必须履行劳动合同规定的义务。

7. 自然资源与环境保障法

自然资源与环境保障法是关于环境保护和自然资源，防止污染和其他公害的法律。自然资源法主要包括《土地管理法》《节约能源法》等；环境保护方面的法律主要包括《环境保护法》《环境影响评价法》《噪声污染环境防治法》等。

8. 刑法

刑法是关于犯罪和刑罚的法律规范的总称，主要是《中华人民共和国刑法》。刑法是规定犯罪、刑事责任和刑罚的法律。即掌握国家政权的统治阶级，为了维护本阶级政治上、经济上的统治，根据自己的意志，规定哪些行为是犯罪和应负的刑事责任，并给犯罪人何种刑罚处罚的法律规范的总称。

刑法有广义和狭义之分，广义的刑法，是指一切规定犯罪、刑事责任和刑罚的法律，包括刑法典、单行刑法和附属刑法。狭义的刑法，是指刑法典，即《中华人民共和国刑法》。

另外，刑法还可分为普通刑法与特别刑法。普通刑法，是指具有普遍效力的刑法，如刑法典。特别刑法，是指仅适用于特定人、时、地、事的刑法，包括单行刑法和附属刑法。

中华人民共和国刑法的任务，是用刑罚同一切犯罪行为做斗争，以保卫国家安全，保卫人民民主专政的政权和社会主义制度，保护国有财产和劳动群众集体所有的财产，保护公民私人所有的财产，保护公民的人身权利、民主权利和其他权利，维护社会秩序、经济秩序，保障社会主义建设事业的顺利进行。

9. 诉讼法

诉讼法是规范诉讼程序的法律的总称，包括《民事诉讼法》《刑事诉讼法》《行政诉讼法》等，非诉讼程序法主要是《仲裁法》。

民事诉讼法是国家规定处理民事审判程序的法律，是国家现代重要的基本法之一。它是法院审判民事案件和一切诉讼参与人进行民事诉讼活动所必须遵守的准则，是法院对企事业单位、机关、团体和个人的民事权益实行司法保护的程序法。

刑事诉讼法是指国家制定或认可的调整刑事诉讼活动的法律规范的总称。它调整的对象是公、检、法机关在当事人和其他诉讼参与人的参加下，揭露、证实、惩罚犯罪的活动。

行政诉讼法是人民法院在当事人及其他诉讼参与人的参加下，审理国家行政机关所做的具体行政行为是否合法的活动。

**二、法的形式和效力层级、建设法规的作用**

（一）法的形式

法的形式分为七类，分别是宪法、法律、行政法规、部门规章、地方性法规与规章、最高人民法院司法解释规范性文件、国际公约。

1. 宪法

宪法是每个民主国家最根本的法的渊源，其法律地位和效力是最高的。我国的宪法是由我国的最高权力机关——全国人民代表大会制定和修改的，任何其他法律、法规都必须符合宪法的规定，而不得与之相抵触。宪法是建设业的立法依据，同时又明确规定国家基本建设的方针和原则。

中华人民共和国宪法以法律的形式确认了中国各族人民奋斗的成果，规定了国家的根本制度和根本任务，是国家的根本法，具有最高的法律效力。全国各族人民、一切国家机关和武装力量、各政党和各社会团体、各企业事业组织，都必须以宪法为根本的活动准则，并且负有维护宪法尊严、保证宪法实施的职责。

2. 法律

作为建设法规表现形式的法律，分为广义上的法律和狭义上的法律。

广义上的法律，泛指《立法法》调整的各类法的规范性文件；狭义上的法律，仅指全国人大及其常委会制定的规范性文件。在这里，我们仅指狭义上的法律。其法律地位和效力仅次于宪法，在全国范围内具有普遍的约束力。它是建设法律体系的核心。

全国人民代表大会和全国人民代表大会常务委员会行使国家立法权，全国人民代表大会制定和修改刑事、民事、国家机构的和其他的基本法律。

3. 行政法规

行政法规是指作为国家最高行政机关的国务院制定和颁布的有关行政管理的规范性文件。行政法规在我国立法体制中具有重要地位，其效力低于宪法和法律，在全国范围内有效，如《建设工程质量管理条例》《建设工程勘察设计管理条例》等。

4. 部门规章

部门规章是指国务院各部门（包括具有行政管理职能的直属机构）根据法律和国务院的行政法规、决定、命令在本部门的权限范围内按照规定的程序所制定的规定、办法、暂行办法、标准等规范性文件的总称。部门规章的法律地位和效力仅次于宪法、法律和行政法规。

5. 地方性法规与规章

地方性法规是指省、自治区、直辖市以及省、自治区人民政府所在地的市和经国务院批准的较大的市的人民代表大会及其常委会，在其法定权限内制定的法律规范性文件。

地方性法规具有地方性，只在本辖区内有效，其效力低于法律和行政法规。

地方性规章是指由省、自治区、直辖市以及省级人民政府所在地的市和经国务院批准的较大的市人民地方政府制定颁布的规范性文件。

地方性规章的法律地位和效力低于上级和本级的地方性法规。

6. 最高人民法院司法解释规范性文件

最高人民法院对于法律的系统性解释文件和对法律适用的说明，对法院审判有约束力，具有法律规范的性质，在司法实践中具有重要的地位和作用。在民事领域，最高人民法院制定的司法解释文件有很多，例如《关于贯彻执行〈中华人民共和国民法通则〉若干问题的意见（试行）》《关于审理建设工程施工合同纠纷案件适用法律问题的解释》等。

7. 国际公约

国际公约是指我国作为国际法主体同外国缔结的双边、多边协议和其他具有条约、协定性质的文件。

我国在加入世界贸易组织（WTO）后，参加的或者与外国签订的调整经济关系的国际公约和双边条例，还有国际惯例、国际上通用的建设技术规程都属于建设法规的范畴，都应当遵守与实施。如 FIDIC《土木工程施工合同条件》非常复杂，它涉及有形贸易、无形贸易、信贷、委托、技术规范、保险等诸多法律关系。这些法律关系的调整必须遵守我国承认的国际公约、国际惯例和国际通用的技术规程和标准。

（二）效力层级

（1）宪法至上。宪法具有最高的法律效力，一切法律、行政法规、地方性法规、自治条例和单行条例、规章都不得同宪法相抵触。

（2）上位法优于下位法。中央立法优于地方立法。当中央立法与地方立法发生冲突时，中央立法处于优位、上位，地方立法无效。在法律效力等级问题上，中央立法构成上位法，地方立法构成下位法。因此，全国人大及其常委会制定的基本法律以及国务院制定的行政法规高于地方立法机关制定的地方性法规（省、自治区、直辖市人民代表大会及其常委会以及较大的市人大及其常委会制定的地方性法规）和地方政府规章（省、自治区、直辖市人民政府以及较大的市人民政府制定的政府规章）。同级权力机关的立法高于同级行政机关的立法。同类型的立法根据其立法主体的地位确立法律位阶关系。权力机关（这里仅指人民代表大会）及其组成的常设机构（人大常委会）之间，人民代表大会制定的法规性文件效力等级高于其常设机构即人大常委会制定的法规性文件。

在我国的法律体系中，下位法对上位法做出具体的、可操作性的实施性规定不仅必要而且重要，地方性法规更是如此。有学者谈到地方性法规的"实施性规定"必要性时提到："法律、行政法规作为最高国家权力机关和最高国家行政机关进行的中央立法，其效力高于地方性法规，各地方都应当遵循。但也要看到，由于我国是一个大国，幅员辽阔，各地情况差异很大，东南沿海地区和中西部地区，城市和农村，情况很不相同，因此，法律、行政法规的有些规定往往只能比较概括，以适用各地方的不同情况，这就为地方性法规留下了很大的空间。"下位法"实施性规定"这种特殊地位决定了妥善处理其与上位法的适用关系的重要性。

（3）特别法优于一般法。

（4）新法优于旧法。

（5）需有关机关裁决适用的特殊情况。法律之间对同一事项新的一般规定与旧的特别规定不一致，不能确定如何适用时，由全国人民代表大会常务委员会裁决。

行政法规之间对同一事项新的一般规定与旧的特别规定不一致，不能确定如何适用时，由国务院裁决。

地方性法规、规章之间不一致时，由有关机关依照下列规定权限做出裁决：同一机关制定的新的一般规定与旧的特别规定不一致时，由制定机关裁决；地方性法规与部门规章之间对同一事项的规定不一致时，不能确定如何适用，由国务院提出意见，国务院认为适合地方法规的，就应当决定在该地方适用地方法规；国务院认为适合部门规章的，应当提请全国人民代表大会常务委员会裁决；部门规章之间、部门规章与地方规章之间对同一事项的规定不一致时，由国务院裁决。

（三）建设法规的作用

建设业是与社会进步、国家强盛、民族兴衰紧密联系的一个行业。它所从事的活动，不仅为人类自身的生存发展提供一个最基本的物质环境，而且反映各个历史时期的社会面貌，反映各个地区、各个民族科学技术、社会经济和文化艺术的综合发展水平。建设产品是人类精神文明发展史的一个重要标志。

具体来讲，建设法规的作用主要有：规范指导建设行为；保护合法建设行为；处罚违法建设行为。

1. 规范指导建设行为

人们所进行的各种具体行为必须遵循一定的准则。只有在法律规定的范围内进行的行为才能得到国家的承认和保护，才能实现行为人预期的目的。从事各种具体的建设活动所应遵循的行为规范即建设法律规范。建设法律规范对人们建设行为的规范性表现如下：

(1) 义务性的建设行为，即有些建设行为依据法律规定必须做。

(2) 禁止性的建设行为，即有些建设行为禁止做。

(3) 授权性的建设行为，即法律规定人们有权选择某种建设行为。它既不禁止人们做出这种建设行为，也不要求人们必须做出这种建设行为，而是赋予了一个权利，做与不做都不违反法律，由当事人自己决定。

正是由于有了上述法律的规定，建设行为主体才明确了自己可以为、不得为和必须为的一定的建设行为，并以此指导和制约自己的行为，体现出建设法规对具体建设行为的规范和指导作用。

2. 保护合法建设行为

建设法规的作用不仅在于对建设主体的行为加以规范和指导，还应对一切符合法规的建设行为给予确认和保护，这种确认和保护一般是通过建设法规的原则规定反映的。

3. 处罚违法建设行为

建设法规要实现对建设行为的规范和指导作用，必须对违法建设行为给予应有的处罚。否则，建设法规所确定的法律制度由于得不到实施过程中强制手段的法律保障，就会变成毫无意义的规范。

### 三、建设法律、行政法规和相关法律的关系

1. 建设法律

建设法律是指全国人大及其常委会制定和颁布的属于国务院建设行政主管部门主管业务范围内的各项法律。

1997 年 11 月 1 日第八届全国人民代表大会常务委员会第二十八次会议通过，1997 年 11 月 1 日中华人民共和国主席令第 91 号公布，自 1998 年 3 月 1 日起施行的《中华人民共和国建筑法》就是目前我国建设行业的法律。

2. 建设行政法规

建设行政法规是指国务院制定和颁布的属于建设行政主管部门主管业务范围内的各项法规。

建设法规的法律地位是指建设法规在整个法律体系中所处的地位，应属于哪个部门法及其所处的层次。根据国家立法法规定，国务院根据宪法和法律，制定行政法规。行政法规由国务院组织起草。国务院有关部门认为需要制定行政法规的，应当向国务院报请立项。行政法规在起草过程中，应当广泛听取有关机关、组织和公民的意见。听取意见可以采取座谈会、论证会、听证会等多种形式。

行政法规起草工作完成后，起草单位应当将草案及其说明、各方面对草案主要问题的不同意见和其他有关资料送国务院法制机构进行审查。国务院法制机构应当向国务院提出审查报告和草案修改稿，审查报告应当对草案主要问题做出说明。行政法规的决定程序依

照中华人民共和国国务院组织法的有关规定办理。行政法规由总理签署国务院令公布。建设行政法规就是国家关于建设方面的行政法规。常见的建设行政法规有：规划环境影响评价条例、对外承包工程管理条例、建设工程安全生产管理条例、城市房屋拆迁管理条例、建设工程质量管理条例等。

**3. 其他相关法律**

由全国人民代表大会制定的其他相关法律，如合同法、招标投标法、经济法、行政法等。

建设法规总体属于行政法和经济法。

建设活动中的行政管理关系是建设法规的主要调整对象之一，主要用行政手段调整。例如，建设工程活动中的经济协作关系主要采用行政、经济、民事等各种手段相结合的方式加以调整。建设工程活动中的民事关系主要采用民事手段加以调整。用以调整建设工程活动中平等主体之间的关系；如环境保护、文物保护、自然风景保护的关系；土地、矿产、森林、水源等自然资源的利用关系；地震、洪涝、泥石流、台风等自然灾害的关系；招投标、建设标准的关系等。与这些关系相应的法规调整的范围更规范，但不属于建设法规，而在建设工程中必须遵守，因此称为建设相关法规。

# 第三节　建设工程法律制度

## 一、建设工程法人制度

法人是建设工程活动中最主要的主体。作为建设工作者，应该了解法人的定义、条件以及法人在建设工程中的地位和作用，特别要熟悉企业法人与项目经理部的法律关系。

（一）法人的法定条件及其在建设工程中的地位和作用

《民法通则》规定，法人是具有民事权利能力和民事行为能力，依法独立享有民事权利和承担民事义务的组织。

法人是与自然人相对应的概念，是法律赋予社会组织具有法律人格的一项制度。这一制度为确立社会组织的权利、义务，便于社会组织独立承担责任提供了基础。

**1. 法人应当具备的条件**

（1）依法成立。法人不能自然产生，它的产生必须经过法定的程序。法人的设立目的和方式必须符合法律的规定，设立法人必须经过政府主管机关的批准或者核准登记。

（2）有必要的财产或者经费。有必要的财产或者经费是法人进行民事活动的物质基础。它要求法人的财产或者经费必须与法人的经营范围或者设立目的相适应，否则将不能被批准设立或者核准登记。

（3）有自己的名称、组织机构和场所。法人的名称是法人相互区别的标志和法人进行活动时使用的代号。法人的组织机构是谁对内管理法人事务、对外代表法人进行民事活动的机构。法人的场所则是法人进行业务活动的所在地，也是确定法律管辖的依据。

（4）能够独立承担民事责任。法人必须能够以自己的财产或者经费承担在民事活动中的债务，在民事活动中给其他主体造成损失时能够承担赔偿责任。

法人的法定代表人是自然人。他依照法律或者法人组织章程的规定，代表法人行使职权。法人以它的主要办事机构所在地为住所。

2. 法人的分类

法人可以分为企业法人和非企业法人两大类。非企业法人包括行政法人、事业法人、社团法人。

企业法人依法经工商行政管理机关核准登记后取得法人资格。企业法人分立、合并或者有其他重要事项变更，应当向登记机关办理登记并公告。企业法人分立、合并，其权利和义务由变更后的法人享有和承担。

有独立经费的机关从成立之日起，具有法人资格。具有法人条件的事业单位、社会团体、依法不需要办理法人登记的，从成立之日起，具有法人资格；依法需要办理法人登记的，经核准登记，取得法人资格。

3. 法人在建设工程中的地位

在建设工程中，大多数建设活动主体都是法人。施工单位、勘察设计单位、监理单位通常是具有法人资格的组织。建设单位一般也应当具有法人资格。但有时候，建设单位也可能是没有法人资格的其他组织。

法人在建设工程中的地位，表现在其具有民事权利能力和民事行为能力。依法独立享有民事权利和承担民事义务，方能承担民事责任。在法人制度产生以前，只有自然人才具有民事权利能力和民事行为能力。随着社会生产活动的扩大和专业化水平的提高，许多社会活动必须由自然人合作完成。因此，法人是出于需要，由法律将其拟制为自然人以确定团体利益的归属，即所谓"拟制人"。法人是社会组织在法律上的人格化，是法律意义上的"人"，而不是实实在在的生命体。建设工程规模浩大，需要众多的自然人合作完成。法人制度的产生，使这种合作成为常态。这是建设工程发展到当今的规模和专业程度的基础。

4. 法人在建设工程中的作用

（1）法人是建设工程中的基本主体。在计划经济时期，从事建设活动的各企事业单位实际上是行政机关的附属，是不独立的。但在市场经济中，每个法人都是独立的，可以独立开展建设活动。

法人制度有利于企业或者事业单位根据市场经济的客观要求，打破地区、部门和所有制的界限，发展各种形式的横向经济联合，在平等、自愿、互利的基础上建立起新的经济实体。实行法人制度，一方面可以保证企业在民事活动中以独立的"人格"享有平等的法律地位，不再受来自行政主管部门的不适当干涉；另一方面使作为法人的企业也不得以自己的某种优势去干涉其他法人的经济活动，或者进行不等价的交换。这样，可以使企业发挥各自优势，进行正当竞争，按照社会化大生产的要求，加快市场经济的发展。

（2）确立了建设领域国有企业的所有权和经营权的分离。建设领域曾经是以国有企业为主体的。确认企业的法人地位，明确法人的独立财产责任并建立起相应的法人破产制度，这就真正在法律上使企业由国家行政部门的"附属物"变成了自主经营、自负盈亏的商品生产者和经营者，从而进一步促进企业加强经济核算和科学管理，增强企业在市场竞争中的活力与动力，为我国市场经济的发展和工程建设的顺利实施创造更好的条件。

（二）企业法人与项目经理部的法律关系

从项目管理的理论上说，各类企业都可以设立项目经理部，但施工企业设立的项目经理部具有典型意义，是建造师需要掌握的知识。

1. 项目经理部的概念和设立

项目经理部是施工企业为了完成某项建设工程施工任务而设立的组织，项目经理部是由一个项目经理与技术、生产、材料、成本等管理人员组成的项目管理班子，是一次性的具有弹性的现场生产组织机构。对于大中型施工项目，施工企业应当在施工现场设立项目经理部；小型施工项目，可以由施工企业根据实际情况选择适当的管理方式。施工企业应当明确项目经理部的职责、任务和组织形式。

项目经理部不具备法人资格，而是施工企业根据建设工程施工项目而组建的非常设的下属机构。项目经理根据企业法人的授权，组织和领导本项目经理部的全面工作。

2. 项目经理是企业法人授权在建设工程施工项目上的管理者

企业法人的法定代表人，其职务行为可以代表企业法人。由于施工企业同时会有数个、数十个甚至更多的建设工程施工项目在组织实施，导致企业法定代表人不可能成为所有施工项目的直接负责人。因此，在每个施工项目上必须有一个经企业法人授权的项目经理。施工企业的项目经理，是受企业法人的委派，对建设工程施工项目全面负责的项目管理者，是一种施工企业内部的岗位职务。

建设工程项目上的生产经营活动，必须在企业制度的制约下运行；其质量、安全、技术等活动，须接受企业相关职能部门的指导和监督。推行项目经理责任制，绝不意味着可以搞"以包代管"。过分强调建设工程项目承包的自主权，过度下放管理权限，将会削弱施工企业的整体管理能力，给施工企业带来诸多经营风险。

3. 项目经理部行为的法律后果由企业法人承担

由于项目经理部不具备独立的法人资格，无法独立承担民事责任。所以，项目经理部行为的法律后果将由企业法人承担。例如：项目经理部没有按照合同约定完成施工任务，则应由施工企业承担违约责任；项目经理签字的材料款，如果不按时支付，材料供应商应当以施工企业为被告提起诉讼。

**【案例1-1】**

1. 背景

地处A市的某设计院承担了坐落在B市的某项"设计—采购—施工"承包任务。该设计院将工程的施工任务分包给B市的某施工单位。设计院在施工现场派驻了包括甲在内的项目管理班子，施工单位则以乙为项目经理组成了项目经理部。施工任务完成后，施工单位以设计院尚欠工程款为由向仲裁委员会申请仲裁，主要依据是有甲签字确认的所增加的工程量。设计院认为甲并不是该项目的设计院方的项目经理，不承认甲签字的效力。经查实，甲既不是合同中约定的设计院的授权负责人，也没有设计院的授权委托书。但合同中约定的授权负责人基本没有去过项目现场。事实上，该项目一直由甲实际负责，且有设计院曾经认可甲签字付款的情形。

2. 问题

设计院是否应当承担付款责任，为什么？

3. 分析

设计院应当承担付款责任。因为，由于设计院方面的管理原因，让施工单位认为甲具有签字付款的权力，致使本案付款纠纷出现。《民法通则》第四十三条规定："企业法人对它的法定代表人和其他工作人员的经营活动，承担民事责任。"由于种种原因，我国目前经常存在着名义上的项目负责人经常不在现场的情况。本案的真实背景是设计院认为甲被施工单位买通而拒绝付款。本案对施工单位的教训是：施工单位需要让发包或总包单位签字时，一定要找其授权人；如果发包或总包单位变更授权人的，应当要求发包单位完成变更的手续。

## 二、建设工程代理制度

在建设工程活动中，通过委托代理实施民事法律行为的情形较为常见。因此，了解和熟悉有关代理的基本法律知识是十分必要的。

（一）代理的法律特征和主要种类

《民法通则》规定，公民、法人可以通过代理人实施民事法律行为。代理人在代理权限内，以被代理人的名义实施民事法律行为。被代理人对代理人的代理行为，承担民事责任。

所谓代理，是指代理人在被授予的代理权限范围内，以被代理人的名义与第三人实施法律行为，而行为后果由该被代理人承担的法律制度。代理涉及三方当事人，即被代理人、代理人和代理关系所涉及的第三人。

1. 代理的法律特征

代理具有如下的法律特征。

（1）代理人必须在代理权限范围内实施代理行为。代理人实施代理活动的直接依据是代理权。因此，代理人必须在代理权限范围内与第三人或相对人实施代理行为。

代理人实施代理行为时有独立进行意思表示的权利。代理制度的存在，正是为了弥补一些民事主体没有资格、精力和能力去处理有关事务的缺陷。如果仅是代为传达当事人的意思表示或接受意思表示，而没有任何独立决定意思表示的权利，则不是代理，只能视为传达意思表示的使者。

（2）代理人应该以被代理人的名义实施代理行为。《民法通则》规定，代理人应以被代理人的名义对外实施代理行为。

代理人如果以自己的名义实施代理行为，则该代理行为产生的法律后果只能由代理人自行承担。那么，这种行为是自己的行为而非代理行为。

（3）代理行为必须是具有法律意义的行为。代理人为被代理人实施的是能够产生法律上的权利义务关系，产生法律后果的行为。如果是代理人请朋友吃饭、聚会等，不能产生权利义务关系，就不是代理行为。

（4）代理行为的法律后果归属于被代理人。代理人在代理权限内，以被代理人的名义同第三人进行的具有法律意义的行为，在法律上产生与被代理人自己的行为同样的后果。因而，被代理人对代理人的代理行为承担民事责任。

2. 代理的主要种类

代理包括委托代理、法定代理和指定代理。

（1）委托代理。委托代理按照被代理人的委托行使代理权。因委托代理中，被代理人是以意思表示的方法将代理权授予代理人的，故又称"意定代理"或"任意代理"。

（2）法定代理。法定代理是指根据法律的规定而发生的代理。例如，《民法通则》规定，无民事行为能力人、限制民事行为能力人的监护人是他的法定代理人，法定代理人依照法律的规定行使代理权。

（3）指定代理。指定代理是根据人民法院或有关单位的指定而发生的代理，常发生在诉讼中。例如，最高人民法院印发《关于适用〈中华人民共和国民事诉讼法〉基于问题的意见》第 67 条规定："在诉讼中，无民事行为能力人、限制民事行为能力人的监护人是他的法定代理人。事先没有确定监护人的，可以由有监护资格的人协商确定，协商不成的，由人民法院在他们之间指定诉讼中的法定代理人。"

指定代理人按照人民法院或者指定单位的指定行使代理权。

（二）建设工程代理行为及其法律关系

建设工程活动中涉及的代理行为比较多，如工程招标代理、材料设备采购代理以及诉讼代理等。

1. 建设工程代理行为的设立

建设工程活动不同于一般的经济活动，其代理行为不仅要依法实施，有些还要受到法律的限制。

（1）不得委托代理的建设工程活动。《民法通则》规定，依照法律规定或者按照双方当事人约定，应当由本人实施的民事法律行为，不得代理。

建设工程的承包活动不得委托代理。《建筑法》规定，禁止承包单位将其承包的全部建筑工程转包给他人，禁止承包单位将其承包的全部建筑工程肢解以后以分包的名义分别转包给他人。施工总承包的，建筑工程主体结构的施工必须由总承包单位自行完成。

（2）须取得法定资格方可从事的建设工程代理行为。一般的代理行为可以由自然人、法人担任代理人，对其资格并无法定的严格要求。即使是诉讼代理人，也不要求必须由具有律师资格的人担任。如《民事诉讼法》第五十八条规定："下列人员可以被委托为诉讼代理人：①律师、基层法律服务工作者；②当事人的近亲属或者工作人员；③当事人所在社区、单位以及有关社会团体推荐的公民。"

但是，某些建设工程代理行为必须由具有法定资格的组织方可实施。如《招标投标法》规定，招标代理机构是依法设立、从事招标代理业务并提供相关服务的社会中介组织。招标代理机构应当具备下列条件：①有从事招标代理业务的营业场所和相应资金；②有能够编制招标文件和组织评标的相应专业力量；③有符合本法规定条件、可以作为评标委员会成员人选的技术、经济等方面的专家库。《招标投标法》还规定，从事工程建设项目招标代理业务的招标代理机构，其资格由国务院或者省、自治区、直辖市人民政府的建设行政主管部门认定。

（3）民事法律行为的委托代理。建设工程代理行为多为民事法律行为的委托代理。民事法律行为的委托代理，可以用书面形式，也可以用口头形式。但是，法律规定用书面形式的，应当用书面形式。

书面委托代理的授权委托书应当载明代理人的姓名或者名称、代理事项、权限和期间，并由委托人签名或者盖章。委托书授权不明的，被代理人应当向第三人承担民事责任，代理人负连带责任。

2. 建设工程代理行为的终止

《民法通则》规定，有下列情形之一的，委托代理终止：①代理期间届满或者代理事务完成；②被代理人取消委托或者代理人辞去委托；③代理人死亡；④代理人丧失民事行为能力；⑤作为被代理人或者代理人的法人终止。

建设工程代理行为的终止，主要是第①、②、⑤三种情况：

（1）代理期间届满或代理事项完成。被代理人通常是授予代理人某一特定期间内的代理权，或者是某一项也可能是某几项特定事务的代理权，那么在这一期间届满或者被指定的代理事项全部完成，代理关系即告终止，代理行为也随之终止。

（2）被代理人取消委托或者代理人辞去委托。委托代理是被代理人基于对代理人的信任而授权其进行代理事务的。如果被代理人由于某种原因失去了对代理人的信任，法律就不应当强制被代理人仍须以其为代理人。反之，如果代理人由于某种原因不愿意再行代理，法律也不能强制要求代理人继续从事代理。因此，法律规定被代理人有权根据自己的意愿单方取消委托，也允许代理人单方辞去委托，均不必以对方同意为前提，并以通知到对方时，代理权即行消灭。

但是，单方取消或辞去委托可能会承担相应的民事责任。《合同法》规定，委托人或者受托人可以随时解除委托合同。因解除合同给对方造成损失的，除不可归责于该当事人的事由以外，应当赔偿损失。

（3）作为被代理人或者代理人的法人终止。在建设工程活动中，不管是被代理人还是代理人，任何一方的法人终止，代理关系均随之终止。因为，对方的主体资格已消灭，代理行为将无法继续，其法律后果亦将无从承担。

此外，有下列情形之一的，法定代理或者指定代理终止：①被代理人取得或者恢复民事行为能力；②被代理人或代理人死亡；③代理人丧失民事行为能力；④指定代理的人民法院或者指定单位取消指定；⑤由其他原因引起的被代理人和代理人之间的监护关系消灭。

3. 建设工程代理法律关系

建设工程代理法律关系与其他代理关系一样，存在着两种法律关系：一是代理人与被代理人之间的委托关系；二是被代理人与第三人的合同关系。

（1）代理人在代理权限内以被代理人的名义实施代理行为。《民法通则》规定，代理人在代理权限内，以被代理人的名义实施民事法律行为。被代理人对代理人的代理行为，承担民事责任。

这是代理人与被代理人基本权利和义务的规定。代理人必须取得代理权，并依据代理权限，以被代理人的名义实施民事法律行为。被代理人要对代理人的代理行为承担民事责任。

（2）转托他人代理应当事先取得被代理人的同意。《民法通则》规定，委托代理人为被代理人的利益需要转托他人代理的，应当事先取得被代理人的同意。事先没有取得被代理人同意的，应当在事后及时告诉被代理人，如果被代理人不同意，由代理人对自己所转托的人的行为负民事责任，但在紧急情况下，为了保护被代理人的利益而转托他人代理的除外。

代理人为处理代理事务，为被代理人选任其他人进行代理被称为复代理。复代理所基于的代理称为本代理，由本代理中的代理人转托的代理人称为复代理人。

（3）无权代理与表见代理。《民法通则》规定，没有代理权、超越代理权或者代理权终止后的行为，只有经过被代理人的追认，被代理人才承担民事责任。未经追认的行为，由行为人承担民事责任。本人知道他人以本人名义实施民事行为而不作否认表示的，视为同意。

1）无权代理。无权代理是指行为人不具有代理权，但以他人的名义与第三人进行法律行为。无权代理一般存在三种表现形式：①自始未经授权：如果行为人自始至终没有被授予代理权，就以他人的名义进行民事行为，属于无权代理；②超越代理权：代理权限是有范围的，超越了代理权限，依然属于无权代理；③代理权已终止：行为人虽曾得到被代理人的授权，但该代理权已经终止的，行为人如果仍以被代理人的名义进行民事行为，则属无权代理。

被代理人对无权代理人实施的行为如果予以追认，则无权代理可转化为有权代理，产生与有权代理相同的法律效力，并不会发生代理人的赔偿责任。如果被代理人不予追认的，对被代理人不发生效力，则无权代理人需承担因无权代理行为给被代理人和善意第三人造成的损失。

2）表见代理。表见代理是指行为人虽无权代理，但由于行为人的某些行为，造成了足以使善意第三人相信其有代理权的表象，而与善意第三人进行的、由本人承担法律后果的代理行为。《合同法》规定，行为人没有代理权、超越代理权或者代理权终止后以被代理人名义订立合同，相对人有理由相信行为人有代理权的，该代理行为有效。

表见代理除需符合代理的一般条件外，还需具备以下特别构成要件：①须存在足以使相对人相信行为人具有代理权的事实或理由；这是构成表见代理的客观要件；它要求行为人与本人之间应存在某些事实上或法律上的联系，如行为人持有本人发出的委任状、已加盖公章的空白合同书或者有显示本人向行为人授予代理权的通知函告等证明类文件；②须本人存在过失：其过失表现为本人表达了足以使第三人相信有授权意思的表示，或者实施了足以使第三人相信有授权意义的行为，发生了外表授权的事实；③须相对人为善意：这是构成表见代理的主观要件；如果相对人明知行为人无代理权而仍与之实施民事行为，则相对人为主观恶意，不构成表见代理。

表见代理对本人产生有权代理的效力，即在相对人与本人之间产生民事法律关系。本人受表见代理人与相对人之间实施的法律行为的约束，享有该行为设定的权利和履行该行为约定的义务。本人不能以无权代理为抗辩。本人在承担表见代理行为所产生的责任后，可以向无权代理人追偿因代理行为而遭受的损失。

3）知道他人以本人名义实施民事行为不作否认表示的视为同意。本人知道他人以本人名义实施民事行为而不作否认表示的，视为同意。这是一种被称为默示方式的特殊授权。就是说，即使本人没有授予他人代理权，但事后并未作否认的意思表示，应视为授予了代理权。由此，他人以其名义实施法律行为的后果应由本人承担。

（4）不当或违法行为应承担的法律责任。①委托书授权不明应承担的法律责任委托书授权不明的，被代理人应当向第三人承担民事责任，代理人负连带责任；②损害被代理人利益应承担的法律责任代理人不履行职责而给被代理人造成损害的，应当承担民事责任；代理人和第三人串通，损害被代理人的利益的，由代理人和第三人负连带责任；③第三人故意行为应承担的法律责任；第三人知道行为人没有代理权、超越代理权或者代理权已终止还与行为人实施民事行为给他人造成损害的，由第三人和行为人负连带责任；④违法代理行为应承担的法律责任代理人知道被委托代理的事项违法仍然进行代理活动的，或者被代理人知道代理人的代理行为违法不表示反对的，由被代理人和代理人负连带责任。

### 三、建设工程物权制度

（一）物权的概念及特征

物权是指权利人依法对特定的物享有直接支配和排他的权利，包括所有权、用益物权和担保物权。物权是和债权对应的一种民事权利，它们共同组成民法最基本的财产权形式。与债权相比，物权具有如下特征：

（1）物权的权利主体特定。义务主体不特定。物权是指特定主体所享有的排除权利主体外的一切其他人侵害的财产权利。作为一种绝对权和对世权，权利人以外的任何其他人都负有不得非法干涉和侵害物权的义务。而债权只是发生在债权人和债务人之间，权利主体和义务主体都是特定的。债权人的请求权只对特定的债务人发生效力，因此被称为对人权。

（2）物权内容是直接支配一定的物并排除他人干涉。所谓直接支配，是权利人无须借助他人的行为就能够行使自己的权利。权利人可以依据自己的意志直接依法占有、使用其物，或采取其他支配方式。所谓排除他人干涉，是指物具有不容他人侵犯的性质。

（二）物权的分类

1. 所有权与他物权

所有权是指所有人依法可以对物进行占有、使用、收益和处分的权利。所有权是物权中最完整、最充分的权利。

他物权是指所有权以外的物权，亦称限制物权、定限物权。他物权是所有权的部分权能与所有性发生分离，由所有权人以外的主体对物享有一定程度的直接支配权。他物权与所有权一样，具有直接支配物并排斥他人干涉的性质。

2. 用益物权和担保物权

根据设立物权的目的不同，传统民法将其分为用益物权和担保物权。

用益物权是指以物的使用收益为目的的物权，包括土地使用权、土地承包经营权、地役权等。

担保物权是指在借贷、买卖等民事活动中，债务人或者第三人将自己所有的财产作为履行债务的担保。债务人未履行债务时，债权人依照法律规定的程序就该财产优先受偿的权利。担保物权包括抵押权、质权和留置权，主要是以确保债务的履行为目的的物权。两者的区别表现在：第一，用益物权注重物的使用价值；担保物权注重物的交换价值。第二，用益物权一般是在不动产上成立的物权。虽然《物权法》为动产的用益物权留下了发展的空间，但物权法规定的具体的用益物权只是在不动产上设立的；担保物权既可以在不动产上设立，也可以在动产上设立。第三，用益物权除地役权外，均为主物权；担保物权是从物权，需以主债权的存在为前提。

3. 动产物权和不动产物权

这是按物权客体的不同进行的分类。

（三）物权的设立、变更、转让、消灭和保护

（1）不动产的设立、变更、转让、消灭依法律规定登记，自记载于不动产登记簿时发生效力。依法登记发生效力，不登记，不发生效力，但法律另有规定的除外，如依法属于国家所有的自然资源，所有权可以不登记。

（2）动产的设立、转让，动产物权以占有和交付为公示手段。动产物权的设立与转让以交付日发生效力。但法律另有规定的除外，如船舶、航空器、机动车辆的物权未经登记，不得对善意的第三人。

（3）物权的保护，可以通过协商、调解、和解、诉讼、仲裁等途径解决；侵害物权，除承担相应的民事责任外，违反行政规定的，应承担相应的行政责任，构成犯罪的，依法追究刑事责任。

**四、建设工程债权制度**

1. 债权的概念及特征

根据《民法通则》的规定，债是按照合同的约定或者依照法律的规定，在当事人之间产生的特定的权利和义务关系。例如，在建设工程合同关系中，承包人有请求发包人按照合同约定支付工程价款的权利，而发包人则相应地有按照合同约定向承包人支付工程价款的义务。又如，根据《民法通则》的有关规定，在公共场所、道旁或者通道上挖坑、修缮安装地下设施等，没有设置明显标志和采取安全措施造成他人损害的，施工人依法应当承担赔偿损失等民事责任，而受害人则相应地具有依法要求施工人赔偿损失的权利。这些都是特定当事人之间的民事法律关系，都是债的关系。

2. 债的法律关系

债是按照合同约定或法律规定，在当事人之间产生的特定权利和义务关系；享有权利的是债权人，负有义务的是债务人；债权人有权要求债务人按照合同约定或者法律规定履行义务。

债的内容，是指主体双方的权利与义务，即债权人享有权力，债务人负有义务，即债权与债务；债权为请求特定人为特定行为作为与不作为的权利。债权与物权不同，物权是绝对权，债权是相对权。相对性的内涵为：①债权的主体相对性；②债权的内容相对性；③债权的责任相对性。

3. 债的发生依据

（1）合同。合同是平等主体的自然人、法人和其他组织之间设立、变更、终止民事权利义务关系的协议。当事人之间通过订立合同设立的以债权债务为内容的民事法律关系，称为合同之债。

（2）不当得利。不当得利是指没有合法依据，取得不当利益，造成他人损失。当发生不当得利时，由于一方取得的利益没有法律或合同根据且给他人造成损害，在这种情况下，受损失一方依法有请求不当得利人返还其所得利益的权利，而不当得利人则依法负有

返还义务。这样，在当事人之间即发生债权债务关系。这种因不当得利所发生的债，称为不当得利之债。

（3）无因管理。无因管理是指没有法定的或者约定的义务，为避免他人利益受损失而进行管理或者服务的行为。无因管理发生后，管理人依法有权要求受益人偿付因其实施无因管理而支付的必要费用。这种由于无因管理而产生的债，称为无因管理之债。

（4）侵权行为。侵权行为是指侵害他人财产或人身权利的违法行为。在民事活动中，一方实施侵权行为时，根据法律规定，受害人有权要求侵害人承担赔偿损失等责任，而侵害人则有负责赔偿的义务，因此，侵权行为会引起侵害人和受害人之间的债权债务关系。这种因侵权行为而产生的债，称为侵权行为之债。

4．建设工程之债常见的类型

建设工程之债常见的类型有：施工合同债、买卖合同债、侵权之债。

### 五、建设工程知识产权制度

知识产权法律制度是保护科学技术和文化艺术成果的重要法律制度，它伴随着人类文明与商品经济的发展而诞生，并日益成为各国保护智力成果、促进科学技术和社会经济发展、进行国际竞争的有力措施。知识产权制度作为一种保护智力成果的法律制度，其保护对象十分广泛，其内涵、外延也随着科学技术和文化事业的发展不断拓展。

1．知识产权的基本特征

（1）财产权和人身权的双重属性。

（2）专有性。

（3）地域性。

（4）期限性。

2．知识产权的内容

（1）版权法律制度。版权法律制度即著作权法律制度。著作权包括人身权和财产权两大类。人身权是指与作者本身密不可分的权利，又称精神权利。它包括：发表权、署名权、修改权和保护作品完整权。财产权是指作者对于自己所创作的作品享有使用和获得报酬的权利，也称经济权利。它是指以复制、表演、广播、出租、展览、发行、放映、摄制、信息网络传播或者改编、翻译、注释、编辑等方式使用作品的权利，以及许可他人以上述方式使用作品，并由此获得报酬的权利。

（2）专利法律制度。受专利制度保护的发明创造包括：发明专利、实用新型和外观设计专利等。《专利法》是专利制度的核心。专利制度就是国家运用法律手段，通过《专利法》的实施，借助授予发明创造以专利权来鼓励和保护发明创造，从而促进科技进步、促进经济发展的法律制度。在关于《中华人民共和国专利法（草案）的说明》中，把专利制度概括为"国际上通行的一种利用法律的和经济的手段促进技术进步的管理制度。这个制度的基本内容是依据专利，对申请专利的发明，经过审查和批准，授予专利权。同时把申请专利的发明内容公之于世，以便进行技术情报交流和技术的有偿转让"。专利制度的主要特征是：第一，法律保护。法律保护就是依据《专利法》授予发明创造以专利权。对授予专利权的发明创造，专利权人享有制造、使用和销售的独占实施权，未经专利权人许可。任何单位或个人不得实施该发明创造。否则，即构成专利侵权行为，应追究法律责任。专利制度正是通过这种法律保护形式，保障发明创造所有人的正当权益，激励人们的发明创造的积极性，以促进科技进步、经济发展。第二，科学审查。1970 年，美国制定的《专利法》，最先采用了审查制。现在大多数国家都纷纷效仿，这是专利制度现代化的一个重要标志。第三，公开通报。专利制度一方面通过法律保护发明创造专利权、"独占权"；另一方面又要依法将申请专利的发明创造的内容以专利说明书的形式公之于世，公开通报。

（3）商标法律制度。商标法是国家对注册商标专用权及使用过程中所发生的社会关系进行调整的法律规范的总称。我国商标法于 1982 年 8 月 23 日通过，1983 年 3 月 1 日开始施行。商标法的颁布和实施，是我国商标工作法制化的重要标志。

我国商标法规定，注册商标的有效期为 10 年。有效期限自该商标核准注册之日起计算。对已经注册的商标有争议的，可以自该商标核准注册之日起一年内，向商标评审委员会申请裁定。对核准注册前已经提出异议并经过裁定的商标，不得再以相同的事实和理由申请裁定。

注册商标有效期满需要继续使用的，应当在期满前 6 个月内申请续展注册，在此期间未能提出申请的，可给予 6 个月的宽展期。宽展期满仍未提出申请的，注销其注册商标。

注册商标所有权可以转让。转让形式有两种：一为合同转让；二为继承转让。无论何种转让都必须依法办理转让手续。注册商标的所有人还可以通过合同方式允许他人有偿使用注册商标。经许可使用他人注册商标的，必须在使用该注册商标的商品上标明被许可人的名称和商品产地。

### 六、建设工程担保制度

1. 担保概念

担保是指依法律规定或当事人约定而产生的，促使债务人履行债务并保障债权人实现债权的法律措施或制度。其特点如下：

（1）担保的从属性。

（2）担保的补充性或连带性。

（3）担保的相对独立性。

（4）担保的自愿性（留置担保除外）。

2. 担保的种类

（1）按照担保的形态分为：人保、物保、金钱担保。

（2）按照担保的方式分为：保证、抵押、质押、留置、定金。

（3）按照担保的形式分为：法定担保和约定担保。

3. 保证

（1）保证的概念。保证是指保证人和债权人约定，当债务人不履行债务时，保证人按照约定履行债务或者承担责任的行为。

（2）保证的特征。①保证属于人保；②保证人为主合同当事人以外的第三人；③保证人必须具有代为清偿债务的能力、信誉和不特定财产。

（3）一般保证。当事人在保证合同中约定，债务人不能履行债务时，由保证人承担保证责任的，为一般保证。

（4）连带责任保证。当事人在保证合同中约定保证人与债务人对债务承担连带责任的。为连带责任保证；另外，当事人对保证方式没有约定或者约定不明确的，按照连带责任保证承担保证责任。

4．抵押

抵押是指债务人或者第三人不转移对财产的占有，将该财产抵押给债权人；债务人不履行到期债务或者发生当事人约定的实现抵押权的情形时，债权人有权依法以该财产折价或者以拍卖、变卖该财产的价款优先受偿。抵押中提供财产担保的债务人或者第三人为抵押人，债权人为抵押权人，提供担保的财产为抵押物。

（1）抵押权的性质。抵押权作为担保物权的一种，具有从属性、不可分性和物上代位性。另外，抵押权是不移转标的物占有的一种担保物权。是否移转标的物的占有是抵押权与其他担保物权的重要区别。由于抵押权的设定不需要移转占有，因此，抵押权的设定不能采用占有移转的公示方法，而必须采用登记或其他方法公示。

（2）抵押权的设定。抵押权的取得，主要通过法律行为获得，但抵押权也可以基于法律行为以外的法律事实获得，如基于继承或者善意取得制度取得抵押权。基于法律行为取得抵押权的，就是抵押权的设定，抵押权的设定是由双方当事人签订抵押合同，抵押合同应当采用书面形式。抵押当事人包括抵押权人和抵押人，其中抵押权人就是债权人，抵押人即抵押财产的所有人，既可能是债务人，也可能是第三人。设定抵押权属于处分财产的行为，因此，抵押人必须对设定抵押的财产享有所有权或处分权。

在债务履行期届满前，抵押权人不得与抵押人约定债务人不履行到期债务时抵押财产归债权人所有。如果双方当事人的抵押合同有这样的条款，该条款无效。抵押条款的无效不影响抵押合同其他条款的效力。

5．质押

所谓质押，指债务人或者第三人将其动产或权力移交债权人占有，将该财产作为债的担保，当债务人不履行债务或者发生当事人约定的实现抵押权的情形时，债权人有权依法以该财产变价所得优先受偿。

质押权是一种担保物权，因此同样具备担保物权的特征，即从属性、不可分性、物上代位性。但与抵押权相比，有一定的区别，如下所述：

（1）质押的标的物可以是动产或者权利，但不能是不动产；抵押的标的物既可以是动产也可以是不动产。

（2）质权的设定必须移转质物的占有；抵押权的设定不要求移转抵押物的占有。

（3）由于抵押权设定不移转占有，因此，抵押人可以继续对抵押物占有、使用、收益；由于质押移转标的物的占有，因此，质押人虽然享有对标的物的所有权，但不能直接对质押物进行占有、使用、收益。

质押分为动产质押与权利质押；质权分为动产质权和权利质权。动产质权是指可移动并因此不损害其效用的物的质权；权利质权是指以可转让的权利为标的物的质权。

6．留置

留置权是指债权人合法占有债务人的动产，在债务人不履行到期债务时，债权人有权依法留置该财产，并有权就该财产享有优先受偿的权利。

留置权有如下特征：

（1）留置权属于担保物权，因此具有担保物权的从属性、不可分性和物上代位性等特征。

（2）留置权属于法定的担保物权。留置权的产生不是依据当事人之间的约定，而是在符合法律规定的条件下产生的。但当事人可以通过合同约定排除留置权的适用。

### 七、建设工程保险制度

1. 保险

保险是指投保人根据合同约定，向保险人支付保险费，保险人对于合同约定的可能发生的事故因其发生所造成的财产损失承担赔偿保险金责任，或者当被保险人死亡、伤残、疾病或者达到合同约定的年龄、期限时承担给付保险金责任的商业保险行为。

保险是一种受法律保护的分散危险、消化损失的法制制度，因此，危险的存在是保险的前提，保险制度上的危险具有损失发生的不确定性（包括是否发生不确定性、发生时间不确定性、发生后果不确定性）。

2. 保险合同

保险合同是指投保人、保险人约定法律权利与义务的协议。一般分为财产保险合同和人身保险合同。

投保人是指与保险人签订保险合同，并按照合约要求支付保险费用的义务人。

保险人是指与投保人签订保险合同，并承担赔偿和支付保险金义务的责任。

被保险人是指财产或者人身受保险合同保障，享有保险金请求权的人。

收益人是指人身保险合同中投保人或被保险人指定享有保险金请求权的人。

（1）财产保险合同。财产保险合同是以财产及其有关利益为保险标的的保险合同。财产保险合同的转让，必须通知保险人，经保险人同意继续承保后，依法转让合同。在保险合同期间，保险标的的危险程度加大时，要及时通知保险人；保险人可以按照合约规定增加保险费用或解除保险合同（建设工程一切险、安装工程一切险属于财产保险合同）。

建设工程一切险是对建设工程项目提供全面保险，它既对各种建设工程及其施工过程中的物料、机器设备遭受的损失予以保险，也对因工程建设给第三者造成的人身、财产伤害承担经济赔偿责任。

安装工程一切险是以各种机器设备和钢结构为标的，并为机器设备的安装及钢结构工程的实施提供尽可能全面的专门保险，属于一种技术险种。

（2）人身保险合同。人身保险合同是以人的寿命和身体为保险标的的保险合同。投保人应向保险人如实地申报姓名、年龄、身体状况，投保人于合同成立后，可以向保险人一次性支付保险费用，可以按合约规定分期支付，受益人是投保人或者被保险人指定的。保险人对人身保险的保险费，不得用诉讼方式要求投保人支付。

3. 保险的索赔

（1）投保人进行索赔时需提供必要的有效证明。

（2）投保人应当及时提出保险索赔。

（3）计算损失大小。

**【案例 1 - 2】**

1. 背景

"虹桥"是某地形象工程，因形似彩虹而得名，该桥跨越长江支流——綦河，连接城东城西，于 1994 年 11 月 5 日动工建设，1996 年 2 月 16 日竣工，桥净空跨度 120m，耗资 368 万元。1999 年 1 月 4 日晚 6 时 50 分左右，"虹桥"整体垮塌，包括 18 名年轻武警战士在内的 40 人遇难，造成直接经济损失 630 余万元。1 月 8 日，时任建设部部长俞正声到事故现场调查后一针见血地指出：这是个典型的违法施工项目。此次事故发生以后，对于事故发生的原因分析如下。

2. 问题 1

吊杆锁锚问题：主拱钢绞线锁锚方法错误，不能保证钢绞线有效锁定及均匀受力，锚头部位的钢绞线出现部分或全部滑出，使吊杆钢绞线锚固失效。

主拱钢管焊接问题：主拱钢管在工厂加工中，对接焊缝普遍存在裂纹、未焊透、未熔合、气孔、夹渣等严重缺陷，质量达不到施工及验收规范规定的二级焊缝验收标准。

钢管混凝土问题：主钢管内混凝土强度未达设计要求，局部有漏灌现象，在主拱肋板处甚至出现 1m 多长的空洞。吊杆的灌浆防护也存在严重的质量问题。

设计问题：设计粗糙，随意更改。施工中对主拱钢结构的材质、焊接质量、接头位置及锁锚质量均无明确要求。在成桥增设花台等荷载后，主拱承载力不能满足相应规范要求。

桥梁管理不善：吊杆钢绞线锚固加速失效后，西桥头下端支座处的拱架钢管就产生了陈旧性破坏裂纹，主拱受力急剧恶化，已成一座危桥。

3. 问题 2

建设过程严重违反基本建设程序。未办理立项及计划审批手续，未办理规划、国土手续，未进行设计审查，未进行施工招投标，未办理建设施工许可手续，未进行工程竣工验收。

设计、施工主体资格不合格。私人设计，非法出图；施工承包主体不合法；挂靠承包，严重违规；管理混乱。个别领导行政干预过多，对工程建设的许多问题擅自决断，缺乏约束监督；建设业主与县建设行政主管部门职责混淆，责任不落实，工程发包混乱，管理严重失职；工程总承包关系混乱，总承包单位在履行职责上严重失职；施工管理混乱，设计变更随意，手续不全，技术管理薄弱，责任不落实，关键工序及重要部位的施工质量无人把关；材料及构配件进场管理失控，未按规定进行试验检测，外协加工单位加工的主拱钢管未经焊接质量检测合格就交付施工方使用；质监部门未严格审查项目建设条件就受理质监委托，且未认真履行职责，对项目未经验收就交付使用的错误做法未有效制止；工程档案资料管理混乱，无专人管理；未经验收，强行使用。

另外，负责项目管理的少数领导干部存在严重的腐败行为，使国家明确规定的各项管理制度形同虚设。

总之，该工程属于一个无正规立项，无正规设计单位，无正规施工单位，无工程监理，无工程质量验收的"五无"工程。试分析：

该工程中的各主体应当承担哪些法律责任？

4. 分析

（1）该地原县委书记因受贿、玩忽职守罪被判处无期徒刑；原县委副书记因受贿罪、玩忽职守罪被判处死缓；原城建委主任因玩忽职守罪被判处有期徒刑 6 年；原市政工程质量监督站站长因重大安全事故罪被判处有期徒刑 5 年；原人大常委会副主任因玩忽职守罪被判处有期徒刑 3 年；"虹桥"工程组织承建者因重大安全事故罪被判处有期徒刑 10 年。此外，通用工业技术服务部相关人员，因重大安全事故罪、玩忽职守罪、生产销售不符合安全标准的产品罪等罪名，被判处 6～10 年有期徒刑，并处以 3 万～25 万元罚金。

（2）违反计划管理方面的法律责任。对不按照法律规定的审批权限批准建设的项目，违反国家固定资产投资计划，乱上项目，不按国家指令计划规定保证国家管理建设项目时财力、物力、人力要求；违反经国家检查后做出的停建、缓建决定，要根据其情节轻重和造成国家财产损失大小，追究责任单位的主要负责人和直接责任人员的行政责任和民事责任，已构成犯罪的，要依法追究刑事责任。

（3）违反工程质量方面的法律责任。基本建设工程必须保证质量，对于不按照规定程序设计施工，违反操作规程，不按照技术标准设计施工，不按照设计采用材料施工，玩忽职守等行为而造成工程质量事故，致使国家财产损失的，依法追究责任人员的法律责任。

（4）违反资金管理方面的法律责任。对于违反基本建设资金管理，不按照规定用途使用贷款基金，资金来源不当，资金不存入建设银行专户管理，逃避监督等行为，中国建设银行和业务主管部门有权冻结其资金，停止对其进行基建拨款，并依照法律规定或者借款合同追究其责任。

本案中受到处罚的单位与个人，都是因为严重违反建设法律或合同法的强制性规定，造成重大责任事故，依法应当承担相应的法律责任。

# 第四节　建设工程法律责任

建设工程法律责任是指建设法律关系中的主体由于违反建设法律规范的行为而依法应当承担的法律后果。建设法律责任具有国家强制性，法律责任的设定能够保证法律规定的权利和义务的实现。

## 一、法律责任的基本种类和特征

1. 法律责任的基本种类

建设法律责任根据不同性质的违法行为划分为刑事法律责任、民事法律责任和行政法律责任。其中又以行政法律责任为最主要的责任形式。

2. 法律责任的特征

（1）它是与违法行为相联系的。没有违法行为，就谈不上法律责任。由于违法行为的性质和危害程度不同，因而违法行为所应承担的法律责任也不相同。

（2）它的内容是法律规范明确加以具体规定的。法律责任是一种强制性法律措施，必须由有立法权的机关根据职权依照法定程序制定的有关法律、行政法规、地方性法规、部委规章或者地方政府规章来加以明文规定，否则就不构成法律责任。

（3）它具有国家强制性。法律责任是以国家强制力为后盾的。所谓国家强制力，主要是指国家司法机关或者国家授权的行政机关采取强制措施强迫违法行为人承担法律责任。像社会责任中的道德责任，只能通过舆论监督等途径保证执行，而不能通过国家强制力保证执行。

（4）它是由国家授权机关依法实施的。对违法行为追究法律责任，实施法律制裁，是国家权力的重要组成部分，必须由国家有权的机关，主要是指国家司法机关和有关的国家行政机关依法进行。其他任何组织和个人均无权进行。

### 二、建设工程民事责任的种类及承担方式

民事法律责任，简称民事责任，是指民事主体违反民事法律上的约定或规范规定的义务所应承担的对其不利的法律后果，即由《民法通则》，规定的对民事违法行为人依法采取的以恢复被损害的权利为目的，并与一定的民事制裁措施相联系的国家强制形式。

（一）民事责任的一般构成要件

民事法律责任的一般构成要件包括以下几点。

**1. 有违法行为的存在**

违法行为又称加害行为，是指行为人做出的导致他人的民事权利受到损害的行为。任何一个民事损害事实都与特定的加害行为相联系，亦即民事损害事实都由特定的加害行为所造成。没有加害行为，损害就无从发生。从表现形式上着，加害行为可以是作为，也可以是不作为，以不作为构成加害行为的，一般以行为人负有特定的义务为前提。

加害行为就是行为具有违法性，侵害他人的民事权利或受法律保护的民事利益的原则上可认定为违法，但有些行为比如职务授权行为、正当防卫行为、紧急避险行为等，则应排除其违法性，违法情形包括违反法律规定和违背社会公序良俗。

**2. 损害结果的发生**

损害事实，是指因一定的行为或事件对他人的财产或人身造成的不利影响。损害事实既包括财产损失，也包括非财产损失，如人的死亡、人身伤害、精神损害（痛苦、疼痛）等。作为侵权行为构成要件的损害事实须具备以下特点：损害是侵害合法权益的结果；损害具有可补救性；损害是已经发生的确实的事实。依侵权损害的性质和内容，损害结果大致可分为财产损失、人身伤害和精神损害三种。

（1）财产损失。财产损失是指一切财产上的不利变动，包括财产的积极减少和消极的不增加，主要是指由于行为人对受害人的财产权利施加侵害所造成的经济损失，既包括积极损失，如人身伤害的费用支出，也包括消极损失，如误工减少的收入等。

（2）人身伤害。人身伤害指由于行为人对受害人的人身施加侵害所造成的人身上的损害，具体包括生命的损害、身体的损害、健康的损害三种情况。同时，对自然人人身的损害往往也会导致其财产的损失，如伤害他人身体致其支付医疗费、护理费、交通费和误工减少的收入等。

（3）精神损害。精神损害主要是指自然人因人格受损或人身伤害而导致的精神痛苦，当然广义上还包括法人的商誉损失等。与其他损害不同的是，精神损害具有无形性，难以用金钱来衡量，司法实践也只是补偿责任。

**3. 损害行为与损害结果之间有因果关系**

因果关系是指社会现象之间的一种客观联系，即一种现象在一定条件下必然引起另一

种现象的发生，则该种现象为原因，后一种现象为结果，这两种现象之间的联系，就称为因果关系。理论上认定因果关系具体有三种方法：根据事件发生的先后顺序来认定；根据事件的客观性来认定，根据原因现象是结果现象的必要条件规则来认定。

侵权行为只有在加害行为与损害事实之间存在因果关系时，才能构成。如果加害人有加害行为，他人也有民事权益受损害的事实，但二者毫不相干，则仍不能构成侵权行为。因此，加害行为与损害事实之间有因果关系，是构成一般侵权行为的必要要件。

4. 行为人具有法律规定的过错或无过错

过错是行为人对其行为的一种心理状态。行为人是否有过错直接关系到对其行为性质的认定。根据民法原理，过错分为故意、重大过失和一般过失。行为人明知自己的行为会发生损害他人民事权利的结果而实施行为的，为故意。行为人根据一般人的见识应当预见自己的行为可能损害他人的民事权利但因为疏忽大意而没有预见导致损害结果发生的，为过失。一般认为一个专业人士违反了普通预见的水平的即构成重大过失。衡量行为人对其作为和不作为是否有主观故意或过失，应根据具体的时间，地点和条件等多种因素综合进行确定，这也是侵权行为归责原则应当考虑的因素。

（二）民事责任的种类

1. 侵权责任

侵权责任是建设勘察设计单位、施工单位等，在勘察设计、施工过程中侵犯国家、集体的财产权利以及自然人的财产权利和人身权利时应承担的法律责任。侵权责任包括一般侵权责任和特殊侵权责任。

（1）一般侵权责任是指具备一般侵权行为成立要件，直接由行为人承担民事责任。一般侵权责任以行为人的过错为承担民事法律责任的归责原则。

（2）特殊侵权责任是指损害结果发生后，按照法律的直接规定所确定的侵权责任。特殊侵权责任，不以过错的存在判断行为人是否应承担民事法律责任，或采用推定过错原则。

1）高度危险作业致人损害。

2）环境污染致人损害。

3）在建工程或其他设施致人损害。

2. 违约责任

违约责任是指合同当事人不履行合同义务或者履行合同义务不符合约定时，依法应承担的法律责任。

（三）民事责任的承担方式

1. 承担民事责任的方式

我国民法将承担民事责任的方式规定如下：

（1）停止侵害，主要用于对知识产权和人身权的侵害。

（2）排除妨害，主要用于对财产所有权、经营权、承包权、使用权、相邻权的保护。

（3）消除危险，主要用于自己的财产和人身可能由于其他人的经营活动或财产管理不善而带来的危险。

（4）返还财产，广泛适用于财产被他人非法占有的情况。

（5）恢复原状，这主要是用于侵占他人财产时的一种责任形式。

（6）修理、重做、更换，这主要是用于债务人履行合同时，当标的物的质量不合格时采取的民事责任形式。

（7）赔偿损失，这种形式是在民法中最普遍使用的一种。侵权责任或违约责任都可以赔偿损失。

（8）支付违约金，这种责任形式只适用于违约责任。

（9）消除影响，恢复名誉，主要适用于对名誉权、其他人身权利的侵犯和对知识产权的侵犯。

（10）赔礼道歉，适用于对人身权和知识产权的各种侵犯。

以上承担民事责任的方式，可以单独适用，也可以合并适用。

人民法院审理民事案件，除用上述规定外，还可以予以训诫，责令具结悔过，收缴进行非法活动的物品和非法所得，并可以依照法律规定处以罚款、拘留。

此外，对应该履行的义务，必要时还要采取强制履行这种责任形式。

2. 承担建设民事法律责任的情形

（1）建设施工企业转让、出借资质证书或者以其他方式允许他人以本企业名义承揽工程，因该项承揽工程不符合规定的质量标准造成的损失，建设施工企业与使用本企业名义的单位或者个人承担连带赔偿责任。

（2）承包单位将承包的工程转包的，或者违反法律规定进行分包的，对因转包的工程或者违法分包的工程不符合规定的质量标准造成的损失，承包单位与接受转包或者分包的单位承担连带赔偿责任。

（3）工程监理单位与建设单位或者建设施工企业串通，弄虚作假，降低工程质量造成损失的，工程监理单位与建设单位或者建设施工企业承担连带赔偿责任。

（4）违反法律规定，对涉及建设主体或者承重结构变动的装修工程擅自施工，给他人造成损失的，承担赔偿责任。

（5）建设设计单位不按照建设工程质量、安全标准进行设计，造成损失的，设计单位承担赔偿责任。

（6）建设施工企业在施工中偷工减料，使用不合格的建设材料、建设构配件和设备，或者有其他不按照工程设计图纸或者施工技术标准施工的行为，造成建设工程质量不符合规定的质量标准的，负责返工、修理，并赔偿因此造成的损失。

（7）建设施工企业对在工程保修期内因屋顶、墙面渗漏，开裂等质量缺陷造成的损失，承担赔偿责任。

（8）负责颁发建设工程施工许可证的部门及其工作人员对不符合施工条件的建设工程颁发施工许可证的，负责工程质量监督检查或者竣工验收的部门及其工作人员对不合格的建设工程出具质量合格文件或者按合格工程验收，造成损失的，由该部门承担相应的赔偿责任。

（9）在建设物的合理使用寿命内，因建设工程质量不合格受到损害的，受损害方有权向责任者要求赔偿。

（10）工程监理单位不按照委托监理合同的约定履行监理义务，对应当监督检查的项目不检查或者不按规定检查，给建设单位造成损失的，应当承当相应的赔偿责任。工程监理单位与承包单位串通，为承包单位谋取非法利益，给建设单位造成损失的，应当与承包单位承担连带赔偿责任。

（11）建设施工企业应当在施工现场采取维护安全、防范危险、预防火灾等措施，有条件的，应当对施工现场实行封闭管理，施工现场对毗邻的建设物、构筑物和特殊作业环境可能造成损害的，建设施工企业应当采取安全防护措施。未采取相应措施的，对方有权要求消除危险；造成损失的，对方有权要求赔偿。

（12）建设单位应当向建设施工企业提供与施工现场有关的地下管线资料。建设施工企业应当采取措施加以保护。否则，受损害方有权要求停止侵害；造成损失的，建设施工企业应当承担赔偿责任。

（13）建设施工企业应当遵守有关环境保护和安全生产的法律、法规的规定，采取控制和处理施工现场的各种粉尘、废气、废水、固体废物以及噪声、振动对环境的污染和危害的措施。未采取措施给他人造成损害的，受损害方有权要求停止侵害；造成损失的，建设施工企业应当承担赔偿责任。

### 三、建设工程行政责任的种类及承担方式

行政法律责任是指行政法律关系主体违反行政管理法规应当承担的消极的法律后果。

（一）行政法律责任的特点

（1）承担行政责任的主体是行政主体和行政相对人。行政主体是拥有行政管理职权的行政机关及其公职人员，行政相对人是负有遵守行政法义务的普通公民、法人。

（2）产生行政责任的原因是行为人的行政违法行为和法律规定的特定情况。

（3）通常情况下，实行过错推定的方法。

（4）行政责任的承担方式多样化，包括行为责任、精神责任、财产责任和人身责任。

（二）行政处分

行政处分是指国家机关、企事业单位和社会团体依据行政管理法规、规章、章程、纪律等，对其所属人员或者职工的违法失职行为所作的处罚。

对国家公务员的行政处分形式包括：警告、记过、记大过、降级、撤职、开除等。

对职工的行政处分形式包括：警告、记过、记大过、降级、撤职、留用察看、开除等。

建设行政法律责任中，行政处分主要包括以下六种情形：

（1）在工程发包与承包中索贿、受贿、行贿，不构成犯罪的，对直接负责的主管人员和其他直接责任人员给予行政处分。

（2）违反法律规定，对不具备相应资质等级条件的单位颁发该登记资质证书，不构成犯罪的，对直接负责的主管人员和其他直接责任人员给予行政处分。

（3）负责颁发建设工程施工许可证的部门及其工作人员对不符合施工条件的建设工程颁发施工许可证的，负责工程质量监督检查或者竣工验收的部门及其工作人员对不合格的建设工程出具质量合格文件或者按合格工程验收的，由上级机关责令改正，不构成犯罪的，对责任人员给予行政处分。

（4）在招标投标活动中，任何单位违反法律规定干涉招标投标活动的，对单位直接负

责的主管人员和其他直接责任人员依法给予行政处分。

（5）依法必须进行招标的项目，不招标或规避招标的，招标人向他人泄漏可能影响公平竞争的有关情况的，招标人与投标人违反法律规定就实质性内容进行谈判的，招标人在评标委员会否决所有投标后自行确定中标人的，对单位直接负责的主管人员和其他直接责任人员依法给予行政处分。

（6）对招标投标活动、建设工程勘察、设计活动、建设工程质量监督管理、建设工程安全生产监督管理负有行政监督职责的国家机关工作人员徇私舞弊、滥用职权、玩忽职守，不构成犯罪的，依法给予行政处分。

（三）行政处罚

行政处罚是指行政主体依据法定权限和程序，对违反行政法规的行政相对人给予的法律制裁。

行政处罚的种类有：警告；罚款；没收违法所得、没收非法财物；责令停产停业；暂扣或者吊销许可证、暂扣或者吊销执照；行政拘留；法律、行政法规规定的其他行政处罚。

建设行业处罚的种类包括：警告；罚款；没收违法所得，没收违法建设物、构筑物和其他设施；责令停业整顿，吊销资质证书，吊销执业资格证书和其他许可证、执照；法律、行政法规规定的其他行政处罚。

1. 可以处以罚款的情形

（1）未取得施工许可证或者开工报告未经批准擅自施工的。

（2）建设施工企业违反规定，对建设安全事故隐患不采取措施予以消除的。

（3）建设单位违反规定，要求建设设计单位或者建设施工企业违反建设工程质量、安全标准，降低工程质量的。

（4）建设施工企业违反规定，不履行保修义务或者拖延履行保修义务的。

2. 应当处以罚款的情形

（1）发包单位将工程发包给不具有相应资质等级的承包单位的，或者违反规定将建设工程肢解发包的；超越本单位资质等级承揽工程的，或者以欺骗手段取得资质证书的。

（2）建设施工企业转让、出借资质证书或者以其他方式允许他人以本企业的名义承揽工程的。

（3）承包单位将承包的工程转包的，或者违反规定进行分包的。

（4）在工程分包与承包中索贿、受贿、行贿，尚未构成犯罪的。

（5）工程监理单位与建设单位或者建设施工企业串通，弄虚作假、降低工程质量的。

（6）涉及建设主体或者承重结构变动的装修工程擅自施工的。

（7）建设设计单位不按照建设工程质量、安全标准进行设计的。

（8）建设施工企业在施工中偷工减料的，使用不合格的建设材料、建设构配件和设备的，或者有其他不按照工程设计图纸或者施工技术标准施工的行为的。

3. 没收违法所得

没收违法所得是指对违反建设法规的行为人因其违法行为获得的财产，强制收归国有的处罚。

（1）超越本单位资质等级承揽工程，或者未取得资质证书承揽工程，有违法所得的。

（2）建设施工企业转让、出借资质证书或者以其他方式允许他人以本企业的名义承揽工程，有违法所得的。

（3）承包单位将承包的工程转包，或者违反规定进行分包，有违法所得的。

（4）在工程分包与承包中索贿、受贿、行贿的。

（5）工程监理单位与建设单位或者建设施工企业串通，弄虚作假、降低工程质量，有违法所得的；或者工程监理单位转让监理业务的。

（6）建设设计单位不按照建设工程质量、安全标准进行设计，有违法所得的。

4. 责令停业整顿、降低资质等级、吊销资质证书

（1）责令停业整顿是指强制违反建设法规的行为人停止生产经营活动，并要求其整顿的处罚。

（2）降低资质等级是指对违反建设法规的行为人剥夺其部分资格能力的处罚。

（3）吊销资质证书是指对违反建设法规的行为人剥夺其资格能力的处罚。

1）超越本单位资质等级承揽工程的，可以责令停业整顿，降低资质等级；情节严重的，吊销资质证书。

2）建设施工企业转让、出借资质证书或者以其他方式允许他人以本企业的名义承揽工程的，可以责令停业整顿，降低资质等级；情节严重的，吊销资质证书。

3）承包单位将承包的工程转包的，或者违反规定进行分包的，可以责令停业整顿，降低资质等级；情节严重的，吊销资质证书。

4）在工程承包中行贿的承包单位，可以责令停业整顿、降低资质等级或者吊销资质证书。

5）工程监理单位与建设单位或者建设施工企业串通，弄虚作假，降低工程质量的，降低资质等级或者吊销资质证书；工程监理单位转让监理业务的，可以责令停业整顿，降低资质等级；情节严重的，吊销资质证书。

6）建设施工企业违反规定，对建设安全事故隐患不采取措施予以消除，情节严重的，责令停业整顿，降低资质等级或者吊销资质证书。

7）建设设计单位不按照建设工程质量、安全标准进行设计，造成工程质量事故的，责令停业整顿、降低资质等级或者吊销资质证书。

8）建设施工企业在施工中偷工减料，使用不合格的建设材料、建设构配件和建设设备，或者有其他不按照工程设计图纸或者施工技术标准施工的行为，情节严重的，责令停业整顿、降低资质等级或者吊销资质证书。

（四）行政赔偿

行政赔偿是指行政机关及其工作人员在行使行政职权的过程中，因其行为违法或者不作为而侵犯了公民、法人或者其他组织的合法权益并造成实际损害，由国家给予受害人赔偿的法律制度。

建设行政主管部门和其他相关部门及其工作人员，在对建设活动实施监督管理的过程中，不履行其职责或不正当行使权力，侵犯公民、法人或其他组织的合法利益并造成损失的，应当承担赔偿责任。

#### 四、建设工程刑事责任的种类及承担方式

刑事法律责任是指犯罪主体因违反刑法规定，实施犯罪行为应承担的法律责任。

刑事法律责任的承担方式是刑罚，刑罚是刑法规定的由国家审判机关依法对犯罪分子所适用的剥夺或限制其某种权益的最严厉的法律强制方法。

（一）刑事责任的特点

（1）产生刑事责任的原因在于行为人行为的严重社会危害性，只有行为人的行为具有严重的社会危害性即构成犯罪，才能追究行为人的刑事责任。

（2）与作为刑事责任前提的行为的严重的社会危害性相适应，刑事责任是犯罪人向国家所负的一种法律责任。

（3）刑事法律是追究刑事责任的唯一法律依据，罪刑法定。

（4）刑事责任是一种惩罚性责任，因而是所有法律责任中最严厉的一种。

（5）刑事责任基本上是一种个人责任。同时，刑事责任也包括集体责任，比如"单位犯罪"。

（二）犯罪构成

犯罪是指具有社会危害性、刑事违法性并应受到刑事处罚的违法行为。犯罪构成，则是指认定犯罪的具体法律标准，是我国刑法规定的某种行为构成犯罪所必须具备的主观要件和客观要件的总和。按照我国犯罪构成的理论，我国刑法规定的犯罪都必须具备犯罪客体、犯罪的客观方面、犯罪主体、犯罪的主观方面这四个共同要件。

（1）犯罪客体是指刑法所保护的而被犯罪所侵害的社会关系。

（2）犯罪的客观方面是指我国刑法所规定的构成犯罪在客观上必须具备的危害社会的行为和由这种行为引起的危害社会的结果。该要件说明了犯罪客体在什么样的条件下，通过什么样的危害行为而受到什么样的侵害。

（3）犯罪主体是指实施了犯罪行为，依法应当承担责任的人。

（4）犯罪的主观方面是指犯罪主体对自己实施的危害社会的行为及结果所持的心理态度。

（三）刑事责任的承担方式

刑罚是刑事责任的承担方式，是建设法规关于法律责任中最严厉的一种处罚。根据《中华人民共和国刑法》的规定，刑罚分为主刑和附加刑。

1．主刑

主刑是基本的刑罚，只能独立使用不能附加使用，对一个罪只能使用一个主刑，不能同时适用两个以上主刑。主刑有管制、拘役、有期徒刑、无期徒刑和死刑五种。

2．附加刑

附加刑是既可以独立适用又可以附加于主刑适用的刑罚方法。对一个罪可以适用一个附加刑，也可以适用多个附加刑。附加刑有罚金、剥夺政治权利和没收财产三种。

（四）承担建设活动中的刑事责任的种类

1．索贿、行贿、受贿的刑事责任

企业人员受贿罪是指公司、企业的工作人员利用职务上的便利，索取他人财物或者非法收受他人财物，为他人谋取利益，数额较大的行为。

对公司、企业人员行贿罪，是指为谋取不正当利益，给予公司、企业的工作人员以财物，数额较大的行为。

受贿罪是指国家工作人员利用职务上的便利，索取他人财物的，或者非法收受他人财物，为他人谋取利益的行为。

**2. 工程重大安全事故的刑事责任**

工程重大安全事故罪是指建设单位、设计单位、施工单位、工程监理单位违反国家规定，降低工程质量标准，造成重大安全事故的行为。

重大安全事故是指建设工程在建设中及交付使用后，由于达不到质量标准或者存在严重问题，导致工程倒塌或报废等后果，致人伤亡或者造成重大经济损失。

**3. 重大劳动安全事故的刑事责任**

重大劳动安全事故罪是指工厂、矿山、林场、建设企业或者其他企业、事业单位的劳动安全设施不符合国家规定，经有关部门或单位职工提出后，对事故隐患仍不采取措施，因而发生重大伤亡事故或者造成其他严重后果的行为。

重大伤亡事故是指造成三人以上重伤或一人以上死亡的事故。其他严重后果，主要是指造成重大经济损失，产生极坏的影响，引起单位职工强烈不满导致停工等。

**4. 重大责任事故的刑事责任**

重大责任事故罪是指工厂、矿山、林场、建设企业或者其他企业、事业单位的职工，由于不服管理，违反规章制度，或者强令工人违章冒险作业，因而发生重大伤亡事故或者造成其他严重后果的行为。

**5. 滥用职权、玩忽职守的刑事责任**

滥用职权罪、玩忽职守罪是指国家机关工作人员滥用职权或者玩忽职守，致使公共财产、国家和人民利益遭受重大损失的行为。

滥用职权的表现形式主要有两种：一是非法行使本人职务范围内的权力；二是行为人超越其职权范围而实施有关行为。

**【案例 1 - 3】**

**1. 背景**

甲施工企业在某条公路的施工过程中，需要购买一批水泥。甲施工企业的采购员张某持介绍信到乙建材公司要求购买一批 B 强度等级的水泥。由于双方有长期的业务关系，未签订书面的水泥买卖合同，乙建材公司很快就发货了。但乙建材公司发货后，甲施工企业拒绝支付货款。甲施工企业提出的理由是，公司让张某购买的水泥是 A 强度等级而非 B 强度等级。双方由此发生纠纷。

**2. 问题**

（1）水泥买卖合同是否有效？

（2）合同纠纷应当如何处理？

**3. 分析**

（1）本案中的纠纷处理，首先要判明水泥买卖合同是否有效，而对于合同效力判断的重要依据是甲施工企业的介绍信是如何写的。《民法通则》第六十五条规定："民事法律行为的委托代理，可以用书面形式，也可以用口头形式。……书面委托代理的授权委托书应当载明代理人的姓名或者名称、代理事项、权限和期间，并由委托人签名或者盖章。"据此，甲施工企业的介绍信可以视为授权委托书，张某则是甲施工企业的代理人。如果甲施工企业开出的介绍信是"介绍张某购买水泥"，则张某的行为是合法代理行为，其购买 B 强度等级水泥的行为在代理权限范围内；双方的口头合同也是有效的，应当继续履行，即甲施工企业应当付款。如果甲施工企业开出的介绍信是"介绍张某购买 A 强度等级水泥"，则张某买 B 强度等级水泥的行为就超越了代理权限，双方的口头合同是无效的。

（2）如果合同被确认无效后，其首要的法律后果是返还财产，即甲施工企业可以退货、拒付货款。乙建材公司的损失，按照《民法通则》第六十六条关于"没有代理权、超越代理权或者代理权终止后的行为，只有经过被代理人的追认，被代理人才承担民事责任。未经追认的行为，由行为人承担民事责任"的规定，应当向张某主张。但在司法实践中，乙建材公司的难点是应当如何证明张某要求购买的是 B 强度等级水泥。

# 第五节　《中华人民共和国建筑法》概述

## 一、《建筑法》的立法宗旨、适用范围和调整对象

（一）《建筑法》的立法宗旨

为了加强对建筑活动的监督管理，维护建筑市场秩序，保证建筑工程的质量和安全，促进建筑业健康发展，制定本法。（《建筑法》第一条）

建筑业在国民经济和社会发展中有着十分重要的地位和作用，目前已经发展为我国的一项重要支柱产业。但是，我国建筑市场各方主体行为不规范，建筑市场秩序混乱，建筑工程质量堪忧，建筑安全生产问题突出，这些问题都需要《建筑法》的规范。通过制定《建筑法》，规定从事建筑活动和对建筑活动进行监督管理必须遵守的行为规范，以法律的强制力保证实施，为加强对建筑活动的有效监督管理提供法律依据和法律保障；通过制定《建筑法》，确立建筑市场运行必须遵守的基本规则，要求参与建筑市场活动的各个方面都必须遵循，对违反建筑市场法定规则的行为依法追究法律责任；《建筑法》将保证建筑工程的质量和安全作为本法的立法宗旨和立法重点，从总则到分则作了若干重要规定，并对保证建筑工程的质量和安全具有重要意义，进而促进建筑业持续、稳定、快速发展。

（二）《建筑法》的适用范围

《建筑法》规定，建筑活动是指各类房屋建筑及其附属设施的建造和与其配套的线路、管道、设备的安装活动。但是，全国人大常委会也认为，不能将一般工业与民用建筑工程与专业建筑工程带有共性的、需要共同遵守的规则分别制定几个法律，又在《建筑法》的附则中规定："关于施工许可、建筑施工企业资质审查和建筑工程发包、承包、禁止转包，以及建筑工程监理、建筑工程安全和质量管理的规定，适用于其他专业建筑工程的建筑活动。"因此，《建筑法》的主要内容适用于所有的工程建设，包括公路、桥梁、港口、铁路等。从这一角度说，《建筑法》的主要内容对建设工程具有普遍的规范意义。而且，《建筑法》的地域范围（或称空间效力范围），是中华人民共和国境内，即中华人民共和国主权所及的全部领域内。但是，按照我国香港、澳门两个特别行政区基本法的规定，香港和澳门的建筑立法，应由这两个特别行政区的立法机关自行制定。

（三）《建筑法》的调整对象

《建筑法》的调整对象，主要有两种社会关系：一是从事建筑活动过程中所形成的一定的社会关系；二是在实施建筑活动管理过程中所形成的一定的社会关系。从性质上来看，前一种属于平等主体的民事关系，即平等主体的建设单位、勘察设计单位、建筑安装企业、监理单位、建筑供应单位之间，在建筑活动中所形成的民事关系。后一种属于行政管理关系，即建设行政主管部门对建筑活动进行的计划、组织、监督的关系。因此，《建筑法》的主体范围包括一切从事建筑活动的主体和依法负有对建筑活动实施监督管理职责的各级政府机关。

一切从事本法所称的建筑活动的主体，包括从事建筑工程的勘察、设计、施工、监理等活动的国有企业事业单位、集体所有制的企业事业单位、中外合资经营企业、中外合作经营企业、外资企业、合伙企业、私营企业以及依法可以从事建筑活动的个人，不论其经济性质如何、规模大小，只要从事本法规定的建筑活动，都应遵守本法的各项规定，违反本法规定的行为将受到法律的追究。

行政机关依法行政，是社会主义法制建设的基本要求。各级依法负有对建筑活动实施监督管理职责的政府机关，包括建设行政主管部门和其他有关主管部门，都应当依照本法的规定，对建筑活动实施监督管理。包括依照本法的规定，对从事建筑活动的施工企业、勘察单位、设计单位和工程监理单位进行资质审查，依法颁发资质等级证书；对建筑工程的招标投标活动是否符合公开、公正、公平的原则及是否遵守法定程序进行监督，但不应代替建设单位组织招标；对建筑工程的质量和建筑安全生产依法进行监督管理；以及对违反本法的行为实施行政处罚等。对建筑活动负有监督管理职责的机关及其工作人员不依法履行职责，玩忽职守或者滥用职权的，将受到法律的追究。

这里需要特别指出的是，关于建筑活动，《建筑法》和其他法律有特别规定的还应执行特别规定。比如，根据《建筑法》第八十三条的规定，省、自治区、直辖市人民政府确定的小型房屋建筑工程的建筑活动不直接适用《建筑法》，而是参照适用。依法核定作为文物保护的纪念建筑物和古建物等的修缮，依照文物保护的有关法律规定执行。也就是说，关于纪念建筑物和古建筑等的修缮，有关文物保护方面的法律规定适用本法的，就应当适用本法；规定不适用而适用其他法律的就应当适用其他法律。抢险救灾及其他临时性房屋建筑和农民自建低层住宅的建筑活动；不适用《建筑法》。根据《建筑法》第八十四条的规定，军用房屋建筑工程建筑活动的具体管理办法，由国务院、中央军事委员会依据《建筑法》制定，这里建筑法做出了授权性规定。另外，需要指出的是，在各类房屋的建造中包括了装饰装修。《建筑法》第四十九条还专门对涉及主体和承重结构变动的装修工程作了规定。《建筑法》第八十一条还规定，本法的法律制度，适用于其他专业工程。专业建筑工程是指冶金、有色金属、石油、化工、水利水电、航务航道、公路、邮电、通信等。具体办法由国务院规定。

## 二、《建筑法》确立的基本制度

（一）建筑工程施工许可

建筑工程施工许可是指由国家授权的有关行政主管部门，在建设工程开工之前对其是否符合法定的开工条件进行审核，对符合条件的建设工程允许其开工建设的法定制度。

1. 建筑工程施工许可

（1）建筑工程开工前，建设单位应当按照国家有关规定向工程所在地县级以上人民政府建设行政主管部门申请领取施工许可证；但是，国务院建设行政主管部门确定的限额以下的小型工程除外。

按照国务院规定的权限和程序批准开工报告的建筑工程，不再领取施工许可证。

（2）申请领取施工许可证，应当具备下列条件：

1）已经办理该建筑工程用地批准手续。

2）在城市规划区的建筑工程，已经取得规划许可证。

3）需要拆迁的，其拆迁进度符合施工要求。

4）已经确定建筑施工企业。

5）有满足施工需要的施工图纸及技术资料。

6）有保证工程质量和安全的具体措施。

7）建设资金已经落实。

8）法律、行政法规规定的其他条件。

建设行政主管部门应当自收到申请之日起十五日内，对符合条件的申请颁发施工许可证。

（3）建设单位应当自领取施工许可证之日起三个月内开工，因故不能按期开工的，应当向发证机关申请延期；延期以两次为限，每次不超过三个月。既不开工又不申请延期或者超过延期时限的，施工许可证自行废止。

（4）在建的建筑工程因故中止施工的，建设单位应当自中止施工之日起一个月内，向发证机关报告，并按照规定做好建筑工程的维护管理工作。

建筑工程恢复施工时，应当向发证机关报告；中止施工满一年的工程恢复施工前，建设单位应当报发证机关核验施工许可证。

（5）按照国务院有关规定批准开工报告的建筑工程，因故不能按期开工或者中止施工的，应当及时向批准机关报告情况。因故不能按期开工超过六个月的，应当重新办理开工报告的批准手续。

2. 从业资格

从业资格制度是指对具有一定专业学历和资历并从事特定专业技术活动的专业技术人员，通过考试和注册确定其执业的技术资格，获得相应文件签字权的一种制度。

（1）从事建筑活动的建筑施工企业、勘察单位、设计单位和工程监理单位，应当具备下列条件：

1）有符合国家规定的注册资本。

2）有与其从事的建筑活动相适应的具有法定执业资格的专业技术人员。

3）有从事相关建筑活动所应有的技术装备。

4）法律、行政法规规定的其他条件。

（2）从事建筑活动的建筑施工企业、勘察单位、设计单位和工程监理单位，按照其拥有的注册资本、专业技术人员、技术装备和已完成的建筑工程业绩等资质条件，划分为不同的资质等级，经资质审查合格，取得相应等级的资质证书后，方可在其资质等级许可的范围内从事建筑活动。

（3）从事建筑活动的专业技术人员，应当依法取得相应的执业资格证书，并在执业资格证书许可的范围内从事建筑活动。

（二）建筑工程发包与承包

1. 一般规定

（1）建筑工程的发包单位与承包单位应当依法订立书面合同，明确双方的权利和义务。发包单位和承包单位应当全面履行合同约定的义务。不按照合同约定履行义务的，依法承担违约责任。

（2）建筑工程发包与承包的招标投标活动，应当遵循公开、公正、平等竞争的原则，择优选择承包单位。建筑工程的招标投标，本法没有规定的，适用有关招标投标法律的规定。

（3）发包单位及其工作人员在建筑工程发包中不得收受贿赂、回扣或者索取其他好处。承包单位及其工作人员不得利用向发包单位及其工作人员行贿、提供回扣或者给予其他好处等不正当手段承揽工程。

（4）建筑工程造价应当按照国家有关规定，由发包单位与承包单位在合同中约定。公开招标发包的，其造价的约定，须遵守招标投标法律的规定。发包单位应当按照合同的约定，及时拨付工程款项。

2. 发包

（1）建筑工程依法实行招标发包，对不适于招标发包的可以直接发包。

（2）建筑工程实行公开招标的，发包单位应当依照法定程序和方式，发布招标公告，提供载有招标工程的主要技术要求、主要的合同条款、评标的标准和方法以及开标、评标、定标的程序等内容的招标文件。开标应当在招标文件规定的时间、地点公开进行。开标后应当按照招标文件规定的评标标准和程序对标书进行评价、比较，在具备相应资质条件的投标者中，择优选定中标者。

（3）建筑工程招标的开标、评标、定标由建设单位依法组织实施，并接受有关行政主管部门的监督。

（4）建筑工程实行招标发包的，发包单位应当将建筑工程发包给依法中标的承包单位。建筑工程实行直接发包的，发包单位应当将建筑工程发包给具有相应资质条件的承包单位。

（5）政府及其所属部门不得滥用行政权力，限定发包单位将招标发包的建筑工程发包给指定的承包单位。

（6）提倡对建筑工程实行总承包，禁止将建筑工程肢解发包。建筑工程的发包单位可以将建筑工程的勘察、设计、施工、设备采购一并发包给一个工程总承包单位，也可以将建筑工程勘察、设计、施工、设备采购的一项或者多项发包给一个工程总承包单位；但是，不得将应当由一个承包单位完成的建筑工程肢解成若干部分发包给几个承包单位。

（7）按照合同约定，建筑材料、建筑构配件和设备由工程承包单位采购的，发包单位不得指定承包单位购入用于工程的建筑材料、建筑构配件和设备或者指定生产厂、供应商。

3. 承包

（1）承包建筑工程的单位应当持有依法取得的资质证书，并在其资质等级许可的业务范围内承揽工程。禁止建筑施工企业超越本企业资质等级许可的业务范围或者以任何形式用其他建筑施工企业的名义承揽工程。禁止建筑施工企业以任何形式允许其他单位或者个人使用本企业的资质证书、营业执照，以本企业的名义承揽工程。

（2）大型建筑工程或者结构复杂的建筑工程，可以由两个以上的承包单位联合共同承包。共同承包的各方对承包合同的履行承担连带责任。两个以上不同资质等级的单位实行联合共同承包的，应当按照资质等级低的单位的业务许可范围承揽工程。

（3）禁止承包单位将其承包的全部建筑工程转包给他人；禁止承包单位将其承包的全部建筑工程肢解以后以分包的名义分别转包给他人。

（4）建筑工程总承包单位可以将承包工程中的部分工程发包给具有相应资质条件的分包单位；但是，除总承包合同中约定的分包外，必须经建设单位认可。施工总承包的，建筑工程主体结构的施工必须由总承包单位自行完成。建筑工程总承包单位按照总承包合同的约定对建设单位负责；分包单位按照分包合同的约定对总承包单位负责。总承包单位和分包单位就分包工程对建设单位承担连带责任。禁止总承包单位将工程分包给不具备相应资质条件的单位；禁止分包单位将其承包的工程再分包。

（三）建筑工程监理

（1）国家推行建筑工程监理制度。国务院可以规定实行强制监理的建筑工程的范围。

（2）实行监理的建筑工程，由建设单位委托具有相应资质条件的工程监理单位监理。建设单位与其委托的工程监理单位应当订立书面委托监理合同。

（3）建筑工程监理应当依照法律、行政法规及有关的技术标准、设计文件和建筑工程承包合同，对承包单位在施工质量、建设工期和建设资金使用等方面，代表建设单位实施监督。工程监理人员认为工程施工不符合工程设计要求、施工技术标准和合同约定的，有权要求建筑施工企业改正。工程监理人员发现工程设计不符合建筑工程质量标准或者合同约定的质量要求的，应当报告建设单位要求设计单位改正。

（4）实施建筑工程监理前，建设单位应当将委托的工程监理单位、监理的内容及监理权、书面通知被监理的建筑施工企业。

（5）工程监理单位应当在其资质等级许可的监理范围内，承担工程监理业务。工程监理单位应当根据建设单位的委托，客观、公正地执行监理任务。工程监理单位与承包单位以及建筑材料、建筑构配件和设备供应单位不得有隶属关系或者其他利害关系。工程监理单位不得转让工程监理业务。

（6）工程监理单位不按照委托监理合同的约定履行监理义务，对应当监督检查的项目不检查或者不按照规定检查，给建设单位造成损失的，应当承担相应的赔偿责任。工程监理单位与承包单位串通，为承包单位谋取非法利益，给建设单位造成损失的，应当与承包单位承担连带赔偿责任。

（四）建筑安全生产管理

（1）建筑工程安全生产管理必须坚持安全第一、预防为主的方针，建立健全安全生产的责任制度和群防群治制度。

（2）建筑工程设计应当符合按照国家规定制定的建筑安全规程和技术规范，保证工程的安全性能。

（3）建筑施工企业在编制施工组织设计时，应当根据建筑工程的特点制定相应的安全技术措施；对专业性较强的工程项目，应当编制专项安全施工组织设计，并采取安全技术措施。

（4）建筑施工企业应当在施工现场采取维护安全、防范危险、预防火灾等措施；有条件的，应当对施工现场实行封闭管理。施工现场对毗邻的建筑物、构筑物和特殊作业环境可能造成损害的，建筑施工企业应当采取安全防护措施。

（5）建设单位应当向建筑施工企业提供与施工现场相关的地下管线资料，建筑施工企业应当采取措施加以保护。

（6）建筑施工企业应当遵守有关环境保护和安全生产的法律、法规的规定，采取控制和处理施工现场的各种粉尘、废气、废水、固体废物以及噪声、振动对环境的污染和危害的措施。

（7）有下列情形之一的，建设单位应当按照国家有关规定办理申请批准手续：

1）需要临时占用规划批准范围以外场地的。

2）可能损坏道路、管线、电力、邮电、通信等公共设施的。

3）需要临时停水、停电、中断道路交通的。

4）需要进行爆破作业的。

5）法律、法规规定需要办理报批手续的其他情形。

（8）建设行政主管部门负责建筑安全生产的管理，并依法接受劳动行政主管部门对建筑安全生产的指导和监督。

（9）建筑施工企业必须依法加强对建筑安全生产的管理，执行安全生产责任制度，采取有效措施，防止伤亡和其他安全生产事故的发生。建筑施工企业的法定代表人对本企业的安全生产负责。

（10）施工现场安全由建筑施工企业负责。实行施工总承包制，由总承包单位负责。分包单位向总承包单位负责，服从总承包单位对施工现场的安全生产管理。

（11）建筑施工企业应当建立健全劳动安全生产教育培训制度，加强对职工安全生产的教育培训；未经安全生产教育培训的人员，不得上岗作业。

（12）建筑施工企业和作业人员在施工过程中，应当遵守有关安全生产的法律、法规和建筑行业安全规章、规程，不得违章指挥或者违章作业。作业人员有权对影响人身健康的作业程序和作业条件提出改进意见，有权获得安全生产所需的防护用品。作业人员对危及生命安全和人身健康的行为有权提出批评、检举和控告。

（13）建筑施工企业应当依法为职工参加工伤保险，缴纳工伤保险费。鼓励企业为从事危险作业的职工办理意外伤害保险，支付保险费。

（14）涉及建筑主体和承重结构变动的装修工程，建设单位应当在施工前委托原设计单位或者具有相应资质条件的设计单位提出设计方案；没有设计方案的，不得施工。

（15）房屋拆除应当由具备保证安全条件的建筑施工单位承担，由建筑施工单位负责人对安全负责。

（16）施工中发生事故时，建筑施工企业应当采取紧急措施减少人员伤亡和事故损失，并按照国家有关规定及时向有关部门报告。

（五）建筑工程质量管理

（1）建筑工程勘察、设计、施工的质量必须符合国家有关建筑工程安全标准的要求，具体管理办法由国务院规定。有关建筑工程安全的国家标准不能适应确保建筑安全的要求时，应当及时修订。

（2）国家对从事建筑活动的单位推行质量体系认证制度。从事建筑活动的单位根据自愿原则可以向国务院产品质量监督管理部门或者国务院产品质量监督管理部门授权的部门认可的认证机构申请质量体系认证。经认证合格的，由认证机构颁发质量体系认证证书。

（3）建设单位不得以任何理由，要求建筑设计单位或者建筑施工企业在工程设计或者施工作业中，违反法律、行政法规和建筑工程质量、安全标准，降低工程质量。建筑设计单位和建筑施工企业对建设单位违反前款规定提出的降低工程质量的要求，应当予以拒绝。

（4）建筑工程实行总承包的，工程质量由工程总承包单位负责，总承包单位将建筑工程分包给其他单位的，应当对分包工程的质量与分包单位承担连带责任。分包单位应当接受总承包单位的质量管理。

（5）建筑工程的勘察设计单位必须对其勘察、设计的质量负责。勘察、设计文件应当符合有关法律、行政法规的规定和建筑工程质量、安全标准、建筑工程勘察、设计技术规范以及合同的约定。设计文件选用的建筑材料、建筑构配件和设备，应当注明其规格、型号、性能等技术指标，其质量要求必须符合国家标准的规定。

（6）建筑设计单位对设计文件选用的建筑材料、建筑构配件和设备不得指定生产厂家和供应商。

（7）建筑施工企业对工程的施工质量负责。建筑施工企业必须按照工程设计图纸和施工技术标准施工，不得偷工减料。工程设计的修改由原设计单位负责，建筑施工企业不得擅自修改工程设计。

（8）建筑施工企业必须按照工程设计要求、施工技术标准和合同的约定，对建筑材料、建筑构配件和设备进行检验，不合格的不得使用。

（9）建筑物在合理使用寿命内，必须确保地基基础工程和主体结构的质量。建筑工程竣工时，屋顶、墙面不得留有渗漏、开裂等质量缺陷；对已经发现的质量缺陷，建筑施工企业应当修复。

（10）交付竣工验收的建筑工程，必须符合规定的建筑工程质量标准，有完整的工程技术经济资料和经签署的工程保修书，并具备国家规定的其他竣工条件。建筑工程竣工经验收合格后，方可交付使用；未经验收或者验收不合格的，不得交付使用。

（11）建筑工程实行质量保修制度。建筑工程的保修范围应当包括地基基础工程、主体结构工程、屋面防水工程和其他土建工程，以及电气管线、上下水管线的安装工程，供热、供冷系统工程等项目；保修的期限应当按照保证建筑物合理寿命年限内正常使用，维护使用者合法权益的原则确定。其体的保修范围和最低保修期限由国务院规定。

（12）任何单位和个人对建筑工程的质量事故、质量缺陷都有权向建设行政主管部门或者其他有关部门进行检举、控告、投诉。

**【案例 1-4】**

1. 背景

受害人张某系一无资质但手艺较好的泥水工匠，其常常揽下他人新建房屋的内外墙抹灰、贴瓷砖工程后，再邀约赵甲、赵乙两人一同去施工，结算的工钱除去张某所出的切割机刀片消耗费用外，剩下的三人平分。王某家新建三层砖混结构房屋一所，与张某口头约定将其房屋内外墙抹灰及贴瓷砖工程包给张某施工，双方约定了结算单价，施工用脚手架由王某提供，张某自带抹灰工具。之后张某邀约赵甲、赵乙、赵丁三人一同去为王家施工。2009年1月的一天，四人在为王家新建房屋外墙搭建脚手架时，无安全网、安全绳、安全帽施工，张某突然从脚手架上跌落下来当场死亡。张某亲属与王某为张某死亡赔偿问题协商未果，以雇员受害赔偿纠纷为由将房主王某起诉至人民法院，请求建房方王某赔偿因张某死亡造成的各种损失共计9万余元。诉讼中原告请求变更案由为生命权、健康权、身体权纠纷，人民法院不同意变更。

2. 问题

(1) 原告方意见认为，本案应当适用《建筑法》，张某与王某签订的建筑承包合同无效，本案应为生命权、健康权、身体权纠纷，应根据建房方王某与施工方张某双方的过错程度承担张某死亡的责任。

(2) 被告方意见认为，本案属于承揽合同纠纷，定作人王某对张某的死亡没有过错，王某不应当承担赔偿责任。

试对本案中以上两个问题存在的争议问题进行思考，分析具体原因。

3. 分析

(1) 人民法院受理案件后，认定本案为承揽合同纠纷，追加赵甲、赵乙、赵丁三人为共同被告。法院认为死者张某未取得资格许可和培训，未严格按照要求施工，未充分尽到安全注意义务和防范义务，未采取必要的安全防护措施，导致本人在施工过程中死亡，其本人应承担主要责任；建房方被告王某对承包建筑工程的施工人的选任、审查不力，负有一定的过错，承担20%的赔偿责任；赵甲等三人无过错，但死者是在为共同利益活动中死亡的，从公平的角度出发，责令三人对死者张某的死亡给予原告10%的补偿。

(2) 在农村，农民个人建房低则一至二层，高则达五至六层，基本都不是由正规具有资质的施工单位建盖，而是包给不具备资质的个体施工队伍施工，虽然较大地降低了建房成本，但安全设施不健全，甚至是完全缺乏，施工人员一旦发生意外事故致伤致亡，双方就要产生纠纷。本案就是这样的一个典型案例。

本案中人民法院未对口头建筑施工合同的效力做出认定，但笔者认为，人民法院既然认定为承揽合同纠纷，就应当对口头施工合同的效力做出认定，以准确理清房主与施工方的责任，判决的结果也才能为公民进行社会活动提供借鉴作用。笔者认为，本案被告房主王某的建筑活动应当适用《建筑法》，口头施工合同无效，人民法院的判决赔偿比例过低，其公平性有待商榷。理由如下：

1) 农村居民自建三层以上（含三层）住房应适用《建筑法》。

《建筑法》第二条规定：在中华人民共和国境内从事建筑活动，实施对建筑活动的监督管理，应当遵守本法。第八十三条第三款规定：农民自建低层住宅的建筑活动，不适用本法。建设部规章建质〔2004〕216号《关于加强村镇建设工程质量安全管理的若干意见》第三条第（三）项规定：对于村庄建设规划范围内的农民自建两层（含两层）以下住宅（以下简称农民自建低层住宅）的建设活动……根据本项规定，"农民自建低层住宅"是指农民自建的两层（含两层）以下的住宅。根据以上规定，农民自建两层（含两层）以下的房屋不适用《建筑法》，而建盖三层（含三层）以上房屋的，则应适用《建筑法》。本案被告王某所建盖的房屋系三层砖混结构房屋，不属于"农民自建低层住宅"，其建筑活动应当适用《建筑法》。

2）本案双方口头签订的建筑承包合同（特殊的承揽合同）无效。

根据《建筑法》第十二条、第十三条的规定，从事建筑施工工作的承包方应当具备相应的从业资质；《建设工程安全生产管理条例》第二十条规定：施工单位从事建设工程的新建、扩建、改建和拆除等活动，应当具备国家规定的注册资本：专业技术人员、技术装备和安全生产等条件，依法取得相应等级的资质证书，并在其资质等级许可的范围内承揽工程。《村庄和集镇规划建设管理条例》第二十三条第一款规定：承担村庄、集镇规划区内建筑工程施工任务的单位，必须具有相应的施工资质等级证书或者资质审查证明，并按照规定的经营范围承担施工任务。建设工程合同是特殊的承揽合同，虽然本案受害人张某所承包的不是整栋房屋的建盖，但抹灰工程是房屋建筑工程的主要分部工程，尤其外墙抹灰更是建房活动中危险性最大的部分，因此，即使建设方将一项建筑工程分解成几个部分来发包，抹灰工程作为主要分部工程仍应适用《建筑法》，而不应简单适用承揽合同的规定。虽然本案存在一个基础的民事关系——承揽关系，但因被告王某的房屋为三层住宅，应当适用《建筑法》，承揽人张某及赵甲、赵乙、赵丁均不具备建筑施工资质，不能成为订立建筑承包合同的合格主体，双方口头订立的建筑承包合同违反法律的强制性规定而无效。

综上所述，虽然现在农民自建三层以上房屋普遍由无资质的个人施工，但并不意味着这种现状是合法的，相反，人民法院应当通过个案的裁判来促进国家法律法规得到正确执行，对公民社会活动起到指导作用。村民建房将不属于"农民自建低层住宅"等级的房屋工程承包给不具有资质的个人施工，建房成本大幅降低，但却把建房过程中的风险成本极不合理地转嫁给施工人，安全设施缺乏、安全监督缺位，导致安全事故频发。以牺牲施工人员的身体健康甚至生命的丧失来换取建房成本的降低，显然不符合国家安全生产的立法目的，这也是《建筑法》规定建筑施工方须具备相应资质的原因。在目前农村市场现状没有显著改变的情况下，农民将自建住房承包给不具有资质的人施工，应加强安全监督管理，尽可能减少安全事故的发生，对人对己负责。如果因此发生安全事故致施工人员受伤或死亡，法院判决房主承担的赔偿比例也不宜太低，这样才能促进安全生产。

# 复 习 思 考 题

## 一、单项选择题

1. 下列与工程建设相关的法律中，不属于社会法部门的是（　　）。

A. 《中华人民共和国残疾人保障法》  B. 《中华人民共和国职业病防治法》

C. 《中华人民共和国劳动合同法》  D. 《环境影响评价法》

2. 在我国解决工程建设纠纷时，经常适用的非诉讼的程序法主要是（  ）。

A. 劳动合同仲裁法  B. 民事诉讼法  C. 行政诉讼法  D. 仲裁法

3. 建设施工企业与劳务分包公司签订劳务分包合同，劳务公司与自己员工之间订立劳动合同；对其中存在的法律关系，下列表述正确的是（  ）。

A. 建设企业与劳务公司之间、劳务公司与员工之间均为民事法律关系

B. 建设企业与劳务公司之间为行政法律关系

C. 劳务公司与员工之间均为社会法律关系

D. 建设企业与劳务公司之间、劳务公司与员工之间均为商事法律关系

4. 某建设工程公司下设的分支机构中属于法人的是（  ）。

A. 经授权的第一项目部    B. 第二分公司

C. 合约部    D. 上海子公司

5. 建设公司给项目经理的任命书中注明了项目经理姓名、负责的项目名称、权限及公司的盖章。该任命书中缺乏（  ）内容。

A. 上级主管名称    B. 详细的工作安排

C. 任命书的有效期    D. 对外责任的承担

6. A 建筑公司承包 B 公司的办公楼扩建项目，根据《建筑法》有关建筑工程发承包的有关规定，该公司可以（  ）。

A. 把工程转让给 A 建筑公司

B. 把工程分为土建工程和安装工程，分别转让给两家有相应资质的建筑公司

C. 经 B 公司同意，把内墙抹灰工程发包给别的建筑公司

D. 经 B 公司同意，把主体结构的施工发包给别的建筑公司

7. 下列做法中（  ）符合《建筑法》关于建筑工程发承包的规定。

A. 某建筑施工企业超越本企业资质等级许可的业务范围承揽工程

B. 某建筑施工企业以另一个建筑施工企业的名义承揽工程

C. 某建筑施工企业持有依法取得的资质证书，并在其资质等级许可的业务范围内承揽工程

D. 某建筑施工企业答应个体户王某以本企业的名义承揽工程

8. 甲、乙、丙三家承包单位，甲的资质等级最高，乙次之，丙最低。当三家单位实行联合共同承包时，应按（  ）单位的业务许可范围承揽工程。

A. 甲    B. 丙    C. 乙    D. 甲或丙

9. 根据《建筑法》，下列关于发承包的说法正确的是（  ）。

A. 业主有权决定是否肢解发包

B. 假如某施工企业不具备承揽工程相应的资质，它可以通过与其他单位组成联合体进行承包

C. 共同承包的各方对承包合同的履行承担连带责任

D. 建筑企业可以答应其他施工单位使用自己的资质证书、营业执照以向其收取治

理费

10. 根据《建筑法》的规定，（　　）可以规定实行强制监理的建筑工程的范围。

A. 国务院
B. 县级以上人民政府
C. 市级以上人民政府
D. 省级以上人民政府

## 二、多项选择题

1. 某县县内公路改造工程，该县政府与施工单位签订了工程承包合同。工程竣工后，县审计局依法出具《审计决定书》，县政府依照《审计决定书》结算了工程价款。就上述案情，下列表述正确的是（　　）。

A. 施工单位在本案中不是合格的被审计人
B. 除非合同中有明确约定，否则审计结果不能作为结算依据
C. 对《审计决定书》不服时，县人民政府有权提起行政复议
D. 对《审计决定书》不服时，施工单位有权提起行政复议
E. 在审计活动中，行政复议是行政诉讼的前置程序

2. 下列关于专利权期限的说法正确的是（　　）。

A. 发明专利权的期限是 20 年
B. 实用新型专利权的期限是 10 年
C. 外观设计专利权的期限是 5 年
D. 发明专利权期限自批准日起计算
E. 专利权期限届满后，专利权终止

3. 当事人之间签订的（　　）合同，可以设立最高额保证担保。

A. 施工总承包
B. 借款
C. 商品交易
D. 设备租赁
E. 监理

4. 下列选项中，不属于建设工程一切险中物质损失部分保险责任的原因的是（　　）。

A. 空中运行物体坠落
B. 火灾、爆炸
C. 破坏性地震
D. 盘点时发现的短缺物
E. 提前由建设方占有并使用的部分因意外事故造成的损坏

5. 代理人与第三人相互勾结，在订立合同时给第三人种种优惠，而损害了被代理人利益的，应（　　）。

A. 由代理人承担责任
B. 由第三人承担责任
C. 由代理人和第三人承担连带责任
D. 由代理人和第三人承担按份责任
E. 由被代理人与代理人共同承担责任

6. 关于工程监理单位，说法正确的是（　　）。

A. 工程监理单位不能在超出其资质等级许可的范围内，承担工程监理业务
B. 工程监理单位可以转让工程监理业务
C. 工程监理单位与被监理工程的承包单位不得有隶属关系
D. 工程监理单位未按照规定检查给建设单位造成损失的，应当承担相应的赔偿责任
E. 工程监理单位与承包单位串通，给建设单位造成损失的，应与承包单位承担连带赔偿责任

7. 建筑物的保修期限的说法，正确的是（　　）。

A. 建筑物的最低保修期限由当地人民政府建设行政部门制定

B. 建筑物的最低保修期限只能由国务院规定

C. 建筑物的保修期限应当能保证建筑物在合理寿命年限内正常使用

D. 保修期限应能维护使用者的合法权益

8. 有关部门可以降低其资质等级的行为有（　　　）。

A. 超越本单位资质等级承揽工程的

B. 施工企业出借资质证书允许他人以本企业的名义承揽工程

C. 承包单位将承包的工程转包且情节严重的

D. 在工程承包中行贿发包单位的承包单位

E. 施工企业对建筑安全事故隐患不采取任何措施予以消除，且情节较严重的

9. 建筑施工企业违反《建筑法》规定，不履行保修义务，在保修期内对某建筑物屋顶渗漏等质量缺陷置之不理而造成损失，则（　　　）。

A. 有关部门可以降低该企业的资质等级　　B. 吊销该企业的资质证书

C. 赔偿损失，并对房屋渗漏立即抢修　　　D. 有关部门可对其处以罚款

E. 有关部门可责令其停业整顿

10. 无需按照《建筑法》的规定执行的有（　　　）。

A. 各自治区人民政府确定的小型房屋建筑工程

B. 作为文物保护的纪念性建筑物

C. 农民自建的低层住宅

D. 临时性房屋建筑

E. 军用房屋建筑工程

### 三、简答题

1. 简述建设工程活动中法人成立的条件及其分类。

2. 简述代理的特征及其种类。

3. 简述建设工程担保的分类及其应用。

4. 简述建设工程中债发生的原因及其分类。

5. 简述建设工程活动中的保险及其应用。

# 第二章 建设工程施工许可法规

**【本章概述】**

建设工程施工活动是一种专业性、技术性极强的特殊活动，对建设工程是否具备施工条件以及从事施工活动的单位和专业技术人员进行严格的管理和事前控制，对于规范建设市场秩序，保证建设工程质量和施工安全生产，提高投资效益，保障公民生命财产安全和国家财产安全，具有十分重要的意义。

《建筑法》规定，建筑工程开工前，建设单位应当按照国家有关规定向工程所在地县级以上人民政府建设行政主管部门申请领取施工许可证；从事建筑活动的建筑施工企业、勘察单位、设计单位和工程监理单位，按照其拥有的注册资本、专业技术人员、技术装备和已完成的建筑工程业绩等资质条件，划分不同的资质等级，经资质审查合格，取得相应等级资质证书后，方可在其资质等级许可证的范围内从事建筑活动。

根据有关规定，通过考核认定或考试合格取得注册建造师、注册监理工程师，才能以注册建造师、注册监理工程师的名义执业。建造师、监理工程师有义务遵纪守法，执行技术标准、规范和规程，保证执业成果质量并承担相应的责任，保守国家和他人的秘密，主动回避与本人有利害关系的执业活动。对未取得注册证书和执业印章而以建造师、监理工程师名义执业，未办理变更注册或注册有效期满未办理继续延续注册而继续执业，未按规定提交注册建造师、监理工程师信用档案信息以及在执业活动中有违法行为的，应承担相应的法律责任。

**【学习目标】**

1. 掌握《建筑法》中对施工许可证的规定。

2. 掌握施工许可证申请主体和法定批准条件。

3. 掌握因延期开工、核验和重新办理批准的规定。

4. 掌握施工、勘察、设计、监理企业资质法定条件和等级规定及业务范围。

5. 了解企业违规行为的规定及承担的责任。

6. 了解建造师、监理工程师注册执业资格考试、注册、执业范围、继续教育及义务。

7. 掌握建造师、监理工程师违法行为的几种情况及承担的主要法律责任。

**【能力目标】**

1. 具备熟练掌握施工许可证申请办理条件的规定。

2. 能进行延期开工、核验和重新办理条件的熟练应用。

3. 能熟练掌握施工企业从业资格条件的规定。

4. 能进行建造师、监理工程师准入条件的具体应用。

**【课时建议】**

8 课时。

# 第一节　建设工程施工许可制度

施工许可制度是指由国家授权的有关行政主管部门，在建设工程开工之前对其是否符合法定的开工条件进行审核，对符合条件的建设工程允许其开工建设的法定制度。建立施工许可制度，有利于保证建设工程的开工符合必要条件，避免不具备条件的建设工程盲目开工而给当事人造成损失或导致国家财产的浪费，从而使建设工程在开工后能够顺利实施，也便于有关行政主管部门了解和掌握所辖范围内有关建设工程的数量、规模以及施工队伍等基本情况，依法进行指导和监督，保证建设工程活动依法有序进行。

## 一、施工许可证和开工报告的适用范围

我国目前对建设工程开工条件的审批，存在着颁发"施工许可证"和批准"开工报告"两种形式。多数工程是办理施工许可证，部分工程则为批准开工报告。

（一）施工许可证的适用范围

1. 需要办理施工许可证的建设工程

《建筑法》规定，建筑工程开工前，建设单位应当按照国家有关规定向工程所在地县级以上人民政府建设行政主管部门申请领取施工许可证。

1999 年，原建设部《建筑工程施工许可管理办法》进一步规定，在中华人民共和国境内从事各类房屋建筑及其附属设施的建造、装修装饰和与其配套的线路、管道、设备的安装，以及城镇市政基础设施工程的施工，建设单位在开工前应当依照本办法的规定，向工程所在地的县级以上人民政府建设行政主管部门申请领取施工许可证。

2. 不需要办理施工许可证的建设工程

（1）限额以下的小型工程。按照《建筑法》的规定，国务院建设行政主管部门确定的限额以下的小型工程，可以不申请办理施工许可证。《建筑工程施工许可管理办法》规定，工程投资额在 30 万元以下或者建筑面积在 300m² 以下的建筑工程，可以不申请办理施工许可证。省、自治区、直辖市人民政府建设行政主管部门可以根据当地的实际情况，对限额进行调整，并报国务院建设行政主管部门备案。

（2）抢险救灾等工程。《建筑法》规定，抢险救灾及其他临时性房屋建筑和农民自建低层住宅的建筑活动，不适用本法。这几类工程有其特殊性，应当从实际出发，不需要办理施工许可证。

3. 不重复办理施工许可证的建设工程

为避免同一建设工程的开工由不同行政主管部门重复审批的现象，《建筑法》规定，按照国务院规定的权限和程序批准开工报告的建筑工程，不再领取施工许可证。这有两层含义：一是实行开工报告批准制度的建设工程必须符合国务院的规定，其他任何部门的规定无效；二是开工报告与施工许可证不要重复办理。

4. 另行规定的建设工程

《建筑法》规定，军用房屋建设工程建筑活动的具体管理办法由国务院、中央军事委员会依据本法制定。据此，军用房屋建设工程是否实行施工许可，由国务院、中央军事委员会另行规定。

（二）实行开工报告制度的建设工程

开工报告制度是我国沿用已久的一种建设项目开工管理制度。1979年，原国家计划委员会、国家基本建设委员会在《关于做好基本建设前期工作的通知》中规定了这项制度。1984年原国家计委发布的《关于简化基本建设项目审批手续的通知》中将其简化。1988年以后，又恢复了开工报告制度。

开工报告审查的内容主要包括：①资金到位情况；②投资项目市场预测；③设计图纸是否满足施工要求；④现场条件是否具备"三通一平"等要求。

1995年国务院《关于严格限制新开工项目，加强固定资产投资源头控制的通知》及《关于严格控制高档房地产开发项目的通知》中，均提到了开工报告审批制度。

### 二、申请主体和法定批准条件

（一）施工许可证的申请主体

《建筑法》规定：建设单位应当按照国家有关规定向工程所在地县级以上人民政府建设行政主管部门申请领取施工许可证。

这是因为，建设单位（又称业主或项目法人）是建设项目的投资者，如果建设项目是政府投资，则建设单位为该建设项目的管理单位或使用单位。为建设工程开工和施工单位进场做好各项前期准备工作，是建设单位应尽的义务。因此，施工许可证的申请领取，应该由建设单位负责，而不是施工单位或其他单位。

（二）施工许可证的法定批准条件

《建筑法》规定，申请领取施工许可证，应当具备下列条件：

1. 已经办理该建筑工程用地批准手续

《土地管理法》规定，任何单位和个人进行建设，需要使用土地的，必须依法申请使用国有土地。依法申请使用的国有土地包括国家所有的土地和国家征收的原属于农民集体所有的土地。经批准的建设项目需要使用国有建设用地的，建设单位应当持法律、行政法规规定的有关文件，向有批准权的县级以上人民政府土地行政主管部门提出建设用地申请，经土地行政主管部门审查，报本级人民政府批准。

办理用地批准手续是建设工程依法取得土地使用权的必经程序，也是建设工程取得施工许可的必要条件。如果没有依法取得土地使用权，就不能批准建设工程开工。

2. 在城市规划区的建筑工程，已经取得规划许可证

在城市规划区，规划许可证包括建设用地规划许可证和建设工程规划许可证；在乡、村规划区内进行乡镇企业、乡村公共设施和公益事业建设的，须核发乡村建设规划许可证。

《城乡规划法》规定，在市、镇规划区内以划拨方式提供国有土地使用权的建设项目，经有关部门批准、核准、备案后，建设单位应当向市、县人民政府城乡规划主管部门提出建设用地规划许可申请，由城市、县人民政府城乡规划主管部门依据控制性详细规划核定建设用地的位置、面积、允许建设的范围，核发建设用地规划许可证。建设单位在取得建设用地规划许可证后，方可向县级以上地方人民政府土地主管部门申请用地，经县级以上人民政府审批后，由土地主管部门划拨土地。

以出让方式取得国有土地使用权的建设项目，在签订国有土地使用权出让合同后，建

设单位应当持建设项目的批准、核准、备案文件和国有土地使用权出让合同,向市、县人民政府城乡规划主管部门领取建设用地规划许可证。

在市、镇规划区内进行建筑物、构筑物、道路、管线和其他工程建设的,建设单位或者个人应当向市、县人民政府城乡规划主管部门或者省、自治区、直辖市人民政府确定的镇人民政府申请办理建设工程规划许可证。

建设用地规划许可证的内容一般包括:用地单位、用地项目名称、用地位置、用地性质、用地面积、建设规模、附图及附件等。

建设工程规划许可证的内容一般包括:用地单位、用地项目名称、位置、宗地号以及子项目名称、建筑性质、栋数、层数、结构类型、计容积率面积及各分类面积,附件包括总平面图、各层建筑平面图、各向立面图和剖面图。这两个规划许可证,分别是申请用地和确认有关建设工程符合城市规划要求的法律凭证。所以,只有取得规划许可证后,方可申请办理施工许可证。

3. 施工场地已经基本具备施工条件,需要拆迁的,其拆迁进度符合施工要求

施工场地应该具备的基本施工条件,通常要根据建设工程项目的具体情况决定。例如,已进行场区的施工测量,设置永久性经纬坐标桩、水准基桩和工程测量控制网;搞好"三通一平"或"五通一平"或"七通一平";施工使用的生产基地和生活基地,包括附属企业、加工厂站、仓库堆场,以及办公、生活、福利用房等;强化安全管理和安全教育,在施工现场要设安全纪律牌、施工公告牌、安全标志牌等。实行监理的建设工程,一般要由监理单位查看后填写"施工场地已具备施工条件的证明",并加盖单位公章确认。

拆迁一般是指房屋拆迁。房屋拆迁要根据城乡规划和国家专项工程的迁建计划以及当地政府的用地文件,拆除和迁移建设用地范围内的房屋及其附属物,并由拆迁人对原房屋及其附属物的所有人或使用人进行补偿和安置。拆迁是一项复杂的综合性工作,必须按照计划和施工进度进行,过早或过迟都会造成损失和浪费。需要先期进行拆迁的,拆迁进度必须能满足建设工程开始施工和连续施工的要求。这也是申办施工许可证的基本条件之一。

4. 已经确定施工企业

建设工程的施工必须由具备相应资质的施工企业来承担。因此,在建设工程开工前,建设单位必须依法通过招标或直接发包的方式确定承包该建设工程的施工企业,并签订建设工程承包合同,明确双方的责任、权利和义务,否则,建设工程的施工将无法进行。

《建筑工程施工许可管理办法》规定,按照规定应该招标的工程没有招标,应该公开招标的工程没有公开招标,或者肢解发包工程,以及将工程发包给不具备相应资质条件的企业,所确定的施工企业无效。

5. 有满足施工需要的施工图纸及技术资料,施工图设计文件已按规定进行了审查

施工图纸是实行建设工程的最根本的技术文件,也是在施工过程中保证建设工程质量的重要依据。这就要求设计单位要按工程的施工顺序和施工进度,安排好施工图纸的配套交付计划,保证满足施工的需要。特别是在开工前,必须有满足施工需要的施工图纸和技术资料。《建设工程勘察设计管理条例》规定,编制施工图设计文件,应当满足设备材料采购、非标准设备制作和施工的需要,并注明建设工程合理使用年限。

此外，我国已建立施工图设计文件的审查制度。施工图设计文件不仅要满足施工需要，还应当按照规定进行审查。《建设工程质量管理条例》规定，施工图设计文件未经审查批准的，不得使用。

技术资料一般包括地形、地质、水文、气象等自然条件资料和主要原材料、燃料来源，水电供应和运输条件等技术经济条件资料。掌握客观、准确、全面的技术资料，是实现建设工程质量和安全的重要保证。在建设工程开工前，必须有能够满足施工需要的技术资料。

6. 有保证工程质量和安全的具体措施

工程质量和安全是工程建设的永恒主题。《建设工程质量管理条例》规定，建设单位在领取施工许可证或者开工报告前，应当按照国家有关规定办理工程质量监督手续。《建设工程安全生产管理条例》规定，建设单位在申请领取施工许可证时，应当提供建设工程有关安全施工措施的资料。建设行政主管部门在审核发放施工许可证时，应当对建设工程是否有安全施工措施进行审查，对没有安全施工措施的，不得颁发施工许可证。

据此，《建筑工程施工许可管理办法》中对"有保证工程质量和安全的具体措施"作了进一步的规定，施工企业编制的施工组织设计中有根据建筑工程特点制定的相应质量、安全技术措施，专业性较强的工程项目编制了专项质量、安全施工组织设计，并按照规定办理了工程质量、安全监督手续。

施工组织设计的编制是施工准备工作的中心环节，其编制的好坏直接影响建设工程质量和安全生产，影响组织施工能否顺利进行。因此，施工组织设计须在开工前编制完成。施工组织设计的重要内容就是要有保证建设工程质量和安全的具体措施。施工组织设计由施工企业负责编制，并按照其隶属关系及建设工程的性质、规模、技术简繁等进行审批。

7. 建设资金已经落实

建设资金的落实是建设工程开工后顺利实施的关键。近年来，某些地方和建设单位无视国家有关规定和自身经济实力，在建设资金不落实或资金不足的情况下盲目上建设项目，强行要求施工企业垫资承包或施工，转嫁投资缺口，造成拖欠工程款的问题，不仅加重了施工企业的生产经营困难，影响了工程建设的正常进行，也扰乱了建设市场的秩序。许多"烂尾楼"工程等都是建设资金不到位的结果。因此，在建设工程开工前，建设资金必须足额落实。

《建筑工程施工许可管理办法》明确规定，建设工期不足 1 年的，到位资金原则上不得少于工程合同价的 50%，建设工期超过 1 年的，到位资金原则上不得少于工程合同价的 30%，建设单位应当提供银行出具的到位资金证明，有条件的可以实行银行付款保函或者其他第三方担保。

8. 法律、行政法规规定的其他条件

由于施工活动本身很复杂，各类工程的施工方法、建设要求等也不同，申请领取施工许可证的条件很难在一部法律中采用列举的方式全部涵盖。而且，国家对建设活动的管理还在不断完善，施工许可证的申领条件也会发生变化。所以，《建筑法》为今后法律、行政法规可能规定的施工许可证申领条件作了特别规定。需要说明的是，只有全国人大及其常委会制定的法律和国务院制定的行政法规，才有权增加施工许可证新的申领条件，其他如部门规章、地方性法规、地方规章等都不得规定增加施工许可证的申领条件。目前，已增加的施工许可证申领条件主要是监理和消防设计审核。

按照《建筑法》的规定，国务院可以规定实行强制监理的建筑工程的范围。为此，《建设工程质量管理条例》明确规定，下列建设工程必须实行监理：

（1）国家重点建设工程。

（2）大中型公用事业工程。

（3）成片开发建设的住宅小区工程。

（4）利用外国政府或者国际组织贷款、援助资金的工程。

（5）国家规定必须实行监理的其他工程。

据此，《建筑工程施工许可管理办法》在申请领取施工许可证应当具备的条件中增加了一项规定，"按照规定应该委托监理的工程已委托监理"。

《消防法》规定，依法应当经公安机关消防机构进行消防设计审核的建设工程，未经依法审核或者审核不合格的，负责审批该工程施工许可的部门不得给予施工许可，建设单位、施工单位不得施工；其他建设工程取得施工许可后经依法抽查不合格的，应当停止施工。

### 三、延期开工、核验和重新办理批准的规定

#### 1. 申请延期的规定

《建筑法》规定，建设单位应当自领取施工许可证之日起3个月内开工。因故不能按期开工的，应当向发证机关申请延期。

对于施工许可证的有效期限和申请延期做出法律规定是非常必要的。因为，政府主管部门依法颁发施工许可证，是国家对工程建设活动进行调控的一种重要手段，建设单位必须在施工许可证的有效期限内开工，不得无故拖延。但是，由于施工活动不同于一般的生产活动，其受气候、经济、环境等因素的制约较大，根据客观条件的变化，允许适当延期还是必要的。对于延期要有限制，建设单位因故不能按期开工的，应当向发证机关申请延期并说明理由，发证机关认定有合理理由可以批准其延期开工，但延期以两次为期限，每次不超过3个月。如果建设单位既不开工又不申请延期或者超过延期时限，施工许可证将自行废止。

#### 2. 核验施工许可证的规定

《建筑法》规定，在建的建筑工程因故中止施工的，建设单位应当自中止施工之日起1个月内，向发证机关报告，并按照规定做好建筑工程的维护管理工作。建筑工程恢复施工时，应当向发证机关报告；中止施工满一年的工程恢复施工前，建设单位应当报发证机关核验施工许可证。

所谓中止施工是指建设工程开工后，在施工过程中因特殊情况的发生而中途停止施工的一种行为。中止施工的原因很复杂，如地震、洪水等不可抗力，以及宏观调控压缩基建规模、停建缓建建设工程等。

对于因故中止施工的，建设单位应当按照规定的时限向发证机关报告，并按照规定做好建设工程的维护管理工作，以防止建设工程在中止施工期间遭受不必要的损失，保证在恢复施工时可以尽快启动。例如，建设单位与施工单位应当确定合理的停工部位，并协商

提出善后处理的具体方案，明确双方的职责、权利和义务；建设单位应当派专人负责，定期检查中止施工工程的质量状况，发现问题及时解决；建设单位要与施工单位共同做好中止施工的工地现场安全、防火、防盗、维护等项工作，防止因工地脚手架、施工铁架、外墙挡板等腐烂、断裂、坠落、倒塌等导致发生人身安全事故，并保管好工程技术档案资料。

在恢复施工时，建设单位应当向发证机关报告恢复施工的有关情况。中止施工满一年的，在建设工程恢复施工前，建设单位还应当报发证机关核验施工许可证，看是否仍具备组织施工的条件，经核验符合条件的，应允许恢复施工，施工许可证继续有效；经核验不符合条件的，应当收回其施工许可证，不允许恢复施工，待条件具备后，由建设单位重新申领施工许可证。

### 3. 重新办理批准手续的规定

对于实行开工报告制度的建设工程，《建筑法》规定，按照国务院有关规定批准开工报告的建筑工程，因故不能按期开工或者中止施工的，应当及时向批准机关报告情况。因故不能按期开工超过6个月的，应当重新办理开工报告的批准手续。按照国务院有关规定批准开工报告的建筑工程，一般都属于大中型建设项目。对于这类工程因故不能按期开工或者中止施工的，在审查和管理上更应该严格。

### 四、违法行为应承担的法律责任

办理施工许可证或开工报告违法行为应承担的主要法律责任如下。

#### 1. 未经许可擅自开工应承担的法律责任

《建筑法》规定，违反本法规定，未取得施工许可证或者开工报告未经批准擅自施工的，责令改正，对不符合开工条件的责令停止施工，可以处以罚款。

《建设工程质量管理条例》规定，建设单位未取得施工许可证或者开工报告未经批准，擅自施工的，责令停止施工，限期改正，处工程合同价款1％以上2％以下的罚款。

#### 2. 规避办理施工许可证应承担的法律责任

《建筑工程施工许可管理办法》规定，对于未取得施工许可证或者为规避办理施工许可证将工程项目分解后擅自施工的，由有管辖权的发证机关责令改正；对于不符合开工条件的，责令停止施工，并对建设单位和施工单位分别处以罚款。

#### 3. 骗取和伪造施工许可证应承担的法律责任

《建筑工程施工许可管理办法》规定，对于采用虚假证明文件骗取施工许可证的，由原发证机关收回施工许可证，责令停止施工，并对责任单位处以罚款；构成犯罪的，依法追究刑事责任。

对于伪造施工许可证的，该施工许可证无效，由发证机关责令停止施工，并对责任单位处以罚款；构成犯罪的，依法追究刑事责任。对于涂改施工许可证的，由原发证机关责令改正，并对责任单位处以罚款；构成犯罪的，依法追究刑事责任。

#### 4. 对违法行为的罚款额度

《建筑工程施工许可管理办法》规定，本办法中的罚款、法律、法规有幅度规定的遵从其规定。

无幅度规定的，有违法所得的处5000元以上30000元以下的罚款；没有违法所得的处 5000 元以上 10000 元以下的罚款。

**【案例 2 - 1】**

1. 背景

某房地产公司要开发建设一个大型多功能商业广场，以 EPC 模式发包给某建设集团，并于 2010 年 3 月 20 日申领到施工许可证，在按期开工后因故于 2010 年 10 月 15 日中止施工，直到 2012 年 3 月 1 日拟恢复施工。

2. 问题

(1) 该商业广场项目应当由谁申领施工许可证？

(2) 该商业广场项目中止施工后，最迟应当在何时向发证机关报告？

(3) 2012 年 3 月 1 日后恢复施工时应该履行哪些程序？

3. 分析

(1)《建筑法》第七条规定："建筑工程开工前，建设单位应当按照国家有关规定向工程所在地县级以上人民政府行政建设行政主管部门申请领取施工许可证。"因此，申领施工许可证的主体应当为该房地产公司，即该商业广场项目的建设单位。

(2)《建筑法》第十条第一款规定："在建的建筑工程因故中止施工的，建设单位应当自中止施工之日 1 个月内，向发证机关报告，并按照规定做好建筑工程的维护管理工作。"据此，该房地产公司向发证机关报告的最后期限应为 2010 年 11 月 15 日。

(3)《建筑法》第十条第 2 款规定："建筑工程恢复施工时，应当向发证机关报告；中止施工满 1 年的工程恢复施工前，建设单位应当报发证机关核验施工许可证。"据此，该房地产公司在恢复施工前应当向发证机关报告恢复施工的有关情况，并应当报发证机关核验施工许可证；经核验符合条件的，方可恢复施工。

# 第二节 企业从业资格制度

## 一、建筑企业从业资格制度

我国《建筑法》第十三条对从事建筑活动的各类单位也做出了必须进行资质审查的明确规定："从事建筑活动的建筑施工企业、勘察单位、设计单位和工程监理单位，按照其拥有的注册资本、专业技术人员、技术装备和已完成的建筑工程业绩等资质条件，划分为不同的资质等级，经资质审查合格，取得相应等级资质证书后，方可在其资质等级许可的范围内从事建筑活动。"从而在法律上确定了从业资格许可制度。从事建筑活动的建筑施工企业、勘察单位、设计单位，应当具备下列条件。

1. 有符合国家规定的注册资本

注册资本反映的是企业法人的财产权，也是判断企业经济实力的依据之一。所有从事工程建设施工活动的企业组织，都必须具备基本的责任承担能力，能够担负与其承包施工工程相适应的财产义务。这既是法律上权利与义务相一致、利益与风险相一致原则的体现，也是维护债权人利益的需要。

2. 有与其从事的建筑活动相适应的具有法定执业资格的专业技术人员

工程建设施工活动是一种专业性、技术性很强的活动。因此，从事工程建设施工活动的企业必须拥有足够的专业技术人员，其中一些专业技术人员还须有通过考试和注册取得的法定执业资格。

**3. 有从事相关建筑活动所应有的技术装备**

随着工程建设机械化程度的不断提高，大跨度、超高层、结构复杂的建设工程越来越多，如果没有相应的技术装备将无法从事建设工程的施工活动。因此，施工单位必须拥有与其从事施工活动相适应的技术装备。当然，随着我国机械租赁市场的发展，许多大中型机械设备都可以采用租赁的方式取得，这有利于提高机械设备的使用率，降低施工成本。目前的企业资质标准对技术装备的要求并不多，特别是特级企业，更多的是衡量其科技进步水平。

**4. 有符合规定的已完成工程业绩和法律、行政法规规定的其他条件**

工程建设施工活动是一项重要的实践活动。有无承担相应工程的经验及其业绩好坏，是衡量其实际能力和水平的一项重要标准。《建设工程质量管理条例》进一步规定，施工单位应当依法取得相应等级的资质证书，并在其资质等级许可的范围内承揽工程。本节介绍施工单位企业资质的法定条件和等级。

### 二、施工企业从业资格制度

《建设工程质量管理条例》进一步规定，施工单位应当依法取得相应等级的资质证书，在其资质等级许可的范围内承揽工程。本条例所称建设工程，是指土木工程、建筑工程、线路管道和设备安装工程及装修工程。

（一）企业资质的法定条件和等级

工程建设活动不同于一般的经济活动，其从业单位所具备条件的高低直接影响到建设工程质量和安全生产。因此，从事工程建设活动的单位必须符合相应的资质条件。

**1. 施工企业资质的法定条件**

根据《建筑法》《行政许可法》《建设工程质量管理条例》《建设工程安全生产管理条例》等法律、行政法规，2007 年原建设部颁布的《建筑业企业资质管理规定》中规定，建筑业企业应当按照其拥有的注册资本、专业技术人员、技术装备和已完成的建筑工程业绩等条件申请资质，经审查合格，取得建筑业企业资质证书后，方可在资质许可的范围内从事建筑施工活动。

（1）有符合规定的注册资本。注册资本反映的是企业法人的财产权，也是判断企业经济实力的依据之一。所有从事工程建设施工活动的企业组织，都必须具备基本的责任承担能力，能够担负与其承包施工工程相适应的财产义务。这既是法律上权利与义务相一致、利益与风险相一致原则的体现，也是维护债权人利益的需要。因此，施工企业的注册资本必须能够适应从事施工活动的需要，不得低于最低限额。

以房屋建筑工程施工总承包企业为例，按照《建筑业企业资质等级标准》《施工总承包企业特级资质标准》的规定：特级企业的注册资本金 3 亿元以上，企业净资产 3.6 亿元以上；一级企业注册资本金 5000 万元以上，企业净资产 6000 万元以上；二级企业注册资本金 2000 万元以上，企业净资产 2500 万元以上；三级企业注册资本金 600 万元以上，企业净资产 700 万元以上。

（2）有符合规定的专业技术人员。工程建设施工活动是一种专业性、技术性很强的活动。因此，从事工程建设施工活动的企业必须拥有足够的专业技术人员，其中一些专业技术人员还须有通过考试和注册取得的法定执业资格。

以房屋建筑工程施工总承包企业为例，按照《建筑业企业资质等级标准》《施工总承包企业特级资质标准》的规定：

特级企业的企业经理要具有 10 年以上从事工程管理工作经历；技术负责人具有 15 年以上从事工程技术管理工作经历，且具有工程序列高级职称及一级注册建造师或注册工程师执业资格，主持完成过两项及以上施工总承包一级资质要求的代表工程的技术工作或甲级设计资质要求的代表工程或合同额 2 亿元以上的工程总承包项目；财务负责人具有高级会计师职称及注册会计师资格。企业具有注册一级建造师（一级项目经理）50 人以上。企业具有本类别相关的行业工程设计甲级资质标准要求的专业技术人员。

一级企业的企业经理具有 10 年以上从事工程管理工作经历或具有高级职称；总工程师具有 10 年以上从事建筑施工技术管理工作经历并具有本专业高级职称；总会计师具有高级会计职称；总经济师具有高级职称。企业有职称的工程技术和经济管理人员不少于 300 人，其中工程技术人员不少于 200 人；工程技术人员中，具有高级职称的人员不少于 10 人，具有中级职称的人员不少于 60 人。企业具有的一级资质项目经理不少于 12 人。

二级企业的企业经理具有 8 年以上从事工程管理工作经历或具有中级以上职称；技术负责人具有 8 年以上从事建筑施工技术管理工作经历并具有本专业高级职称；财务负责人具有中级以上会计职称。企业有职称的工程技术和经济管理人员不少于 150 人，其中工程技术人员不少于 100 人；工程技术人员中，具有高级职称的人员不少于 2 人，具有中级职称的人员不少于 20 人。企业具有的二级资质以上项目经理不少于 12 人。

三级企业的企业经理具有 5 年以上从事工程管理工作经历；技术负责人具有 5 年以上从事建筑施工技术管理工作经历并具有本专业中级以上职称；财务负责人具有初级以上会计职称。企业有职称的工程技术和经济管理人员不少于 50 人，其中工程技术人员不少于 30 人；工程技术人员中，具有中级以上职称的人员不少于 10 人。企业具有的三级资质以上项目经理不少于 10 人。

（3）有符合规定的技术装备。随着工程建设机械化程度的不断提高，大跨度、超高层、结构复杂的建设工程越来越多，施工单位必须拥有与其从事施工活动相适应的技术装备。同时，为提高机械设备的使用率和降低施工成本，我国的机械租赁市场发展也很快，许多大中型机械设备都可以采用租赁或融资租赁的方式取得。因此，目前的企业资质标准对技术装备的要求并不多，主要是企业应具有与承包工程范围相适应的施工机械和质量检测设备。

（4）有符合规定的已完成工程业绩。工程建设施工活动是一项重要的实践活动。有无承担过相应工程的经验及其业绩好坏，是衡量其实际能力和水平的一项重要标准。以房屋建筑工程施工总承包企业为例，按照《建筑业企业资质等级标准》《施工总承包企业特级资质标准》的规定：

特级企业近 5 年应承担过下列 5 项工程总承包或施工总承包项目中的 3 项，工程质量合格：①高度 100m 以上的建筑物；②28 层以上的房屋建筑工程；③单体建筑面积 5 万 m² 以上房屋建筑工程；④钢筋混凝土结构单跨 30m 以上的建筑工程或钢结构单跨 36m

以上房屋建筑工程；⑤单项建安合同额 2 亿元以上的房屋建筑工程。

一级企业近 5 年承担过下列 6 项中的 4 项以上工程的施工总承包或主体工程承包，工程质量合格：①25 层以上的房屋建筑工程；②高度 100m 以上的构筑物或建筑物；③单体建筑面积 3 万 m² 以上的房屋建筑工程；④单跨跨度 30m 以上的房屋建筑工程；⑤建筑面积 10 万 m² 以上的住宅小区或建筑群体；⑥单项建安合同额 1 亿元以上的房屋建筑工程。

二级企业近 5 年承担过下列 6 项中的 4 项以上工程的施工总承包或主体工程承包，工程质量合格：①12 层以上的房屋建筑工程；②高度 50m 以上的构筑物或建筑物；③单体建筑面积 1 万 m² 以上的房屋建筑工程；④单跨跨度 21m 以上的房屋建筑工程；⑤建筑面积 5 万 m² 以上的住宅小区或建筑群体；⑥单项建安合同额 3000 万元以上的房屋建筑工程。

三级企业近 5 年承担过下列 5 项中的 3 项以上工程的施工总承包或主体工程承包，工程质量合格：①6 层以上的房屋建筑工程；②高度 25m 以上的构筑物或建筑物；③单体建筑面积 5000m² 以上的房屋建筑工程；④单跨跨度 15m 以上的房屋建筑工程；⑤单项建安合同额 500 万元以上的房屋建筑工程。

2. 施工企业的资质序列、类别和等级

（1）施工企业的资质序列。《建筑业企业资质管理规定》中规定，建筑业企业资质分为施工总承包、专业承包和劳务分包三个序列。

取得施工总承包资质的企业（简称施工总承包企业），可以承接施工总承包工程。施工总承包企业可以对所承接的施工总承包工程内各专业工程全部自行施工，也可以将专业工程或劳务作业依法分包给具有相应资质的专业承包企业或劳务分包企业。

取得专业承包资质的企业（简称专业承包企业），可以承接施工总承包企业分包的专业工程和建设单位依法发包的专业工程。专业承包企业可以对所承接的专业工程全部自行施工，也可以将劳务作业依法分包给具有相应资质的劳务分包企业。

取得劳务分包资质的企业（简称劳务分包企业），可以承接施工总承包企业或专业承包企业分包的劳务作业。

（2）施工企业的资质类别和等级。施工总承包、专业承包、劳务分包三个资质序列，分别按照工程性质和技术特点划分为若干资质类别；各资质类别又按照规定的条件划分为若干资质等级。《建筑业企业资质等级标准》规定如下：

1）施工总承包企业资质序列。施工总承包企业划分为房屋建筑工程、公路工程、铁路工程、港口与航道工程、水利水电工程、电力工程、矿山工程、冶炼工程、化工石油工程、市政公用工程、通信工程、机电安装工程等 12 个资质类别；每个资质类别划分 3～4 个资质等级，即特级、一级、二级或特级、一级至三级。

2）专业承包企业资质序列。专业承包企业划分为地基与基础工程、土石方工程、建筑装修装饰工程、建筑幕墙工程、预拌商品混凝土、混凝土预制构件、园林古建筑工程、钢结构工程、高耸构筑物、电梯安装工程、消防设施工程、建筑防水工程、防腐保湿工程、附着升降脚手架、金属门窗工程、预应力工程、起重设备安装工程、机电设备安装工程、爆破与拆除工程、建筑智能化工程、环保工程、电信工程、电子工程、桥梁工程、隧道工程、公路路面工程、公路路基工程、公路交通工程、铁路电务工程、铁路铺轨架梁工程、铁路电气化工程、机场场道工程、机场空管工程及航站楼弱电系统工程、机场目视助航工程、港口与海岸工程、港口装卸设备安装、航道、通航建筑、通航设备安装、水上交通管制、水工建筑物基础处理、水工金属结构制作与安装、水利水电机电设备安装、河湖整治工程、堤防工程、水工大坝、水工隧洞、火电设备安装、送变电工程、核工业、炉窑、冶炼机电设备安装、化工石油设备管道安装、管道工程、无损检测工程、海洋石油、城市轨道交通、城市及道路照明、体育场地设施、特种专业（建筑物纠偏和平移、结构补强、特殊设备的起吊、特种防雷技术等）共60个资质类别；每个资质类别分为1~3个资质等级或者不分等级。

3）劳务分包企业资质序列。劳务分包企业划分为木工作业、砌筑作业、抹灰作业，石制作、油漆作业、钢筋作业、混凝土作业、脚手架作业、模板作业、焊接作业、水暖电安装、钣金作业、架线作业等13个资质类别；每个资质类别分为一级、二级两个资质等级或者不分等级。

3. 施工企业的资质许可

我国对建筑业企业的资质管理，实行分级实施与有关部门相配合的管理模式。

（1）施工企业资质管理体制。《建筑业企业资质管理规定》中规定，国务院建设主管部门负责全国建筑业企业资质的统一监督管理。国务院铁路、交通、水利、信息产业、民航等有关部门配合国务院建设主管部门实施相关资质类别建筑业企业资质的管理工作。

省、自治区、直辖市人民政府建设主管部门负责本行政区域内建筑业企业资质的统一监督管理。省、自治区、直辖市人民政府交通、水利、信息产业等有关部门配合同级建设主管部门实施本行政区域内相关资质类别建筑业企业资质的管理工作。

建筑业企业违法从事建筑活动的，违法行为发生地的县级以上地方人民政府建设主管部门或者其他有关部门应当依法查处，并将违法事实、处理结果或处理建议及时告知该建筑业企业的资质许可机关。

（2）施工企业资质的许可权限。

1）国务院建设主管部门负责实施下列建筑业企业资质的许可：①施工总承包序列特级资质、一级资质；②国务院国有资产管理部门直接监管的企业及其下属一层级的企业的施工总承包二级资质、三级资质；③水利、交通、信息产业方面的专业承包序列一级资质；④铁路、民航方面的专业承包序列一级、二级资质；⑤公路交通工程专业承包不分等级资质、城市轨道交通专业承包不分等级资质。

申请以上所列资质的，应当向企业工商注册所在地省、自治区、直辖市人民政府建设主管部门提出申请。其中，国务院国有资产管理部门直接监管的企业及其下属一层级的企业，应当由国务院国有资产管理部门直接监管的企业向国务院建设主管部门提出申请。

2）企业工商注册所在地的省、自治区、直辖市人民政府建设主管部门负责实施下列建筑业企业资质的许可：①施工总承包序列二级资质（不含国务院国有资产管理部门直接监管的企业及其下属一层级的企业的施工总承包序列二级资质）；②专业承包序列一级资质（不含铁路、交通、水利、信息产业、民航方面的专业承包序列一级资质）；③专业承包序列二级资质（不含民航、铁路方面的专业承包序列二级资质）；④专业承包序列不分等级资质（不含公路交通工程专业承包序列和城市轨道交通专业承包序列的不分等级资质）。

3）企业工商注册所在地设区的市人民政府建设主管部门负责实施下列建筑业企业的资质许可：①施工总承包序列三级资质（不含国务院国有资产管理部门直接监管的企业及其下属一层级的企业的施工总承包三级资质）；②专业承包序列三级资质；③劳务分包序列资质；④燃气燃烧器具安装、维修企业资质。

4. 施工企业资质证书的申请、延续和变更

（1）企业资质的申请。《建筑业企业资质管理规定》中规定，建筑业企业可以申请一项或多项建筑业企业资质：申请多项建筑业企业资质的，应当选择等级最高的一项资质为企业主项资质。

首次申请或者增项申请建筑业企业资质，应当提交以下材料：①建筑业企业资质申请表及相应的电子文档；②企业法人营业执照副本；③企业章程；④企业负责人和技术、财务负责人的身份证明、职称证书、任职文件及相关资质标准要求提供的材料；⑤建筑业企业资质申请表中所列注册执业人员的身份证明、注册执业证书；⑥建筑业企业资质标准要求的非注册的专业技术人员的职称证书、身份证明及养老保险凭证；⑦部分资质标准要求企业必须具备的特殊专业技术人员的职称证书、身份证明及养老保险凭证；⑧建筑业企业资质标准要求的企业设备、厂房的相应证明；⑨建筑业企业安全生产条件有关材料；⑩资质标准要求的其他有关材料。

建筑业企业申请资质升级的，应当提交以下材料：

1）上述规定第①、②、④、⑤、⑥、⑧、⑩项所列资料。

2）企业原资质证书副本复印件。

3）企业年度财务、统计报表。

4）企业安全生产许可证副本。

5）满足资质标准要求的企业工程业绩的相关证明材料。

企业首次申请、增项申请建筑业企业资质，不考核企业工程业绩，其资质等级按照最低资质等级核定。已取得工程设计资质的企业首次申请同类别或相近类别的建筑业企业资质的，可以将相应规模的工程总承包业绩作为工程业绩予以申报，但申请资质等级最高不超过其现有工程设计资质等级。

（2）企业资质证书的延续。建筑业企业资质证书有效期为5年。资质有效期届满，企业需要延续资质证书有效期的，应当在资质证书有效期届满60日前，申请办理资质延续手续。对在资质有效期内遵守有关法律、法规、规章、技术标准，信用档案中无不良行为记录，且注册资本、专业技术人员满足资质标准要求的企业，经资质许可机关同意，有效期延续5年。

（3）企业资质证书的变更。

1）办理企业资质证书变更的程序。建筑业企业在资质证书有效期内名称、地址、注册资本、法定代表人等发生变更的，应当在工商部门办理变更手续后30日内办理资质证书变更手续。

由国务院建设主管部门颁发的建筑业企业资质证书，涉及企业名称变更的，应当向企

业工商注册所在地省、自治区、直辖市人民政府建设主管部门提出变更申请，省、自治区、直辖市人民政府建设主管部门应当自受理申请之日起2日内将有关变更证明材料报国务院建设主管部门，由国务院建设主管部门在2日内办理变更手续。

上述规定以外的资质证书变更手续，由企业工商注册所在地的省、自治区、直辖市人民政府建设主管部门或者设区的市人民政府建设主管部门负责办理。

2）办理企业资质证书变更应提交的材料。企业申请资质证书变更，应当提交以下材料：①资质证书变更申请；②企业法人营业执照复印件；③建筑业企业资质证书正、副本原件；④与资质变更事项有关的证明材料。

企业改制的，除提供以上资料外，还应当提供改制重组方案、上级资产管理部门或者股东大会的批准决定、企业职工代表大会同意改制重组的决议。

3）企业发生合并、分立、改制的资质办理。企业合并的，合并后存续或者新设立的建筑业企业可以承继合并前各方中较高的资质等级，但应当符合相应的资质等级条件。

企业分立的，分立后企业的资质等级，根据实际达到的资质条件，按照《建筑业企业资质管理规定》规定的审批程序核定。

企业改制的，改制后不再符合资质标准的，应按其实际达到的资质标准及本规定申请重新核定；资质条件不发生变化的，按照《建筑业企业资质管理规定》关于申请资质证书变更的程序办理。

（4）不予批准企业资质升级申请和增项申请的规定。取得建筑业企业资质的企业，申请资质升级、资质增项，在申请之日起前1年内有下列情形之一的，资质许可机关不予批准企业的资质升级申请和增项申请：

1）超越本企业资质等级或以其他企业的名义承揽工程，或允许其他企业或个人以本企业的名义承揽工程的。

2）与建设单位或企业之间相互串通投标，或以行贿等不正当手段谋取中标的。

3）未取得施工许可证擅自施工的。

4）将承包的工程转包或违法分包的。

5）违反国家工程建设强制性标准的。

6）发生过较大生产安全事故或者发生过两起以上一般生产安全事故的。

7）恶意拖欠分包企业工程款或者农民工工资的。

8）隐瞒或谎报、拖延报告工程质量安全事故或破坏事故现场、阻碍对事故调查的。

9）按照国家法律、法规和标准规定需要持证上岗的技术工种的作业人员未取得证书上岗，情节严重的。

10）未依法履行工程质量保修义务或拖延履行保修义务，造成严重后果的。

11）涂改、倒卖、出租、出借或者以其他形式非法转让建筑业企业资质证书。

12）其他违反法律、法规的行为。

（5）企业资质证书的撤回、撤销和注销。

1）撤回。企业取得建筑业企业资质后不再符合相应资质条件的，建设主管部门、其他有关部门根据利害关系人的请求或者依据职权，可以责令其限期改正；逾期不改的，资质许可机关可以撤回其资质。被撤回建筑业企业资质的企业，可以申请资质许可机关按照其实际达到的资质标准，重新核定资质。

2）撤销。有下列情形之一的，资质许可机关或者其上级机关，根据利害关系人的请求或者依据职权，可以撤销建筑业企业资质：①资质许可机关工作人员滥用职权、玩忽职守做出准予建筑业企业资质许可的；②超越法定职权做出准予建筑业企业资质许可的；③违反法定程序做出准予建筑业企业资质许可的；④对不符合许可条件的申请人做出准予建筑业企业资质许可的；⑤依法可以撤销资质证书的其他情形。以欺骗、贿赂等不正当手段取得建筑业企业资质证书的，应当予以撤销。

3）注销。有下列情形之一的，资质许可机关应当依法注销建筑业企业资质，并公告其资质证书作废，建筑业企业应当及时将资质证书交回资质许可机关：①资质证书有效期届满，未依法申请延续的；②建筑业企业依法终止的；③建筑业企业资质依法被撤销、撤回或吊销的；④法律、法规规定的应当注销资质的其他情形。

**5. 外商投资建筑业企业的规定**

外商投资建筑业企业是指根据中国法律、法规的规定，在中华人民共和国境内投资设立的外资建筑业企业、中外合资经营建筑业企业以及中外合作经营建筑业企业。

2002年，建设部、对外贸易经济合作部在《外商投资建筑业企业管理规定》中规定，在中华人民共和国境内设立外商投资建筑业企业，申请建筑业企业资质，并从事建筑活动，应当依法取得对外贸易经济行政主管部门颁发的外商投资企业批准证书，在国家工商行政管理总局或者其授权的地方工商行政管理局注册登记，并取得建设行政主管部门颁发的建筑业企业资质证书。

（1）外商投资建筑业企业设立与资质的审批权限。外商投资建筑业企业设立与资质的申请和审批，实行分级、分类管理。

1）分级管理。申请设立施工总承包序列特级和一级、专业承包序列一级资质外商投资建筑业企业的，其设立由国务院对外贸易经济行政主管部门审批，其资质由国务院建设行政主管部门审批。

申请设立施工总承包序列和专业承包序列二级及二级以下、劳务分包序列资质的，其设立由省、自治区、直辖市人民政府对外贸易经济行政主管部门审批，其资质由省、自治区、直辖市人民政府建设行政主管部门审批。

2）分类管理。中外合资经营建筑业企业、中外合作经营建筑业企业的中方投资者为中央管理企业的，其设立由国务院对外贸易经济行政主管部门审批，其资质由国务院建设行政主管部门审批。

外商投资建筑业企业申请晋升资质等级或者增加主项以外资质的，应当依照有关规定到建设行政主管部门办理相关手续。

（2）申请设立外商投资建筑业企业应当提交的资料。申请设立外商投资建筑业企业应当向对外贸易经济行政主管部门提交下列资料：①投资方法定代表人签署的外商投资建筑业企业设立申请书；②投资方编制或者认可的可行性研究报告；③投资方法定代表人签署的外商投资建筑业企业合同和章程（其中，设立外资建筑业企业的只需提供章程）；④企业名称预先核准通知书；⑤投资方法人登记注册证明、投资方银行资信证明；⑥投资方拟派出的董事长、董事会成员、经理、工程技术负责人等任职文件及证明文件；⑦经注册会计师或者会计事务所审计的投资方最近 3 年的资产负债表和损益表。

申请外商投资建筑业企业资质应当向建设行政主管部门提交下列资料：①外商投资建筑业企业资质申请表；②外商投资企业批准证书；③企业法人营业执照；④投资方的银行资信证明；⑤投资方拟派出的董事长、董事会成员、企业财务负责人、经营负责人、工程技术负责人等任职文件及证明文件；⑥经注册会计师或者会计师事务所审计的投资方最近 3 年的资产负债表和损益表；⑦建筑业企业资质管理规定要求提交的资料。

中外合资经营建筑业企业、中外合作经营建筑业企业中方合营者的出资总额不得低于注册资本的 25%。

（3）外商投资建筑业企业的工程承包范围。外资建筑业企业只允许在其资质等级许可的范围内承包下列工程：①全部由外国投资、外国赠款、外国投资及赠款建设的工程；②由国际金融机构资助并通过根据贷款条款进行的国际招标授予的建设项目；③外资等于或者超过 50% 的中外联合建设项目，以及外资少于 50%，但因技术困难而不能由中国建筑企业独立实施，经省、自治区、直辖市人民政府建设行政主管部门批准的中外联合建设项目；④由中国投资，但因技术困难而不能由中国建筑企业独立实施的建设项目，经省、自治区、直辖市人民政府建设行政主管部门批准，可以由中外建筑企业联合承揽。

中外合资经营建筑业企业、中外合作经营建筑业企业应当在其资质等级许可的范围内承包工程。

中国香港特别行政区、澳门特别行政区和台湾地区投资者在其他省、自治区、直辖市投资设立建筑业企业，从事建筑活动的，参照《外商投资建筑业企业管理规定》规定执行。法律、法规、国务院另有规定的除外。

（4）外商投资建筑业企业的监督管理。外商投资建筑业企业的资质等级标准执行国务院建设行政主管部门颁发的建筑业企业资质等级标准。

承揽施工总承包工程的外商投资建筑业企业，建筑工程主体结构的施工必须由其自行完成。外商投资建筑业企业与其他建筑业企业联合承包，应当按照资质等级低的企业的业务许可范围承包工程。

外商投资建筑业企业从事建筑活动，违反《建筑法》《招标投标法》《建设工程质量管理条例》《建筑业企业资质管理规定》等有关法律、法规、规章的，依照有关规定处罚。

（二）违规行为的规定及承担的责任

施工企业资质违法行为应承担的主要法律责任如下：

1. 企业申请办理资质违法行为应承担的法律责任

《建筑法》规定，以欺骗手段取得资质证书的，吊销资质证书，处以罚款；构成犯罪的，依法追究刑事责任。

《建筑业企业资质管理规定》中规定，申请人隐瞒有关情况或者提供虚假材料申请建筑业企业资质的，不予受理或者不予行政许可，并给予警告，申请人在 1 年内不得再次申请建筑业企业资质。

以欺骗、贿赂等不正当手段取得建筑业企业资质证书的，由县级以上地方人民政府建设主管部门或者有关部门给予警告，并依法处以罚款，申请人 3 年内不得再次申请建筑业企业资质。

建筑业企业未按照规定及时办理资质证书变更手续的，由县级以上地方人民政府建设主管部门责令限期办理；逾期不办理的，可处以 1000 元以上 1 万元以下的罚款。

2. 无资质承揽工程应承担的法律责任

《建筑法》规定，发包单位将工程发包给不具有相应资质条件的承包单位的，或者违反本法规定将建筑工程肢解发包的，责令改正，处以罚款。未取得资质证书承揽工程的，予以取缔，并处罚款；有违法所得的，予以没收。

《建设工程质量管理条例》进一步规定，建设单位将建设工程发包给不具有相应资质等级的勘察、设计、施工单位或者委托给不具有相应资质等级的工程监理单位的，责令改正，处 50 万元以上 100 万元以下的罚款。

未取得资质证书承揽工程的，予以取缔，对施工单位处工程合同价款 2％以上 4％以下的罚款；有违法所得的，予以没收。

原建设部《住宅室内装饰装修管理办法》规定，装修人违反本办法规定，将住宅室内装饰装修工程委托给不具有相应资质等级企业的，由城市房地产行政主管部门责令改正，处 500 元以上 1000 元以下的罚款。

3. 超越资质等级承揽工程应承担的法律责任

《建筑法》规定，超越本单位资质等级承揽工程的，责令停止违法行为，处以罚款，可以责令停业整顿，降低资质等级；情节严重的，吊销资质证书；有违法所得的，予以没收。

《建设工程质量管理条例》进一步规定，勘察、设计、施工、工程监理单位超越本单位资质等级承揽工程的，责令停止违法行为；对施工单位处工程合同价款 2％以上 4％以下的罚款，可以责令停业整顿，降低资质等级；情节严重的，吊销资质证书；有违法所得的，予以没收。

《外商投资建筑业企业管理规定》中规定，外资建筑业企业超越资质许可的业务范围承包工程的，处工程合同价款 2％以上 4％以下的罚款；可以责令停业整顿，降低资质等级；情节严重的，吊销资质证书；有违法所得的，予以没收。

4. 允许其他单位或者个人以本单位名义承揽工程应承担的法律责任

《建筑法》规定，建筑施工企业转让、出借资质证书或者以其他方式允许他人以本企业的名义承揽工程的，责令改正，没收违法所得，并处罚款，可以责令停业整顿，降低资质等级；情节严重的，吊销资质证书。对因该项承揽工程不符合规定的质量标准造成的损失，建筑施工企业与使用本企业名义的单位或者个人承担连带赔偿责任。

《建设工程质量管理条例》规定，勘察、设计、施工、工程监理单位允许其他单位或者个人以本单位名义承揽工程的，责令改正，没收违法所得；对施工单位处工程合同价款 2％以上 4％以下的罚款；可以责令停业整顿，降低资质等级；情节严重的，吊销资质证书。

5. 违法分包

将建设工程分包给不具备相应资质条件的单位（即违法分包）应承担的法律责任。《建筑法》规定，承包单位将承包的工程转包的，或者违反本法规定进行分包的，责令改正，没收违法所得，并处罚款，可以责令停业整顿，降低资质等级；情节严重的，吊销资质证书。承包单位有以上规定的违法行为的，对因转包工程或者违法分包的工程不符合规定的质量标准造成的损失，与接受转包或者分包的单位承担连带赔偿责任。

《建设工程质量管理条例》规定，承包单位将承包的工程转包或者违法分包的，责令改正，没收违法所得；对施工单位处工程合同价款 0.5％以上 1％以下的罚款；可以责令停业整顿，降低资质等级；情节严重的，吊销资质证书。

《房屋建筑和市政基础设施工程施工分包管理办法》规定，转包、违法分包或者允许他人以本企业名义承揽工程的，按照《中华人民共和国建筑法》《中华人民共和国招标投标法》和《建设工程质量管理条例》的规定予以处罚；对于接受转包、违法分包和用他人名义承揽工程的，处 1 万元以上 3 万元以下的罚款。

6. 以欺骗手段取得资质证书承揽工程应承担的法律责任

《建设工程质量管理条例》规定，以欺骗手段取得资质证书承揽工程的，吊销资质证书，处工程合同价款 2％以上 4％以下的罚款；有违法所得的，予以没收。

**【案例 2-2】**

1. 背景

某大学新校区的学生餐饮中心工程项目由甲公司总承包，该公司将工程项目的土石方工程分包给乙公司。乙公司则将土石方工程交由非本公司的王某，由王某组织人员负责土石方的开挖、装卸和运输，实行单独核算、自负盈亏。

2. 问题

(1) 本案中的乙公司有何违法行为？

(2) 对乙公司应当依法作何处理？

3. 分析

(1) 本案中的乙公司以分包方式承接了土石方工程，但却允许非本公司的王某负责该土石方工程开挖、装卸和运输，并将现场全权交由王某负责，其技术、质量、安全管理及核算人员均由王某自行组织而非该分包公司的人员。按照《房屋建筑和市政基础设施工程施工分包管理办法》第 15 条第 2 款的规定，应视同允许他人以本企业名义承揽工程。

(2)《建设工程质量管理条例》第 61 条规定："……施工……单位允许其他单位或者个人以本单位名义承揽工程的，责令改正，没收违法所得，……对施工单位处工程合同价款 2％以上 4％以下的罚款；可以责令停业整顿，降低资质等级；情节严重的，吊销资质证书。"据此，应当对乙公司做出相应的处罚。

# 第三节　建造工程师注册制度

执业资格制度是指对具有一定专业学历和资历并从事特定专业技术活动的专业技术人员，通过考试和注册确定其执业的技术资格，获得相应文件签字权的一种制度。

通常执业资格是一个行业的最高资格，截至 2010 年 6 月全国已开考各类执业资格名称如下：

(1) 建筑八大员：造价员、安全员、资料员、施工员、质检员、材料员、合同员、监理员。

（2）由住房和城乡建设部开考的注册师：

①注册造价工程师；②注册监理工程师；③注册土木工程师；④注册化工工程师；⑤注册城市规划师；⑥注册物业管理师；⑦注册电气工程师；⑧注册机械工程师；⑨注册冶金工程师；⑩注册房地产估价师；⑪注册房地产经纪人；⑫注册公用设备工程师；⑬注册采矿/矿物工程师；⑭注册石油天然气工程师；⑮一级、二级注册建造师；⑯一级、二级注册建筑师；⑰一级、二级注册结构工程师。

本课将介绍注册建造师和注册监理工程师的准入、考试、注册等情况。

**一、建设工程专业人员执业资格的准入管理**

《建筑法》规定，从事建筑活动的专业技术人员，应当依法取得相应的执业资格证书，并在执业资格证书许可的范围内从事建筑活动。这是因为，建设工程的技术要求比较复杂，建设工程的质量和安全生产直接关系到人身安全及公共财产安全，责任极为重大。因此，对从事建设工程活动的专业技术人员，应当建立起必要的个人执业资格制度；只有依法取得相应执业资格证书的专业技术人员，方可在其执业资格证书许可的范围内从事建设工程活动。没有取得个人执业资格的人员，不能执行相应的建设工程业务。

我国对从事建设工程活动的单位实行资质管理制度比较早，较好地从整体上把住了单位的建设市场准入关，但对建设工程专业技术人员（即在勘察、设计、施工、监理等专业技术岗位上工作的人员）的个人执业资格的准入制度起步较晚，导致出现了一些高资质的单位承接建设工程，却由低水平人员甚至非专业技术人员来完成的现象，不仅影响了建设工程质量和安全，还影响到投资效益的发挥。因此，实行专业技术人员的执业资格制度，严格执行建设工程相关活动的准入与清出，有利于避免上述种种问题，并明确专业技术人员的责、权、利，保证建设工程确实由具有相应资格的专业技术人员主持完成设计、施工、监理等任务。

发达国家大多对从事涉及公众生命和财产安全的建设工程活动的专业技术人员，实行严格的执业资格制度，如美国、英国、日本、加拿大等。建造师执业资格制度起源于英国，迄今已有近160年的历史。许多发达国家不仅早已建立这项制度，1997年还成立了建造师的国际组织——国际建造师协会。我国在工程建设领域实行专业技术人员的执业资格制度，有利于促进与国际接轨，适应对外开放的需要，并可以同有关国家谈判执业资格对等互认，使我国的专业技术人员更好地进入国际建设市场。

我国工程建设领域最早建立的执业资格制度是注册建筑师制度，1995年9月国务院颁布了《中华人民共和国注册建筑师条例》；之后又相继建立了注册监理工程师、结构工程师、造价工程师等制度。2002年12月9日人事部、建设部（即现在的人力资源和社会保障部、住房和城乡建设部）联合颁发了《建造师执业资格制度暂行规定》，标志着我国建造师制度的建立和建造师工作的正式启动。到2009年，我国通过考试或考核取得一级、二级建造师资格的已有近百万人。

**二、建造师考试和注册的规定**

注册建造师是指通过考核认定或考试合格取得中华人民共和国建造师资格证书，并按照规定注册，取得中华人民共和国建造师注册证书和执业印章，担任施工单位项目负责人及从事相关活动的专业技术人员。未取得注册证书和执业印章的，不得担任大中型建设工程项目的施工单位项目负责人，不得以注册建造师的名义从事相关活动。

《建造师执业资格制度暂行规定》中规定，经国务院有关部门同意，获准在中华人民共和国境内从事建设工程项目施工管理的外籍及中国港、澳、台地区的专业人员，符合本规定要求的，也可报名参加建造师执业资格考试以及申请注册。

注册建造师分为一级注册建造师和二级注册建造师。一级建造师的开考专业有10个，它们是：建筑工程、公路工程、铁路工程、民航机场工程、港口与航道工程、水利水电工程、市政公用工程、通信与广电工程、矿业工程和机电工程；二级建造师的开考专业有6个，它们是：建筑工程、公路工程、水利水电工程、市政公用工程、矿业工程和机电工程。

（一）建造师的考试

《建造师执业资格制度暂行规定》中规定，一级建造师执业资格实行统一大纲、统一命题、统一组织的考试制度，由人事部、住建部共同组织实施，原则上每年举行一次考试。

住建部负责编制一级建造师执业资格考试大纲和组织命题工作，统一规划建造师执业资格的培训等有关工作。培训工作按照培训与考试分开、自愿参加的原则进行。人事部负责审定一级建造师执业资格考试科目、考试大纲和考试试题，组织实施考务工作；会同住建部对考试考务工作进行检查、监督、指导和确定合格标准。

住建部负责拟定二级建造师执业资格考试大纲，人事部负责审定考试大纲。二级建造师执业资格实行全国统一大纲，各省、自治区、直辖市命题并组织考试的制度。各省、自治区、直辖市人事厅（局），住建厅（委）按照国家确定的考试大纲和有关规定，在本地区组织实施二级建造师执业资格考试。

1. 考试内容和时间

《建造师执业资格制度暂行规定》中规定，一级建造师执业资格考试，分综合知识与能力和专业知识与能力两个部分。

住建部《建造师执业资格考试实施办法》进一步规定，一级建造师执业资格考试设"建设工程经济""建设工程法规及相关知识""建设工程项目管理"和"专业工程管理与实务"4个科目。目前，"专业工程管理与实务"科目分为：建筑工程、公路工程、铁路工程、民航机场工程、港口与航道工程、水利水电工程、市政公用工程、通信与广电工程、矿业工程、机电工程10个专业类别。考生在报名时可根据实际工作需要选择专业类别。

一级建造师执业资格考试时间定于每年的第三季度。一级建造师执业资格考试分4个半天，以纸笔作答方式进行。"建设工程经济"科目的考试时间为2小时，"建设工程法规及相关知识"和"建设工程项目管理"科目的考试时间均为3小时，"专业工程管理与实务"科目的考试时间为4小时。

由住建部负责拟定二级建造师执业资格考试大纲，人事部负责审定考试大纲。实行全国统一大纲，各省、自治区、直辖市命题并组织考试的制度。各省、自治区、直辖市人事厅（局）、住建厅（委）按国家确定的考试大纲和有关规定，在本地区组织实施二级建造师执业资格考试。人事部、住建部负责指导和监督。

二级建造师执业资格考试设"建设工程施工管理""建设工程法规及相关知识""专业工程管理与实务"3个科目。其中"专业工程管理与实务"科目设置6个专业类别："建筑工程""公路工程""水利水电工程""市政公用工程""矿业工程和机电工程"和"机电工程"。

符合规定的报名条件，于2003年12月31日前取得建设部颁发的"建筑业企业一级项目经理资质证书"，并符合下列条件之一的人员，可免试"建设工程经济"和"建设工程项目管理"2个科目，只参加"建设工程法规及相关知识"和"专业工程管理与实务"2个科目的考试。

（1）受聘担任工程或工程经济类高级专业技术职务。

（2）具有工程类或工程经济类大学专科以上学历并从事建设项目施工管理工作满20年。

2. 报考条件和考试申请

《建造师执业资格制度暂行规定》中规定，凡遵守国家法律、法规，具备下列条件之一者，可以申请参加一级建造师执业资格考试。

（1）取得工程类或工程经济类大学专科学历，工作满6年，其中从事建设工程项目施工管理工作满4年。

（2）取得工程类或工程经济类大学本科学历，工作满4年，其中从事建设工程项目施工管理工作满3年。

（3）取得工程类或工程经济类双学士学位或研究生班毕业，工作满3年，其中从事建设工程项目施工管理工作满2年。

（4）取得工程类或工程经济类硕士学位，工作满2年，其中从事建设工程项目施工管理工作满1年。

（5）取得工程类或工程经济类博士学位，从事建设工程项目施工管理工作满1年。

凡遵纪守法并具备工程类或工程经济类中等专科以上学历并从事建设工程项目施工管理工作满2年，可报名参加二级建造师执业资格考试。

已取得一级建造师执业资格证书的人员，还可根据实际工作需要，选择"专业工程管理与实务"科目的相应专业，报名参加考试。考试合格后核发国家统一印制的相应专业合格证明。该证明作为注册时增加执业专业类别的依据。

参加考试由本人提出申请，携带所在单位出具的有关证明及相关材料到当地考试管理机构报名。考试管理机构按规定程序和报名条件审查合格后，发给准考证。考生凭准考证在指定的时间、地点参加考试。中央管理的企业和国务院各部门及其所属单位的人员按属地原则报名参加考试。

考试成绩实行2年为一个周期的滚动管理办法，参加全部4个科目考试的人员须在连续的两个考试年度内通过全部科目；免试部分科目的人员须在一个考试年度内通过应试科目。

3. 建造师执业资格证书的使用范围

参加一级建造师执业资格考试合格，由各省、自治区、直辖市人事部门颁发人事部统一印制，人事部、建设部用印的中华人民共和国一级建造师执业资格证书。该证书在全国范围内有效。

二级建造师执业资格考试合格者，由省、自治区、直辖市人事部门颁发由人事部、建设部统一格式的中华人民共和国二级建造师执业资格证书。该证书在所在行政区域内有效。

（二）建造师的注册

建设部《注册建造师管理规定》中规定，注册建造师实行注册执业管理制度，注册建造师分为一级注册建造师和二级注册建造师。取得资格证书的人员，经过注册方能以注册建造师的名义执业。

（1）注册管理机构。建设部或其授权的机构为一级建造师执业资格的注册管理机构。省、自治区、直辖市建设行政主管部门或其授权的机构为二级建造师执业资格的注册管理机构。

人事部和各级地方人事部门对建造师执业资格注册和使用情况有检查、监督的责任。

（2）注册申请。《注册建造师管理规定》规定，取得一级建造师资格证书并受聘于一个建设工程勘察、设计、施工、监理、招标代理、造价咨询等单位的人员，应当通过聘用单位向单位工商注册所在地的省、自治区、直辖市人民政府建设主管部门提出注册申请。

申请初始注册时应当具备以下条件：

1）经考核认定或考试合格取得资格证书。

2）受聘于一个相关单位。

3）达到继续教育要求。

4）没有《注册建造师管理规定》中规定不予注册的情形。

初始注册者，可自资格证书签发2日起3年内提出申请，逾期未申请者，须符合本专业继续教育的要求后方可申请初始注册。

申请初始注册需要提交下列材料：

1）注册建造师初始注册申请表。

2）资格证书、学历证书和身份证明复印件。

3）申请人与聘用单位签订的聘用劳动合同复印件或其他有效证明文件。

4）逾期申请初始注册的，应当提供达到继续教育要求的证明材料。

（3）延续注册与增项注册。建造师执业资格注册有效期一般为3年。《注册建造师管理规定》中规定，注册有效期满需继续执业的，应当在注册有效期届满（30日）前，按照规定申请延续注册。延续注册的，有效期为3年。

申请延续注册的，应当提交下列材料：

1）注册建造师延续注册申请表。

2）原注册证书。

3）申请人与聘用单位签订的聘用劳动合同复印件或其他有效证明文件。

4）申请人注册有效期内达到继续教育要求的证明材料。

注册建造师需要增加执业专业的，应当按照规定申请专业增项注册，并提供相应的资格证明。

（4）注册的受理与审批。省、自治区、直辖市人民政府建设主管部门受理一级建造师注册申请后提出初审意见，并将初审意见和全部申报材料报国务院建设主管部门审批；涉及铁路、公路、港口与航道、水利水电、通信与广电、民航专业的，国务院建设主管部门应当将全部申报材料送同级有关部门审核。符合条件的，由国务院建设主管部门核发《中华人民共和国一级建造师注册证书》，并核定执业印章编号。

对申请初始注册的，省、自治区、直辖市人民政府建设主管部门应当自受理申请之日起，20 日内审查完毕，并将申请材料和初审意见报国务院建设主管部门。国务院建设主管部门应当自收到省、自治区、直辖市人民政府建设主管部门上报材料之日起，20 日内审批完毕并做出书面决定。有关部门应当在收到国务院建设主管部门移送的申请材料之日起，10 日内审核完毕，并将审核意见送国务院建设主管部门。

对申请变更注册、延续注册的，省、自治区、直辖市人民政府建设主管部门应当自受理申请之日起 5 日内审查完毕。国务院建设主管部门应当自收到省、自治区、直辖市人民政府建设主管部门上报材料之日起 10 日内审批完毕并做出书面决定。有关部门在收到国务院建设主管部门移送的申请材料后，应当在 5 日内审核完毕，并将审核意见送国务院建设主管部门。

取得二级建造师资格证书的人员申请注册，由省、自治区、直辖市人民政府建设主管部门负责受理和审批，具体审批程序由省、自治区、直辖市人民政府建设主管部门依法确定。对批准注册的，核发由国务院建设主管部门统一样式的《中华人民共和国二级建造师注册证书》和执业印章，并在核发证书后 30 日内送国务院建设主管部门备案。

原建设部《注册建造师执业管理办法（试行）》规定，注册建造师注册证书和执业印章由本人保管，任何单位（发证机关除外）和个人不得扣押注册建造师注册证书或执业印章。

（5）不予注册和注册证书的失效、注销。《注册建造师管理规定》中规定，申请人有下列情形之一的，不予注册。

1）不具备完全民事行为能力的。

2）申请在两个或者两个以上单位注册的。

3）未达到注册建造师继续教育要求的。

4）受到刑事处罚，刑事处罚尚未执行完毕的。

5）因执业活动受到刑事处罚，自刑事处罚执行完毕之日起至申请注册之日止不满 5 年的。

6）因前项规定以外的原因受到刑事处罚，自处罚决定之日起至申请注册之日止不满 3 年的。

7）被吊销注册证书，自处罚决定之日起至申请注册之日止不满 2 年的。

8）在申请注册之日前 3 年内担任项目经理期间，所负责项目发生过重大质量和安全事故的。

9）申请人的聘用单位不符合注册单位要求的。

10）年龄超过 65 周岁的。

11）法律、法规规定不予注册的其他情形。

（6）注册建造师有下列情形之一的，其注册证书和执业印章失效。

1）聘用单位破产的。

2）聘用单位被吊销营业执照的。

3）聘用单位被吊销或者撤回资质证书的。

4）已与聘用单位解除聘用合同关系的。

5）注册有效期满且未延续注册的。

6）年龄超过 65 周岁的。

7）死亡或不具有完全民事行为能力的。

8）其他导致注册失效的情形。

（7）注册建造师有下列情形之一的，由注册机关办理注销手续，收回注册证书和执业印章或者公告，其注册证书和执业印章作废。

1）有以上规定的注册证书和执业印章失效情形发生的。

2）依法被撤销注册的。

3）依法被吊销注册证书的。

4）受到刑事处罚的。

5）法律、法规规定应当注销注册的其他情形。

（8）变更、续期、注销注册的申请办理。在注册有效期内，注册建造师变更执业单位，应当与原聘用单位解除劳动关系，并按照规定办理变更注册手续，变更注册后仍延续原注册有效期。

申请变更注册的，应当提交下列材料。

1）注册建造师变更注册申请表。

2）注册证书和执业印章。

3）申请人与新聘用单位签订的聘用合同复印件或有效证明文件。

4）工作调动证明（与原聘用单位解除聘用合同或聘用合同到期的证明文件、退休人员的退休证明）。

《注册建造师执业管理办法（试行）》规定，注册建造师应当通过企业按规定及时申请办理变更注册、续期注册等相关手续。多专业注册的注册建造师，其中一个专业注册期满仍需以该专业继续执业和以其他专业执业的，应当及时办理续期注册。

注册建造师变更聘用企业的，应当在与新聘用企业签订聘用合同后的 1 个月内，通过新聘用企业申请办理变更手续。因变更注册申报不及时影响注册建造师执业，导致工程项目出现损失的，由注册建造师所在聘用企业承担责任，并作为不良行为记入企业信用档案。

聘用企业与注册建造师解除劳动关系的，应当及时申请办理注销注册或变更注册。聘用企业与注册建造师解除劳动合同关系后无故不办理注销注册或变更注册的，注册建造师可向省级建设主管部门申请注销注册证书和执业印章。注册建造师要求注销注册或变更注册的，应当提供与原聘用企业解除劳动关系的有效证明材料。建设主管部门经向原聘用企业核实，聘用企业在 7 日内没有提供书面反对意见和相关证明材料的，应予办理注销注册或变更注册。

### 三、建造师的受聘单位和执业岗位范围

1. 建造师的受聘单位

《建造师执业资格制度暂行规定》中规定，建造师的执业范围包括：

（1）担任建设工程项目施工的项目经理。

（2）从事其他施工活动的管理工作。

（3）法律、行政法规或国务院建设行政主管部门规定的其他业务。

一级建造师可以担任特级、一级建筑业企业资质的建设工程项目施工的项目经理；二级建造师可以担任二级及以下建筑业企业资质的建设工程项目施工的项目经理。

住建部《注册建造师管理规定》进一步规定，取得资格证书的人员应当受聘于一个具有建设工程勘察、设计、施工、监理、招标代理、造价咨询等一项或者多项资质的单位，经注册后方可从事相应的执业活动。担任施工单位项目负责人的，应当受聘并注册于一个具有施工资质的企业。

据此，建造师不仅可以在施工单位担任建设工程施工项目的项目经理，也可以在勘察、设计、监理、招标代理、造价咨询等单位或具有多项上述资质的单位执业。但是，如果要担任施工单位的项目负责人即项目经理，其所受聘的单位必须具有相应的施工企业资质，而不能是仅具有勘察、设计、监理等资质的其他企业。

2. 建造师执业范围

（1）执业区域范围。《注册建造师执业管理办法（试行）》规定，一级注册建造师可在全国范围内以一级注册建造师名义执业。通过二级建造师资格考核认定，或参加全国统考取得二级建造师资格证书并经注册人员，可在全国范围内以二级注册建造师名义执业。

工程所在地各级建设主管部门和有关部门不得增设或者变相设置跨地区承揽工程项目执业准入条件。

（2）执业岗位范围。建造师经注册后，有权以建造师名义担任建设工程项目施工的项目经理及从事其他施工活动的管理，但不得同时担任两个及两个以上建设工程施工项目负责人。发生下列情况之一的除外：

1）同一工程相邻分段发包或分期施工的。

2）合同约定的工程验收合格的。

3）因非承包方原因致使工程项目停工超过 120 天（含），经建设单位同意的。

注册建造师担任施工项目负责人期间原则上不得更换。如发生下列情形之一的，应当办理书面交接手续后更换施工项目负责人：

a. 发包方与注册建造师受聘企业已解除承包合同的。

b. 发包方同意更换项目负责人的。

c. 因不可抗力等特殊情况必须更换项目负责人的。

注册建造师担任施工项目负责人，在其承建的建设工程项目竣工验收或移交项目手续办结前，除以上规定的情形外，不得变更注册至另一企业。

建设工程合同履行期间变更项目负责人的，企业应当于项目负责人变更 5 个工作日内报建设行政主管部门和有关部门及时进行网上变更。

此外，注册建造师还可以从事建设工程项目总承包管理或施工管理，建设工程项目管

理服务，建设工程技术经济咨询，以及法律、行政法规和国务院建设主管部门规定的其他业务。

（3）执业工程范围。注册建造师应当在其注册证书所注明的专业范围内从事建设工程施工管理活动。注册建造师分 10 个专业，下面列举建筑工程、公路工程专业的执业工程范围。

1）建筑工程专业，执业工程范围为：房屋建筑、装饰装修、地基与基础、土石方、建筑装修装饰、建筑幕墙、预拌商品混凝土、混凝土预制构件、园林古建筑、钢结构、高耸建筑物、电梯安装、消防设施、建筑防水、防腐保温、附着升降脚手架、金属门窗、预应力、爆破与拆除、建筑智能化、特种专业。

2）公路工程专业，执业工程范围为：公路、地基与基础、土石方、预拌商品混凝土，混凝土预制构件、钢结构、消防设施、建筑防水、防腐保温、预应力、爆破与拆除、公路路面、公路路基、公路交通、桥梁、隧道、附着升降脚手架、起重设备安装、特种专业。

### 四、建造师的基本权利和义务

1. 建造师的基本权利

《建造师执业资格制度暂行规定》中规定，建造师经注册后，有权以建造师名义担任建设工程项目施工的项目经理及从事其他施工活动的管理。

《注册建造师管理规定》进一步规定，注册建造师享有下列权利：

（1）使用注册建造师名称。

（2）在规定范围内从事执业活动。

（3）在本人执业活动中形成的文件上签字并加盖执业印章。

（4）保管和使用本人注册证书、执业印章。

（5）对本人执业活动进行解释和辩护。

（6）接受继续教育。

（7）获得相应的劳动报酬。

（8）对侵犯本人权利的行为进行申述。

建设工程施工活动中形成的有关工程施工管理文件，应当由注册建造师签字并加盖执业印章。施工单位签署质量合格的文件上，必须有注册建造师的签字盖章。

担任建设工程施工项目负责人的注册建造师，应当按住建部《关于印发〈注册建造师施工管理签章文件目录〉（试行）的通知》要求，在建设工程施工管理相关文件上签字并加盖执业印章，签章文件作为工程竣工备案的依据。只有注册建造师签章完整的工程施工管理文件方为有效。注册建造师有权拒绝在不合格或者有弄虚作假内容的建设工程施工管理文件上签字并加盖执业印章。

建设工程合同包含多个专业工程的，担任施工项目负责人的注册建造师，负责该工程施工管理文件签章。专业工程独立发包时，注册建造师执业范围涵盖该专业工程的，可担任该专业工程施工项目负责人。分包工程施工管理文件应当由分包企业注册建造师签章。分包企业签署质量合格的文件上，必须由担任总包项目负责人的注册建造师签章。

修改注册建造师签字并加盖执业印章的工程施工管理文件，应当征得所在企业同意后，由注册建造师本人进行修改；注册建造师本人不能进行修改的，应当由企业指定同等资格条件的注册建造师修改，并由其签字并加盖执业印章。

2．建造师的基本义务

《建造师执业资格制度暂行规定》中规定，建造师在工作中，必须严格遵守法律、法规和行业管理的各项规定，恪守职业道德。建造师必须接受继续教育，更新知识，不断提高业务水平。

（1）《注册建造师管理规定》进一步规定，注册建造师应当履行下列义务：

1）遵守法律、法规和有关管理规定，恪守职业道德。

2）执行技术标准、规范和规程。

3）保证执业成果的质量，并承担相应责任。

4）接受继续教育，努力提高执业水准。

5）保守在执业中知悉的国家秘密和他人的商业、技术等秘密。

6）与当事人有利害关系的，应当主动回避。

7）协助注册管理机关完成相关工作。

（2）注册建造师不得有下列行为：

1）不履行注册建造师义务。

2）在执业过程中，索贿、受贿或者谋取合同约定费用外的其他利益。

3）在执业过程中实施商业贿赂。．

4）签署有虚假记载等不合格的文件。

5）允许他人以自己的名义从事执业活动。

6）同时在两个或者两个以上单位受聘或者执业。

7）涂改、倒卖、出租、出借、复制或以其他形式非法转让资格证书、注册证书和执业印章。

8）超出执业范围和聘用单位业务范围内从事执业活动。

9）法律、法规、规章禁止的其他行为。

（3）《注册建造师执业管理办法（试行）》还规定，注册建造师不得有下列行为：

1）不按设计图纸施工。

2）使用不合格建筑材料。

3）使用不合格设备、建筑构配件。

4）违反工程质量、安全、环保和用工方面的规定。

5）在执业过程中，索贿、行贿、受贿或者谋取合同约定费用外的其他利益。

6）签署弄虚作假或在不合格文件上签章。

7）以他人名义或允许他人以自己的名义从事执业活动。

8）同时在两个或者两个以上企业受聘并执业。

9）超出执业范围和聘用企业业务范围从事执业活动。

10）未变更注册单位，而在另一家企业从事执业活动。

11）所负责工程未办理竣工验收或移交手续前，变更注册到另一企业。

12）伪造、涂改、倒卖、出租、出借或以其他形式非法转让资格证书、注册证书和执业印章。

13）不履行注册建造师义务和法律、法规、规章禁止的其他行为。

担任建设工程施工项目负责人的注册建造师在执业过程中，应当及时、独立完成建设工程施工管理文件签章，无正当理由不得拒绝在文件上签字并加盖执业印章。担任施工项目负责人的注册建造师应当按照国家法律法规、工程建设强制性标准组织施工，保证工程施工符合国家有关质量、安全、环保、节能等有关规定。担任施工项目负责人的注册建造师，应当按照国家劳动用工有关规定，规范项目劳动用工管理，切实保障劳务人员合法权益。担任建设工程施工项目负责人的注册建造师对其签署的工程管理文件承担相应责任。

建设工程发生质量、安全、环境事故时，担任该施工项目负责人的注册建造师应当按照有关法律法规规定的事故处理程序及时向企业报告，并保护事故现场，不得隐瞒。

3. 注册建造师的继续教育

接受继续教育，既是注册建造师应当享有的权利，也是注册建造师应当履行的义务。住房和城乡建设部《注册建造师继续教育暂行规定》中规定，注册建造师按规定参加继续教育，是申请初始注册、延续注册、增项注册和重新注册（以下统称注册）的必要条件。

（1）必修课、选修课的学时和内容。注册一个专业的建造师在每一注册有效期内应参加继续教育不少于120学时，其中必修课60学时，选修课60学时。注册两个及两个以上专业的，每增加一个专业还应参加所增加专业60学时的继续教育，其中必修课30学时，选修课30学时。

必修课包括以下内容：

1）工程建设相关的法律法规和有关政策。

2）注册建造师职业道德和诚信制度。

3）建设工程项目管理的新理论、新方法、新技术和新工艺。

4）建设工程项目管理案例分析。

选修课内容为：各专业牵头部门认为一级建造师需要补充的与建设工程项目管理有关的知识；各省级住房城乡建设主管部门认为二级建造师需要补充的与建设工程项目管理有关的知识。

注册建造师在每一注册有效期内可根据工作需要集中或分年度安排继续教育的学时。

（2）继续教育的培训单位选择与测试。注册建造师应在企业注册所在地选择中国建造师网公布的培训单位接受继续教育。在企业注册所在地外担任项目负责人的一级注册建造师，报专业牵头部门备案后可在工程所在地接受继续教育。个别专业的一级注册建造师可在专业牵头部门的统一安排下，跨地区参加继续教育。

对于完成规定学时并测试合格的，培训单位报各专业牵头部门或各省级住房城乡建设主管部门确认后，发放统一式样的注册建造师继续教育证书，加盖培训单位印章。完成规定学时并测试合格后取得的注册建造师继续教育证书，是建造师申请注册的重要依据。

（3）可充抵继续教育选修课部分学时的规定。注册建造师在每一注册有效期内从事以下工作并取得相应证明的，可充抵继续教育选修课部分学时：

1）参加全国建造师执业资格考试大纲编写及命题工作，每次计20学时。

2）从事注册建造师继续教育教材编写工作，每次计20学时。

3）在公开发行的省部级期刊上发表有关建设工程项目管理的学术论文的，第一作者每篇计 10 学时；公开出版 5 万字以上专著、教材的，第一、二作者每人计 20 学时。

4）参加建造师继续教育授课工作的按授课学时计算。每一注册有效期内，充抵继续教育选修课学时累计不得超过 60 学时。

（4）继续教育的方式及参加继续教育的保障。注册建造师继续教育以集中面授为主，同时探索网络教育方式。

注册建造师在参加继续教育期间享有国家规定的工资、保险、福利待遇。建筑业企业及勘察、设计、监理、招标代理、造价咨询等用人单位应重视注册建造师继续教育工作，督促其按期接受继续教育。其中，建筑业企业应为从事在建工程项目管理工作的注册建造师提供经费和时间支持。

4．注册机关的监督管理

（1）《注册建造师管理规定》中规定，县级以上人民政府建设主管部门和有关部门履行监督检查职责时，有权采取下列措施：

1）要求被检查人员出示注册证书。

2）要求被检查人员所在聘用单位提供有关人员签署的文件及相关业务文档。

3）就有关问题询问签署文件的人员。

4）纠正违反有关法律、法规、本规定及工程标准规范的行为。

（2）有下列情形之一的，注册机关依据职权或者根据利害关系人的请求，可以撤销注册建造师的注册。

1）注册机关工作人员滥用职权、玩忽职守做出准予注册许可的。

2）超越法定职权做出准予注册许可的。

3）违反法定程序做出准予注册许可的。

4）对不符合法定条件的申请人颁发注册证书和执业印章的。

5）依法可以撤销注册的其他情形。申请人以欺骗，贿赂等不正当手段获准注册的，应当予以撤销。

《注册建造师执业管理办法（试行)》规定，注册建造师违法从事相关活动的，违法行为发生地县级以上地方人民政府建设主管部门或有关部门应当依法查处，并将违法事实、处理结果告知注册机关；依法应当撤销注册的，应当将违法事实、处理建议及有关材料报注册机关，注册机关或有关部门应当在 7 个工作日内做出处理，并告知行为发生地人民政府建设行政主管部门或有关部门。

注册建造师异地执业的，工程所在地省级人民政府建设主管部门应当将处理建议转交注册建造师注册所在地省级人民政府建设主管部门，注册所在地省级人民政府建设主管部门应当在 14 个工作日内做出处理，并告知工程所在地省级人民政府建设行政主管部门。

**五、违法行为应承担的法律责任**

建造师及建造师工作中违法行为应承担的主要法律责任如下：

1．建造师注册违法行为应承担的法律责任

《注册建造师管理规定》中规定，隐瞒有关情况或者提供虚假材料申请注册的，建设主管部门不予受理或者不予注册，并给予警告，申请人 1 年内不得再次申请注册。

以欺骗、贿赂等不正当手段取得注册证书的，由注册机关撤销其注册，3 年内不得再次申请注册，并由县级以上地方人民政府建设主管部门处以罚款。其中没有违法所得的，处以 1 万元以下的罚款；有违法所得的，处以违法所得 3 倍以下且不超过 3 万元的罚款。

聘用单位为申请人提供虚假注册材料的，由县级以上地方人民政府建设主管部门或者其他有关部门给予警告，责令限期改正；逾期未改正的，可处以 1 万元以上 3 万元以下的罚款。

2. 建造师继续教育违法行为应承担的法律责任

注册建造师应按规定参加继续教育，接受培训测试，不参加继续教育或继续教育不合格的不予注册。对于采取弄虚作假等手段取得注册建造师继续教育证书的，一经发现，立即取消其继续教育记录，并记入不良信用记录，对社会公布。

3. 无证或未办理变更注册执业应承担的法律责任

《注册建造师管理规定》中规定，未取得注册证书和执业印章，担任大中型建设工程项目施工单位项目负责人，或者以注册建造师的名义从事相关活动的，其所签署的工程文件无效，由县级以上地方人民政府建设主管部门或者其他有关部门给予警告，责令停止违法活动，并可处以 1 万元以上 3 万元以下的罚款。

未办理变更注册而继续执业的，由县级以上地方人民政府建设主管部门或者其他有关部门责令限期改正；逾期不改正的，可处以 5000 元以下的罚款。

4. 建造师执业活动中违法行为应承担的法律责任

《注册建造师管理规定》中规定，注册建造师在执业活动中有下列行为之一的，由县级以上地方人民政府建设主管部门或者其他有关部门给予警告，责令改正，没有违法所得的处以 1 万元以下的罚款；有违法所得的，处以违法所得 3 倍以下且不超过 3 万元的罚款。

（1）不履行注册建造师义务。

（2）在执业过程中，索贿、受贿或者谋取合同约定费用外的其他利益。

（3）在执业过程中实施商业贿赂。

（4）签署有虚假记载等不合格的文件。

（5）允许他人以自己的名义从事执业活动。

（6）同时在两个或者两个以上单位受聘或者执业。

（7）涂改、倒卖、出租、出借或以其他形式非法转让资格证书、注册证书和执业印章。

（8）超出执业范围和聘用单位业务范围内从事执业活动。

（9）法律、法规、规章禁止的其他行为。

5. 未提供注册建造师信用档案信息应承担的法律责任

《注册建造师管理规定》中规定，注册建造师或者其聘用单位未按照要求提供注册建造师信用档案信息的，由县级以上地方人民政府建设主管部门或者其他有关部门责令限期改正；逾期未改正的，可处以 1000 元以上 1 万元以下的罚款。

6. 政府主管部门及其工作人员违法行为应承担的法律责任

《注册建造师管理规定》中规定，县级以上人民政府建设主管部门及其工作人员，在注册建造师管理工作中，有下列情形之一的，由其上级行政机关或者监察机关责令改正，对直接负责的主管人员和其他直接责任人员依法给予处分；构成犯罪的，依法追究刑事责任。

（1）对不符合法定条件的申请人准予注册的。

（2）对符合法定条件的申请人不予注册或者不在法定期限内做出准予注册决定的？

（3）对符合法定条件的申请不予受理或者未在法定期限内初审完毕的。

（4）利用职务上的便利，收受他人财物或者其他好处的。

（5）不依法履行监督管理职责或者监督不力，造成严重后果的。

7．注册执业人员因过错造成质量事故应承担的法律责任

《建设工程质量管理条例》规定，违反本条例规定，注册建筑师、注册结构工程师、监理工程师等注册执业人员因过错造成质量事故的，责令停止执业1年；造成重大质量事故的，吊销执业资格证书，5年以内不予注册；情节特别恶劣的，终身不予注册。

【案例 2-3】

1．背景

2006 年，某市一服装厂为扩大生产规模需要建设一栋综合大楼，16 层框架剪力墙结构，建筑面积 30000m²。服装厂于 2006 年 8 月 16 日与本市一家三级资质建筑公司签订了建设工程施工合同，合同价款 6 200 万元。合同签订后，建筑公司进入现场施工。2006 年 9 月 15 日，在施工过程中，经当地建设行政主管部门监督检查时，发现该服装厂的综合楼工程存在如下问题：

2．问题

（1）无规划许可证和开工审批手续。

（2）施工企业的资质与本工程不符。

（3）实际担任项目经理的人员无建造师执业资格和注册证书。

3．分析

（1）该服装厂未办理综合楼工程的规划、施工许可手续，属违法建设项目，是不妥的。应当对建筑工程责令停止施工，限期改正，对建设单位处以 62 万～124 万元罚款，对建筑公司也要处以 5000 元以上 30000 元以下的罚款。

原因分析 1：

第一，根据《建筑法》第七条规定，"建筑工程开工前，建设单位应当按照国家有关规定向工程所在地县级以上人民政府建设行政主管部门申请领取施工许可证"。该服装厂未办理开工审批手续，即未申请领取施工许可证就让建筑公司开工建设，属于违法擅自施工。

当然，该服装厂不具备申请领取施工许可证的条件。因为根据《建筑法》第八条的规定，"在城市规划区的建筑工程，已经取得规划许可证"。该服装厂未办理该项工程的规划许可证，就不具备申请领取施工许可证的条件。所以，该服装厂即使申请也不可能获得施工许可证。

其次，该服装厂应该承担的法律责任。根据《建筑法》第六十四条规定，"未取得施工许可证或者开工报告未经批准擅自施工的，责令改正，对不符合开工条件的责令停止施工，可以处以罚款"。《建设工程质量管理条例》第五十七条规定："建设单位未取得施工

许可证或者开工报告未经批准，擅自施工的，责令停止施工，限期改正，处工程合同价款百分之一以上百分之二以下的罚款。"结合本案情况，对该工程应该责令停止施工，限期改正，对建设单位处以罚款。其额度在 62 万～124 万元。

此外，依据《建筑工程施工许可管理办法》第十条规定："对于未取得施工许可证或者为规避办理施工许可证将工程项目分解后擅自施工的，由有管辖权的发证机关责令改正，对于不符合开工条件的，责令停止施工，并对建设单位和施工单位分别处以罚款。"第十三条规定："本办法中的罚款，法律、法规有幅度规定的从其规定。无幅度规定的，有违法所得的处 5000 元以上 30000 元以下的罚款；没有违法所得的处 5000 元以上 10000 元以下的罚款。"因此，对建筑公司也要处以 5000 元以上 30000 元以下的罚款。

（2）施工企业的资质与本工程不符，是不妥的，对建设单位（发包单位）的违法行为罚款 50 万～100 万元，对施工单位（承包单位）违法行为处以停止施工整顿和罚款。

原因分析 2：

第一，《建筑法》规定，发包单位将工程发包给不具有相应资质条件的承包单位的，或者违反本法规定将建筑工程肢解发包的，责令改正，处以罚款。未取得资质证书承揽工程的，予以取缔，并处罚款；有违法所得的，予以没收。《建设工程质量管理条例》进一步规定，建设单位将建设工程发包给不具有相应资质等级的勘察、设计、施工单位或者委托给不具有相应资质等级的工程监理单位的，责令改正，处 50 万元以上 100 万元以下的罚款。

第二，施工企业的资质为三级资质，可承担 14 层及 14 层以下的房屋建筑工程，本例中的工程为 16 层高层项目，属于超越资质等级承揽工程。《建筑法》规定，超越本单位资质等级承揽工程的，责令停止违法行为，处以罚款，可以责令停业整顿，降低资质等级；情节严重的，吊销资质证书；有违法所得的，予以没收。

第三，本案例中经检查，项目经理无建造师执业资格证书和注册证书，属于无证执业的情况。是不妥的。对违法行为的处理结果为：其所签署的工程文件无效，由县级以上地方人民政府建设主管部门或者其他有关部门给予警告，责令停止违法活动，并可处 1 万～3 万元以下的罚款。

原因分析 3：

《建筑法》规定，从事建筑活动的专业技术人员，应当依法取得相应的执业资格证书，并在执业资格证书许可的范围内从事建筑活动。这是因为，建设工程的技术要求比较复杂，建设工程的质量和安全生产直接关系到人身安全及公共财产安全，责任极为重大。因此，对从事建设工程活动的专业技术人员，应当建立起必要的个人执业资格制度；只有依法取得相应执业资格证书的专业技术人员，方可在其执业资格证书许可的范围内从事建设工程活动。没有取得个人执业资格的人员，不能执行相应的建设工程业务。

《注册建造师管理规定》中规定，未取得注册证书和执业印章，担任大中型建设工程项目施工单位项目负责人，或者以注册建造师的名义从事相关活动的，其所签署的工程文件无效。由县级以上地方人民政府建设主管部门或者其他有关部门给予警告，责令停止违法活动，并可处 1 万元以上 3 万元以下的罚款。

# 第四节　监理工程师注册制度

监理工程师是指经考试取得中华人民共和国监理工程师资格证书（以下简称资格证书），并按照有关规定注册，取得中华人民共和国监理工程师注册执业证书（以下简称注册证书）和执业印章，从事工程监理及相关业务活动的专业技术人员。未取得注册证书和执业印章的人员，不得以监理工程师的名义从事工程监理及相关业务活动。

监理工程师执业资格考试由住建部和人事部共同负责组织协调和监督管理。其中住建部负责组织拟定考试科目，编写考试大纲、培训教材和命题工作，统一规划和组织考前培训。人事部负责审定考试科目、考试大纲和试题，组织实施各项考务工作；会同住建部对考试进行检查、监督、指导和确定考试合格标准。

监理工程师有全国注册监理工程师和省、自治区、直辖市（以下统称地方）注册监理工程师两种。

监理工程师按专业分为：公路监理工程师、通信监理工程师、热能动力监理工程师、电气监理工程师、工程测量监理工程师、水利监理工程师、工程监理工程师、电力监理工程师。

## 一、发展历程

1992 年 6 月，原建设部发布了《监理工程师资格考试和注册试行办法》（建设部第 18 号令）（已废止），最新的是原建设部令第 147 号注册监理工程师管理规定，我国开始实施监理工程师资格考试。1996 年 8 月，原建设部、人事部下发了《建设部、人事部关于全国监理工程师执业资格考试工作的通知》（建监〔1996〕462 号），从 1997 年起，全国正式举行监理工程师执业资格考试。考试工作由住建部、人事部共同负责，日常工作委托住建部建筑监理协会承担，具体考务工作由人事部人事考试中心负责。

考试每年举行一次，考试时间一般安排在 5 月中旬。原则上在省会城市设立考点。注册监理工程师，是指经考试取得中华人民共和国监理工程师资格证书，并按照本规定注册，取得中华人民共和国注册监理工程师注册执业证书和执业印章，从事工程监理及相关业务活动的专业技术人员，未取得注册证书和执业印章的人员，不得以注册监理工程师的名义从事工程监理及相关业务活动。

注册监理工程师分为全国注册监理工程和地方（下指各省、直辖市、自治区、特别行政区）监理工程师两种。

## 二、全国监理工程师的考试和注册

1. 主考单位

（1）住建部和人事部共同负责全国监理工程师执业资格制度的政策制定、组织协调、资格考试和监督管理工作。

（2）住建部负责组织拟定考试科目，编写考试大纲、培训教材和命题工作，统一规划和组织考前培训。

（3）人事部负责审定考试科目、考试大纲和试题，组织实施各项考试工作；会同住建部对考试进行检查、监督、指导和确定考试合格标准。

2. 考试科目

全国注册监理工程师考试时不分专业，各专业考试科目一样。在注册的时候才申请注册专业，一般都是根据监理业绩和所学专业审批的。资格证上没专业，注册证上有专业。

考试科目分为：《建设工程监理基本理论与相关法规》《建设工程合同管理》《建设工程质量、投资、进度控制》《建设工程监理案例分析》。

其中，《建设工程监理案例分析》为主观题，在试卷上作答；其余3科均为客观题，在答题卡上作答

3. 报考条件

（1）执业资格考试报名条件。凡中华人民共和国公民，遵纪守法并具备以下条件之一者，均可申请参加全国监理工程师执业资格考试：

1）工程技术或工程经济专业大专（含大专）以上学历，按照国家有关规定，取得工程技术或工程经济专业中级职务，并任职满3年。

2）按照国家有关规定，取得工程技术或工程经济专业高级职务。

3）1970年（含1970年）以前工程技术或工程经济专业中专毕业，按照国家有关规定，取得工程技术或工程经济专业中级职务，并任职满3年。

（2）免试部分科目报名条件。对于从事工程建设监理工作且同时具备下列四项条件的报考人员，可免试《建设工程合同管理》和《建设工程质量、投资、进度控制》两个科目，只参加《建设工程监理基本理论与相关法规》和《建设工程监理案例分析》两个科目的考试：

1）1970年（含1970年）以前工程技术或工程经济专业中专（含中专）以上毕业。

2）按照国家有关规定，取得工程技术或工程经济专业高级职务。

3）从事工程设计或工程施工管理工作满15年。

4）从事监理工作满1年。

（3）相关说明。上述报名条件中有关学历或学位的要求是指经国家教育行政部门承认的正规学历或学位，从事建设工程项目施工管理工作年限是指取得规定学历前、后从事该项工作的时间总和，其计算截止日期为考试当年年底。

符合报名条件的中国香港、澳门地区居民，可按照原人事部《关于做好香港、澳门居民参加内地统一举行的专业技术人员资格考试有关问题的通知》（国人部发〔2005〕9号）有关要求，参加监理工程师资格考试。中国香港、澳门居民在报名时，须提交国家教育行政部门认可的相应专业学历或学位证书，从事相关专业工作年限的证明和居民身份证明等材料。

4. 报名方式

（1）报名时间。考试报名工作一般在上一年12月至考试当年1月进行，具体报名时间请查阅各地方人事考试中心网站公布的报考文件，符合条件的报考人员，可在规定时间内登录指定网站在线填写提交报考信息，并按有关规定办理资格审查及缴费手续，考生凭准考证在指定的时间和地点参加考试。

（2）报名材料。申请参加监理工程师执业资格考试，须提供下列证明文件：《资格审

核表（含相片）》、本人身份证明（身份证、军官证、机动车驾驶证、护照）、学历证书（以上均为原件）。

5. 全国监理工程师的首次注册

（1）审核、审批。依据《中华人民共和国建筑法》第十二条：从事建筑活动的专业技术人员，应当依法取得相应的执业资格证书，并在执业资格证书许可的范围内从事建筑活动。原建设部令第 18 号《监理工程师资格考试和注册试行办法》第三条：国务院建设行政主管部门为全国监理工程师注册管理机关。第十六条：申请监理工程师注册，由拟聘用申请者的工程建设监理单位统一向本地区或本部门的监理工程师注册机关提出申请。监理工程师注册机关收到申请后，依照本办法第十五条的规定进行审查。对符合条件的，根据全国监理工程师注册管理机关批准的注册计划择优予以注册，颁发《监理工程师岗位证书》，并报全国监理工程师注册管理机关备案。《监理工程师岗位证书》式样由国务院建设行政主管部门统一制定。

（2）申请注册条件。①热爱中华人民共和国，拥护社会主义制度，遵纪守法，遵守监理工程师职业道德；②经全国监理工程师执业资格统一考试合格，取得《监理工程师资格证书》；③身体健康，能胜任工程建设的现场监理工作；④为监理企业的在职人员，年龄在 65 周岁以下；⑤在工程监理工作中没有发生重大监理过失或重大质量责任事故。

（3）注册申请程序。①申请人向聘用监理企业提出注册申请，并填写"监理工程师注册申请表"；②监理企业同意后，连同"监理工程师注册申请表"、《监理工程师资格证书》、职称证书、身份证书等材料，统一向省住建厅提出申请；③省住建厅初审合格后，报住建部监理工程师注册管理部门注册；④住建部监理工程师注册管理部门对初审意见进行审核，对符合条件者准予注册，并颁发住建部统一制作的《监理工程师岗位证书》。

（4）受理时间及审批时限　住建厅按住建部规定的时间受理企业申请，自受理后 20 个工作日完成初审，报住建部注册。

（5）注册申请材料。

1）监理工程师注册申请表（住建部格式文本）监理工程师注册申请表格式文本。

2）附件材料。①监理工程师资格证书复印件；②申请人身份证复印件；③申请人职称证书复印件；④申请人 2 寸免冠照片 1 张。

3）说明。①监理工程师注册申请表一式一份，加盖注册单位公章；②取得工程建设类中级技术职称 3 年以上，方能申请注册。

全国注册监理工程师每一注册有效期为 3 年，注册有效期满需继续执业的，应当在注册有效期满 30 日前申请延续注册。延续注册有效期 3 年。

6. 监理工程师延续注册

（1）申请延续注册和程序：

1）申请人进入中华人民共和国住建部网或中国工程建设信息网，登录"注册监理工程师管理系统"，填写、打印《注册监理工程师延续注册申请表》，且在网上上报后，将申请续期的申报材料交聘用单位。

2）聘用单位在续期申请表上签署意见并加盖单位印章后，将申请人的注册申报材料

（确认网上已上报给省级注册管理机构）报送省级建设主管部门初审。

3）省级建设主管部门在延续注册申请表上签署初审意见，并加盖单位公章后，将申请注册申报材料和初审意见报住建部。

（2）申请延续注册需提交的材料：

1）本人填写的《中华人民共和国注册监理工程师延续注册申请表》（一式二份，另附一张近期一寸免冠照片，供制作注册执业证书使用）和相应电子文档（电子文档通过网上报送给省级建设主管部门）。

2）与聘用单位签订的有效聘用劳动合同及社会保险机构出具的参加社会保险的清单复印件（退休人员仅需提供有效的聘用合同和退休证明复印件）。

3）在注册有效期内达到继续教育要求证明的复印件。

### 三、监理工程师的工作职责

（1）负责编制本专业或本单位工程、本标段的监理实施细则。

（2）负责本专业或本单位工程、本标段监理工作的具体实施。

（3）指导、检查和监督监理员的工作，当人员需要调整时，向总监理工程师提出建议。

（4）审查承包单位提交的涉及本单位工程、本标段计划方案、审查、变更、签署意见，并向总监理工程师提出报告

（5）深入现场巡查或重点旁站，发现重大质量问题及时向项目总监报告，在紧急状况下，有权下停工通知单，并调查事故经过，分析原因，提出处理意见。

（6）检查工程的施工质量，并予以确认或否认。

（7）负责单元工程质量评定，参加分部工程验收及隐蔽工程验收。

（8）定期向总监理工程师提交本专业或本单位工程、本标段监理工作实施情况报告，对重大问题及时向总监理工程师汇报和请示。

（9）根据监理工作实施情况做好监理日记。

（10）负责本专业或本单位工程、本标段监理资料的收集、汇总及整理，参与编写监理月报。

（11）核查进场材料、设备、构配件的原始凭证、检测报告等质量证明文件及其质量情况，根据实际情况认为有必要时对进场材料、设备、构配件进行平行检验，合格时予以签认。

（12）负责本专业或本单位工程、本标段的工程计量工作，审核工程计量的数据和原始凭证

### 四、地方监理工程师申报注册规定

1. 申报条件

连续两个年度在本地区参加全国监理工程师执业资格考试的人员中，在此两个考试年度内四科成绩同时符合以下条件的（考试级别为"考两科"者须在一个考试年度内）。

（1）"建设工程合同管理"成绩55分及以上。

（2）"建设工程质量、投资、进度控制"成绩80分及以上。

（3）"建设工程监理基本理论与相关法规"成绩 55 分及以上。

（4）"建设工程监理案例分析"成绩 60 分及以上。

2．申报办法

报名采用网上申报和现场审核相结合的办法。申报人员先登录"地方建设执业资格考试网上报名系统"（如福建省网址 http：//zczx．fjjs．gov．cn，以下简称网上报名系统）进行网上申报，并在规定时间内携带相关材料至地方建设执业资格注册管理中心进行现场审核。具体报名程序如下：

（1）网上申报。在规定的时间内，所有申报人员经网上申报后使用 A4 纸打印《地方建设执业资格考试报名表》（以下简称《报名表》），《报名表》经本人签字确认后交所在单位审核盖章。

（2）现场审核。在规定的时间内，所有申报人员携带下列申报材料至地方建设执业资格注册管理中心进行现场审核确认：

1）《地方建设执业资格考试报名表》（一份，加盖单位公章）。

2）学历证书复印件（一份，加盖单位公章，需核对原件）。

3）本人身份证正反面复印件（一份，加盖单位公章）。

4）专业技术职务资格证书复印件（一份，加盖单位公章，需核对原件）。

5）申请免试两科的人员，还应提供从事工程设计或施工管理满 15 年，从事监理工作满 1 年的单位证明。

6）所在单位为分公司的报考人员还需提交具有独立法人资格的工商营业执照副本复印件（一份，加盖单位公章）；若所在单位不具备独立法人资格，需在所有申报材料上加盖总公司公章。

以上有关申报材料及复印件统一为 A4 纸。

上述报考条件中有关学历的要求是指经国家教育行政主管部门承认的正规学历或学位；专业技术职务指通过取得人事部门用印的专业技术任职资格。

凡提供虚假材料者，一经发现取消其申报资格，取得相应资格证书的，由证书签发机关宣布证书无效、收回证书，记入个人信用档案，3 年内不得参加该项资格申报，并对其所在单位通报批评。

3．其他事项

（1）申报单位须为本地方的监理单位。

（2）经审查后，符合考核认定条件的申报人员，由地方住房和城乡建设行政主管部门颁发《地方监理工程师执业资格证书》。

（3）已取得全国监理工程师执业资格或地方监理工程师执业资格的人员不得申报考核认定。

（4）地方监理工程师注册等事项按照地方有关规定执行。

（5）取得《地方监理工程师注册证书》的人员，仍可参加全国监理工程师执业资格考试。持有《地方监理工程师注册证书》人员在领取全国监理工程师注册证章的同时需提交地方监理工程师注销注册申请材料，办理注销手续。

地方监理工程师注册有效期为两年。期限届满后，可以申请续期注册。

4. 如何继续注册及有关事项

（1）注册期届满后需要续期注册的，应当在期满前 30 日内办理续期注册手续。申请续期注册应当具备下列条件：①在注册期内参加继续教育；②在注册期内无违法违规行为记录；③取得《地方监理工程师执业资格证书》，年龄在 65 周岁以下（含 65 周岁）身体健康，能胜任工程建设监理工作且只在一个监理单位任职。

（2）申请续期注册，应当提交下列材料：①《地方监理工程师续期注册申请表》；②地方监理工程师岗位证书》；③继续教育证明；④注册期内的工作业绩和遵纪守法情况证明；⑤与监理单位签订的劳动聘用合同。

（3）申请地方监理工程师变更注册、注销注册，应当提供下列材料：①《地方监理工程师变更、注销申请表》；②《地方监理工程师岗位证书》；③工作单位同意变更或注销证明；申请变更注册的，应当提供新单位同意接收的证明材料和签订的劳动聘用合同。

（4）申请地方监理工程师初始注册或续期注册、变更注册、注销注册，应当先经设区市建设行政主管部门或地方有关部门初审通过后，报送地方建设行政主管部门办理有关注册手续。

（5）地方建设行政主管部门对申请办理注册有关手续，应当在收齐申请材料后，在下列规定时限内办结：①初始注册，办理时限为 15 个工作日；②变更、续期注册、注销注册，办理时限为 7 个工作日。

（6）注册初审，办理时限为 7 个工作日。

（7）凡有下列行为之一的，由地方建设行政主管部门根据住建部《监理工程师资格考试和注册试行办法》的规定予以处理：①未经注册，以监理工程师名义从事监理工作的；②以监理工程师个人名义承接工程监理业务的；③以不正当手段取得《地方监理工程师执业资格证书》或《地方监理工程师岗位证书》的。

（8）凡有下列行为之一的，由建设行政主管部门根据《地方建设工程质量管理条例》的规定予以处理：①出具不真实的监理文件资料或虚假的监理报告；②出具不真实或虚假的工程质量评估报告。

（9）《地方监理工程师执业资格证书》和《地方监理工程师岗位证书》在本地方行政区域内使用有效。

【案例 2-4】

1. 背景

监理单位承担了某工程的施工阶段监理任务，该工程由 A 施工单位总承包。A 施工前段时间选择了经建设单位同意并经监理单位进行资质审查合格的 B 施工单位作为分包。施工过程中发生了以下事件：

事件 1：专业监理工程师在巡视时发现，A 施工前段时间在施工中使用未经报验的建筑材料，若继续施工，该部位将被隐蔽。因此，立即向 A 施工单位下达了暂停施工的指令（因 A 施工单位的工作对 B 施工单位有影响，B 施工单位也被迫停工）。同时，指示 A 施工单位将该材料进行检验，并报告了总监理工程师。总监理工程师对该工序停工予以确认，并在合同约定的时间内报告了建设单位。检验报告出来后，证实材料合格，可以使用，总监理工程师随即指令施工单位恢复了正常施工。

事件 2：B 施工单位就上述停工自身遭受的损失向 A 施工前段时间提出补偿要求，而 A 施工单位称：此次停工是执行监理工程师的指令，B 施工单位应向建设单位提出索赔。

事件 3.：对上述施工单位的索赔建设单位称：本次停工是监理工程师失职造成，且事先未征得建设单位同意。因此，建设单位不承担任何责任，由于停工造成施工单位的损失应由监理单位承担。

2. 问题

（1）对"事件 1"，专业监理工程师是否有权签发本次暂停令？为什么？下达工程暂停令的程序有无不妥之处？请说明理由。

（2）对"事件 2"，A 施工单位的说法是否正确？为什么？B 施工单位的损失应由谁承担？

（3）对"事件 3"，建设单位的说法是否正确？为什么？

3. 分析

（1）专业监理工程师无权签发《工程暂停令》。因为这是总监理工程师的权力。下达工程暂停令的程序有不妥之处。理由是专业监理工程师应报告总监理工程师，由总监理工程师签发工程暂停令。

（2）甲施工单位的说法不正确。因为乙施工单位与建设单位没有合同关系，乙施工单位的损失应由甲施工单位承担。

（3）建设单位的说法不正确。因为监理工程师是在合同授权内履行职责，施工单位所受的损失不应由监理单位承担。

# 复 习 思 考 题

## 一、单项选择题

1. 某工程按国务院规定于 2008 年 6 月 1 日办理了开工报告审批手续，由于周边关系协调问题一直没有开工，同年 12 月 7 日准备开工时，建设单位应当（　　）。

A. 向批准机关申请延续　　　　　　　B. 报批准机关核验施工许可证

C. 重新办理开工报告审批手续　　　　D. 向批准机关备案

2. 按照《建筑业企业资质管理规定》，建筑业企业资质分为（　　）三个序列。

A. 特级、一级、三级　　　　　　　　B. 一级、二级、三级

C. 甲级、乙级、丙级　　　　　　　　D. 施工总承包、专业承包和劳务分包

3. 按照《建筑业企业资质管理规定》，企业取得建筑业企业资质后不再符合相应资质条件的，其资质证书将被（　　）。

A. 撤回　　　　　B. 撤销　　　　　C. 注销　　　　　D. 吊销

4. 取得建造师执业资格证书，申请初始注册的人员必须具备一定的条件，条件不包括（　　）。

A. 从事施工管理工作满 6 年　　　　　B. 受聘于一个相关单位

C. 达到继续教育要求　　　　　　　　D. 没有明确规定的不予注册的情形

5. 项目经理王某经考试合格取得了一级建造师资格证书，受聘并注册于一个拥有甲级资质专门从事招标代理的单位，按照《注册建造师管理规定》，王某可以建造师名义从事（　　）。

A. 建设工程项目总承包管理　　　　B. 建设监理

C. 建设工程项目管理服务有关工作　　D. 建设工程施工的项目管理

6. 注册建造师采取弄虚作假等手段取得注册建造师继续教育证书的，一经发现（　　）。

A. 立即吊销其注册建造师证书

B. 立即注销其建造师资格证书

C. 立即取消其继续教育记录，记入不良信用记录，对社会公布

D. 处以 1 万元罚款

7. 根据《建设工程施工许可管理办法》，对于未取得施工许可且不符合开工条件的项目责令停止施工，应对（　　）处以罚款。

A. 勘察单位　　　　　　　　　　　B. 建设单位和施工企业

C. 设计单位　　　　　　　　　　　D. 建设单位和监理单位

8. 下列情形中，构成委托代理终止的是（　　）。

A. 代理人辞去委托　　　　　　　　B. 代理人取得民事行为能力

C. 代理人死亡　　　　　　　　　　D. 代理人与被代理人之间的监护关系取消

9. 建设单位不得（　　）具有相应资质等级的分包单位。

A. 拒绝　　　　　　B. 指定　　　　　　C. 认可　　　　　　D. 考察

10. 根据《民事诉讼法》，人民法院接受当事人的财产保全申请后，对情况紧急的，最迟在（　　）小时内做出裁定。

A. 6　　　　　　　　B. 48　　　　　　　C. 12　　　　　　　D. 24

## 二、多项选择题

1. 依据《建筑法》的规定，超越本单位资质等级承揽工程应承担的法律责任包括（　　）。

A. 责令停止违法行为，处以罚款　　　B. 可以责令停业整顿、降低资质等级

C. 给以警告，限期整改　　　　　　　D. 情节严重的，吊销资质证书

E. 有违法所得的，予以没收

2. 申请建造师初始注册的人员应当具备的条件是（　　）。

A. 经考核认定或考试合格取得执业资格证书　B. 受聘于一个相关单位

C. 填写注册建造师初始注册申请表　　　　　D. 达到继续教育的要求

E. 没有明确规定的不予注册的情形

3. 下列情形中，能导致注册建造师注册证书和执业印章失效的情形有（　　）。

A. 未达到注册建造师继续教育要求　　　B. 聘用单位破产

C. 聘用单位被吊销营业执照　　　　　　D. 与聘用单位解除了合同关系

E. 注册有效期满但未延续注册

4. 根据《建造师执业资格制度暂行规定》，建造师注册后，有权以建造师名义从事的工作包括（　　）。

A. 担任工商管理工作

B. 担任建设工程施工的项目经理

C. 从事其他施工活动的管理工作

D. 法律、建设法规或国务院建设行政主管部门规定的其他业务

E. 地方政府根据当地实际需要规定的其他业务

5. 下列选项中，注册建造师享有的权利包括（　　）。

A. 使用注册建造师名称　　　　　　　B. 保管和使用本人注册证书、执业印章

C. 在执业范围外从事相关专业的执业活动　D. 对侵犯本人权利的行为进行申述

E. 介入与自己有利害关系的商务活动

6. 民事法律关系的主体包括（　　）

A. 法人　　　　B. 财物　　　　C. 权利义务　　　　D. 行为　　　　E. 自然人

7. 工程监理单位的主要安全责任有（　　）。

A. 采取措施保护施工现场毗邻区域内地下管线

B. 组织抢救生产安全事故

C. 审查专项施工方案

D. 对施工安全事故隐患要求整改

E. 及时报告生产安全事故

8. 甲建设单位改建办公大楼，由乙建筑公司承建，下列有关施工许可证的说法，正确的有（　　）。

A. 该改建工程无需领取施工许可证

B. 应由甲向建设行政主管部门申领施工许可证

C. 应由乙向建设行政主管部门申领施工许可证

D. 申请施工许可证时，应当提供安全施工措施的资料

E. 申请施工许可证时，该工程应当有满足施工需要的施工图纸

9. 从事建设活动的勘察、设计、施工和监理单位应当具备国家规定的条件，具体方面有（　　）。

A. 注册资本　　　　　　　　　　　B. 技术装备

C. 工程业绩　　　　　　　　　　　D. 专业技术人员

E. 年纳税金额

10. 下列选项中，注册建造师享有的权利包括（　　）。

A. 使用注册建造师名称

B. 保管和使用本人注册证书、执业印章

C. 在执业范围外从事相关专业的执业活动

D. 对侵犯本人权利的行为进行申述

E. 介入与自己有利害关系的商务

## 三、简答题

1. 建筑活动从业单位应具备哪些条件？

2. 简述建设工程勘察、设计、施工单位的资质等级、资质标准及其业务范围。

3. 施工企业无资质、超越资质等级承揽工程应承担哪些法律责任？允许其他单位或者个人以本单位名义承揽工程应承担哪些法律责任？

4. 简述一级、二级建造师考试和注册的规定。

5. 简述建造师的基本权利和义务、建造师违法行为的几种情况及应承担的主要法律责任。

# 第三章　建设工程发包与承包法规

**【本章概述】**

建设工程发包与承包是指发包方通过合同委托承包方为其完成某一建设工程的全部或其中一部门工作的交易行为。建设工程发包与承包是工程建设中的重要环节，是建筑适应市场经济的产物。建设工程发承包内容涉及建设工程的全过程，包括可靠性研究的发承包、工程勘察设计的发承包、材料及设备采购的发承包、工程施工的发承包、工程劳务的发承包、工程监理的发承包、工程项目管理的发承包等。

**【学习目标】**

1. 了解建设工程发包与承包的方式：建设工程招标投标与直接发包。

2. 了解工程招标的方式：公开招标和邀请招标。

3. 掌握有关招标项目的范围和规模标准、招标投标活动的原则。

4. 熟悉建设工程招标投标的基本程序。

5. 掌握招标投标人的资格及招投标各个阶段的法律规定。

6. 掌握工程开标的时间、地点、参加人员、开标主持人、标书检查人、评标委员会组成等规定。

7. 了解工程承包制度和分包管理的规定。

**【能力目标】**

1. 能熟练掌握必须招标投标的工程项目范围和规模标准。

2. 能熟练掌握工作招标、投标的程序。

3. 能熟练进行对无效标书的认定。

4. 能熟练掌握开标、评标、定标的各项规定。

**【课时建议】**

4 课时。

## 第一节　建设工程招标、投标制度

建设工程招标投标，是建设单位对拟建的建设工程项目通过法定的程序和方式吸引承包单位进行公平竞争，并从中选择条件优越者来完成建设工程任务的行为。这是在市场经济条件下常用的一种建设工程项目交易方式。

### 一、建设工程法定招标的立法目的、范围、招标方式和交易场所

（一）建设工程招标投标的立法目的

《中华人民共和国招标投标法》（以下简称《招标投标法》）是我国市场经济法律体系中的一部重要法律，于 1999 年 8 月 30 日经九届全国人大十一次会议通过，同日公布，自

2000 年 1 月 1 日起实施。它是一部规范我国招标投标活动的基本法律。

（二）建设工程必须招标的范围

《招标投标法》规定，在中华人民共和国境内进行下列工程建设项目包括项目的勘察、设计、施工、监理以及工程建设有关的重要设备、材料等的采购，必须进行招标：①大型基础设施、公用事业等关系社会公共利益、公众安全的项目；②全部或者部分使用国有资金投资或者国家融资的项目；③使用国际组织或者外国政府贷款、援助资金的项目。

（三）建设工程必须招标的规模标准

按照《工程建设项目招标范围和规模标准规定》，必须招标范围内的各类工程建设项目，达到下列标准之一的，必须进行招标：①施工单项合同估算价在人民币 200 万元以上的；②重要设备、材料等货物的采购，单项合同估算价在人民币 100 万元以上的；③勘察、设计、监理等服务的采购，单项合同估算价在人民币 50 万元以上的；④单项合同估算价低于第①、②、③项规定的标准，但项目总投资在人民币 3000 万元以上的。

（四）不可以进行招标的建设工程项目

《招标投标法》规定，涉及国家安全、国家秘密、抢险救灾或者属于利用扶贫资金实行以工代赈、需要使用农民工等特殊情况，不适宜进行招标的项目，按照国家有关规定可以不进行招标。

《招标投标法实施条例》还规定，除《招标投标法》规定可以不进行招标的特殊情况外，有下列情况之一的，可以不进行招标：①需要采用不可替代的专利或者专有技术；②当事人依法能够自行建设、生产或者提供；③已通过招标方式选定的特许经营项目投资人依法能够自行建设、生产或者提供；④需要由原中标人采购工程、货物或者服务，否则将影响施工或者功能配套要求；⑤国家规定的其他特殊情形。

此外，对于依法必须招标的具体范围和规模标准以外的建设工程项目，可以不进行招标，采用直接发包的方式。

（五）建设工程招标方式

1. 公开招标和邀请招标

《招标投标法》规定，招标分为公开招标和邀请招标。

公开招标是指招标人以招标公告的方式邀请不特定的法人或者其他组织投标。依法必须进行招标的项目的招标公告，应当通过国家指定的报刊、信息网络或者其他媒介发布。

邀请招标是指招标人以投标邀请书的方式邀请特定的法人或者其他组织投标。招标人采用邀请招标方式的，应当向三个以上具备承担招标项目的能力、资信良好的特定的法人或者其他组织发出投标邀请书。国务院发展计划部门确定的国家重点项目和省、自治区、直辖市人民政府确定的地方重点项目不适宜公开招标的，经国务院发展计划部门或者省、自治区、直辖市人民政府批准，可以进行邀请招标。

2. 总承包招标和两阶段招标

《招标投标法实施条例》规定，招标人可以依法对工程以及与工程建设有关的货物、服务全部或者部分实行总承包招标。以暂估价形式包括在总承包范围内的工程、货物、服务属于依法必须进行招标的项目范围且达到国家规定规模标准的，应当依法进行招标。以上所称暂估价，是指总承包招标时不能确定价格而由招标人在招标文件中暂时估定的工程、货物、服务的金额。

《实施条例》还规定，对技术复杂或者无法精确拟定技术规格的项目，招标人可以分两阶段进行招标。第一阶段，投标人按照招标公告或者投标邀请书的要求提交不带报价的技术建议，招标人根据投标人提交的技术建议确定技术标准和要求，编制招标文件。第二阶段，招标人向在第一阶段提交技术建议的投标人提供招标文件，投标人按照招标文件的要求提交包括最终技术方案和投标报价的投标文件。

（六）建设工程招标投标交易场所

《招标投标法实施条例》规定，设区的市级以上地方人民政府可以根据实际需要，建立统一规范的招标投标交易场所，为招标投标活动提供服务。招标投标交易场所不得与行政监督部门存在隶属关系，不得以营利为目的。

国家鼓励利用信息网络进行电子招标投标。

## 二、招标基本程序和禁止肢解发包、限制排斥投标人的规定

（一）招标基本程序

建设工程招标的基本程序主要包括：履行项目审批手续、委托招标代理机构、编制招标文件及标底、发布招标公告或投标邀请书、资格审查、开标、评标、中标和签订合同，以及终止招标等。

1. 履行项目审批手续

《招标投标法》规定，招标项目按照国家有关规定需要履行项目审批手续的，应当先履行审批手续，取得批准。招标人应当有进行招标项目的相应资金或者资金来源已经落实，并应当在招标文件中如实载明。

《招标投标法实施条例》进一步规定，按照国家有关规定需要履行项目审批、核准手续的依法必须进行招标的项目，其招标范围、招标方式、招标组织形式应当报项目审批、核准部门审批、核准。项目审批、核准部门应当及时将审批、核准确定的招标范围、招标方式、招标组织形式通报有关行政监督部门。

2. 委托招标代理机构

《招标投标法》规定，招标人具有编制招标文件和组织评标能力的，可以自行办理招标事宜。任何单位和个人不得强制其委托招标机构办理招标事宜。依法必须进行招标的项目，招标人自行办理招标事宜的，应当向有关行政监督部门备案。

3. 编制招标文件及标底

《招标投标法》规定，招标人应当根据招标项目的特点和需要编制招标文件。招标文件应当包括招标项目的技术要求、对投标人资格审查的标准、投标报价要求和评标标准等所有实质性要求和条件以及拟签订合同的主要条款。国家对招标项目的技术、标准有规定的，招标人应当按照其规定在招标文件中提出相应要求。

招标人可以自行决定是否编制标底。一个招标项目只能有一个标底。标底必须保密。接受委托编制标底的中介机构不得参加受托编制标底项目的投标，也不得为该项目的投标人编制投标文件或者提供咨询。招标人设有最高投标限价的，应当在招标文件中明确最高投标限价或者最高投标限价的计算方法。招标人不得规定最低投标限价。

4. 发布招标公告或投标邀请书

《招标投标法》规定，招标人采用公开招标方式的，应当发布招标公告。招标公告应当载明招标人的名称和地址、招标项目的性质、数量、实施地点和时间以及获取招标文件的办法等事项。招标人采用要求招标方式的，应当向三个以上具备承担招标项目的能力、资信良好的特定的法人或者其他组织发出投标邀请书。投标邀请书也应当载明招标人的名称和地址、招标项目的性质、数量、实施地点和时间以及获取招标文件的办法等事项。

《招标投标法》还规定：招标人可以根据招标项目本身的要求，在招标公告或者投标邀请书中，要求潜在投标人提供有关资质证明文件和业绩情况，并对潜在投标人进行资格审查。招标人不得以不合理的条件限制或者排斥潜在投标人，不得对潜在投标人实行歧视待遇。

招标人不得向他人透露已获取招标文件的潜在投标人的名称、数量以及可能影响公平竞争的有关招标投标的其他情况。招标人设有标底的，标底必须保密。招标人根据招标项目的具体情况，可以组织潜在投标人踏勘项目现场。

《招标投标法实施条例》进一步规定，招标人应当按照资格预审公告、招标公告或者投标邀请书规定的时间、地点发售资格预审文件或者招标文件。资格预审文件或者招标文件的发售期不得少于 5 日。招标人发售资格预审文件、招标文件收取的费用应当限于补偿印刷、邮寄的成本支出，不得以营利为目的。

5. 资格审查

资格审查分为资格预审和资格后审。《招标投标法实施条例》有关资格预审的规定：

招标人采用资格预审办法对潜在投标人进行资格审查的，应当发布资格预审公告、编制资格预审文件。招标人应当合理确定提交资格预审申请文件的时间。依法必须进行招标的项目提交资格预审申请文件的时间，自资格预审文件停止发售之日起不得少于 5 日。

资格预审应当按照资格预审文件载明的标准和方法进行。国有资金占控股或者主导地位的依法必须进行招标的项目，招标人应当组建资格审查委员会审查资格预审申请文件。资格审查委员会及其成员应当遵守招标投标法和本条例有关评标委员会及其成员的规定。资格预审结束后，招标人应当及时向资格预审申请人发出资格预审结果通知书。未通过资格预审的申请人不具有投标资格。通过资格预审的申请人少于 3 个的，应当重新招标。

潜在投标人或者其他利害关系人对资格预审文件有异议的，应当在提交资格预审申请文件截止时间 2 日前提出。招标人应当自收到异议之日起 3 日内做出答复；做出答复前，应当暂停招标投标活动。招标人编制资格预审文件的内容违反法律、行政法规的强制性规定，违反公开、公平、公正和诚实信用原则，影响资格预审结果的，依法必须进行招标的项目的招标人应当在修改资格预审文件后重新招标。

《招标投标法》有关资格后审的规定，招标人采用资格后审办法对投标人进行资格审查的，应当在开标后由评标委员会按照招标文件规定的标准和方法对投标人的资格进行审查。

6. 开标

《招标投标法》规定，开标应当在招标文件确定的提交投标文件截止时间的同一时间公开进行；开标地点应当为招标文件中预先确定的地点。开标由招标人主持，邀请所有投标人参加。开标时，由投标人或者其推选的代表检查投标文件的密封情况，也可以由招标人委托的公正机构检查并公证；经确认无误后，由工作人员当众拆封，宣读投标人名称、投标价格和投标文件的其他主要内容。招标人在招标文件要求提交投标文件的截止时间前收到的所有投标文件，开标时都应当当众予以拆封、宣读。开标过程应当记录，并存档备查。

《招标投标法实施条例》进一步规定，招标人应当按照招标文件规定的时间、地点开标。投标人少于 3 个的，不得开标；招标人应当重新招标。投标人对开标有异议的，应当在开标现场提出，招标人应当当场做出答复，并制作记录。

7. 评标

《招标投标法》有关评标的规定：

评标由招标人依法组建的评标委员会负责。招标人应当采取必要的措施，保证评标在严格保密的情况下进行。任何单位和个人不得非法干预、影响评标的过程和结果。

依法必须进行招标的项目，其评标委员会由招标人的代表和有关技术、经济等方面的专家组成，成员人数为 5 人及以上单数，其中技术、经济等方面的专家不得少于成员总数的 2/3。与投标人有利害关系的人不得进入相关项目的评标委员会；已经进入的应当更换。评标委员会成员的名单在中标结果确定前应当保密。

评标委员会可以要求投标人对投标文件中含义不明确的内容作必要的澄清或者说明，但是澄清或者说明不得超出投标文件的范围或者改变投标文件的实质性内容。评标委员会应当按照招标文件确定的评标标准和方法，对投标文件进行评审和比较；设有标底的，应当参考标底。评标委员会完成评标后，应当向招标人提出书面评标报告，并推荐合格的中标候选人。评标委员会经评审，认为所有投标都不符合招标文件要求的，可以否决所有投标。依法必须进行投标的项目的所有投标被否决的，招标人应当依法重新招标。

评标完成后，评标委员会应当向招标人提交书面评标报告和中标候选人名单。中标候选人应当不超过 3 个，并标明排序。评标报告应当由评标委员会全体成员签字。对评标结果有不同意见的评标委员会应当以书面形式说明其不同意见和理由，评标报告应当注明该不同意见。评标委员会成员拒绝在评标报告上签字又不书面说明其不同意见和理由的，视为同意评标结果。

8. 中标和签订合同

《招标投标法》规定，招标人根据评标委员会提出的书面评标报告和推荐的中标候选人确定中标人。招标人也可以授权评标委员会直接确定中标人。招标人和中标人应当自中标通知书发出之日起 30 日起，按照招标文件和中标人的投标文件订立书面合同。招标人和中标人不得再行订立背离合同实质性内容的其他协议。

《招标投标法实施条例》进一步规定，招标人和中标人应当依照招标投标法和本条例的规定签订书面合同，合同的标的、价款、质量、履行期限等主要条款应当与招标文件和中标人的投标文件的内容一致。

《最高人民法院关于审理建设工程施工合同纠纷案件适用法律问题的解释》第二十一条规定："当事人就同一建设工程另行订立的建设工程施工合同与经过备案的中标合同实质性内容不一致的，应当以备案的中标合同作为结算工程价款的根据。"因此，招标人与中标人另行签订合同的行为属违法行为，所签订的合同是无效合同。

9. 终止招标

《招标投标法实施条例》规定，招标人终止招标的，应当及时发布公告，或者以书面形式通知被邀请的或者已经获取资格预审文件、招标文件的潜在投标人。已经发售资格预审文件、招标文件或者已经收取投标保证金的，招标人应当及时退还所收取的资格预审文件、招标文件的费用，以及所收取的投标保证金及银行同期存款利息。

（二）禁止肢解发包的规定

肢解发包是指建设单位将本应由一个承包单位整体承建完成的建设工程肢解成若干部分，分别发包给不同承包单位的行为。在实践中，由于一些发包单位肢解发包工程，使施工现场缺乏应有的组织协调，不仅承建单位之间容易出现推诿扯皮与掣肘，还会造成施工现场秩序混乱、责任不清，工期拖延，成本增加，甚至发生严重的建设工程质量和安全问题。肢解发包还往往与发包单位有关人员徇私舞弊、收受贿赂、索拿回扣等违法行为有关。

《建设工程质量管理条例》进一步规定，建设单位不得将建设工程肢解发包。建设单位将建设工程肢解发包的，责令改正，处工程合同价款 0.5% 以上 1% 以下的罚款；对全部或者部分使用国有资金的项目，并可以暂停项目执行或者暂停资金拨付。

（三）禁止限制、排斥投标人的规定

《招标投标法》规定，依法必须进行招标的项目，其招标投标活动不受地区或者部门的限制。任何单位和个人不得违法限制或者排斥本地区、本系统以外的法人或者其他组织参加投标，不得以任何方式非法干涉招标投标活动。

《招标投标法实施条例》进一步规定，招标人不得以不合理的条件限制、排斥潜在投标人或者投标人。招标人由下列行为之一的，属于以不合理条件限制、排斥潜在投标人或者投标人：①就同一招标项目向潜在投标人或者投标人提供有差别的项目信息；②设定的资格、技术、商务条件与招标项目的具体特点和实际需要不相适用或者与合同履行无关；③依法必须进行招标的项目以特定行政区域或者特定行业的业绩、奖项作为加分条件或者中标条件；④对潜在投标人或者投标人采取不同的资格后审或者评标标准；⑤限定或者指定特定的专利、商标、品牌、原产地或者供应商；⑥依法必须进行招标的项目非法限定潜在投标人或者投标人的所有制形式或者组织形式；⑦以其他不合理条件限制、排斥潜在投标人或者投标人。

招标人不得组织单个或者部分潜在投标人踏勘项目现场。

**三、投标人、投标文件和投标保证金**

（一）投标人

《招标投标法》规定，投标人是响应招标、参加投标竞争的法人或者其他组织。投标人应当具备承担招标项目的能力；国家有关规定对投标人资格条件或者招标文件对投标人资格条件有规定的，投标人应当具备规定的资格条件。

所谓响应招标是指获得招标信息或收到投标申请书后购买投标文件，接受资格审查，编制投标文件等活动。参加投标竞争是指按照招标文件的要求在规定的时间内提交投标文件。

（二）联合体投标

《招标投标法》规定：两个以上法人或者其他组织可以组成一个联合体，以一个投标人的身份共同投标。联合体各方均应当具备承担投标项目的相应能力；国家有关规定或者招标文件对投标人资格条件有规定的，联合体各方均应当具备规定的相应资格条件。由同一专业的单位组成的联合体，按照资质等级较低的单位确定资质等级。

联合体各方应当签订共同投标协议，明确约定各方拟承当的工作和责任，并将共同投标协议连同投标文件一并提交招标人。联合体中标的，联合体各方应当共同与招标人签订合同，就中标项目向招标人承担连带责任。招标人不得强制投标人组成联合体共同投标，不得限制投标人之间的竞争。

《招标投标法实施条例》进一步规定，招标人应当在资格预审公告、招标公告或者投标邀请书中载明是否接受联合体投标。招标人接受联合体投标并进行资格预审的，联合体应当在提交资格预审申请文件前组成。资格预审后联合体增减、更换成员的，其投标无效。联合体各方在同一招标项目中以自己名义单独投标或者参加其他联合体投标的，相关投标均无效。

（三）投标文件

1. 投标文件的内容要求

《招标投标法》规定，投标人应当按照招标文件的要求编制投标文件。投标文件应当对招标文件提出的实质性要求和条件做出响应（包括招标项目的技术要求、投标报价要求、技术规范、合同的主要条款和评标标准等），不能存有遗漏、回避或重大的偏离，否则将被视为废标，失去中标的可能。招标项目属于建设施工项目的，投标文件的内容应当包括拟派出的项目负责人与主要技术人员的简历、业绩和拟用于完成招标项目的机械设备等。

2. 投标文件的修改与撤回

《招标投标法》规定，投标人在招标文件要求提交投标文件的截止时间前，可以补充、修改或者撤回已提交的投标文件，并书面通知招标人。补充、修改的内容为投标文件的组成部分。

补充是指对投标文件中遗漏和不足的部分进行增补。修改是指对投标文件中已有的内容进行修订。撤回是指收回全部投标文件，或者放弃投标，或者以新的投标文件重新投标。

《招标投标法实施条例》进一步规定，投标人撤回已提交的投标文件，应当在投标截止时间前书面通知招标人。招标人收到投标文件后，应当签收保存，不得开启。投标人少于3个的，招标人应当重新招标。

3. 投标文件的送达与签收

《招标投标法》规定，投标人应当在招标文件要求提交投标文件的截止时间前，将投标文件送达投标地点。招标人收到投标文件后，应当签收保存，不得开启。投保人少于3个的，招标人应当依法重新招标。在招标文件要求提交投标文件的截止时间后送达的投标文件，招标人应当拒收。

《招标投标法实施条例》进一步规定，未通过资格预审的申请人提交的投标文件，以及逾期送达或者不按照招标文件要求密封的投标文件，招标人应当拒收。招标人应当如实记载投标文件的送达时间和密封情况，并存档备查。

4．投标保证金

投标保证金是指投标人按照招标文件的要求向招标人出具的，以一定金额表示的投标责任担保。其实质是为了避免因投标人在投标有效期内随意撤回、撤销投标或中标后不能提交履约保证金和签署合同等行为而给招标人造成损失。

《招标投标法实施条例》有关投标保证金的规定：

招标人在招标文件中要求投标人提交投标保证金的，投标保证金不得超过招标项目估算价的 2％。投标保证金有效期应当与投标有效期一致。依法必须进行招标的项目的境内投标单位，以现金或者支票形式提交的投标保证金应当从其基本账户转出。招标人不得挪用投标保证金。

实行两阶段招标的，招标人要求投标人提交投标保证金的，应当在第二阶段提出。招标人终止招标，已经收取投标保证金的，招标人应当及时退还所收取的投标保证金及银行同期存款利息。投标人撤回已提交的投标文件，招标人已收取投标保证金的，应当自收到投标人书面撤回通知之日起 5 日内退还。投标截止后投标人撤销投标文件的，招标人可以不退还投标保证金。

招标人最迟应当在书面合同签订后 5 日内向中标人和未中标人退还投标保证金及银行同期存款利息。

投标保证金可能被没收的几种情形：①投标人在有效期内撤回其投标文件；②中标人未能在规定期限内提交履约保证金或签署合同协议。

**四、禁止串通投标和其他不正当竞争行为的规定**

《反不正当竞争法》规定，本法所称的不正当竞争，是指经营者违反本法规定，损害其他经营者的合法权益，扰乱社会经济秩序的行为。

在建设工程招标投标活动中，投标人的不正当竞争行为主要是：投标人相互串通投标、招标人与投标人串通投标、投标人以行贿手段谋取中标、投标人以低于成本的报价竞标、投标人以他人名义投标或者以其他方式弄虚作假骗取中标。

（一）禁止投标人相互串通投标

《反不正当竞争法》规定，投标者不得串通投标，抬高标价或者压低标价。《招标投标法》也规定，投标人不得相互串通投标报价，不得排挤其他投标人的公平竞争，损害招标人或者其他投标人的合法权益。

《招标投标法实施条例》有关禁止投标人相互串通的规定：

禁止投标人相互串通投标。有下列情形之一的，属于投标人相互串通投标：①投标人之间协商投标报价等投标文件的实质性内容；②投标人之间约定中标人；③投标人之间约定部分投标人放弃投标或者中标；④属于同一集团、协会、商会等组织成员的投标人按照该组织要求协同投标；⑤投标人之间为谋取中标或者排斥特定投标人而采取的其他联合行动。

有下列情形之一的，视为投标人相互串通投标：①不同投标人的投标文件由同一单位或者个人编制；②不同投标人委托同一单位或者个人办理投标事宜；③不同投标人的投标文件载明的项目管理成员为同一人；④不同投标人的投标文件异常一致或者投标报价呈规律性差异；⑤不同投标人的投标文件相互混装；⑥不同投标人的投标保证金从同一单位或者个人的账户转出。

（二）禁止招标人与投标人串通投标

《反不正当竞争法》规定，投标者和招标者不得相互勾结，以排挤竞争对手的公平竞争。《招标投标法》也规定，投标人不得与招标人串通投标，损害国家利益、社会公共利益或者他人的合法权益。

《招标投标法实施条例》进一步规定，禁止招标人与投标人串通投标。有下列情形之一的，属于招标人与投标人串通投标：①招标人在开标前开启投标文件并将有关信息泄露给其他投标人；②招标人直接或者间接向投标人泄露标底、评标委员会成员等信息；③招标人明示或者暗示投标人压低或者抬高投标报价；④招标人授意投标人撤换、修改投标文件；⑤招标人明示或者暗示投标人为特定投标人中标提供方便；⑥招标人与投标人为谋求特定投标人中标而采取的其他串通行为。

（三）禁止投标人以行贿手段谋取中标

《反不正当竞争法》规定，经营者不得采用财物或者其他手段进行贿赂以销售或者购买商品。在账外暗中给予对方单位或者个人回扣的，以行贿论处；对方单位或者个人在账外暗中收受回扣的，以受贿论处。《招标投标法》也规定，禁止投标人以向招标人或者评标委员会成员行贿的手段谋取中标。

投标人以行贿手段谋取中标是一种严重的违法行为，其法律后果是中标无效，有关责任人和单位要承担相应的行政责任或刑事责任，给他人造成损失的还应承担民事赔偿责任。

（四）投标人不得以低于成本的报价竞标

低于成本的报价竞标不仅属不正当竞争行为，还易导致中标后的偷工减料，影响建设工程质量。《反不正当竞争法》规定，经营者不得以排挤竞争对手为目的，以低于成本的价格销售商品。《招标投标法》则规定，投标人不得以低于成本的报价竞标。中标人的投标应当符合下列条件之一，……但是投标价格低于成本的除外。

（五）投标人不得以他人名义投标或以其他方式弄虚作假骗取中标

《反不正当竞争法》规定，经营者不得采用下列不正当手段从事市场交易，损害竞争对手：①假冒他人的注册商标；②擅自使用知名商品特有的名称、包装、装潢，或者使用与知名商品近似的名称、包装、装潢，造成和他人的知名商品相混淆，使购买者误认为是该知名商品；③擅自使用他人的企业名称或者姓名，引人误认为是他人的商品；④在商品上伪造或者冒用认证标志、名优标志等质量标志，伪造产地，对商品质量作引人误解的虚假表示。

《招标投标法》规定，投标人"不得以他人名义投标或者以其他方式弄虚作假，骗取中标"。《招标投标法实施条例》进一步规定，使用通过受让或者租借等方式获取的资格、资质证书投标的，属于招标投标法第三十三条规定的以他人名义投标。投标人有下列情形之一的，属于招标投标法第三十三条规定的以其他方式弄虚作假的行为：①使用伪造、变造的许可证件；②提供虚假的财务状况或者业绩；③提供虚假的项目负责人或者主要技术人员简历、劳动关系证明；④提供虚假的信用状况；⑤其他弄虚作假的行为。

**五、开标、评标规定**

建设工程项目的开标、评标、由建设单位依法组织实施，并接受有关行政主管部门的监督。在工程招投标的开标、评标过程中，建设单位是全部活动过程中的组织者，建设单位的权利有：邀请有关部门参加开标会议，当众宣布评标办法，启封投标书及补充函件，公布投标书的主要内容和标底；经建设行政主管部门委托的招投标机构审查批准后组建建评标小组；对于评标小组提出的中标单位的建议有确认权；与中标单位签订工程承包合同。

（一）开标

1. 开标的概念

开标是由投标截止之后，招标人按招标文件所规定的时间和地点，开启投标人提交的投标文件，公开宣布投标人的名称、投标价格及投标文件中的其他主要内容的活动。

2. 开标的时间、地点、主持人和参加人员

招标投标活动经过招标阶段和投标阶段之后，便进入了开标阶段。为了保证招标投标的公平、公正、公开，开标的时间和地点应遵守法律和招标文件中的规定。根据《招标投标法》第三十四条的规定："开标应当在招标文件确定的提交投标文件截止时间的同一时间公开进行；开标地点应当为招标文件中预先确定的地点。"同时，《招标投标法》第三十五条规定："开标由招标人主持，要求所有投标人参加。"

根据这一规定，招标文件的截止时间即是开标时间，这可避免在开标与投标截止时间有时间间隔，从而防止泄漏投标内容等一些不端行为的发生。

开标地点为招标文件预先确定的地点，应该说明这一点，招标活动并不都是必须在有形建筑市场内进行。

开标主持人可以是招标人，也可以是招标人委托的招标代理机构。开标时，除邀请所有投标人参加外，还可邀请招标监督部门、监察部门的有关人员参加，也可委托公证部门参加。

3. 开标应当遵守的法定程序

根据《招标投标法》的规定，开标应当严格按照法定程序和招标文件载明的规定进行。包括：按照规定的开标时间宣布开标开始；核对出席开标的投标人的身份和出席人数；安排投标人或其代表检查投标文件密封情况后指定工作人员监督拆封；组织唱标、记录；维护开标活动的正常秩序等。

（1）开标前的检查。开标时，由投标人或者其推选的代表检查投标文件的密封情况，也可以由招标人委托的公证机构检查并公证。如投标文件没有密封或有被开启的痕迹，应被认定为无效。

（2）投标文件的拆封、当众宣读。经确认无误后，投标截止日期前收到的所有投标文件都应当当众拆封，宣读投标人名称、投标价格和投标文件的其他主要内容。

（3）开标过程的记录和存档。按照《招标投标法》规定，开标过程应当记录，并存档备查。在宣读投标人名称、投标的价格和投标文件的其他主要内容时，招标主持人对公开开标所读的每一页，按照开标时间的先后顺序进行记录。开标机构应当事先准备好开标记录的登记册，开标填写后作为正式记录，保存于开标机构。

开标记录的内容包括：项目名称、投标号、刊登招标公告的日期、发售招标文件的日期，购买招标文件的单位名称、投标人的名称及报价、投标截止后收到投标文件的处理情况、开标时间、开标地点、开标时具体参加单位、人员、唱标的内容等开标过程中的重要事项等。

开标记录有主持人和其他工作人员签字确认后，存档备案。

4. 开标时，无效标书（废标）的认定

根据《房屋建筑和市政基础设施工程施工招标投标管理办法》规定，在开标时，投标文件出现下列情形之一的，应当作为无效投标文件，不得进入评标：①投标文件未按照招标文件的要求予以密封的；②投标文件中的投标函未加盖投标人的企业及企业法定代表人印章的，或者企业法定代表人委托代理人没有合格、有效的委托书（原件）及委托代理人印章的；③投标书未按规定格式填写，内容不全或字迹模糊不清的；④投标书逾期送达的；⑤投标人未安装投标文件的要求提供投标保函或者投标保证金的；⑥组成联合体投标的，投标文件未附联合体各方共同投标协议的；⑦投标单位未参加会议的。

（二）评标

1. 评标的概念

评标就是依据招标文件的要求和规定，在工程开标后，由招标单位组织评标委员会对各投标文件进行审查、评审和比较。评标人评标时应用科学方法，以公正、平等、经济合理、技术先进为原则，并按规定的评标标准进行评标。

2. 评标委员会

（1）评标委员会的组成。①评标委员会由招标人依法组建，负责评标活动；②评标委员会由招标人或其委托的招标代理机构的代表，以及技术经济等方面的专家组成，成员人数为 5 人以上单数，其中技术、经济等方面专家不得少于成员总数的 2/3；③委员会负责人的，可由招标人指定或由评标委员会成员推选，评标委员会负责人与其他成员有同等表决权。

（2）评标委员会专家的选取。评标委员会的专家成员应当从当地地市级以上人民政府有关部门提供的专家名册或招标代理机构的专家名册中选取。

一般招标项目可采取随机抽取的方式，特殊招标项目因有特殊要求或技术特别复杂，只有少数专家能够胜任的，可由招标人直接确定。

3. 评标标准

（1）评标方法。评标方法包括经评审的最低投标价法、综合评估法或者法律、行政法规允许的其他评标方法。

（2）应作为废标处理的几种情况：①以虚假方式谋取中标；②低于成本报价竞价；③不符合资格条件或拒不对投标文件澄清、说明或改正；④未能在实质上响应的投标。

## 六、中标的法定要求和招标投标投诉处理

（一）中标的法定要求

1. 公示中标候选人

《招标投标法实施条例》规定，依法必须进行招标的项目，招标人应当自收到评标报告之日起 3 日内公示中标候选人，公示期不得少于 3 日。

投标人或者其他利害关系人对依法必须进行招标的项目的评标结果有异议的，应当在中标候选人公示期间提出。招标人应当自收到异议之日起 3 日内做出答复；做出答复前，应当暂停招标投标活动。

2. 确定中标人

《招标投标法》规定，招标人根据评标委员会提出的书面评标报告和推荐的中标候选人确定中标人。招标人也可以授权评标委员会直接确定中标人。中标人的投标应当符合下列条件之一：①能够最大限度地满足招标文件中规定的各项综合评价标准；②能够满足招标文件的实质性要求，并且经评审的投标价格最低，但是投标价格低于成本的除外。在确定中标人前，招标人不得与投标人就投标价格、投标方案等实质性内容进行谈判。

《招标投标法实施条例》进一步规定，国有资金占控股或者主导地位的依法必须招标的项目，招标人应当确定排名第一的中标候选人为中标人。排名第一的中标候选人放弃中标、因不可抗力不能履行合同、不按照招标文件要求提交履约保证金，或者被查实存在影响中标结果的违法行为等情形，不符合中标条件的，招标人可以按照评标委员会提出的中标候选人名单排序依次确定其他中标候选人为中标人，也可以重新招标。

3. 中标通知书和报告招标投标情况

《招标投标法》规定，中标人确定后，招标人应当向中标人发出中标通知书，并同时将中标结果通知所有未中标的投标人。中标通知书对招标人和中标人具有法律效力。中标通知书发出后，招标人改变中标结果的，或者中标人放弃中标项目的，应当依法承担法律责任。

依法必须进行招标的项目，招标人应当自确定中标人之日起 15 日内，向有关行政监督部门提交招标投标情况的书面报告。

4. 履约保证金

《招标投标法》规定，招标文件要求中标人提交履约保证金的，中标人应当提交。

《招标投标法实施条例》进一步规定，履约保证金不得超过中标合同金额的 10%。中标人应当按照合同约定履行义务，完成中标项目。

（二）招标投标投诉与处理

1. 投诉的规定

《招标投标法实施条例》规定，投标人或者其他利害关系人认为招标投标活动不符合法律、行政法规规定的，可以自知道或者应当知道之日起 10 日内向有关行政监督部门投诉。投诉应当有明确的请求和必要的证明材料。

但是，对资格预审文件、招标文件、开标以及对依法必须进行招标项目的评标结构有异议的，应当依法先向招标人提出异议，其异议答复期间不计算在以上规定的期限内。

2. 投诉处理的规定

《招标投标法实施条例》规定，投诉人就同一事项向两个以上有权受理的行政监督部门投诉的，由最先收到投诉的行政监督部门负责处理。行政监督部门应当自收到投诉之日起 3 个工作日内决定是否受理投诉，并自受理投诉之日起 30 个工作日内做出书面处理决定；需要检验、检测、鉴定、专家评审的，所需时间不计算在内。投诉人捏造事实、伪造材料或者以非法手段取得证明材料进行投诉的,行政监督部门应当予以驳回。

行政监督部门处理投诉,有权查阅、复制有关文件、资料,调查有关情况,相关单位和人员应当予以配合。必要时,行政监督部门可以责令暂停招标投标活动。行政监督部门的工作人员对监督检查过程中知悉的国家秘密、商业秘密,应当依法予以保密。

### 七、违法行为应承担的法律责任

建设工程招标投标活动中违法行为应承担的主要法律责任如下:

（一）招标人违法行为应承担的法律责任

《招标投标法》规定,必须进行招标的项目而不招标的,将必须进行招标的项目化整为零或者以其他任何方式规避招标的,责令限期改正,可以处项目合同金额5‰以上10‰以下的罚款;对全部或者部分使用国有资金的项目,可以暂停项目执行或者暂停资金拨付;对单位直接负责的主管人员和其他直接责任人员依法给予处分。

招标人以不合理的条件限制或者排斥潜在投标人的,对潜在投标人实行歧视待遇的,强制要求投标人组成联合体共同投标的,或者限制投标人之间竞争的,责令改正,可以处1万元以上5万元以下的罚款。

依法必须进行招标的项目的招标人向他人透露已获取招标文件的潜在投标人的名称、数量或者可能影响公平竞争的有关招标投标的其他情况的,或者泄露标底的,给予警告,可以并处1万元以上10万元以下的罚款;对单位直接负责的主管人员和其他直接责任人员依法给予处分;构成犯罪的,依法追究刑事责任。影响中标结果的,中标无效。

（二）投标人违法行为应承担的法律责任

《招标投标法》中的规定:

投标人相互串通投标或者与招标人串通投标的,投标人以向招标人或者评标委员会成员行贿的手段谋取中标的,中标无效,处中标项目金额5‰以上10‰以下的罚款,对单位直接负责的主管人员和其他直接责任人员处单位罚款数额5%以上10%以下的罚款;有违法所得的,并处没收违法所得;情节严重的,取消其1年至2年内参加依法必须进行招标的项目的投标资格并予以公告,直至由工商行政管理机关吊销营业执照;构成犯罪的,依法追究刑事责任。给他人造成损失的,依法承担赔偿责任。

（三）中标人违法行为应承担的法律责任

《招标投标法》规定,中标人将中标项目转让给他人的,将中标项目肢解后分别转让给他人的,违反本法规定将中标项目的部分主体、关键性工作分包给他人的,或者分包人再次分包的,转让、分包无效,处转让、分包项目金额5‰以上10‰以下的罚款;有违法所得的,并处没收违法所得;可以责令停业整顿;情节严重的,由工商行政管理机关吊销营业执照。

（四）其他法律责任

《招标投标法》规定,任何单位违反本法规定,限制或者排斥本地区、本系统以外的法人或者其他组织参加投标的,为招标人指定招标代理机构的,强制招标人委托招标代理机构办理招标事宜的,或者以其他方式干涉招标投标活动的,责令改正;对单位直接负责的主管人员和其他直接责任人员依法给予警告、记过、记大过的处分,情节较重的,依法给予降级、撤职、开除的处分。个人利用职权进行以上违法行为的,依照以上规定追究责任。

依法必须进行招标的项目违反本法规定，中标无效的，应当依照本法规定的中标条件从其余投标人中重新确定中标人或者依照本法重新进行招标。

《招标投标法实施条例》规定，依法必须进行招标的项目的招标投标活动违反招标投标法和本条例的规定，对中标结果造成实质性影响，且不能采取补救措施予以纠正的，招标、投标、中标无效，应当依法重新招标或者评标。

**【案例 3-1】**

1. 背景

某工程项目，建设单位通过招标选择了一家具有相应资质的监理单位中标，并在中标通知书发出后与该监理单位签订了监理合同，后双方又签订了一份监理酬金比中标价降低8％的协议。在施工公开招标中，有 A、B、C、D、E、F、G、H 等施工企业报名投标，经资格预审均符合资格预审公告的要求，但建设单位以 A 施工企业是外地企业为由，坚持不同意其参加投标。

2. 问题

（1）建设单位与监理单位签订的监理合同有何违法行为？应分别如何处罚？

（2）外地施工企业是否有资格参加本工程项目的投标？建设单位的做法应如何处罚？

3. 分析

（1）《招标投标法》第四十六条规定："招标人和中标人应当按照招标文件和中标人的投标文件订立书面合同。招标人和中标人不得再行订立背离合同实质性内容的其他协议。"《招标投标法实施条例》第五十七条第一款又作了进一步规定："招标人和投标人应当依照招标投标法和本条例的规定签订书面合同，合同的标的、价款、质量、履行期限等主要条款应当与招标文件和中标人的投标文件的内容一致。招标人和中标人不得再行订立背离合同实质性内容的其他协议。"本案中的建设单位与监理单位签订监理合同之后，又签订了一份监理酬金比中标价降低8％的协议，属再行订立背离合同实质性内容其他协议的违法行为。对此，应当依据《招标投标法》第五十九条关于"招标人与中标人不按照招标文件和中标人的投标文件订立合同的，或者招标人、中标人订立背离合同实质性内容的协议的，责令改正；可以处中标项目金额5‰以上10‰以下的罚款"的规定，予以相应的处罚。

（2）《招标投标法》第六条规定："依法必须进行招标的项目，其招标投标活动不受地区或者部门的限制。任何单位和个人不得违法限制或者排斥本地区、本系统以外的法人或者其他组织参加投标，不得以任何方式非法干涉招标投标活动。"本案中的建设单位以 A 施工企业是外地企业为由，不同意其参加投标，是一种限制或者排斥本地区以外法人参加投标的违法行为。A 施工企业经资格预审符合资格预审公告的要求，是有资格参加本工程项目投标的。对此，《招标投标法》第五十一条规定："招标人以不合理的条件限制或者排斥潜在投标人的，对潜在投标人实行歧视待遇的，强制要求投标人组成联合体共同投标的，或者限制投标人之间竞争的，责令改正，可以处1万元以上5万元以下的罚款。"

# 第二节　建设工程发包与承包

## 一、建设工程发包与承包的概念与方式

（一）建设工程发包与承包的概念

建筑工程发包与承包是指建设单位将待完成的建筑勘察、设计、施工等工作的全部或其中一部分委托施工单位、勘察设计单位等，并按照双方约定支付一定的报酬，通过合同明确双方当事人的权利义务的一种法律行为。

建筑工程发包和承包的内容涉及建筑工程的全过程，包括可行性研究的承发包、工程勘察设计的承发包、材料及设备采购的承发包、工程施工的承发包、工程劳务的承发包、工程监理的承发包、工程项目管理的承发包等。但是在实践中，建筑工程承发包的内容较多的是指建筑工程勘察设计、施工的承发包。

（二）建设工程发包与承包的方式

1. 按获取任务的途径

《建筑法》规定，"建筑工程依法实行招标发包，对不适于招标发包的可以直接发包"。也就是说，建筑工程的发包方式有两种，一种是招标发包，另一种是直接发包。而招标发包是最基本的发包方式。

2. 按承发包范围（内容）划分承发包方式

（1）建设全过程承发包。建设全过程承发包又称一揽子承包，它是指发包人一般只要提出使用要求、竣工期限或对其他重大决策性问题做出决定，承包人就可对项目建议、可行性研究、勘察设计、材料设备采购、建筑安装工程施工、职工培训、竣工验收，直到投产使用和建设后评估等全过程，实行全面总承包，并负责对各项分包任务和必要时被吸收参与工程建设有关工作的发包人的部分力量，进行统一组织、协调和管理。

主要适用于大中型建设项目。大中型建设项目由于工程规模大、技术复杂，要求工程承包公司必须具有雄厚的技术经济实力和丰富的组织管理经验，通常由实力雄厚的工程总承包公司（集团）承担。这种承包方式的优点是：由专职工程承包公司承包，可以充分利用其丰富的经验，还可以进一步积累建设经验，节约投资、缩短建设工期并保障建设项目的质量，提高投资效益。

（2）阶段承发包。阶段承发包是指发包人、承包人就建设过程中某一阶段或某些阶段的工作，如勘察、设计或施工、材料设备供应等，进行发包承包。例如由设计机构承担勘察设计；由施工企业承担工业与民用建筑施工；由设备安装公司承担设备安装任务。其中，施工阶段承发包，还可依承发包的具体内容，再细分为三种方式：①包工包料，即工程施工全部的人工和材料由承包人负责；②包工部分包料，即承包人只负责提供施工的全部人工和一部分材料，其余部分材料由发包人或总承包人负责供应；③包工不包料，又称包清工，实质上是劳务承包，即承包人（大多是分包人）仅提供劳务而不承担任何材料供应的义务。

（3）专项承发包。专项承发包是指发包人、承包人就某建设阶段中的一个或几个专门项目进行发包承包。专项承发包主要适用于可行性研究阶段的辅助研究项目；勘察设计阶

段的工程地质勘查、供水水源勘探，基础或结构工程设计、工艺设计，供电系统、空调系统及防灾系统的设计；施工阶段的深基础施工、金属结构制作和安装、通风阶段和电梯安装；建设准备阶段的设备选购和生产技术人员培训等专门项目。由于专门项目专业性强，常常是由有关专业分包人承包，所以，专项发包承包也称作专业发包承包。

## 二、建设工程承包制度

建设工程承包制度包括总承包、共同承包、分包等制度。

《建筑法》规定，建筑工程实行招标发包的，发包单位应当将建筑工程发包给依法中标的承包单位。建筑工程实行直接发包的，发包单位应当将建筑工程发包给具有相应资质条件的承包单位。

承包建筑工程的单位应当持有依法取得的资质证书，并在其资质等级许可的业务范围内承揽工程。禁止建筑施工企业超越本企业资质等级许可的业务范围或者以任何形式用其他建筑施工企业的名义承揽工程。禁止建筑施工企业以任何形式允许其他单位或者个人使用本企业的资质证书、营业执照，以本企业的名义承揽工程。

按照合同约定，建筑材料、建筑构配件和设备由工程承包单位采购的，发包单位不得指定承包单位购入用于工程的建筑材料、建筑构配件和设备或者指定生产厂、供应商。

### （一）建设工程总承包的规定

总承包通常分为工程总承包和施工总承包两大类。

《建筑法》规定，建筑工程的发包单位可以将建筑工程的勘察、设计、施工、设备采购一并发包给一个工程总承包单位，也可以将建筑工程勘察、设计、施工、设备采购的一项或者多项发包给一个工程总承包单位。

工程总承包是指从事工程总承包的企业受建设单位的委托，按照工程总承包合同的约定，对工程项目的勘察、设计、采购、施工、试运行（竣工验收）等实行全过程或若干阶段的承包。施工总承包是指发包人将全部施工任务发包给具有施工总承包资质的建筑业企业，由施工总承包企业按合同的约定向建设单位负责，承包完成施工任务。

#### 1. 工程总承包的方式

工程总承包是国际通行的工程建设项目组织实施方式，有利于发挥具有较强技术力量和组织管理能力的大承包商的专业优势，综合协调工程建设中的各种关系，强化统一指挥和组织管理，保证工程质量和进度，提高投资效益。

按照 2003 年原建设部发布的《关于培育发展工程总承包和工程项目管理企业的指导意见》，工程总承包主要有下列方式：

（1）设计采购施工（EPC）/交钥匙总承包是指工程总承包企业按照合同约定，承担工程项目的设计、采购、施工、试运行服务等工作，并对承包工程的质量、安全、工期、造价全面负责。交钥匙总承包是设计采购施工总承包业务和责任的延伸，最终是向建设单位提交一个满足使用功能、具备使用条件的工程项目。

（2）设计-施工总承包（D-B）是指工程总承包企业按照合同约定，承担工程项目设计和施工，并对承包工程的设计和施工的质量、安全、工期、造价负责。

（3）设计-采购总承包（E-P）是指工程总承包企业按照合同约定，承担工程项目设计和采购工作，并对工程项目设计和采购的质量、进度等负责。

（4）采购-施工总承包（P-C）是指工程总承包企业按照合同约定，承担工程项目的采购和施工，并对承包工程的采购和施工的质量、安全、工期、造价负责。

2. 总承包企业的资质管理

我国对工程总承包不设立专门的资质。凡具有工程勘察、设计或施工总承包资质的企业，均可依法从事资质许可范围内相应等级的建设工程总承包业务。但是，承接施工总承包业务的，必须是取得施工总承包资质的企业。

我国建筑业企业资质分为施工总承包、专业承包和劳务分包三个序列。取得施工总承包资质的企业，可以承接施工总承包工程。施工总承包企业可以对所承接的施工总承包工程内各专业工程全部自行施工，也可以将专业工程或劳务作业依法分包给具有相应资质的专业承包企业或劳务分包企业。

3. 工程总承包单位与工程项目管理

工程项目管理是指从事工程项目管理的企业受建设单位委托，按照合同约定，代表建设单位对工程项目的组织实施进行全过程或若干阶段的管理和服务。工程项目管理企业不直接从事该工程项目的勘察、设计、施工等，也不与该工程项目的总承包企业或勘察、设计、供货、施工等企业签订合同，但可以按合同约定。协助业主与工程项目的总承包企业或勘察、设计、供货、施工等企业签订合同，并受业主委托监督合同的履行。

4. 总承包单位的责任

《建筑法》规定，建筑工程总承包单位按照承包合同的约定对建设单位负责；分包单位按照分包合同的约定对总承包单位负责。总承包单位和分包单位就分包工程对建设单位承担连带责任。

《建筑法》进一步规定，建设工程实行总承包的，总承包单位应当对全部建设工程质量负责；建设工程勘察、设计、施工、设备采购的一项或者多项实行总承包的，总承包单位应当对其承包的建设工程或者采购的设备的质量负责。总承包单位依法将建设工程分包给其他单位的，分包单位应当按照分包合同的约定对其分包工程的质量向总承包单位负责，总承包单位与分包单位对分包工程的质量承担连带责任。

（二）建设工程共同承包的规定

共同承包是指由两个以上具备承包资格的单位共同组成非法人的联合体，以共同的名义对工程进行承包的行为。这是在国际工程发承包活动中较为通行的一种做法，可有效地规避工程承包风险。

1. 共同承包的适用范围

《建筑法》规定，大型建筑工程或者结构复杂的建筑工程，可以由两个以上的承包单位联合共同承包。

作为大型的建筑工程或结构复杂的建筑工程，一般是投资额大、技术要求复杂和建设周期长，潜在风险较大，如果采取联合共同承包的方式，有利于更好发挥各承包单位在资金、技术、管理等方面优势，增强抗风险能力，保证工程质量和工期，提高投资效益。至于中小型或结构不复杂的工程，则无需采用共同承包方式，完全可由一家承包单位独立完成。

**2. 共同承包的资质要求**

《建筑法》规定，两个以上不同资质等级的单位实行联合共同承包的，应当按照资质等级低的单位的业务许可范围承揽工程。

这主要是为防止以联合共同承包为名而进行"资质挂靠"的不规范行为。

**3. 共同承包的责任**

《招标投标法》规定，联合体中标的，联合体各方应当共同与招标人签订合同，就中标项目向招标人承担连带责任。《建筑法》也规定，共同承包的各方对承包合同的履行承担连带责任。

共同承包各方应签订联合承包协议，明确约定各方的权利、义务以及相互合作、违约责任承担等条款。各承包方就承包合同的履行对建设单位承担连带责任。如果出现赔偿责任，建设单位有权向共同承包的任何一方请求赔偿，而被请求方不得拒绝，在其支付赔偿后可依据联合承包协议及有关各方过错大小，有权对超过自己应赔偿的那部分份额向其他方进行追偿。

**（三）建设工程分包的规定**

建设工程施工分包可分为专业工程分包与劳务作业分包：①专业工程分包是指施工总承包企业将其所承包工程中的专业工程发包给具有相应资质的其他建筑业企业完成的活动；②劳务作业分包是指施工总承包企业或者专业承包企业将其承包工程中的劳务作业发包给劳务分包企业完成的活动。

**1. 分包工程的范围**

《建筑法》规定，建筑工程总承包单位可以将承包工程中的部分工程发包给具有相应资质条件的分包单位。禁止承包单位将其承包的全部建筑工程转包给他人，禁止承包单位将其承包的全部建筑工程肢解以后以分包的名义分别转包给他人。施工总承包的，建筑工程主体结构的施工必须由总承包单位自行完成。

**2. 分包单位的条件与认可**

《建筑法》规定，建筑工程总承包单位可以将承包工程中的部分工程发包给具有相应资质条件的分包单位；但是，除总承包合同中约定的分包外，必须经建设单位认可。禁止总承包单位将工程分包给不具备相应资质条件的单位。《招标投标法》也规定，接受分包的人应当具备相应的资格条件。

总承包单位如果要将所承包的工程再分包给他人，应当依法告知建设单位并取得认可。这种认可应当依法通过两种方式：①在总承包合同中规定分包的内容；②在总承包合同中没有规定分包内容的，应当事先征得建设单位的同意。但是，劳务作业分包由劳务作业发包人与劳务作业承包人通过劳务合同约定，可不经建设单位认可。需要说明的是，分包工程须经建设单位认可，并不等于建设单位可以直接指定分包人。《房屋建筑和市政基础设施工程施工分包管理办法》规定，"建设单位不得直接指定分包工程承包人。"对于建设单位推荐的分包单位，总承包单位有权做出拒绝或者采用的选择。

**3. 分包单位不得再分包**

《建筑法》规定，禁止分包单位将其承包的工程再分包。《招标投标法》也规定，接受分包的人不得再次分包。

这主要是防止层层分包，"层层剥皮"，导致工程质量安全和工期等难以保障。为此，《房屋建筑和市政基础设施工程施工分包管理办法》中规定，除专业承包企业可以将其承包工程中的劳务作业发包给劳务分包企业外，专业分包工程承包人和劳务作业承包人都必须自行完成所承包的任务。

4. 转包和违法分包的界定

按照我国法律的规定，转包是必须禁止的，而依法实施的工程分包则是允许的。因此，违法分包同样是在法律的禁止之列。

《建设工程质量管理条例》规定，违法分包是指下列行为：①总承包单位将建设工程分包给不具备相应资质条件的单位的；②建设工程总承包合同中未有约定，又未经建设单位认可，承包单位将其承包的部分建设工程交由其他单位完成的；③施工总承包单位将建设工程主体结构的施工分包给其他单位的；④分包单位将其承包的建设工程再分包的。

作为转包是指承包单位承包建设工程后，不履行合同约定的责任和义务，将其承包的全部建设工程转给他人或者将其承包的全部建设工程肢解以后以分包的名义分别转给其他单位承包的行为。

《房屋建筑和市政基础设施工程施工分包管理办法》中规定，分包工程发包人应当设立项目管理机构，组织管理所承包工程的施工活动。项目管理机构应当具有与承包工程的规模、技术复杂程度相适应的技术、经济管理人员。其中，项目负责人、技术负责人、项目核算负责人、质量管理人员、安全管理人员必须是本单位的人员（即与本单位有合法的人事或者劳动合同、工资以及社会保险关系的人员）。分包工程发包人将工程分包后，未在施工现场设立项目管理机构和派驻相应人员，并未对该工程的施工活动进行组织管理的，视同转包行为。

5. 分包单位的责任

《建筑法》规定，建筑工程总承包单位按照总承包合同的约定对建设单位负责；分包单位按照分包合同的约定对总承包单位负责，总承包单位和分包单位就分包工程对建设单位承担连带责任。《招标投标法》也规定，中标人应当就分包项目向招标人负责，接受分包的人就分包项目承担连带责任。

我国对工程总分包、联合承包的连带责任均是由法律做出的规定，属法定连带责任。连带责任通常可分为法定连带责任和约定连带责任。约定连带责任是依照当事人之间事先的相互约定而产生的连带责任；法定连带责任则是根据法律规定而产生的连带责任。

（四）违法行为承担的法律责任

除建设工程招标投标活动中违法行为应承担的法律责任外，建设工程承包活动中其他违法行为应承担的主要法律责任如下：

1. 发包单位违法行为应承担的法律责任

《建筑法》规定，发包单位将工程发包给不具有相应资质条件的承包单位的，或者违反本法规定将建筑工程肢解发包的，责令改正，处以罚款。

《建设工程质量管理条例》规定，建设单位将建设工程发包给不具有相应资质等级的勘察、设计、施工单位或者委托给不具有相应资质等级的工程监理单位的，责令改正，处50万元以上100万元以下的罚款。

建设单位将建设工程肢解发包的,责令改正,处工程合同价款0.5%以上1%以下的罚款;对全部或者部分使用国有资金的项目,并可以暂停项目执行或者暂停资金拨付。

2. 承包单位违法行为应承担的法律责任

《建筑法》规定,超越本单位资质等级承揽工程的,责令停止违法行为,处以罚款,可以责令停业整顿,降低资质等级;情节严重的,吊销资质证书;有违法所得的,予以没收。未取得资质证书承揽工程的,予以取缔,并处罚款;有违法所得的,予以没收。

建筑施工企业转让、出借资质证书或者以其他方式允许他人以本企业的名义承揽工程的,责令改正,没收违法所得,并处罚款,可以责令停业整顿,降低资质等级;情节严重的,吊销资质证书。对因该项承揽工程不符合规定的质量标准造成的损失,建筑施工企业与使用本企业名义的单位或者个人承担连带赔偿责任。

承包单位将承包的工程转包的,或者违反本法规定进行分包的,责令改正,没收违法所得,并处罚款,可以责令停业整顿,降低资质等级;情节严重的,吊销资质证书。承包单位有以上规定的违法行为的,对因转包工程或者违法分包的工程不符合规定的质量标准造成的损失,与接受转包或者分包的单位承担连带赔偿责任。

《建设工程质量管理条例》规定,勘察、设计、施工、工程监理单位超越本单位资质等级承揽工程的,责令停止违法行为,对勘察、设计单位或者工程监理单位处合同约定的勘察费、设计费或者监理酬金1倍以上2倍以下的罚款;对施工单位处工程合同价款2%以上4%以下的罚款,可以责令停业整顿,降低资质等级;情节严重的,吊销资质证书;有违法所得的,予以没收。未取得资质证书承揽工程的,予以取缔,依照以上规定处以罚款;有违法所得的,予以没收。

勘察、设计、施工、工程监理单位允许其他单位或者个人以本单位名义承揽工程的,责令改正,没收违法所得,对勘察、设计单位和工程监理单位处合同约定的勘察费、设计费和监理酬金1倍以上2倍以下的罚款;对施工单位处工程合同价款2%以上4%以下的罚款;可以责令停业整顿,降低资质等级;情节严重的,吊销资质证书。

承包单位将承包的工程转包或者违法分包的,责令改正,没收违法所得,对勘察、设计单位处合同约定的勘察费、设计费25%以上50%以下的罚款;对施工单位处工程合同价款0.5%以上1%以下的罚款;可以责令停业整顿,降低资质等级;情节严重的,吊销资质证书。

《房屋建筑和市政基础设施工程施工分包管理办法》规定,对于接受转包、违法分包和用他人名义承揽工程的,处1万元以上3万元以下的罚款。

3. 其他法律责任

《建筑法》规定,在工程发包与承包中索贿、受贿、行贿,构成犯罪的,依法追究刑事责任;不构成犯罪的,分别处以罚款,没收贿赂的财物,对直接负责的主管人员和其他直接责任人员给予处分。对在工程承包中行贿的承包单位,除依照以上规定处罚外,可以责令停业整顿,降低资质等级或者吊销资质证书。

**【案例3-2】**

1. 背景

某建筑工程公司法定代表人李某与个体经营者张某是老乡。张某要求能以该公司的名义承接一些工程施工业务，双方便签订了一份承包合同，约定张某可使用该公司的资质证书、营业执照等承接工程，每年上交承包费 20 万元，如不能按时如数上交承包费，该公司有权解除合同。合同签订后，张某利用该公司的资质证书、营业执照等多次承揽工程施工业务，但年底只向该公司上交了 8 万元的承包费。为此，该公司与张某发生激烈争执，并诉至法院。

2. 问题

(1) 该建筑工程公司与张某存在何种违法行为？

(2) 该建筑工程公司的违法行为应当受到什么处罚？

3. 分析

(1) 本案中该建筑工程公司将资质证书、营业执照等出借给张某，允许以其名义对外承揽工程，属于违法行为。《建筑法》第二十六条第二款明确规定："禁止建筑施工企业以任何形式允许其他单位或者个人使用本企业的资质证书、营业执照，以本企业的名义承揽工程。"

(2)《建筑法》第六十六条规定："建筑施工企业转让、出借资质证书或者以其他方式允许他人以本企业的名义承揽工程的，责令整改，没收违法所得，并处罚款。"《建设工程质量管理条例》第六十一条进一步规定："违反本条例规定，勘察、设计、施工、工程监理单位允许其他单位或者个人以本单位名义承揽工程的，责令整改，没收违法所得，……；对施工单位处工程合同价款 2% 以上 4% 以下的罚款；可以责令停业整顿，降低资质等级；情节严重的，吊销资质证书。"据此，该建筑工程公司将被责令整改，没收违法所得，处工程合同价款 2% 以上 4% 以下的罚款；根据情节，还可能被责令停业整顿，降低资质等级，甚至吊销资质证书。

# 第三节　建筑市场诚信行为的公布和奖惩机制

## 一、建筑市场诚信行为的公布

（一）公布的时限

《建筑市场诚信行为信息管理办法》规定，建筑市场诚信行为记录信息的公布时间为行政处罚决定做出后 7 日内，公布期限一般为 6 个月至 3 年；良好行为信息公布期限一般为 3 年，公布内容应与建筑市场监管信息系统中的企业、人员和项目管理数据库相结合，形成信用档案，内部长期保留。

省、自治区和直辖市建设行政主管部门负责审查整改结果，对整改确有实效的，由企业提出申请，经批准，可缩短其不良行为记录信息公布期限，但公布期限最短不得少于 3 个月，同时将整改结果列于相应不良行为记录后，供有关部门和社会公众查询；对于拒不整改或整改不力的单位，信息发布部门可延长其不良行为记录信息公布期限。

《招标投标违法行为记录公告暂行办法》规定，国务院有关行政主管部门和省级人民政府有关行政主管部门应自招标投标违法行为行政处理决定做出之日起 20 个工作日内对外进行记录公告。违法行为记录公告期限为 6 个月。依法限制招标投标当事人资质（资格）等方面的行政处理决定，所认定的限制期限长于 6 个月的，公告期限从其决定。

（二）公布的内容和范围

《建筑市场诚信行为信息管理办法》规定，属于《全国建筑市场各方主体不良行为记录认定标准》范围的不良行为记录除在当地发布外，还将由住建部统一在全国公布，公布期限与地方确定的公布期限相同。通过与工商、税务、纪检、监察、司法、银行等部门建立的信息共享机制，获取的有关建筑市场各方主体不良行为记录的信息，省、自治区、直辖市建设行政主管部门也应在本地区统一公布。各地建筑市场综合监管信息系统，要逐步与全国建筑市场诚信信息平台实现网络互联、信息共享和实时发布。

《招标投标违法行为记录公告暂行办法》规定，对招标投标违法行为所做出的以下行政处理决定应给予公告：①警告；②罚款；③没收违法所得；④暂停或者取消招标代理资格；⑤取消在一定时期内参加依法必须进行招标的项目的投标资格；⑥取消担任评标委员会成员的资格；⑦暂停项目执行或追回已拨付资金；⑧暂停安排国家建设资金；⑨暂停建设项目的审查批准；⑩行政主管部门依法做出的其他行政处理决定。公告部门可将招标投标违法行为行政处理决定书直接进行公告。

招标投标违法行为记录公告不得公开涉及国家秘密、商业秘密、个人隐私的记录。但是，经权利人同意公开或者行政机关认为不公开可能对公共利益造成重大影响的涉及商业秘密、个人隐私的违法行为记录，可以公开。

（三）公告的变更

《建筑市场诚信行为信息管理办法》规定，对发布有误的信息，由发布该信息的省、自治区和直辖市建设行政主管部门进行修正，根据被曝光单位对不良行为的整改情况，调整其信息公布期限，保证信息的准确和有效。

行政处罚决定经行政复议、行政诉讼以及行政执法监督被变更或被撤销，应及时变更或删除该不良记录，并在相应诚信信息平台上予以公布，同时应依法妥善处理相关事宜。

《招标投标违法行为记录公告暂行办法》规定，被公告的招标投标当事人认为公告记录与行政处理决定的相关内容不符的，可向公告部门提出书面更正申请，并提供相关证据。公告部门接到书面申请后，应在5个工作日内进行核对。公告的记录与行政处理决定的相关内容不一致的，应当给予更正并告知申请人；公告的记录与行政处理决定的相关内容一致的，应当告知申请人。公告部门在做出答复前不停止对违法行为记录的公告。

行政处理决定在被行政复议或行政诉讼期间，公告部门依法不停止对违法行为记录的公告，但行政处理决定被依法停止执行的除外。原行政处理决定被依法变更或撤销的，公告部门应当及时对公告记录予以变更或撤销，并在公告平台上予以声明。

**二、建筑市场诚信行为的奖惩机制**

《建筑市场诚信行为信息管理办法》《关于加快推进建筑市场信用体系建设工作的意见》中规定，应当依据国家有关法律、法规和规章，按照诚信激励和失信惩戒的原则，逐步建立诚信奖惩机制，在行政许可、市场准入、招标投标、资质管理、工程担保和保险、表彰评优等工作中，充分利用已公布的建筑市场各方主体的诚信行为信息，依法对守信行为给予激励，对失信行为进行惩处。

对于一般失信行为，要对相关单位和人员进行诚信法制教育，促使其知法、懂法、守法；对有严重失信行为的企业和人员，要会同有关部门，采取行政、经济、法律和社会舆论等综合惩治措施，对其依法公布、曝光或予以行政处罚、经济制裁；行为特别恶劣的，要坚决追究失信者的法律责任，提高失信成本，使失信者得不偿失。

《招标投标违法行为记录公告暂行办法》中规定，公告的招标投标违法行为记录应当作为招标代理机构资格认定，依法必须招标项目资质审查、招标代理机构选择、中标人推荐和确定、评标委员会成员确定和评标专家考核等活动的重要参考。

《建筑业企业资质管理规定》中规定，建筑业企业未按照本规定要求提供建筑业企业信用档案信息的，由县级以上地方人民政府建设主管部门或者其他有关部门给予警告，责令限期改正；逾期未改正的，可处以 1000 元以上 1 万元以下的罚款。

《注册建造师管理规定》中规定，注册建造师或者其聘用单位未按照要求提供注册建造师信用档案信息的，由县级以上地方人民政府建设主管部门或者其他有关部门责令限期改正；逾期未改正的，可处以 1000 元以上 1 万元以下的罚款。

**【案例 3 - 3】**

1. 背景

有一省重点工程项目由于工程复杂、技术难度高，一般施工队伍难以胜任，建设单位便自行决定采取邀请招标方式，于 9 月 28 日向通过资格预审的 A、B、C、D、E 等 5 家施工企业发出了投标邀请书。这 5 家施工企业均接受了邀请，并于规定时间购买了招标文件。按照招标文件的规定，10 月 18 日下午 4 时为提交投标文件的截止时间，10 月 21 日下午 2 时在建设单位办公大楼第 2 会议室开标。A、B、C、D 施工企业均在此截止时间之前提交了投标文件，但 C 施工企业却因中途堵车，于 10 月 18 日下午 5 时才将投标文件送达。10 月 21 日下午 2 时，当地招投标监管机构在该建设单位办公大楼第 2 会议室主持了开标。

2. 问题

(1) 该建设单位自行决定采取邀请招标的做法是否合法？为什么？

(2) 建设单位是否可以接受 C 施工企业的投标文件？为什么？

(3) 开标应当由谁主持？

3. 分析

(1) 不合法。《招标投标法》第十一条规定："国务院发展计划部门确定的国家重点项目和省、自治区、直辖市人民政府确定的地方重点项目不适宜公开招标的，经国务院发展计划部门或者省、自治区、直辖市人民政府批准，可以进行邀请招标。"因此，本案中的建设单位擅自决定对省重点工程项目采取邀请招标的做法，违法了《招标投标法》的有关规定，是不合法的。

(2) 不能接受。《招标投标法》第二十八条第二款规定："在招标文件要求提交投标文件的截止时间后送达的投标文件，招标人应当拒收。"《招标投标法实施条例》第三十六条第 1 款规定："未通过资格预审的申请人提交的投标文件，以及逾期送达或者不按照招标文件要求密封的投标文件，招标人应当拒收。"据此，建设单位应当对 C 施工企业逾期送达的投标文件予以拒收。如果未依法而接受的，按照《招标投标法实施条例》第六十四条的规定："招标人有下列情形之一的，由有关行政监督部门责令整改，可以处 10 万元以下的罚款：……（四）接受应当拒收的投标文件。招标人有前款……第四项所列行为之一的，对单位直接负责的主管人员和其他直接责任人员依法给予处分。"

（3）《招标投标法》第三十五条规定："开标由招标人主持，邀请所有投标人参加。"据此，本案中由当地招投标监管机构主持开标是不合法的。

# 第四节　建筑市场主体诚信评价的基本规定

建设部《关于加快推进建筑市场信用体系建设工作的意见》中提出，同步推进政府对市场主体的守法诚信评价和社会中介信用机构开展的综合信用评价。

## 一、政府对市场主体的守法诚信评价

政府对主体的守法诚信评价是政府主导，以守法为基础，根据违法违规行为的行政处罚记录，对市场主体进行诚信评价。评价内容包括对市场主体违反各类行政法律规定强制义务的行政处罚记录以及其他不良失信行为记录。评价标准内容以建筑市场有关的法律责任为主要依据，对社会关注的焦点、热点问题可有所侧重，如拖欠工程款和农民工工资、转包、违法分包、挂靠、招标投标弄虚作假、质量安全问题、违反法定基本建设程序等。

## 二、社会中介信用机构的综合信用评价

社会中介信用机构的综合信用评价是市场主导，以守法、守信（主要指经济信用，包括市场交易信用和合同履行信用）、守德（主要指道德、伦理信用）、综合实力（主要包括经营、资本、管理、技术等）为基础进行综合评价。综合评价中有关建筑市场各方责任主体的优良和不良行为记录等信息要以建筑市场信用信息平台的记录为基础。

行业协会要协助政府部门做好诚信行为记录、信息发布和信用评价等工作，推进建筑市场动态监管；要完善行业内部监督和协调机制，建立以会员单位为基础的自律维权信息平台，加强行业自律，提高企业及其从业人员的诚信意识。

# 复 习 思 考 题

## 一、单项选择题

1. 注册建造师采取弄虚作假等手段取得注册建造师继续教育证书的，一经发现（　　）。

A. 立即吊销其注册建造师证书

B. 立即注销其建造师资格证书

C. 立即取消其继续教育记录，记入不良信用记录，对社会公布

D. 处以 1 万元罚款

2. 下列建设项目中，属于依法应当公开招标范围的是（　　）。

A. 涉及国家安全、国家机密的项目　　　　B. 使用各级财政预算资金的项目

C. 使用企事业单位自有资金的项目　　　　D. 使用上市公司资金的项目

3. 在招标投标过程中，投标人发生合并、分立、破产等重大变化的，应当（　　）。

A. 撤回投标　　　　　　　　　　　　　　B. 提高投标保证金额

C. 撤销投标　　　　　　　　　　　　　　D. 及时书面告知招标人

4. 下列情况下的投标文件会被视为废标的是（    ）。

A. 没有法人印章或法人签字　　　　　　B. 没有法人签字或授权人签名

C. 有单位公章单位加盖项目部印章　　　D. 有项目部印章但未加盖单位公章

5. 某工程建设项目招标人在招标文件中规定了只有获得过本省工程质量奖项的潜在投标人才有资格参加该项目的投标。根据《招标投标法》，这个规定违反了（    ）。

A. 公开　　　　　　B. 公平　　　　　　C. 公正　　　　　　D. 诚实信用

6. 某施工项目招标，招标文件开始出售的时间为 3 月 20 日，停止出售的时间为 3 月 30 日，提交投标文件的截止时间为 4 月 25 日，评标结束的时间为 4 月 30 日，则投标有效期开始的时间为（    ）。

A. 3 月 20 日　　　　B. 3 月 30 日　　　　C. 4 月 25 日　　　　D. 4 月 30 日

7. 某建设项目招标，采用经评审的最低投标价法评标，经评审的投标价格最低的投标人报价 1020 万元，评标价 1010 万元。评标结束后，该投标人向招标人表示，可以再降低报价，报 1000 万元，与此对应的评标价为 990 万元，则双方订立的合同价应为（    ）万元。

A. 1020　　　　　　B. 1010　　　　　　C. 1000　　　　　　D. 990

8. 下列建设单位向施工单位做出的意思表示中，为法律、行政法规所禁止的是（    ）。

A. 明示报名参加投标的各施工单位低价竞标

B. 明示施工单位在施工中应优化工期

C. 暗示施工单位不采用《建设工程施工合同（示范文本）》签订合同

D. 暗示施工单位在非承重结构部位使用不合格的水泥

9. 某必须招标的建设项目，共有三家单位投标，其中一家未按招标文件要求提交投标保证金，则关于对投标的处理和是否重新发包，下列说法中，正确的是（    ）。

A. 评标委员会可以否决全部投标，招标人应当重新招标

B. 评标委员会可以否决全部投标，招标人可以直接发包

C. 评标委员会必须否决全部投标，招标人应当重新招标

D. 评标委员会必须否决全部投标，招标人可以直接发包

10. 下列评标委员会成员中符合《招标投标法》规定的是（    ）。

A. 某甲，由投标人从省人民政府有关部门提供的专家名册的专家中确定

B. 某乙，现任某公司法定代表人，该公司常年为某投标人提供建筑材料

C. 某丙，从事招标工程项目领域工作满 10 年

D. 某丁，在开标后，中标结果确定前将自己担任评标委员会成员的事告诉了某投标人

**二、多项选择题**

1. 招标人应当具备（    ）的能力。

A. 编制标底　　　　　　　　　　　　　B. 组织评标

C. 承担招标项目　　　　　　　　　　　D. 融资

E. 有评标专家库

2. 项目规模和标准达到以下标准必须进行招标（    ）。

A. 施工单项合同估算价在 200 万元人民币以上的

B. 设备、材料等货物的采购，单项合同估算价在 100 万元人民币以上

C. 监理服务单项合同估算价在 50 万元人民币以上的

D. 勘察设计单项合同估算价在 30 万元人民币以上

E. 自来水公司的设备安装工程合同价在 3500 万元以上

3. 下列各项，属于投标人之间串通投标的行为有（　　）。

A. 投标者之间相互约定，一致抬高或者压低投标价

B. 投标者之间相互约定，在招标项目中轮流以低价位中标

C. 两个以上的投标者签订共同投标协议，以一个投标人的身份共同投标

D. 投标者借用其他企业的资质证书参加投标

E. 投标者之间进行内部竞价，内定中标人，然后参加投标

4. 招标文件应包括以下内容（　　）。

A. 评标标准和方法　　　　　　　　B. 招标项目的性质、数量

C. 标底价格　　　　　　　　　　　D. 提交投标文件的时间、地点

E. 开标、评标、定标时间

5.《招标投标法》规定，投标文件有下列情形，招标人不予受理（　　）。

A. 逾期送达的

B. 未送达指定地点的

C. 未按规定格式填写的

D. 无单位盖章并无法定代表人或其授权的代理人签字或盖章的

E. 未按招标文件要求密封的

6. 根据《合同法》的规定，建设工程施工合同生效后，如果当事人就质量、价款或者报酬、履行地点等内容没有约定或者约定不明确的，可以协议补充。不能达成补充协议的，按照（　　）确定。

A. 招标书、投标书、施工图文件、工程会议纪要等相关合同条款

B. 不利于施工人（要约人）的解释

C. 建筑工程市场的交易习惯

D. 总监理工程师的书面意见

E. 只能提交法院或仲裁机构裁决

7. 关于招标代理机构的说法，正确的有（　　）。

A. 招标代理机构是社会中介组织

B. 工程招标代理机构可以参与招标工程的招标

C. 未经招标人同意，招标代理机构不得向他人转让代理业务

D. 工程招标代理机构不得与招标工程的投标人有利益关系

E. 由评标委员会制定招标代理机构

8. 关于联合体投标的说法，正确的有（　　）。

A. 多个施工单位可以组成一个联合体，以一个投标人的身份共同投标

B. 中标的联合体各方应当就中标项目向投标人承担连带责任

C. 联合体各方的共同投标协议属于合同关系

D. 联合体中标的，应当由联合体各方共同与投标人签订合同

E. 由不同专业的单位组成的联合体，按资质低的一方确定业务许可范围

9. 根据招投标相关法律和司法解释，下列施工合同中，属于无效合同的有（　　）。

A. 未经发包人同意，承包人将部分非主体工程分包给具有相应资格的施工单位的合同

B. 招标文件中明确要求投标人垫资并据此与中标人签订的合同

C. 建设单位直接与专业施工单位签订的合同

D. 承包人将其承包的工程全部分包给其他有资质的承包人的合同

E. 投标人串通投标中标后与招标人签订的合同

10. 根据《招标投标法》的规定，对评标委员会的组成包括（　　）。

A. 评标委员会由 5 人以上的单数组成

B. 评标委员会的成员必须是既懂经济又懂法律的专家

C. 评标委员会的专家与所有投标人均没有利害关系

D. 评标专家必须在相关领域工作满 8 年且具有高级职称或同等专业水平

E. 评估委员会的成员能够认真、公正、廉洁地履行职责

### 三、问答题

1. 什么情况下的施工投标文件按废标处理？

2. 工程项目施工投标中有哪些禁止性的规定？

3. 投标文件的编制要求和内容有哪些？

4. 什么叫开标和评标？开标时间、地点、参加人员、评标委员会的组成及开标过程有哪些规定？

5. 中标通知书的法律效力是什么？

# 第四章 建设工程监理法规

**【本章概述】**

建设工程监理是指具有相应资质的工程监理企业，接受建设单位的委托，代表建设单位去对承建单位的建设行为进行监控的专业化服务。要求熟练掌握工程监理的内容、工程监理的依据、实行强制监理的建设工程范围、建设工程监理企业的法律责任；掌握建设工程监理合同纠纷成因与防范措施、工程监理企业从业资质管理、注册监理工程师执业资格制度。

工程监理对于规范建设市场秩序，保证建设工程质量和施工安全生产，提高投资效益，保障公民生命财产安全和国家财产安全，具有十分重要的意义。

**【学习目标】**

1. 掌握建设工程监理的原则。

2. 掌握工程建设监理的概念、范围。

3. 掌握旁站监理工作的内容、职责和程序。

4. 了解监理工程师的法律责任。

**【能力目标】**

1. 具备熟练的工程监理过程。

2. 能进行工程企业从业资质管理。

3. 能熟练掌握实行强制监理的工程范围、合同纠纷的防范处理。

**【课时建议】**

4 课时。

## 第一节 建设工程监理概述

### 一、我国建设工程监理制度

（一）建设工程监理的概念

建设工程监理是指具有相应资质的工程监理企业，接受建设单位的委托，承担其项目管理工作，并代表建设单位对承建单位的建设行为进行监控的专业化服务活动。

（二）我国建设工程监理制度产生的背景

建设工程监理是国际上通行的对工程项目建设进行的监督与管理，在西方国家已有100多年的历史，至今已趋于成熟和完善。

1978 年以后，我国进入了改革开放的新时期，国务院决定在基本建设和建筑业领域采取一些重大的改革措施，例如，投资有偿使用（即"拨改贷"）、投资包干责任制、投资主体多元化、工程招标投标制等。在这种情况下，改革传统的建设工程管理形式，已经势在必行。否则，难以适应我国经济发展和改革开放新形势的要求。

通过对我国几十年建设工程管理实践的反思和总结，并对国外工程管理制度与管理方法进行了考察，我们认识到建设单位的工程项目管理是一项专门的学问，需要一大批专门的机构和人才，建设单位的工程项目管理应当走专业化、社会化的道路。在此基础上，建设部于 1988 年发布了"关于开展建设监理工作的通知"，明确提出建设监理制度成为我国建设领域实行的一项制度。我国建设监理工作从 1988 年开始试点，经过了试点阶段（1988—1993 年）、稳步推行阶段（1993—1996 年），1997 年《建筑法》以法律制度的形式做出规定，国家推行建筑工程监理制度，从而使建设工程监理在全国范围内进入全面推行阶段。

建设工程监理制度是我国建设体制深化改革的一项重大措施，它是市场经济的产物。建立并推行建设监理制度，是建立和完善社会主义市场经济的需要，也是开拓国际市场、进入国际经济大循环的需要。

（三）建设工程监理的作用

建设工程监理的作用是保证建设行为符合国家法律、法规和有关政策，防止建设行为的随意性和盲目性，促使工程建设进度、投资、质量等按合同进行，保证建设行为的合法性和经济性。具体体现在如下几个方面：

（1）有利于提高建设工程投资决策科学化水平，工程监理企业可协助建设单位选择适当的工程咨询机构，管理工程咨询合同的实施，并对咨询结果（如项目建议书、可行性研究报告）进行评估，提出有价值的修改意见和建议；或者直接从事工程咨询工作，为建设单位提供建设方案。工程监理企业参与或承担项目决策阶段的监理工作，有利于提高项目投资决策的科学化水平，避免项目投资决策失误，也为实现建设工程投资综合效益最大化打下了良好的基础。

（2）有利于规范工程建设参与各方的建设行为。在建设工程实施过程中，工程监理企业可依据委托监理合同和有关的建设工程合同对承建单位的建设行为进行监督管理。由于这种约束机制贯穿于工程建设的全过程，采用事前、事中和事后控制相结合的方式，因此可以有效地规范各承建单位的建设行为，最大限度地避免不当建设行为的发生。即使出现不当建设行为，也可以及时加以制止，最大限度地减少其不良后果。应当说，这是约束机制的根本目的。另外，由于建设单位不了解建设工程有关的法律、法规、规章、管理程序和市场行为准则，也可能发生不当建设行为。在这种情况下，工程监理单位可以向建设单位提出适当的建议，从而避免发生建设单位的不当建设行为，这对规范建设单位的建设行为也可起到一定的约束作用。当然，要发挥上述约束作用，工程监理企业首先必须规范自身的行为，并接受政府的监督管理。

（3）有利于促使承建单位保证建设工程质量和使用安全。在加强承建单位自身对工程质量管理的基础上，由工程监理企业介入建设工程生产过程的管理，对保证建设工程质量和使用安全有着重要作用。

（4）有利于实现建设工程投资效益最大化。建设工程投资效益最大化有以下三种不同表现：①在满足建设工程预定功能和质量标准的前提下，建设投资额最少；②在满足建设工程预定功能和质量标准的前提下，建设工程寿命周期费用（或全寿命费用）最少；③建设工程本身的投资效益与环境、社会效益的综合效益最大化。

## 二、建设工程的监理范围与规模标准

（一）建设工程的监理范围

（1）国家重点建设工程。

（2）大中型公用事业工程。

（3）成片开发建设的住宅小区工程。

（4）利用外国政府或者国际组织贷款、援助资金的工程。

（5）国家规定必须实行监理的其他工程。

（二）建设工程的规模标准

（1）国家重点建设工程，是指依据《国家重点建设项目管理办法》所确定的对国民经济和社会发展有重大影响的骨干项目。

（2）大中型公用事业工程，是指项目总投资在3000万元以上的工程项目：供水、供电、供气、供热等市政工程项目；科技、教育、文化等项目；体育、旅游、商业等项目；卫生、社会福利等项目；其他公用事业项目。

（3）成片开发建设的住宅小区工程，建筑面积在5万$m^2$以上的住宅建设工程必须实行监理；5万$m^2$以下的住宅建设工程，可以实行监理，具体范围和规模标准，由省、自治区、直辖市人民政府建设行政主管部门规定。为了保证住宅质量，对高层住宅及基础、结构复杂的多层住宅应当实行监理。

（4）利用外国政府或者国际组织贷款，援助资金的工程范围包括：使用世界银行、亚洲开发银行等国际组织贷款项目；使用国外政府及其机构贷款的项目；使用国际组织或者国外政府援助资金的项目。

（5）国家规定必须实行监理的其他工程如下所述：

1）项目总投资在3000万元以上关系社会公共利益、公众安全的基础设施项目。包括煤炭、石油、化工、天然气、电力、新能源等项目；铁路、公路、管道、水运、民航以及其他交通运输等项目；邮政、电信枢纽、通信、信息网络等项目；防洪、灌溉、排涝、发电、引（供）水、滩涂治理、水源保护、水土保持等水利建设项目；道路、桥梁、铁路和轻轨交通、污水排放及处理、垃圾处理、地下管道、公共停车场等城市基础设施项目；生态环境保护项目；其他基础设施项目。

2）学校、影剧院、体育场馆项目。

建设工程监理范围应包括整个工程建设的全过程，包括招标、设计、施工、材料设备采购、设备安装调试等环节，对工期、质量、造价、安全等进行全方位的监督管理。

## 三、建设工程监理的原则

从事工程建设监理活动，应当遵循守法、诚信、公正、科学的准则，具体要求如下。

（一）符合工程监理活动特性的原则

（1）服务性。建设工程监理具有服务性，是从它的业务性质方面定性的。建设工程监理的主要手段是规划、控制、协调，主要任务是控制建设工程的投资、进度和质量，最终应当达到的基本目的是协助建设单位在计划的目标内将建设工程建成投入使用。在工程建设中，监理人员利用自己的知识、技能和经验、信息以及必要的试验、检测手段，为建设单位提供管理服务。工程监理企业不能完全取代建设单位的管理活动。它不具有工程建设重大问题的决策权，它只能在授权范围内代表建设单位进行管理。

（2）独立性。工程建设监理单位、工程建设单位、工程施工单位在同一建设工程活动的关系是平等的、横向的关系。监理单位是独立的一方。《建筑法》明确指出，工程监理企业应当根据建设单位的委托，客观、公正地执行监理任务。《工程建设监理规定》和《建设工程监理规范》要求工程监理企业按照"公正、独立、自主"原则开展监理工作。按照独立性要求，工程监理单位应当严格地按照有关法律、法规、规章、工程建设文件、工程建设技术标准、建设工程委托监理合同、有关的建设工程合同等的规定实施监理；在委托监理的工程中，与承建单位不得有隶属关系和其他利害关系；在开展工程监理的过程中，必须建立自己的组织，按照自己的工作计划、程序、流程、方法、手段，根据自己的判断，独立地开展工作。

（3）公正性。公正性是监理行业的必然要求，也是监理单位和监理工程师工作的职业道德。工程建设监理的公正性也是承建商的共同要求。建设监理制度赋予监理单位在项目建设中具有监督管理的权力，被监理方必须接受监理方的监督管理。所以监理单位和监理工作人员必须以公正的第三方身份开展工程建设监理活动。

（4）科学性。建设工程监理是一种高智能的技术服务，因此要求监理工作有健全的组织机构、完善的科学检测技术、经济方法和严格规范的工作程序、丰富的专业技能以及实践经验来履行监理职责。

（二）参照国际惯例的原则

西方发达国家工程建设监理工作已有100多年的发展历史，其监理体系已趋于成熟和完善，各国具有严密的法律、法规，完善的组织机构以及规范化的方法、手段和实施程序。国际咨询工程师联合会（FIDIC）制订的土木工程合同条款，被国际建筑界普遍认可和采用，这些条款把工程技术、管理、经济、法律有机地、科学地结合在一起，突出监理工程师的负责制，为建设监理制度的规范化、国际化起了促进作用。我国的建设工程活动已经进入国际市场，因此从事工程建设监理单位和从业的监理工程师应当充分研究和借鉴国际间通行的做法和经验。

（三）结合我国国情的原则

工程监理制度的建立，既要借鉴国际惯例，又不能完全照搬照抄，应当充分结合中国国情，建立具有中国特色的工程建设监理制度体系，更好地规范我国工程建设监理工作。

#### 四、建设工程监理的特点和依据

（一）现阶段建设工程监理的特点

（1）建设工程监理的服务对象具有单一性。工程监理企业只接受建设单位的委托，即只为建设单位服务。它不能接受承建单位的委托为其提供管理服务。从这个意义上看，可以认为我国的建设工程监理就是为建设单位服务的项目管理。

（2）建设工程监理属于强制推行的制度。

（3）建设工程监理具有监督功能。我国监理工程师在质量控制方面的工作所达到的深度和细度，应当说远远超过国际上建设项目管理人员的工作深度和细度，这对保证工程质量起了很好的作用。

（4）市场准入采取企业资质和人员资格双重控制。我国对建设工程监理的市场准入采取了企业资质和人员资格的双重控制。要求专业监理工程师及以上的监理人员要取得监理工程师资格证书，不同资质等级的工程监理企业至少要有一定数量的取得监理工程师资格证书并经注册的人员。

（二）工程建设监理的依据

根据工程建设监理的有关规定，监理依据有下列四大类：

（1）国家和部门制定颁布的法律、法规、办法。

（2）国家现行的技术规范、技术标准、规程和工程质量检测验评标准。

（3）国家批准的建设文件、设计文件和设计图纸。

（4）依法签订的各类工程合同文件等。

### 五、建设工程监理的发展趋势

（1）加强法制建设，走法制化的道路。

（2）以市场需求为导向，向全方位、全过程监理发展。

（3）适应市场需求，优化工程监理企业结构。

（4）加强培训工作，不断提高从业人员素质。

（5）与国际惯例接轨，走向世界。

我国的监理工程师和工程监理企业应当做好充分准备，不仅要迎接国外同行进入我国后的竞争挑战，而且也要把握进入国际市场的机遇，敢于到国际市场与国外同行竞争。在这方面，大型、综合素质较高的工程监理企业应当率先采取行动。

# 第二节　建设工程监理规范及施工旁站监理管理办法

建设工程监理制作为工程建设领域的一项改革举措，旨在改变陈旧的工程管理模式，建立专业化、制度化的建设监理机构，协助建设单位做好项目管理工作，以提高建设水平和投资效益。工程建设监理制度的推行，离不开政府的宏观监控和指导，以及相关制度的建立与健全。为此，建设部先后颁发了《工程建设监理规定》《工程建设监理单位资质管理试行办法》《监理工程师资格考试和注册试行办法》，2000 年颁布了中华人民共和国国家标准《建设工程监理规范》，2001 年建设部颁发了《工程监理企业资质管理规定》《建设工程监理范围和规模标准规定》等一系列法规文件。我国建设监理起步晚，建设监理的法规建设还落后于建设监理的发展，要形成一套具有中国特色的建设监理法规体系，还需要不断探索、总结和完善。本节将着重介绍《建设工程监理规范》和《施工旁站监理管理办法》。

### 一、建设工程监理规范

《建设工程监理规范》（以下简称《监理规范》）分总则、术语、项目监理机构及其设施、监理规划及监理实施细则、施工阶段的监理工作、施工合同管理的其他工作、施工阶段监理资料的管理、设备采购监理与设备监造共计八部分，另附有施工阶段监理工作的基本表式。

（一）总则

（1）制定目的。为了提高建设工程监理水平，规范建设工程监理行为。

（2）适用范围。本规范适用于新建、扩建、改建建设工程施工、设备采购和监造的监理工作。

（3）关于监理单位开展建设工程监理必须签订书面建设工程委托监理合同的规定。

（4）建设工程监理应实行总监理工程师负责制的规定。

（5）监理单位应公正、独立、自主地开展监理工作，维护建设单位和承包单位的合法权益

（6）建设工程监理应符合建设工程监理规范和国家其他有关强制性标准、规范的规定。

（二）术语

（1）项目监理机构。项目监理机构是指监理单位派驻工程项目负责履行委托监理合同的组织机构。

（2）监理工程师。监理工程师是指取得国家监理工程师执业资格证书并经注册的监理人员。

（3）总监理工程师。总监理工程师是指由监理单位法定代表人书面授权，全面负责委托监理合同的履行、主持项目机构工作的监理工程师。

（4）总监理工程师代表。总监理工程师代表是指经监理单位法定代表人同意，由总监理工程师书面授权，代表总监理工程师行使其部分职责和权力的项目监理机构中的监理工程师。

（5）专业监理工程师。专业监理工程师是指根据项目监理岗位职责分工和总监理工程师的指令，负责实施某一专业或某一方面的监理工作，具有相应监理文件签发权的监理工程师。

（6）监理员。监理员是指经过监理业务培训，具有同类工程相关专业知识，从事具体监理工作的监理人员。

（7）监理规划。监理规划是指在总监理工程师的主持下编制、经监理单位技术负责人批准，用来指导项目监理机构全面开展工作的指导性文件。

（8）监理实施细则。监理实施细则是指根据监理规划，由专业监理工程师编写，并经总监理工程师批准，针对工程项目中某一专业或某一方面监理工作的操作性文件。

（9）工地例会。工地例会是指由项目监理机构主持的，在工程实施过程中针对工程质量、造价、进度、合同管理等事宜定期召开的、由有关单位参加的会议。

（10）工程变更。工程变更是指在工程项目实施过程中，按照合同约定的程序对部分或全部工程在材料、工艺、功能、构造、尺寸、技术指标、工程数量及施工方法等方面做出的改变。

（11）工程计量。工程计量是指根据设计文件及承包合同中关于工程量计算的规定，项目监理机构对承包单位申报的已完成的工程量进行的核验。

（12）见证。见证是指由监理人员现场监督某工序全过程完成情况的活动。

（13）旁站。旁站是指在关键部位或关键工序施工过程中，由监理人员在现场进行的监督活动。

（14）巡视。巡视是指监理人员对正在施工的部位或工序在现场进行的定期或不定期的监督活动。

（15）平行检验。平行检验是指项目监理机构利用一定的检查检测手段，在承包单位自检的基础上，按照一定的比例独立进行检查或检测的活动。

（16）设备监造。设备监造是指监理单位依据委托监理合同和设备订货合同对设备制造过程进行的监督活动。

（17）费用索赔。费用索赔是指根据承包合同的约定，合同一方因另一方原因造成本方经济损失，通过监理工程师向对方索取费用的活动。

（18）临时延期批准。临时延期批准是指当发生非承包单位原因造成的持续性影响工期的事件，总监理工程师所做出暂时延长合同工期的批准。

（19）延期批准。延期批准是指当发生非承包单位原因造成的持续性影响工期事件，总监理工程师所做出的最终延长合同工期的批准。

这是共 19 条建设工程监理常用术语的解释。

（三）项目监理机构及其设施

该部分内容包括：项目监理机构、监理人员职责和监理设施。

1. 项目监理机构

（1）关于项目监理机构建立时间、地点及撤离时间的规定。

（2）决定项目监理机构组织形式、规模的因素。

（3）项目监理机构人员配备以及监理人员资格要求的规定。

（4）项目监理机构的组织形式、人员构成及对总监理工程师的任命应书面通知建设单位，以及监理人员变化的有关规定。

2. 监理人员职责

《监理规范》规定了总监理工程师、总监理工程师代表、专业监理工程师和监理员的职责。

3. 监理设施

（1）建设单位提供委托监理合同约定的办公、交通、通信、生活设施。项目监理机构应妥善保管和使用，并在完成监理工作后移交建设单位。

（2）项目监理机构应按委托监理合同的约定，配备满足监理工作需要的常规检测设备和工具。

（3）在大中型项目的监理工作中，项目监理机构应实施监理工作计算机辅助管理。

（四）监理规划及监理实施细则

（1）监理规划。规定了监理规划的编制要求、编制程序与依据、主要内容及调整修改等。

（2）监理实施细则。规定了监理实施细则编写要求、编写程序与依据、主要内容等。

（五）施工阶段的监理工作

1．制定监理程序的一般规定

制定监理工作程序应根据专业工程特点，应体现事前控制和主动控错的要求，应注意工作效果，应明确工作内容、行为主体、考核标准、工作时限，应符合委托监理合同和施工合同，应根据实际情况的变化对程序进行调整和完善。

2．施工准备阶段的监理工作

施工准备阶段，项目监理机构应做好的工作包括：熟悉设计文件；参加设计技术交底会；审查施工组织设计；审查承包单位现场项目管理机构的质量管理、技术管理体系和质量保证体系；审查分包单位资格报审表和有关资料并签认；检查测量放线控制成果及保护措施；审查承包单位报送的工程开工报审表及有关资料，符合条件时，由总监理工程师签发；参加第一次工地会议，并起草会议纪要等。

3．工地例会

规定了工地例会制度，包括：会议主持人，会议纪要的起草和会签，会议的主要内容，以及有关组织专题会议的要求。

4．工程质量控制工作

规定了项目监理机构工程质量控制的工作内容：施工组织设计调整的审查；重点部位、关键工序的施工工艺和保证工程质量措施的审查；使用新材料、新工艺、新技术、新设备的控制措施；对承包单位实验室的考核；对拟进场的工程材料：构配件和设备的控制措施；直接影响工程质量的计量设备技术状况的定期检查；对施工过程进行巡视和检查；旁站监理的内容；审核、签认分项工程、分部工程、单位工程的质量验评资料；对施工过程中出现的质量缺陷应采取的措施；发现施工中存在重大质量隐患应及时下达工程暂停令，整改完毕并符合规定要求应及时签署工程复工令；质量事故的处理等。

5．工程造价控制工作

规定了项目监理机构进行工程计量、工程款支付、竣工结算的程序，同时，规定了进行工程造价控制的主要工作：应对工程项目造价目标进行风险分析，并应制定防范性对策；审查工程变更方案；做好工程计量和工程款支付工作；做好实际完成正程量和工作量与计划完成量的比较、分析，并制定调整措施；及时收集有关资料，为处理费用索赔提供依据；及时按有关规定做好竣工结算工作等。

6．工程进度控制工作

规定了项目监理机构进行工程进度控制的程序，同时，规定了工程进度控制的主要工作：审查承包单位报送的施工进度计划；制定进度控制方案，对进度目标进行风险分析制定防范性对策；检查进度计划的实施，并根据实际情况采取措施；在监理月报中向建设单位报告工程进度及有关情况，并提出预防由建设单位原因导致工程延期及相关费用索赔的建议等。

7．竣工验收

在竣工验收阶段，项目监理机构要做好以下工作：审查承包单位报送的竣工资料；进行工程质量竣工预验收，对存在的问题及时要求承包单位整改；签署工程竣工报验单，并提出工程质量评估报告；参加建设单位组织的竣工验收，并提供相关资料；对验收中提出的问题，要求承包单位进行整改；会同验收各方签署竣工验收报告。

8. 工程质量保修期的监理工作

项目监理机构在工程质量保修期要做好工程质量缺陷检查和记录工作；对承包单位修复的工程质量进行验收并签认；分析确定工程质量缺陷的原因和责任归属，并签署应付费用的工程款支付证书。

（六）施工合同管理的其他工作

1. 工程暂停和复工

规定了签发工程暂停令的根据；签发工程暂停令的适用范围情况；签发工程暂停令应做好的相关工作（确定停工范围、工期和费用的协商等）；及时签署工程复工报审表等。

2. 工程变更的管理

内容包括：项目监理机构处理工程变更的程序；处理工程变更的基本要求；总监理工程师未签发工程变更，承包单位不得实施工程变更的规定；未经总监理工程师审查同意而实施的工程变更，项目监理机构不得予以计量的规定。

3. 费用索赔的处理

内容包括：处理费用索赔的依据；项目监理机构受理承包单位提出的费用索赔应满足的条件；处理承包单位向建设单位提出费用索赔的程序；应当综合做出费用索赔和工程延期的条件；处理建设单位向承包单位提出索赔时，对总监理工程师的要求。

4. 工程延期及工程延误的处理

内容包括：受理工程延期的条件；批准工程临时延期和最终延期的规定；做出工程延期应与建设单位和承包单位协商的规定；批准工程延期的依据；工期延误的处理规定。

5. 合同争议的调解

内容包括：项目监理机构接到合同争议的调解要求后应进行的工作；合同争议双方必须执行总监理工程师签发的合同争议调解意见的有关规定；项目监理机构应公正地向仲裁机关或法院提供与争议有关的证据。

6. 合同的解除

内容包括：合同解除必须符合法律程序；因建设单位违约导致施工合同解除时，项目监理机构确定承包单位应得款项的有关规定；因承包单位违约导致施工合同终止后，项目监理机构清理承包单位的应得款，或偿还建设单位的相关款项应遵循的工作程序；因不可抗力或非建设单位、承包单位原因导致施工合同终止时，项目监理机构应按施工合同规定处理有关事宜。

（七）施工阶段监理资料的管理

（1）施工阶段监理资料应包括的内容。

（2）施工阶段监理月报应包括的内容，以及编写和报送的有关规定。

（3）监理工作总结应包括的内容等有关规定。

（4）关于监理资料的管理事宜。

（八）设备采购监理与设备监造

（1）设备采购监理工作包括组建项目监理机构；编制设备采购方案、采购计划；组织市场调查，协助建设单位选择设备供应单位；协助建设单位组织设备采购招标或进行设备采购的技术及商务谈判；参与设备采购订货合同的谈判，协助建设单位起草及签订设备采购合同；采购监理工作结束，总监理工程师应组织编写监理工作总结。

（2）设备监造监理工作包括组建设备监造的项目监理机构；熟悉设备制造图纸及有关技术说明，并参加设计交底；编制设备监造规划；审查设备制造单位生产计划和工艺方案；审查设备制造分包单位资质；审查设备制造的检验计划、检验要求等20项工作。

（3）规定了设备采购监理与设备监造的监理资料。

### 二、施工旁站监理管理办法

为了提高建设工程质量，原建设部于2002年7月颁布了《房屋建筑工程施工旁站监理基办法》（试行）。该规范性文件要求在工程施工阶段的监理工作中实行旁站监理，并明确了旁站监理的工作程序、内容及旁站监理人员的职责。

（一）旁站监理的概念

旁站监理是指监理人员在工程施工阶段监理中，对关键部位、关键工序的施工质量实施全过程现场跟班的监督活动。旁站监理是控制工程施工质量的重要手段之一，也是确认工程质量的重要依据。

在实施旁站监理工作中，如何确定工程的关键部位、关键工序，必须结合具体的专业工程而定。就房屋建设工程而言，其关键部位、关键工序包括两类内容，一是基础工程类：土方回填，混凝土灌注桩浇筑，地下连续墙、土钉墙、后浇带及其他结构混凝土、防水混凝土浇筑，卷材防水层细部构造处理，钢结构安装；二是主体结构工程类：梁柱节点钢筋隐蔽过程，混凝土浇筑，预应力张拉，装配式结构安装，钢结构安装，网架结构安装，索膜安装。至于其他部位或工序是否需要旁站监理，可由建设单位与监理企业根据工程具体情况协商确定。

（二）旁站监理程序

旁站监理一般按下列程序实施：

（1）监理企业制定旁站监理方案，明确旁站监理的范围、内容、程序和旁站监理人员职责，并编入监理规划中。旁站监理方案同时送建设单位、施工企业和工程所在地的建设行政主管部门或其委托的工程质量监督机构各一份。

（2）施工企业根据监理企业制定的旁站监理方案，在需要实施旁站监理的关键部位、关键工序进行施工前24小时，书面通知监理企业派驻工地的项目监理机构。

（3）项目监理机构安排旁站监理人员按照旁站监理方案实施旁站监理。

（三）旁站监理人员的工作内容和职责

（1）检查施工企业现场质检人员到岗、特殊工种人员持证上岗以及施工机械、建筑材料准备情况。

（2）在现场跟班监督关键部位、关键工序的施工执行施工方案以及工程建设强制性标准情况。

（3）核查进场建筑材料、建筑构配件、设备和商品混凝土的质量检验报告等，并可在现场监督施工企业进行检验或者委托具有资格的第三方进行复验。

（4）做好旁站监理记录和监理日记，保存旁站监理原始资料。

# 第三节　建设工程监理的法律责任

## 一、工程监理廉政责任书

为了加强工程建设中的廉政建设工作，从源头上预防和解决腐败，确保工程质量，国务院建设行政主管部门决定在工程建设勘察设计、施工、监理中，推行《廉政责任书》制度。

工程监理廉政责任书的主要内容包括建设单位（甲方）和监理单位（乙方）双方的共司责任、甲方的责任、乙方的责任、违约责任及责任书的法律地位。

（一）甲乙双方的责任

（1）应严格遵守国家关于市场准入、项目招标、工程建设、工程监理和市场活动有关法律、法规，相关政策，以及廉政建设的各项规定。

（2）严格执行建设工程项目监理合同文件，自觉按合同办事。

（3）业务活动必须坚持公开、公正、诚信、透明的原则（除法律法规另有规定外），不得为获取不正当的利益，损害国家、集体和对方利益，不得违反工程建设管理、建设监理的规章制度。

（4）发现对方在业务活动中有违规、违纪、违法行为的，应及时提醒对方，情节严重的，应向其上级主管部门或纪检监察、司法等有关机关举报。

（二）甲方的责任

甲方的领导和从事该建设工程项目的工作人员在工程建设的事前、事中、事后应遵守以下规定：

（1）不准向乙方和相关单位索要或接受回扣、礼盒、有价证券、贵重物品和好处费、感谢费等。

（2）不准在乙方和相关单位报销任何应由甲方或个人支付的费用。

（3）不准要求、暗示或接受乙方和相关单位为个人装修住房、婚丧嫁娶、配偶子女的工作安排以及出国（境）、旅游等提供方便。

（4）不准参加有可能影响公正执行公务的乙方和相关单位的宴请、健身、娱乐等活动。

（5）不准向乙方和相关单位介绍或为配偶、子女、家属参与同甲方工程项目合同有关的监理分包项目等活动。不准向乙方和相关单位介绍或为配偶、子女、亲属参与同项目工程合同有关的设备、材料、工程承分包、劳务等经济活动。不得以任何理由向乙方和相关单位推荐分包单位和要求购买与项目工程合同规定以外的材料、设备等。

（三）乙方的责任

应与甲方和相关单位保持正常的业务交往，按照有关法律法规和程序开展业务工作，严格执行工程建设的方针、政策，尤其是有关勘察设计、建设施工安装的强制性标准和规范以及监理法规，认真履行监理职责，并遵守以下规定：

（1）不准以任何理由向甲方和相关单位及其工作人员索要、接受或赠送礼金、有价证券、贵重物品及回扣、好处费、感谢费等。

（2）不准以任何理由为甲方和相关单位报销应由对方或个人支付的费用。

（3）不准接受或暗示为甲方、相关单位或个人装修住房、婚丧嫁娶、配偶子女的工作安排以及出国（境）、旅游等提供方便。

（4）不准违反合同约定而使用甲方、相关单位提供的通信、交通工具和高档办公用品。

（5）不准以任何理由为甲方、相关单位或个人组织有可能影响公正执行公务的宴请、健身、娱乐等活动。

（四）违约责任

（1）甲方工作人员有违反责任行为的，按照管理权限，依据有关法律法规和规定给予党纪、政纪处分或组织处理；涉嫌犯罪的，移交司法机关追究刑事责任；给乙方单位造成经济损失的，应予以赔偿。

（2）乙方工作人员有违反责任行为的，按照管理权限，依据有关法律法规和规定给予党纪、政纪处分或组织处理；涉嫌犯罪的，移交司法机关追究刑事责任；给甲方单位造成经济损失的，应给予以赔偿。

（五）"责任书"的法律地位

"工程监理廉政责任书"作为工程监理合同的附件，与工程监理合同具有同等法律效力。经双方签署后立即生效。

**二、工程监理企业的法律责任**

工程监理企业应当按照其拥有的注册资本、专业技术人员和工程监理业绩等资质条件申请资质，经审查合格，取得相应等级的资质证书后，方可在其资质等级许可的范围内从事工程监理活动。违反《工程监理企业资质证书》的监理行为应当承担法律责任。

（1）以欺骗手段取得《工程监理企业资质证书》承揽工程的，吊销资质证书，处合同约定的监理酬金1倍以上2倍以下的罚款；有违法所得的，予以没收。

（2）未取得《工程监理企业资质证书》承揽监理业务的，予以取缔，处合同约定的监理酬金1倍以上2倍以下的罚款；有违法所得的，予以没收。

（3）超越本企业资质等级承揽监理业务的，责令停止违法行为，处合同约定的监理酬金1倍以上2倍以下的罚款；可以责令停业整顿，降低资质等级；情节严重的，吊销资质证书；有违法所得的，予以没收。

（4）转让监理业务的，责令改正，没收违法所得，处合同约定的监理酬金25%以上50%以下的罚款，可以责令停业整顿，降低资质等级；情节严重的，吊销资质证书。

（5）工程监理企业允许其他单位或者个人以本企业名义承揽监理业务的，责令改正，没收违法所得，处合同约定的监理酬金1倍以上2倍以下的罚款；可以责令停业整顿，降低资质等级；情节严重的，吊销资质证书。

（6）有下列行为之一的，责令改正，处50万元以上100万元以下的罚款，降低资质等级或者吊销资质证书；有违法所得的，予以没收；造成损失的，承担连带赔偿责任。

1）与建设单位或者施工单位串通，弄虚作假、降低工程质量的。

2）将不合格的建设工程、建筑材料、建筑构配件和设备按照合格签字的。

（7）工程监理单位与被监理工程的施工承包单位以及建筑材料。建筑构配件和设备供应单位有隶属关系或者其他利害关系承担该项建设工程的监理业务的，责令改正，处 5 万元以上 10 万元以下的罚款，降低资质等级或者吊销资质证书；有违法所得的，予以没收。

### 三、监理工程师的法律责任

监理工程师的法律责任与其法律地位密切相关，同样是建立在法律法规和委托监理合同的基础上。因而，监理工程师法律责任的表现行为主要有两方面，一是违反法律法规的行为，二是违反合同约定的行为。

（一）违法行为

现行法律法规对监理工程师的法律责任专门做出了具体规定。例如，《建筑法》第三十五条规定："工程监理单位不按照委托监理合同的约定履行监理义务，对应当监督检查的项目不检查或者不按照规定检查，给建设单位造成损失的，应当承担相应的赔偿责任"

《中华人民共和国刑法》第一百三十七条规定：建设单位、设计单位、施工单位、工程监理单位违反国家规定，降低工程质量标准，造成重大安全事故的，对直接责任人员，处 5 年以下有期徒刑或者拘役，并处罚金；后果特别严重的，处 5 年以上 10 年以下有期徒刑，并处罚金。

《建设工程质量管理条例》第三十六条规定：工程监理单位应当依照法律、法规以及有关技术标准、设计文件和建设工程承包合同，代表建设单位对施工质量实施监理并对施工质量承担监理责任。

（二）违约行为

监理工程师一般主要受聘于工程监理企业，从事工程监理业务。工程监理企业是订立委托监理合同的当事人，是法定意义的合同主体。但委托监理合同在具体履行时，是由监理工程师代表监理企业来实现的，因此，如果监理工程师出现工作过失，违反了合同约定，其行为将被视为监理企业违约，由监理企业承担相应的违约责任。当然，监理企业在承担违约赔偿责任后，有权在企业内部向有相应过失行为的监理工程师追偿部分损失。所以，由监理工程师个人过失引发的合同违约行为，监理工程师应当与监理企业承担一定的连带责任。其连带责任的基础是监理企业与监理工程师签订的聘用协议或责任保证书，或监理企业法定代表人对监理工程师签发的授权委托书。一般来说，授权委托书应包含职权范围和相应责任条款。

（三）安全生产责任

安全生产责任是法律责任的一部分，来源于法律法规和委托监理合同。国家现行法律法规未对监理工程师和建设单位是否承担安全生产责任做出明确规定，所以，目前监理工程师和建设单位承担安全生产责任尚无法律依据。由于建设单位没有管理安全生产的权力，因而不可能将不属于其所有的权力委托或转交给监理工程师，在委托监理合同中不会约定监理工程师负责管理建筑工程安全生产。

导致工程安全事故或问题的原因很多，有自然灾害、不可抗力等客观原因，也有建设单位、设计单位、施工企业、材料供应单位等主观原因。监理工程师虽然不管理安全生产，不直接承担安全责任，但不能排除其间接或连带承担安全责任的可能性。如果监理工程师有下列行为之一，则应当与质量、安全事故责任主体承担连带责任。

（1）违章指挥或者发出错误指令，引发安全事故的。

（2）将不合格的建设工程、建筑材料、建筑构配件和设备按照合格签字，造成工程质量事故，由此引发安全事故的。

（3）与建设单位或施工企业串通，弄虚作假、降低工程质量，从而引发安全事故的。

## 复　习　思　考　题

**一、单项选择题**

1. 根据《建设工程委托监理合同（示范文本）》，监理人巡视过程中发现危及作业人员安全的紧急情况时，首先应采取的措施是（　　）。

A. 通知委托人，建议下达停工指令　　　B. 征得委托人同意后，下达停工指令

C. 立即下达停工指令并尽快通知委托人　D. 立即召开现场会议，讨论对策

2. 建设工程委托监理合同的终止日为（　　）之日。

A. 监理合同内注明的监理工作完成

B. 监理的工程竣工验收通过

C. 监理的工程完成工程移交手续并收到监理报酬尾款

D. 监理的工程保修期届满

3. 根据《建设工程委托监理合同（示范文本）》，下列情形中监理人可获得经济奖励的是（　　）。

A. 监理的工程施工质量完全满足规范的要求

B. 监理的工程施工中未发生安全事故

C. 委托人采用监理人的建议减少了工程建设投资

D. 监理人的有效协调避免了承包人的索赔

4. 根据《建设工程设计合同（示范文本）》，下列关于建设工程设计深度要求的说法中正确的是（　　）。

A. 设计标准不得高于国家规范的强制性要求

B. 技术设计文件应满足编制初步设计文件的需要

C. 施工图设计文件应满足设备材料采购的需要

D. 方案设计文件应满足编制工程预算的要求

5. 某项目分项工程的施工具备隐蔽条件，经工程师检查认可后承包人继续施工，后工程师又发出重新剥露检查的指示，承包人执行了该指示。重新检查表明该分项工程存在质量缺陷，承包人修复后再次隐蔽，下列关于承包人的经济损失和工期延误的责任承担的说法中，正确的是（　　）。

A. 工期和经济损失由承包人承担　　　B. 给予经济损失补偿，不顺延合同工期

C. 顺延合同工期，不补偿经济损失　　D. 补偿经济损失并顺延合同工期

6. 工程建设监理的基本目的是（　　）。

A. 控制工程项目目标　　　　　　　　B. 对工程项目进行规划、控制、协调

C. 做好信息管理、合同管理　　　　　D. 协助业主在计划目标内建成工程项目

7. 根据我国工程建设监理程序规定，项目监理组织开展监理工作的第一步是（　　）。

A. 制定监理大纲　　　　　　　　　　 B. 制定监理规划

C. 确定项目总监理工程师　　　　　　 D. 签订监理合同

8. 施工合同施工过程中，工程师通知承包人进行工程量计量，但承包人未在约定时间派人参加，工程师应（　　　）。

A. 单独进行工程量计量，计量结果有效

B. 再次向承包人发出通知，推迟计量时间

C. 单独进行工程量计量，再请承包人确认计量结果

D. 与发包人代表进行工程量计量，计量结果有效

9. 总承包单位依法将建设工程分包给其他单位的，下列叙述正确的是（　　　）。

A. 分包工程现场的安全生产由建设单位负全面责任

B. 分包单位可以不接受总承包单位的安全生产管理

C. 总承包单位和分包单位对分包工程的安全生产承担连带责任

D. 分包工程的生产安全事故由分包单位独自承担责任

10. 工程师审查承包人的施工组织设计和进度计划时，未能指出单项工程的施工方案中存在的缺陷，承包人按计划进行该部分工程的施工，工程师因施工方案中存在重大安全隐患，发出暂停施工的指示。承包人因暂停施工受到损失提出索赔。认为工程师应承担连带责任。该事件索赔的处理方式应为（　　　）。

A. 承包人承担工期和费用的损失　　　 B. 延长合同工期，费用不予补偿

C. 工期不予顺延，给予相应的费用补偿　 D. 延长合同工期并给予相应的费用补偿

## 二、多项选择题

1. 工程项目施工过程中，质量监督机构的职责有（　　　）。

A. 核查工程项目报建审批手续是否齐全

B. 抽查主体结构工程的施工质量

C. 检查项目监理机构专业人员的配备及责任制落实情况

D. 核查实际进度是否滞后于计划进度

E. 依据法规对违法分包行为进行处罚

2. 按照施工合同内不可抗力条款的规定，下列事件中属于不可抗力的有（　　　）。

A. 龙卷风导致起重机倒塌　　　　　　 B. 地震导致已施工主体建筑物的开裂

C. 承包人管理不善导致的仓库爆炸　　 D. 承包人拖欠雇员工资导致的动乱

E、非发包人和承包人责任发生的火灾

3. 承包人请求竣工验收时，应满足的条件有（　　　）。

A. 完成了合同约定的各项施工任务　　 B. 质量监督机构确认了工程质量

C. 有完整的技术档案和管理资料　　　 D. 圆满地通过了试车检验

E. 有完整的现场同期记录

4. 施工合同施工过程中，当发包人要求提前竣工时，与承包人签订提前竣工协议所包含的内容有（　　　）。

A. 提前竣工时间　　　　　　　　　　 B. 发包人为赶工提供的便利条件

C. 承包人的赶工措施　　　　　　　　 D. 提前竣工所需追加的合同价款

E. 承包人不能按约定的时间竣工时，拖期违约赔偿金的计算方法

5. 下列施工过程中发生的事件中，属于不可抗力的有（　　　）。

A. 地震　　　　　　　　　B. 洪水　　　　　　　C. 社会动乱

D. 发包人责任造成的火灾　　　　　　　　　　E. 承包人责任造成的爆炸

6. 申请领取施工许可证时，下列（　　　）条件必须具备。

A. 已经办理用地批准手续

B. 施工现场全部拆迁工作完毕

C. 施工人员、施工设备及部分建筑材料已经进场

D. 建设资金已经落实

7.《合同法》规定，下列经济合同中无效的有（　　　）。

A. 违反法律的合同　　　　　　　　　B. 欺诈、胁迫订立的合同

C. 恶意串通订立的合同　　　　　　　D. 乘人之危订立的合同

E. 双方自愿公平签订的合同

8. 安全监督检查人员的职权包括（　　　）。

A. 现场调查取证权

B. 监督检查时必须出示有效监督执法证件

C. 现场处理权

D. 查封、扣押行政强制措施权

E. 获得安全生产教育的权利

9. 生产经营单位应当具备（　　　）才能从事生产经营活动。

A.《安全生产法》规定的条件　　　　　B. 其他有关法律、行政法规规定的条件

C. 企业内部的规章制度　　　　　　　　D. 国际标准规定的安全生产条件

E. 企业标准规定的安全生产条件

10. 建设项目必须具备（　　　）条件，方可进行工程施工招标

A. 可行性研究报告已经批准　　　　　B. 按国家有关规定已履行项目审批手续

C. 建设用地的征用工作正在进行　　　D. 有能够满足施工招标需要的设计文件

E. 建设资金已经落实

## 三、问答题

1. 建设工程施工阶段有哪些监理工作？

2. 旁站监理工作有哪些程序？

3. 旁站监理人员的工作内容和职责是什么？

4. 工程监理廉政责任书的主要内容有哪些？

5. 工程监理单位超越本企业资质等级承揽监理业务的应如何处罚？

# 第五章　建设工程环境、文物保护和节约能源法规

**【本章概述】**

本章主要对施工环境保护法律制度、文物保护法律制度、节约能源法律制度等进行详细介绍。《建筑法》规定，建筑施工企业应当遵守有关环境保护和安全生产的法律、法规的规定，采取控制和处理施工现场的各种粉尘、废气、废水、固体废物以及噪声、振动对环境的污染和危害的措施。

**【学习目标】**

1. 掌握《环境保护法》中对施工环境保护的规定。

2. 掌握环境保护基本制度。

3. 掌握施工现场环境保护制度、施工现场噪声污染防治的规定。

4. 掌握施工现场废气、废水污染防治的规定。

5. 了解水污染防治、大气污染防治、环境噪声污染防治和固体废物污染防治的法律制度。

**【能力目标】**

1. 能熟练掌握环境保护法律制度。

2. 能掌握施工现场环境保护制度。

3. 能熟练应用施工现场噪声污染防治、施工现场废气及废水污染防治。

4. 熟悉"三同时"制度。

**【课时建议】**

4 课时。

## 第一节　施工现场环境保护制度

### 一、施工现场环境保护制度

（一）环境保护法的概念

环境保护法有狭义和广义之分。狭义的环境保护法是指 1989 年 12 月 26 日实施的《中华人民共和国环境保护法》（以下简称《环境保护法》），广义的环境保护法指的是与环境保护相关的法律体系，包括《环境保护法》《水污染防治法》《大气污染防治法》《环境噪声污染防治法》和《固体废物污染防治法》等。

（二）环境保护基本制度

1. 环境规划制度

环境规划是指为了使环境与社会、经济协调发展，国家将"社会－经济－环境"作为

一个复合的生态系统，依据社会经济规律、生态规律和地学原理，对其发展变化趋势进行研究而对人类自身活动所做的时间和空间的合理安排。

2. 环境影响评价制度

环境影响评价是指对规划和建设项目实施后可能造成的环境影响进行分析、预测和评估，提出预防或者减轻不良环境影响的对策和措施，进行跟踪监测的方法与制度。

2002年12月28日，全国人民代表大会常务委员会发布了《环境影响评价法》，以法律的形式确立了规划和建设项目的环境影响评价制度。关于建设项目的环境影响评价制度，该法主要规定了以下内容。

（1）对建设项目的环境影响评价实行分类管理。

（2）环境影响报告书的基本内容。

（3）"三同时"制度。

（4）排污收费制度。

（5）环境保护许可证制度。

（6）限期治理制度。

（7）环境标准制度。

（8）施工现场环境保护制度。

**二、施工现场噪声污染防治的规定**

在工程建设领域，环境噪声污染的防治主要包括两个方面：一是施工现场环境噪声污染的防治；二是建设项目环境噪声污染的防治。前者主要解决建设工程施工过程中产生的施工噪声污染问题，后者则是要解决建设项目建成后使用过程中可能产生的环境噪声污染问题。

（一）施工现场环境噪声污染的防治

施工噪声是指在建设工程施工过程中产生的干扰周围生活环境的声音。随着城市化的持续发展和大规模的工程建设，施工噪声污染问题日益突出，尤其是在城市中心地区施工所产生的噪声污染，不仅影响周围居民的正常生活，还损害城市的环境形象。施工单位与周边居民因噪声引发的纠纷时有发生，群众投诉也日渐增多。因此，依法加强施工现场噪声管理、有效防治施工噪声污染是非常必要的。

1. 建筑施工场界环境噪声排放标准的规定

《环境噪声污染防治法》规定，在城市市区范围内向周围生活环境排放建筑施工噪声的，应当符合国家规定的建筑施工场界环境噪声排放标准。

按照GB 12523—2011《建筑施工场界环境噪声排放标准》的规定，建筑施工过程中场界环境噪声不得超过规定的排放限值。建筑施工场界环境噪声排放限值，昼间70dB（A），夜间55dB（A）。夜间噪声最大声超过限值的幅度不得高于15dB（A）。"昼间"是指6：00至22：00之间的时段；"夜间"是指22：00至次日6：00之间的时段。县级以上人民政府为环境噪声污染防治的需要（如考虑时差、作息习惯差异等）而对昼间、夜间的划分另有规定的，应按其规定执行。

2. 使用机械设备可能产生环境噪声污染须申报的规定

《环境噪声污染防治法》规定，在城市市区范围内，建筑施工过程中使用机械设备，可能产生环境噪声污染的，施工单位必须在工程开工 15 日以前向工程所在地县级以上地方人民政府环境保护行政主管部门申报该工程的项目名称、施工场所和期限、可能产生的环境噪声值以及所采取的环境噪声污染防治措施的情况。

国家对环境噪声污染严重的落后设备实行淘汰制度。国务院经济综合主管部门应当会同国务院有关部门公布限期禁止生产、禁止销售、禁止进口的环境噪声污染严重的设备名录。

3. 禁止夜间进行产生环境噪声污染施工作业的规定

《环境噪声污染防治法》规定，在城市市区噪声敏感建筑物集中区域内，禁止夜间进行产生环境噪声污染的建筑施工作业，但抢修、抢险作业和因生产工艺上要求或者特殊需要必须连续作业的，必须有县级以上人民政府或者其有关主管部门的证明。以上规定的夜间作业，必须公告附近居民。

4. 政府监管部门现场检查的规定

《环境噪声污染防治法》规定，县级以上人民政府环境保护行政主管部门和其他环境噪声污染防治工作的监督管理部门、机构，有权依据各自的职责对管辖范围内排放环境噪声的单位进行现场检查。

被检查的单位必须如实反映情况，并提供必要的资料。检查部门、机构应当为被检查的单位保守技术秘密和业务秘密。检查人员进行现场检查，应当出示证件。

（二）建设项目环境噪声污染的防治

城市道桥、铁路（包括轻轨）、工业厂房等建设项目，在建成后的使用过程中可能会对周围环境产生噪声污染。因此，建设单位在建设前期就须依法规定防治措施，并同步建设环境噪声污染防治设施。

《环境噪声污染防治法》规定，新建、改建、扩建的建设项目，必须遵守国家有关建设项目环境保护管理的规定。建设项目的环境噪声污染防治设施必须与主体工程同时设计、同时施工、同时投产使用。

建设项目可能产生环境噪声的，建设单位必须提出环境影响报告书，规定环境噪声污染的防治措施，并按照国家规定的程序报环境保护行政主管部门批准。环境影响报告书中，应当有该建设项目所在地单位和居民的意见。

建设项目在投入生产或者使用之前，其环境噪声污染防治设施必须经原审批环境影响报告书的环境保护行政主管部门验收；达不到国家规定要求的，该建设项目不得投入生产或者使用。

（三）交通运输噪声污染的防治

所谓交通运输噪声是指机动车辆、铁路机车，机动船舶、航空器等交通运输工具在运行时所产生的干扰周围生活环境的声音。由于建设工程施工有着大量的运输任务，不可避免地还会产生交通运输噪声。

（四）对产生环境噪声污染企业事业单位的规定

《环境噪声污染防治法》规定，产生环境噪声污染的企业事业单位，必须保持防治环境噪声污染的设施的正常使用；拆除或者闲置环境噪声污染防治设施的，必须事先报经所在地的县级以上地方人民政府环境保护行政主管部门批准。

产生环境噪声污染的单位，应当采取措施进行治理，并按照国家规定缴纳超标准排污费。征收的超标准排污费必须用于污染的防治，不得挪作他用。

对于在噪声敏感建筑物集中区域内造成严重环境噪声污染的企业事业单位，限期治理。被限期治理的单位必须按期完成治理任务。

### 三、施工现场废气、废水污染防治的规定

在工程建设领域，对于废气、废水污染的防治，也包括施工现场和建设项目两大方面。

（一）大气污染的防治

按照国际标准化组织（ISO）的定义，大气污染通常是指由于人类活动或自然过程引起某些物质进入大气中，呈现出足够的浓度，达到足够的时间，并因此危害了人体的舒适、健康和福利或环境污染的现象。为此，如果人类不对大气污染物的排放总量加以有效控制和防治，将会严重破坏生态系统和人类生存条件。

1. 施工现场大气污染的防治

《大气污染防治法》规定，城市人民政府应当采取绿化责任制、加强建设施工管理、扩大地面铺装面积、控制渣土堆放和清洁运输等措施，提高人均占有绿地面积，减少市区裸露地面和地面尘土，防治城市扬尘污染。

在城市市区进行建设施工或者从事其他产生扬尘活动的单位，必须按照当地环境保护的规定，采取防治扬尘污染的措施。运输、装卸、储存能够散发有毒有害气体或者粉尘物质的，必须采取密闭措施或者其他防护措施。

在人口集中地区存放煤炭、煤矸石、煤渣、煤灰、砂石、灰土等物料，必须采取防燃、防尘措施，防止污染大气。严格限制向大气排放含有毒物质的废气和粉尘；确需排放的，必须经过净化处理，不超过规定的排放标准。

2. 建设项目大气污染的防治

《大气污染防治法》规定，新建、扩建、改建向大气排放污染物的项目，必须遵守国家有关建设项目环境保护管理的规定。

建设项目的环境影响报告书，必须对建设项目可能产生的大气污染和对生态环境的影响作出评价，规定防治措施，并按照规定的程序报环境保护行政主管部门审查批准。例如，新建、扩建排放二氧化硫的火电厂和其他大中型企业，超过规定的污染物排放标准或者总量控制指标的，必须建设配套脱硫、除尘装置或者采取其他控制二氧化硫排放、除尘的措施；炼制石油、生产合成氨、煤气和燃煤焦化、有色金属冶炼过程中排放含有硫化物气体的，应当配备脱硫装置或者采取其他脱硫措施等。

建设项目投入生产或者使用之前，其大气污染防治设施必须经过环境保护行政主管部门验收，达不到国家有关建设项目环境保护管理规定的要求的建设项目，不得投入生产或者使用。

（二）水污染的防治

水污染是指水体因某种物质的介入，而导致其化学、物理、生物或者放射性等方面特性的改变，从而影响水的有效利用，危害人体健康或者破坏生态环境，造成水质恶化的现象。水污染防治包括江河、湖泊、运河、渠道、水库等地表水体以及地下水体的污染

防治。

《水污染防治法》规定，水污染防治应当坚持预防为主、防治结合、综合治理的原则，优先保护饮用水水源，严格控制工业污染、城镇生活污染，防治农业面源污染，积极推进生态治理工程建设，预防、控制和减少水环境污染和生态破坏。

1. 施工现场水污染的防治

《水污染防治法》规定，排放水污染物，不得超过国家或者地方规定的水污染物排放标准和重点水污染物排放总量控制指标。

直接或者间接向水体排放污染物的企业事业单位和个体工商户，应当按照国务院环境保护主管部门的规定，向县级以上地方人民政府环境保护主管部门申报登记拥有的水污染物排放设施、处理设施和在正常作业条件下排放水污染物的种类、数量和浓度，并提供防治水污染方面的有关技术资料。

2. 建设项目水污染的防治

《水污染防治法》规定，新建、改建、扩建直接或者间接向水体排放污染物的建设项目和其他水上设施，应当依法进行环境影响评价。

建设单位在江河、湖泊新建、改建、扩建排污口的，应当取得水行政主管部门或者流域管理机构同意；涉及通航、渔业水域的，环境保护主管部门在审批环境影响评价文件时，应当征求交通、渔业主管部门的意见。

禁止在饮用水水源一级保护区内新建、改建、扩建与供水设施和保护水源无关的建设项目；已建成的与供水设施和保护水源无关的建设项目，由县级以上人民政府责令拆除或者关闭。

禁止在饮用水水源准保护区内新建、扩建对水体污染严重的建设项目；改建建设项目，不得增加排污量。

3. 发生事故或者其他突发性事件的规定

《水污染防治法》规定，企业事业单位发生事故或者其他突发性事件，造成或者可能造成水污染事故的，应当立即启动本单位的应急方案，采取应急措施，并向事故发生地的县级以上地方人民政府或者环境保护主管部门报告。

**四、施工现场固体废物污染防治的规定**

固体废物是指在生产、生活和其他活动中产生的丧失原有利用价值或者虽未丧失利用价值但被抛弃或者放弃的固态、半固态和置于容器中的气态的物品、物质以及法律、行政法规规定纳入固体废物管理的物品、物质。固体废物污染环境是指固体废物在产生、收集、贮存、运输、利用、处置的过程中产生的危害环境的现象。

施工现场的固体废物主要是建筑垃圾和生活垃圾。固体废物又分为一般固体废物和危险废物。所谓危险废物，是指列入国家危险废物名录或者根据国家规定的危险废物鉴别标准和鉴别方法认定的具有危险特性的固体废物。

（一）一般固体废物污染环境的防治

《固体废物污染环境防治法》规定，产生固体废物的单位和个人，应当采取措施，防止或者减少固体废物对环境的污染。

收集、储存、运输、利用、处置固体废物的单位和个人，必须采取防扬散、防流失、防渗漏或者其他防止污染环境的措施；不得擅自倾倒、堆放、丢弃、遗撒固体废物。禁止任何单位或者个人向江河、湖泊、运河、渠道、水库及其最高水位线以下的滩地和岸坡等法律、法规规定禁止倾倒、堆放废弃物的地点倾倒、堆放固体废物。

（二）危险废物污染环境防治的特别规定

对危险废物的容器和包装物以及收集、储存、运输、处置危险废物的设施、场所，必须设置危险废物识别标志。以填埋方式处置危险废物不符合国务院环境保护行政主管部门规定的，应当缴纳危险废物排污费。危险废物排污费用于污染环境的防治，不得挪作他用。

禁止将危险废物提供或者委托给无经营许可证的单位从事收集、储存、利用、处置的经营活动。运输危险废物，必须采取防止污染环境的措施，并遵守国家有关危险货物运输管理的规定。禁止将危险废物与旅客在同一运输工具上载运。

收集、储存、运输、处置危险废物的场所、设施、设备和容器、包装物及其他物品转作他用时，必须经过消除污染的处理，方可使用。

（三）施工现场固体废物的减量化和回收再利用

《绿色施工导则》规定，制定建筑垃圾减量化计划，如住宅建筑，每万平方米的建筑垃圾不宜超过 400t。

加强建筑垃圾的回收再利用，力争建筑垃圾的再利用和回收率达到 30％，建筑物拆除产生的废弃物的再利用和回收率大于 40％。对于碎石类、土石方类建筑垃圾，可采用地基填埋、铺路等方式提高再利用率，力争再利用率大于 50％。

### 五、违法行为应承担的法律责任

施工现场环境保护违法行为应承担的主要法律责任如下：

（一）施工现场噪声污染防治违法行为应承担的法律责任

《环境噪声污染防治法》规定，未经环境保护行政主管部门批准，擅自拆除或者闲置环境噪声污染防治设施，致使环境噪声排放超过规定标准的，由县级以上地方人民政府环境保护行政主管部门责令改正，并处罚款。

排放环境噪声的单位违反规定，拒绝环境保护行政主管部门或者其他依照本法规定行使环境噪声监督管理权的部门、机构现场检查或者在被检查时弄虚作假的，环境保护行政主管部门或者其他依照本法规定行使环境噪声监督管理权的监督管理部门、机构可以根据不同情节，给予警告或者处以罚款。

建筑施工单位违反规定，在城市市区噪声敏感建筑物集中区域内，夜间进行禁止进行的产生环境噪声污染的建筑施工作业的，由工程所在地县级以上地方人民政府环境保护行政主管部门责令改正，并处罚款。

受到环境噪声污染危害的单位和个人，有权要求加害人排除危害；造成损失的，依法赔偿损失。赔偿责任和赔偿金额的纠纷，可以根据当事人的请求，由环境保护行政主管部门或者其他环境噪声污染防治工作的监督管理部门、机构调解处理；调解不成的，当事人可以向人民法院起诉。当事人也可以直接向人民法院起诉。

（二）施工现场大气污染防治违法行为应承担的法律责任

《大气污染防治法》规定，违反本法规定，有下列行为之一的，环境保护行政主管部门或者规定的监督管理部门可以根据不同情节,责令停止违法行为,限期改正,给予警告或者处以 5 万元以下罚款:①拒报或者谎报国务院环境保护行政主管部门规定的有关污染物排放申报事项的;②拒绝环境保护行政主管部门或者其他监督管理部门现场检查或者在被检查时弄虚作假的;③排污单位不正常使用大气污染物处理设施,或者未经环境保护行政主管部门批准,擅自拆除、闲置大气污染物处理设施的;④未采取防燃、防尘措施,在人口集中地区存放煤炭、煤矸石、煤渣、煤灰、砂石、灰土等物料的。

向大气排放污染物超过国家和地方规定排放标准的,应当限期治理,并由所在地县级以上地方人民政府环境保护行政主管部门处 1 万元以上 10 万元以下罚款。

违反本法规定,有下列行为之一的,由县级以上地方人民政府环境保护行政主管部门或者其他依法行使监督管理权的部门责令停止违法行为,限期改正,可以处 5 万元以下罚款:①未采取有效污染防治措施,向大气排放粉尘、恶臭气体或者其他含有有毒物质气体的;②未经当地环境保护行政主管部门批准,向大气排放转炉气、电石气、电炉法黄磷尾气、有机烃类尾气的;③未采取密闭措施或者其他防护措施,运输、装卸或者储存能够散发有毒有害气体或者粉尘物质的;④城市饮食服务业的经营者未采取有效污染防治措施,致使排放的油烟对附近居民的居住环境造成污染的。

(三)施工现场水污染防治违法行为应承担的法律责任

《水污染防治法》规定,排放水污染物超过国家或者地方规定的水污染物排放标准,或者超过重点水污染物排放总量控制指标的,由县级以上人民政府环境保护主管部门按照权限责令限期治理,处应缴纳排污费数额 2 倍以上 5 倍以下的罚款。限期治理期间,由环境保护主管部门责令限制生产、限制排放或者停产整治。限期治理的期限最长不超过 1 年;逾期未完成治理任务的,报经有批准权的人民政府批准,责令关闭。

在饮用水水源保护区内设置排污口的,由县级以上地方人民政府责令限期拆除,处 10 万元以上 50 万元以下的罚款;逾期不拆除的,强制拆除,所需费用由违法者承担,处 50 万元以上 100 万元以下的罚款,并可以责令停产整顿。

除上述规定外,违反法律、行政法规和国务院环境保护主管部门的规定设置排污口或者私设暗管的,由县级以上地方人民政府环境保护主管部门责令限期拆除,处 2 万元以上 10 万元以下的罚款;逾期不拆除的,强制拆除,所需费用由违法者承担,处 10 万元以上 50 万元以下的罚款;私设暗管或者有其他严重情节的,县级以上地方人民政府环境保护主管部门可以提请县级以上地方人民政府责令停产整顿。未经水行政主管部门或者流域管理机构同意,在江河、湖泊新建、改建、扩建排污口的,由县级以上人民政府水行政主管部门或者流域管理机构依据职权,依照以上规定采取措施、给予处罚。

企业事业单位有下列行为之一的,由县级以上人民政府环境保护主管部门责令改正;情节严重的,处 2 万元以上 10 万元以下的罚款:①不按照规定制定水污染事故的应急方案的;②水污染事故发生后,未及时启动水污染事故的应急方案,采取有关应急措施的。

(四)施工现场固体废物污染环境防治违法行为应承担的法律责任

《固体废物污染环境防治法》规定,违反有关城市生活垃圾污染环境防治的规定,有下列行为之一的,由县级以上地方人民政府环境卫生行政主管部门责令停止违法行为,限期改正,处以罚款:①随意倾倒、抛撒或者堆放生活垃圾的;②擅自关闭、限制或者拆除生活垃圾处置设施、场所的；③工程施工单位不及时清运施工过程中产生的固体废物，造成环境污染的；④工程施工单位不按照环境卫生行政主管部门的规定对施工过程中产生的固体废物进行利用或者处置的；⑤在运输过程中沿途丢弃、遗撒生活垃圾的。单位有以上第①项、第③项、第⑤项行为之一的，处 5000 元以上、5 万元以下的罚款；有以上第②项、第④项行为之一的，处 1 万元以上 10 万元以下的罚款。个人有前款第①项、第⑤项行为之一的，处 200 元以下的罚款。

危险废物产生者不处置其产生的危险废物又不承担依法应当承担的处置费用的，由县级以上地方人民政府环境保护行政主管部门责令限期改正，处代为处置费用 1 倍以上 3 倍以下的罚款。

造成固体废物严重污染环境的，由县级以上人民政府环境保护行政主管部门按照国务院规定的权限决定限期治理；逾期未完成治理任务的，由本级人民政府决定停业或者关闭。

造成固体废物污染环境事故的，由县级以上人民政府环境保护行政主管部门处 2 万元以上 20 万元以下的罚款；造成重大损失的，按照直接损失的 30% 计算罚款，但是最高不超过 100 万元，对负有责任的主管人员和其他直接责任人员，依法给予行政处分；造成固体废物污染环境重大事故的，并由县级以上人民政府按照国务院规定的权限决定停业或者关闭。

收集、储存、利用、处置危险废物，造成重大环境污染事故，构成犯罪的，依法追究刑事责任。

拒绝县级以上人民政府环境保护行政主管部门或者其他固体废物污染环境防治工作的监督管理部门现场检查的，由执行现场检查的部门责令限期改正；拒不改正或者在检查时弄虚作假的，处 2000 元以上 2 万元以下的罚款。

# 第二节　施工文物保护制度

中国优秀的文物古迹，不但是中国各族人民的，也是全人类共同的财富。切实加强对文物的保护、有效管理和合理利用，对于传承和弘扬优秀传统文化，满足广大人民群众精神文化需求，增强民族自尊心和自豪感，对于巩固民族团结，维护祖国统一，捍卫国家主权和领土完整，都具有十分重要的意义。

## 一、受国家保护的文物范围

### （一）国家保护文物的范围

《文物保护法》规定，在中华人民共和国境内，下列文物受国家保护：①具有历史、艺术、科学价值的古文化遗址、古墓葬、古建筑、石窟寺和石刻、壁画；②与重大历史事件，革命运动或者著名人物有关的以及具有重要纪念意义、教育意义或者史料价值的近代现代重要史迹、实物、代表性建筑；③历史上各时代珍贵的艺术品、工艺美术品；④历史上各时代重要的文献资料以及具有历史、艺术、科学价值的手稿和图书资料等；⑤反映历史上各时代、各民族社会制度、社会生产、社会生活的代表性实物。

具有科学价值的古脊椎动物化石和古人类化石同文物一样受国家保护。

（二）水下文物的保护范围

《水下文物保护管理条例》规定，水下文物是指遗存于下列水域的具有历史、艺术和科学价值的人类文化遗产：①遗存于中国内水、领海内的一切起源于中国的、起源国不明的和起源于外国的文物；②遗存于中国领海以外依照中国法律由中国管辖的其他海域内的起源于中国的和起源国不明的文物；③遗存于外国领海以外的其他管辖海域以及公海区域内的起源于中国的文物。

（三）属于国家所有的文物范围

中华人民共和国境内地下、内水和领海中遗存的一切文物，属于国家所有。国有文物所有权受法律保护，不容侵犯。

1. 属于国家所有的不可移动文物范围

古文化遗址、古墓葬、石窟寺属于国家所有。国家指定保护的纪念建筑物、古建筑、石刻、壁画、近代现代代表性建筑等不可移动文物，除国家另有规定的以外，属于国家所有。

国有不可移动文物的所有权不因其所依附的土地所有权或者使用权的改变而改变。

2. 属于国家所有的可移动文物范围

下列可移动文物，属于国家所有：①中国境内出土的文物，国家另有规定的除外；②国有文物收藏单位以及其他国家机关、部队和国有企业、事业组织等收藏、保管的文物；③国家征集、购买的文物；④公民、法人和其他组织捐赠给国家的文物；⑤法律规定属于国家所有的其他文物。

属于国家所有的可移动文物的所有权不因其保管、收藏单位的终止或者变更而改变。

（四）属于集体所有和私人所有的文物保护范围

《文物保护法》规定，属于集体所有和私人所有的纪念建筑物、古建筑和祖传文物以及依法取得的其他文物，其所有权受法律保护。文物的所有者必须遵守国家有关文物保护的法律、法规的规定。

（五）文物保护单位和文物的分级

《文物保护法》规定，古文化遗址、古墓葬、古建筑、石窟寺、石刻、壁画、近代现可移动文物，分为珍贵文物和一般文物；珍贵文物分为一级文物、二级文物、三级文物。

## 二、在文物保护单位保护范围和建设控制地带施工的规定

《文物保护法》规定，一切机关、组织和个人都有依法保护文物的义务。

（一）文物保护单位的保护范围

《文物保护法实施条例》规定，文物保护单位的保护范围，是指对文物保护单位本体指定专人负责管理。

文物保护单位的标志说明，应当包括文物保护单位的级别、名称、公布机关、公布日期、立标机关、立标日期等内容。民族自治地区的文物保护单位的标志说明，应当同时用规范汉字和当地通用的少数民族文字书写。

（二）文物保护单位的建设控制地带

《文物保护法实施条例》规定，文物保护单位的建设控制地带是指在文物保护单位的保护范围外，为保护文物保护单位的安全、环境、历史风貌对建设项目加以限制的区域。

文物保护单位的建设控制地带，应当根据文物保护单位的类别、规模、内容以及周围环境的历史和现实情况合理划定。

省级、设区的市、自治州级和县级文物保护单位的建设控制地带，经省、自治区、直辖市人民政府批准，由核定公布该文物保护单位的人民政府的文物行政主管部门会同城乡规划行政主管部门划定并公布。

（三）历史文化名城名镇名村的保护

《文物保护法》规定，保存文物特别丰富并且具有重大历史价值或者革命纪念意义的城市，由国务院核定公布为历史文化名城。

保存文物特别丰富并且具有重大历史价值或者革命纪念意义的城镇、街道、村庄，由省、自治区、直辖市人民政府核定公布为历史文化街区、村镇，并报国务院备案。

（四）在文物保护单位保护范围和建设控制地带施工的规定

《文物保护法》规定，在文物保护单位的保护范围和建设控制地带内，不得建设污染文物保护单位及其环境的设施，不得进行可能影响文物保护单位安全及其环境的活动。对已有的污染文物保护单位及其环境的设施，应当限期治理。

1. 承担文物保护单位的修缮、迁移、重建工程的单位应当具有相应的资质证书

《文物保护法实施条例》规定，承担文物保护单位的修缮、迁移、重建工程的单位，应当同时取得文物行政主管部门发给的相应等级的文物保护工程资质证书和建设行政主管部门发给的相应等级的资质证书。省、自治区、直辖市人民政府文物行政主管部门或者国务院文物行政主管部门应当自收到申请之日起 30 个工作日内作出批准或者不批准的决定。决定批准的，发给相应等级的文物保护工程资质证书；决定不批准的，应当书面通知当事人并说明理由。

2. 在历史文化名城名镇名村保护范围内从事建设活动的相关规定

《历史文化名城名镇名村保护条例》规定，在历史文化名城、名镇、名村保护范围内禁止进行下列活动：①开山、采石、开矿等破坏传统格局和历史风貌的活动；②占用保护规划确定保留的园林绿地、河湖水系、道路等；③修建生产、储存爆炸性、易燃性、放射性、毒害性、腐蚀性物品的工厂、仓库等；④在历史建筑上刻画、涂污。

3. 文物修缮保护工程的设计施工管理

《文物保护法实施细则》规定，全国重点文物保护单位和国家文物局认为有必要由其审查批准的省、自治区、直辖市级文物保护单位的修缮计划和设计施工方案，由国家文物局审查批准。省、自治区、直辖市级和县、自治县、市级文物保护单位的修缮计划和设计施工方案，由省、自治区、直辖市人民政府文物行政管理部门审查批准。文物修缮保护工程应当接受审批机关的监督和指导。工程竣工时，应当报审批机关验收。

文物修缮保护工程的勘察设计单位、施工单位应当执行国家有关规定，保证工程质量。

**三、施工发现文物报告和保护的规定**

《文物保护法》规定，地下埋藏的文物，任何单位或者个人都不得私自发掘。考古发掘的文物，任何单位或者个人不得侵占。

（一）配合建设工程进行考古发掘工作的规定

进行大型基本建设工程，建设单位应当事先报请省、自治区、直辖市人民政府文物行政部门组织从事考古发掘的单位在工程范围内有可能埋藏文物的地方进行考古调查、勘探。

确因建设工期紧迫或者有自然破坏危险，对古文化遗址、古墓葬急需进行抢救发掘的，由省、自治区、直辖市人民政府文物行政部门组织发掘，并同时补办审批手续。

（二）施工发现文物的报告和保护

《文物保护法》规定，在进行建设工程或者在农业生产中，任何单位或者个人发现文物，应当保护现场，立即报告当地文物行政部门，文物行政部门接到报告后，如无特殊情况，应当在 24 小时内赶赴现场，并在 7 日内提出处理意见。

依照以上规定发现的文物属于国家所有，任何单位或者个人不得哄抢、私分、藏匿。

## 四、违法行为应承担的法律责任

对施工中文物保护违法行为应承担的主要法律责任如下：

（一）哄抢、私分国有文物等违法行为应承担的法律责任

《文物保护法》规定，有下列行为之一，构成犯罪的，依法追究刑事责任：①盗掘古文化遗址、古墓葬的；②故意或者过失损毁国家保护的珍贵文物的；③将国家禁止出境的珍贵文物私自出售或者送给外国人的；④以牟利为目的倒卖国家禁止经营的文物的；⑤走私文物的；⑥盗窃、哄抢、私分或者非法侵占国有文物的；⑦应当追究刑事责任的其他妨害文物管理行为。

造成文物灭失、损毁的，依法承担民事责任。构成违反治安管理行为的，由公安机关依法给予治安管理处罚。构成走私行为，尚不构成犯罪的，由海关依照有关法律、行政法规的规定给予处罚。

有下列行为之一，尚不构成犯罪的，由县级以上人民政府文物主管部门会同公安机关追缴文物；情节严重的，处 5000 元以上 5 万元以下的罚款：①发现文物隐匿不报或者拒不上交的；②未按照规定移交拣选文物的。

（二）在文物保护单位的保护范围和建设控制地带内进行建设工程违法行为应承担的法律责任

《文物保护法》规定，有下列行为之一，尚不构成犯罪的，由县级以上人民政府文物主管部门责令改正，造成严重后果的，处 5 万元以上 50 万元以下的罚款；情节严重的，由原发证机关吊销资质证书：①擅自在文物保护单位的保护范围内进行建设工程或者爆破、钻探、挖掘等作业的；②在文物保护单位的建设控制地带内进行建设工程，其工程设计方案未经文物行政部门同意、报城乡建设规划部门批准，对文物保护单位的历史风貌造成破坏的；③擅自迁移、拆除不可移动文物的；④擅自修缮不可移动文物，明显改变文物原状的；⑤擅自在原址重建已全部毁坏的不可移动文物，造成文物破坏的；⑥施工单位未取得文物保护工程资质证书，擅自从事文物修缮、迁移、重建的。

（三）未取得相应资质证书擅自承担文物保护单位修缮、迁移、重建工程违法行为应承担的法律责任。

《文物保护法实施条例》规定，未取得相应等级的文物保护工程资质证书，擅自承担

第五章　建设工程环境、文物保护和节约能源法规

文物保护单位的修缮、迁移、重建工程的，由文物行政主管部门责令限期整改；逾期不整改，或者造成严重后果的，处 5 万元以上 50 万元以下的罚款；构成犯罪的，依法追究刑事责任。

未取得建设行政主管部门发给的相应等级的资质证书，擅自承担含有建筑活动的文物保护单位的修缮、迁移、重建工程的，由建设行政主管部门依照有关法律、行政法规的规定予以处罚。

（四）历史文化名城名镇名村保护范围内违法行为应承担的法律责任

《历史文化名城名镇名村保护条例》规定，在历史文化名城、名镇、名村保护范围内有下列行为之一的，由城市、县人民政府城乡规划主管部门责令停止违法行为、限期恢复原状或者采取其他补救措施；有违法所得的，没收违法所得；逾期不恢复原状或者不采取其他补救措施的，城乡规划主管部门可以指定有能力的单位代为恢复原状或者采取其他补救措施，所需费用由违法者承担；造成严重后果的，对单位并处 50 万元以上 100 万元以下的罚款，对个人并处 5 万元以上 10 万元以下的罚款；造成损失的，依法承担赔偿责任：①开山、采石、开矿等破坏传统格局和历史风貌的；②占用保护规划确定保留的园林绿地、河湖水系、道路等的；③修建生产、储存爆炸性、易燃性、放射性、毒害性、腐蚀性物品的工厂、仓库等的。

损坏或者擅自迁移、拆除历史建筑的，由城市、县人民政府城乡规划主管部门责令停止违法行为、限期恢复原状或者采取其他补救措施；有违法所得的，没收违法所得；逾期不恢复原状或者不采取其他补救措施的，城乡规划主管部门可以指定有能力的单位代为恢复原状或者采取其他补救措施，所需费用由违法者承担；造成严重后果的，对单位并处 20 万元以上 50 万元以下的罚款，对个人并处 10 万元以上 20 万元以下的罚款；造成损失的，依法承担赔偿责任。

擅自设置、移动、涂改或者损毁历史文化街区、名镇、名村标志牌的，由城市、县人民政府城乡规划主管部门责令限期改正；逾期不改正的，对单位处 1 万元以上 5 万元以下的罚款，对个人处 1000 元以上 1 万元以下的罚款。

【案例 5－1】

1. 背景

在某市的火车站南广场地下车库工程施工中，挖掘机司机挖到一个古墓，非但没有及时上报，而是将其重新掩埋，在晚上带人将古墓里的文物盗走，后经公安部门的努力，追回玉带 18 片，但其他出土文物不知去向。文物保护专家表示，该处工地发现的是明朝某位皇亲的墓。

2. 问题

（1）本案中哪些行为违反了《文物保护法》的规定？

（2）施工过程中发现文物时施工单位应该采取什么措施？

（3）对文物保护违法行为应如何处理？

3. 分析

（1）根据《文物保护法》第三十二条规定，"在进行建设工程或者在农业生产中，任何单位或者个人发现文物，应当保护现场，立即报告当地文物行政部门，""任何单位或者

· 148 ·

个人不得哄抢、私分、藏匿"。本案中，挖掘机司机发现古墓之后，不仅没有依法及时报告，还伙同他人将古墓里的文物盗走，违反了《文物保护法》的上述规定。

（2）根据《文物保护法》第三十二条规定和《文物保护法实施细则》第二十二条、第二十三条规定，在施工过程中发现文物时，施工单位应当保护现场，停止施工，立即报告当地文物行政部门，并应当配合考古发掘单位，保护出土文物或者遗迹的安全，在发掘未结束前不得继续施工。

（3）依据《文物保护法》第六十四条、第六十五条规定，对于盗窃、哄抢、私分或者非法侵占国有文物的，构成犯罪的，依法追究刑事责任；造成文物灭失、损毁的，依法承担民事责任；构成违反治安管理行为的，由公安机关依法给予治安管理处罚。

# 第三节  施工节约能源制度

能源是指煤炭、石油、天然气、生物质能和电力、热力以及其他直接或者通过加工、转换而取得有用能的各种资源。节约能源是指加强用能管理，采取技术上可行、经济上合理以及环境和社会可以承受的措施，从能源生产到消费的各个环节，降低消耗、减少损失和污染物排放、制止浪费，有效、合理地利用能源。

节约资源是我国的基本国策，国家实施节约与开发并举、把节约放在首位的能源发展战略。

**一、施工合理使用与节约能源的规定**

在工程建设领域，节约能源主要包括建筑节能和施工节能两个方面。

建筑节能是解决建设项目建成后使用过程中的节能问题，如《民用建筑节能条例》规定，"民用建筑节能，是指在保证民用建筑使用功能和室内热环境质量的前提下，降低其使用过程中能源消耗的活动。"施工节能则是要解决施工过程中的节约能源问题。

（一）合理使用与节约能源的一般规定

1. 节能的产业政策

《节约能源法》规定，国家实行有利于节能和环境保护的产业政策，限制发展高耗能、高污染行业，发展节能环保型产业。

国家对落后的耗能过高的用能产品、设备和生产工艺实行淘汰制度。禁止使用国家明令淘汰的用能设备、生产工艺。国家鼓励企业制定严于国家标准、行业标准的企业节能标准。

2. 用能单位的法定义务

用能单位应当按照合理用能的原则，加强节能管理，制定并实施节能计划和节能技术措施，降低能源消耗。用能单位应当建立节能目标责任制，对节能工作取得成绩的集体、个人给予奖励。用能单位应当定期开展节能教育和岗位节能培训。

用能单位应当加强能源计量管理，按照规定配备和使用经依法检定合格的能源计量器具。用能单位应当建立能源消费统计和能源利用状况分析制度，对各类能源的消费实行分类计量和统计，并确保能源消费统计数据真实、完整。任何单位不得对能源消费实行包费制。

3. 循环经济的法律要求

循环经济是指在生产、流通和消费等过程中进行的减量化、再利用、资源化活动的总称。减量化是指在生产、流通和消费等过程中减少资源消耗和废物产生。再利用是指将废物直接作为产品或者经修复、翻新、再制造后继续作为产品使用，或者将废物的全部或者部分作为其他产品的部件予以使用。资源化是指将废物直接作为原料进行利用或者对废物进行再生利用。

《循环经济促进法》规定，发展循环经济应当在技术可行、经济合理和有利于节约资源、保护环境的前提下，按照减量化优先的原则实施。在废物再利用和资源化过程中，应当保障生产安全，保证产品质量符合国家规定的标准，并防止产生再次污染。

企业事业单位应当建立健全管理制度，采取措施，降低资源消耗，减少废物的产生量和排放量，提高废物的再利用和资源化水平。

国务院循环经济发展综合管理部门会同国务院环境保护等有关主管部门，定期发布鼓励、限制和淘汰的技术、工艺、设备、材料和产品名录。禁止生产、进口、销售列入淘汰名录的设备、材料和产品，禁止使用列入淘汰名录的技术、工艺、设备和材料。

（二）建筑节能的规定

《节约能源法》规定，国家实行固定资产投资项目节能评估和审查制度。不符合强制性节能标准的项目，依法负责项目审批或者核准的机关不得批准或者核准建设；建设单位不得开工建设；已经建成的，不得投入生产、使用。

国家鼓励在新建建筑和既有建筑节能改造中使用新型墙体材料等节能建筑材料和节能设备，安装和使用太阳能等可再生能源利用系统。

建筑工程的建设、设计、施工和监理单位应当遵守建筑节能标准。

1. 采用太阳能、地热能等可再生能源

《民用建筑节能条例》规定，国家鼓励和扶持在新建建筑和既有建筑节能改造中采用太阳能、地热能等可再生能源。

在具备太阳能利用条件的地区，有关地方人民政府及其部门应当采取有效措施，鼓励和扶持单位、个人安装使用太阳能热水系统、照明系统、供热系统、采暖制冷系统等太阳能利用系统。

2. 新建建筑节能的规定

国家推广使用民用建筑节能的新技术、新工艺、新材料和新设备，限制使用或者禁止使用能源消耗高的技术、工艺、材料和设备。国家限制进口或者禁止进口能源消耗高的技术、材料和设备。

建设单位、设计单位、施工单位不得在建筑活动中使用列入禁止使用目录的技术、工艺、材料和设备。

施工单位应当对进入施工现场的墙体材料、保温材料、门窗、采暖制冷系统和照明设备进行查验；不符合施工图设计文件要求的，不得使用。

工程监理单位发现施工单位不按照民用建筑节能强制性标准施工的，应当要求施工单位改正；施工单位拒不改正的，工程监理单位应当及时报告建设单位，并向有关主管部门报告。

墙体、屋面的保温工程施工时，监理工程师应当按照工程监理规范的要求，采取旁站、巡视和平行检验等形式实施监理。未经监理工程师签字，墙体材料、保温材料、门窗、采暖制冷系统和照明设备不得在建筑上使用或者安装，施工单位不得进行下一道工序的施工。

3. 既有建筑节能的规定

既有建筑节能改造是指对不符合民用建筑节能强制性标准的既有建筑的围护结构、供热系统、采暖制冷系统、照明设备和热水供应设施等实施节能改造的活动。

实施既有建筑节能改造，应当符合民用建筑节能强制性标准，优先采用遮阳、改善通风等低成本改造措施。既有建筑围护结构的改造和供热系统的改造应当同步进行。

（三）施工节能的规定

《循环经济促进法》规定，建筑设计、建设、施工等单位应当按照国家有关规定和标准，对其设计、建设、施工的建筑物及构筑物采用节能、节水、节地、节材的技术工艺和小型、轻型、再生产品。有条件的地区，应当充分利用太阳能、地热能、风能等可再生能源。

1. 节材与材料资源利用

《循环经济促进法》规定，国家鼓励利用无毒无害的固体废物生产建筑材料，鼓励使用散装水泥，推广使用预拌混凝土和预拌砂浆。禁止损毁耕地烧砖。在国务院或者省、自治区、直辖市人民政府规定的期限和区域内，禁止生产、销售和使用黏土砖。

《绿色施工导则》进一步规定，图纸会审时，应审核节材与材料资源科用的相关内容，达到材料损耗率比定额损耗率降低 30%；根据施工进度、库存情况等合理安排材料的采购、进场时间和批次，减少库存；现场材料堆放有序；储存环境适宜，措施得当；保管制度健全，责任落实；材料运输工具适宜，装卸方法得当，防止损坏和遗洒；根据现场平面布置情况就近卸载，避免和减少二次搬运；采取技术和管理措施提高模板、脚手架等的周转次数；优化安装工程的预留、预埋、管线路径等方案；应就地取材，施工现场 500km 以内生产的建筑材料用量占建筑材料总重量的 70% 以上。

此外，还分别就结构材料、围护材料、装饰装修材料、周转材料提出了明确要求。例如，结构材料节材与材料资源利用的技术要点是：①推广使用预拌混凝土和商品砂浆；准确计算采购数量、供应频率、施工速度等，在施工过程中动态控制；结构工程使用散装水泥；②推广使用高强钢筋和高性能混凝土，减少资源消耗；③推广钢筋专业化加工和配送；④优化钢筋配料和钢构件下料方案；钢筋及钢结构制作前应对下料单及样品进行复核，无误后方可批量下料；⑤优化钢结构制作和安装方法；大型钢结构宜采用工厂制作，现场拼装；宜采用分段吊装、整体提升、滑移、顶升等安装方法，减少方案的措施用材量；⑥采取数字化技术，对大体积混凝土、大跨度结构等专项施工方案进行优化。

2. 节水与水资源利用

《循环经济促进法》规定，国家鼓励和支持使用再生水。企业应当发展串联用水系统和循环用水系统，提高水的重复利用率。企业应当采用先进技术、工艺和设备，对生产过程中产生的废水进行再生利用。

《绿色施工导则》进一步对提高用水效率、非传统水源利用和安全用水作出规定。

（1）提高用水效率：①施工中采用先进的节水施工工艺；②施工现场喷洒路面、绿化浇灌不宜使用市政自来水；现场搅拌用水、养护用水应采取有效的节水措施，严禁无措施浇水养护混凝土；③施工现场供水管网应根据用水量设计布置，管径合理、管路简捷，采取有效措施减少管网和用水器具的漏损；④现场机具、设备、车辆冲洗用水必须设立循环用水装置。施工现场办公区、生活区的生活用水采用节水系统和节水器具，提高节水器具配置比率；项目临时用水应使用节水型产品，按照计量装置，采取针对性的节水措施；⑤施工现场建立可再利用水的收集处理系统，使水资源得到梯级循环利用；⑥施工现场分别对生活用水与工程用水确定用水定额指标，并分别计量考核；⑦大型工程的不同单项工程、不同标段、不同分包生活区，凡具备条件的应分别计量用水量；在签订不同标段分包或劳务合同时，将节水定额指标纳入合同条款，进行计量考核；⑧对混凝土搅拌站点等用水集中的区域和工艺点进行专项计量考核。施工现场建立雨水、中水或可再利用水的搜集利用系统。

（2）非传统水源利用：①优先采用中水搅拌、中水养护，有条件的地区和工程应收集雨水养护；②处于基坑降水阶段的工地，宜优先采用地下水作为混凝土搅拌用水、养护用水、冲洗用水和部分生活用水；③现场机具、设备、车辆冲洗、喷洒路面、绿化浇灌等用水，优先采用非传统水源，尽量不使用市政自来水；④大型施工现场，尤其是雨量充沛地区的大型施工现场建立雨水收集利用系统，充分收集自然降水用于施工和生活中适宜的部位；⑤力争施工中非传统水源和循环水的再利用量大于30％。

（3）安全用水：在非传统水源和现场循环再利用水的使用过程中，应制定有效的水质检测与卫生保障措施，确保避免对人体健康、工程质量以及周围环境产生不良影响。

3. 节能与能源利用

《绿色施工导则》对节能措施，机械设备与机具，生产、生活及办公临时设施，施工用电及照明分别作出规定。

（1）节能措施：①制订合理施工能耗指标，提高施工能源利用率；②优先使用国家、行业推荐的节能、高效、环保的施工设备和机具，如选用变频技术的节能施工设备等；③施工现场分别设定生产、生活、办公和施工设备的用电控制指标，定期进行计量、核算、对比分析，并有预防与纠正措施；④在施工组织设计中，合理安排施工顺序、工作面，以减少作业区域的机具数量，相邻作业区充分利用共有的机具资源。安排施工工艺时，应优先考虑耗用电能的或其他能耗较少的施工工艺。避免设备额定功率远大于使用功率或超负荷使用设备的现象；⑤根据当地气候和自然资源条件，充分利用太阳能、地热等可再生能源。

（2）机械设备与机具：①建立施工机械设备管理制度，开展用电、用油计量，完善设备档案，及时做好维修保养工作，使机械设备保持低耗、高效的状态；②选择功率与负载相匹配的施工机械设备，如逆变式电焊机和能耗低、效率高的手持电动工具等，以利节电；机械设备宜使用节能型油料添加剂，在可能的情况下，考虑回收利用，节约油量；③合理安排工序，提高各种机械的使用率和满载率，降低各种设备的单位耗能。

（3）生产、生活及办公临时设施：①利用场地自然条件，合理设计生产、生活及办公临时设施的体形、朝向、间距和窗墙面积比，使其获得良好的日照、通风和采光；南方地区可根据需要在其外墙窗设遮阳设施；②临时设施宜采用节能材料，墙体、屋面使用隔热性能好的材料，减少夏天空调、冬天取暖设备的使用时间及耗能量；③合理配置采暖、空调、风扇数量，规定使用时间，实行分段分时使用，节约用电。

（4）施工用电及照明：①临时用电优先选用节能电线和节能灯具，临电线路合理设计、布置，临电设备宜采用自动控制装置；采用声控、光控等节能照明灯具；②照明设计以满足最低照度为原则，照度不应超过最低照度的 20%。

4. 节地与施工用地保护

《绿色施工导则》对临时用地指标、临时用地保护、施工总平面布置分别作出规定。

（1）临时用地指标：①根据施工规模及现场条件等因素合理确定临时设施，如临时加工厂、现场作业棚及材料堆场、办公生活设施等的占地指标；临时设施的占地面积应按用地指标所需的最低面积设计；②要求平面布置合理、紧凑，在满足环境、职业健康与安全文明施工要求的墙体下尽可能减少废弃地和死角，临时设施占地面积有效利用率大于 90%。

（2）临时用地保护：①应对深基坑施工方案进行优化，减少土方开挖和回填量，最大限度地减少对土地的扰动，保护周边自然生态环境；②红外线临时占地应尽量使用荒地、废地，少占用农田和耕地；工程完工后，及时对红线外占地恢复原地形、地貌，使施工活动对周边环境的影响降至最低；③利用和保护施工用地范围内原有绿色植被；对于施工周期较长的现场，可按建筑永久绿化的要求，安排场地新建绿化。

（3）施工总平面布置：①施工总平面布置应做到科学、合理，充分利用原有建筑物、构筑物、道路、管线为施工服务；②施工现场搅拌站、仓库、加工厂、作业棚、材料堆场等布置应尽量靠近已有交通线路或即将修建的正式或临时交通线路，缩短运输距离；③临时办公和生活用房应采用经济、美观、占地面积小、对周边地貌环境影响较小，且适合于施工平面布置动态调整的多层轻钢活动板房、钢骨架水泥活动板房等标准化装配式结构；生活区与生产区应分开布置，并设置标准的分隔设施；④施工现场围墙可采用连续封闭的轻钢结构预制装配式活动围挡，减少建筑垃圾，保护土地；⑤施工现场道路按照永久道路和临时道路相结合的原则布置；施工现场内形成环形通路，减少道路占用土地；⑥临时设施布置应注意远近结合（本期工程与下期工程），努力减少和避免大量临时建筑拆迁和场地搬迁。

## 二、施工节能技术进步和激励措施的规定

（一）节能技术进步

《节约能源法》规定，国家鼓励、支持节能科学技术的研究、开发、示范和推广，促进节能技术创新与进步。

1. 政府政策引导

国务院管理节能工作的部门会同国务院科技主管部门发布节能技术政策大纲，指导节能技术研究、开发和推广应用。县级以上各级人民政府应当把节能技术研究开发作为政府科技投入的重点领域，支持科研单位和企业开展节能技术应用研究，制定节能标准，开发节能共性和关键技术，促进节能技术创新与成果转化。

国务院管理节能工作的部门会同国务院有关部门制定并公布节能技术、节能产品的推

广目录，引导用能单位和个人使用先进的节能技术、节能产品。

国务院管理节能工作的部门会同国务院有关部门组织实施重大节能科研项目、节能示范项目、重点节能工程。

2. 政府资金扶持

《循环经济促进法》规定，国务院和省、自治区、直辖市人民政府设立发展循环经济的有关专项资金，支持循环经济的科技研究开发、循环经济技术和产品的示范与推广、重大循环经济项目的实施、发展循环经济的信息服务等。

国务院和省、自治区、直辖市人民政府及其有关部门应当将循环经济重大科技攻关项目重大技术、装备的引进和消化、吸收、创新实行统筹协调，并给予资金支持。

（二）节能激励措施

按照《节约能源法》《循环经济促进法》的规定，主要有如下相关的节能激励措施。

1. 财政安排节能专项资金

中央财政和省级地方财政安排节能专项资金，支持节能技术研究开发、节能技术和产品的示范与推广、重点节能工程的实施、节能宣传培训、信息服务和表彰奖励等。

国家通过财政补贴支持节能照明器具等节能产品的推广和使用。

2. 税收优惠

国家对生产、使用列入国务院管理节能工作的部门会同国务院有关部门制定并公布的节能技术、节能产品推广目录的需要支持的节能技术、节能产品，实行税收优惠等扶持政策。

国家运用税收等政策，鼓励先进节能技术、设备的进口，控制在生产过程中耗能高、污染重的产品的出口。

国家对促进循环经济发展的产业活动给予税收优惠，并运用税收等措施鼓励进口先进的节能、节水、节材等技术、设备和产品，限制在生产过程中耗能高、污染重的产品的出口。

企业使用或者生产列入国家清洁生产、资源综合利用等鼓励名录的技术、工艺、设备或者产品的，按照国家有关规定享受税收优惠。

3. 信贷支持

国家引导金融机构增加对节能项目的信贷支持，为符合条件的节能技术研究开发、节能产品生产以及节能技术改造等项目提供优惠贷款。国家推动和引导社会有关方面加大对节能的资金投入，加快节能技术改造。

对符合国家产业政策的节能、节水、节地、节材、资源综合利用等项目，金融机构应当给予优先贷款等信贷支持，并积极提供配套金融服务。

对生产、进口、销售或者使用列入淘汰名录的技术、工艺、设备、材料或者产品的企业，金融机构不得提供任何形式的授信支持。

4. 价格政策

国家实行有利于节能的价格政策，引导施工单位和个人节能。国家运用财税、价格等政策，支持推广电力需求管理、合同能源管理、节能自愿协议等节能办法。

国家实行有利于资源节约和合理利用的价格政策，引导单位和个人节约和合理使用水、电、气等资源性产品。

5. 表彰奖励

各级人民政府对在节能管理、节能科学技术研究和推广应用中有显著成绩以及检举严重浪费能源行为的单位和个人，给予表彰和奖励。

企业事业单位应当对在循环经济发展中作出突出贡献的集体和个人给予表彰和奖励。

### 三、违法行为应承担的法律责任

施工节约能源违法行为应承担的主要法律责任如下。

（一）违反建筑节能标准违法行为应承担的法律责任

《节约能源法》规定，设计单位、施工单位、监理单位违反建筑节能标准的，由建设主管部门责令改正，处 10 万元以上 50 万元以下罚款；情节严重的，由颁发资质证书的部门降低资质等级或者吊销资质证书；造成损失的，依法承担赔偿责任。

《民用建筑节能条例》规定，施工单位未按照民用建筑节能强制性标准进行施工的，由县级以上地方人民政府建设主管部门责令改正，处民用建筑项目合同价款 2％以上 4％以下的罚款；情节严重的，由颁发资质证书的部门责令停业整顿，降低资质等级或者吊销资质证书；造成损失的，依法承担赔偿责任。

注册执业人员未执行民用建筑节能强制性标准的，由县级以上人民政府建设主管部门责令停止执业 3 个月以上 1 年以下；情节严重的，由颁发资格证书的部门吊销执业资格证书，5 年内不予注册。

（二）使用黏土砖及其他施工节能违法行为应承担的法律责任

《循环经济促进法》规定，在国务院或者省、自治区、直辖市人民政府规定禁止生产、销售、使用黏土砖的期限或者区域内生产、销售或者使用黏土砖的，由县级以上地方人民政府指定的部门责令限期改正；有违法所得的，没收违法所得；逾期继续生产、销售的，由地方人民政府工商行政管理部门依法吊销营业执照。

《民用建筑节能条例》规定，施工单位有下列行为之一的，由县级以上地方人民政府建设主管部门责令改正，处 10 万元以上 20 万元以下的罚款；情节严重的，由颁发资质证书的部门责令停业整顿，降低资质等级或者吊销资质证书；造成损失的，依法承担赔偿责任：①未对进入施工现场的墙体材料、保温材料、门窗、采暖制冷系统和照明设备进行查验的；②使用不符合施工图设计文件要求的墙体材料、保温材料、门窗、采暖制冷系统和照明设备的；③使用列入禁止使用目录的技术、工艺、材料和设备的。

（三）用能单位其他违法行为应承担的法律责任

《节约能源法》规定，用能单位未按照规定配备、使用能源计量器具的，由产品质量监督部门责令限期改正；逾期不改正的，处 1 万元以上 5 万元以下罚款。

瞒报、伪造、篡改能源统计资料或者编造虚假能源统计数据的，依照《中华人民共和国统计法》的规定处罚。

无偿向本单位职工提供能源或者对能源消费实行包费制的，由管理节能工作的部门责令限期改正；逾期不改正的，处 5 万元以上 20 万元以下罚款。

进口列入淘汰名录的设备、材料或者产品的，由海关责令退运，可以处 10 万元以上 100 万元以下的罚款。进口者不明的，由承运人承担退运责任，或者承担有关处置费用。

## 复 习 思 考 题

### 一、单项选择题

1. 按照《建筑施工场界环境噪声排放标准》，建筑施工场界环境噪声排放限值为（　　）。

A. 昼间 60dB（A），夜间 50dB（A）　　　B. 昼间 65dB（A），夜间 50dB（A）

C. 昼间 70dB（A），夜间 55dB（A）　　　D. 昼间 75dB（A），夜间 60dB（A）

2. 某工地施工扬尘严重，市环保局接到群众举报进行查实后，依法判其做出停工整改并处以 3 万元罚款的行政处罚，施工企业认为处罚过高，向（　　）申请行政复议。

A. 市环保局　　　B. 省建设厅　　　C. 市人民政府　　　D. 省级人民政府

3. 《环境保护法》颁布实施时间是（　　）。

A. 1988 年 12 月 1 日　　　　　　　　B. 1989 年 12 月 1 日

C. 1984 年 5 月 11 日　　　　　　　　D. 2008 年 1 月 1 日

4. 环境规划分为短期规划、中期规划和（　　）。

A. 目标规划　　　B. 控制规划　　　C. 长期规划　　　D. 长远规划

5. 环境保护设施验收，应当与主体工程竣工验收（　　）进行。

A. 分别　　　B. 同时　　　C. 交叉　　　D. 顺序

6. 《环境影响评价法》规定，建设项目的环境影响评价文件自批准之日起超过（　　），方决定该项目开工建设的，其环境影响评价文件应当报原审批部门重新审核。

A. 2 年　　　B. 3 年　　　C. 4 年　　　D. 5 年

7. 《环境影响评价法》发布时间是（　　）。

A. 2002 年 12 月 28 日　　　　　　　B. 1999 年 12 月 1 日

C. 2000 年 10 月 1 日　　　　　　　D. 2005 年 5 月 1 日

8. 环境保护"三同时"制度是指建设项目需要配套的环境保护设施，必须与主体工程（　　）。

A. 同时论证、同时评价、同时投资　　　B. 同时投资、同时施工、同时评价

C. 同时设计、同时施工、同时投产使用　　　D. 同时设计、同时施工、同时竣工验收

9. 可能产生环境污染的，应当由（　　）提出环境影响报告书。

A. 建设单位　　　　　　　　　　　　B. 建设行政主管部门

C. 施工单位　　　　　　　　　　　　D. 环境保护行政主管部门

10. 结构施工、安装装饰装修阶段，达到作业区目测扬尘高度小于（　　），不扩算到厂区外。

A. 1m　　　B. 2m　　　C. 1.5m　　　D. 0.5m

### 二、多项选择题

1. 《历史文化名城名镇名村保护条例》规定，在历史文化名城、名镇、名村保护范围内禁止以下活动（　　）。

A. 修建储存腐蚀性物品的仓库　　　B. 开采矿产

C. 进行影视剧摄制活动　　　　　　　D. 举办大型群众性活动

E. 修建生产易燃性物品的工厂

2. 环境保护"三同时"制度是（　　）。

A. 同时设计　　　　B. 同时施工　　　C. 同时投产使用　　　D. 同时评价

E. 同时验收

3. 施工节能的规定（　　）。

A. 节材和材料资源利用　　　　　　　B. 节水与水资源利用

C. 节能与能源利用　　　　　　　　　D. 节地与施工用地保护

E. 节能与发电资源利用

4. 以下属于《绿色施工导则》规定的提高用水效率的措施的是（　　）。

A. 混凝土养护过程中应采取必要的措施

B. 将节水定额指标纳入分包或劳务合同中进行计量考核

C. 对现场各个分包生活区合计统一计量用水量

D. 临时用水采用节水型产品，安装计量装置

E. 现场车辆冲洗设立循环用水装置

5. 某钢厂拟在市城区的轧制分厂扩建一条冲压生产线，考虑到产生的环境噪声污染，该钢厂编制了建设项目环境影响报告书，其中报告书中应有（　　）的意见。

A. 建设项目所在地规划部门　　　　　B. 建设项目所在地工商部门

C. 建设项目所在地单位　　　　　　　D. 建设项目所在地居民

E. 建设项目所在地建设行政主管部门

6. 我国《固体废物污染防治法》中对危险废物污染的规定，下列叙述正确的是（　　）。

A. 禁止危险物和非危险物混存

B. 禁止经中华人民共和国过境转移危险物

C. 禁止将危险物与旅客用同一运输工具运载

D. 禁止进口不能用作原料的固体废弃物

E. 禁止向水体排放和倾倒工业废渣及城市垃圾

7. 下列属于噪声敏感建筑的是（　　）。

A. 医院　　　　　B. 学校　　　　　C. 商业街　　　　　D. 住宅小区

E. 汽车制造厂

8. 下列选项中，按照《民用建筑节能条例》处理正确的是（　　）。

A. 未对进入施工现场的墙体材料进行查验的处 10 万～20 万元罚款

B. 使用不符合施工图设计文件要求的保温材料处 5 万元罚款

C. 使用黏土砖的处以 20 万元以上罚款

D. 未对采暖制冷系统进行查验的处 10 万～20 万元罚款

E. 无偿向本单位职工提供能源处 5 万元罚款

9. 某施工单位在某市中心区滨江住宅小区承包了一栋高层住宅，根据环境保护的有关法律法规，该施工单位不得（　　）。

A. 在江内清洗装贮过油类的车辆和容器　　　B. 在施工现场焚烧沥青、油毡

C. 在夜间进行施工　　　　　　　　　　D. 在施工现场填埋建筑垃圾

E. 从事产生扬尘污染的施工作业

10. 建设项目中防止污染的设施，必须与主体工程同时（　　）。

A. 立项　　　　B. 竣工　　　　C. 设计　　　　D. 施工　　　　E. 投入使用

## 三、简答题

1. 简述各参建单位的节能责任？

2. 简述环境影响报告书的基本内容？

3. 什么是施工现场环境保护制度？

4. 简述施工现场环境噪声污染的防治？

5. 简述施工现场水污染的防止？

# 第六章　建设工程安全生产法规

**【本章概述】**

建设工程项目施工全面贯彻落实"安全第一，预防为主"的方针，对预防和减少安全生产事故的发生起到至关重要的作用。本章主要针对安全生产方针、安全生产许可证的要求、安全生产责任制、安全生产培训教育、安全生产事故应急救援预案机制和建设施工项目建设中各参建单位的安全责任进行阐述，是作为建设施工管理者必备的知识。

**【学习目标】**

1. 掌握安全生产管理的方针和原则。
2. 了解安全生产许可证的要求。
3. 掌握安全生产责任制的制定和要求。
4. 掌握安全生产培训教育的要求。
5. 了解生产事故应急救援预案机制。
6. 熟悉建筑设工项目建设中各参建单位的安全责任。

**【能力目标】**

1. 掌握针对当前建设施工安全生产管理的要求和方针，制定安全生产责任制的能力。
2. 熟悉施工单位和施工项目的安全生产责任。
3. 掌握开展安全生产教育培训的要求。
4. 熟悉施工现场安全防护的规定和违法行为应承担的责任。
5. 掌握编制安全技术措施、专项方案和技术交底开展的要求。
6. 具备施工安全事故的应急救援与调查处理的能力。

**【课时建议】**

6 课时。

## 第一节　建设工程安全生产管理

建设安全生产管理是指建设行政主管部门、建设安全监督管理部门，建设施工企业及有关单位对建设生产过程中的安全工作，进行计划、组织、指挥、控制、监督等一系列的管理活动。

安全与生产的关系是一种辩证统一的关系。安全与生产的统一性表现为：一方面指生产必须安全，安全是生产的前提条件，不安全就无法生产；另一方面，安全可以促进生产，抓好安全，为员工创造一个安全、卫生、舒适的工作环境，可以更好地调动员工的积极性，提高劳动生产率和减少因事故带来的不必要损失。

**一、建设安全生产管理的方针**

《建筑法》《安全生产法》和《建筑工程安全生产管理条例》规定，建设安全生产管理的方针是"安全第一，预防为主"，这是我国多年来安全生产工作长期经验的总结。安全生产关系到人民群众生命和财产安全，关系到社会稳定和经济健康发展，建设工程安全生产管理必须坚持"安全第一，预防为主"的方针。

**二、建设安全生产管理的原则**

建设安全生产管理原则虽然在《建筑法》中没有明确规定，但是在其具体条文中已经包含。在我国长期的安全生产管理中形成的、国务院有关规定中明确的建设安全生产管理原则主要是管生产必须管安全和谁主管谁负责。

（一）管生产必须管安全原则

管生产必须管安全原则是指安全寓于生产之中，把安全和生产统一起来。生产中若人、物、环境都处于危险状态，则生产无法进行；有了安全保障，生产才能持续、稳定的发展。安全管理是生产管理的重要组成部分，安全与生产在实施过程中，两者存在着密切的联系，有共同进行管理的基础。

（二）谁主管谁负责原则

谁主管谁负责原则是指主管建设生产的单位和人员应对建设生产的安全负责。安全生产第一负责人制度正是这一原则的体现。各级建设行政主管部门的行政一把手是本地区建设安全生产的第一责任人，对所辖区域建设安全生产的行业管理负全面责任；企业法定代表人是本企业安全生产的第一责任人，对本企业的建设安全生产负全面责任；项目经理是本项目的安全生产第一责任人，对项目施工中贯彻落实安全生产的法规、标准付全面责任。

这两项原则是建设安全生产应遵循的基本原则，是建设安全生产的重要保证。

# 第二节 施工安全生产许可证制度

我国《行政许可法》规定："直接涉及国家安全、公共安全、经济宏观调控、生态环境保护以及直接关系人身健康、生命财产安全等特定活动，需要按照法定条件予以批准的事项"，可以设定行政许可。

《安全生产许可证条例》规定，国家对矿山企业、建筑施工企业和危险化学品、烟花爆竹、民用爆破器材生产企业（以下统称企业）实行安全生产许可制度。企业未取得安全生产许可证的，不得从事生产活动。

**一、申请领取安全生产许可证的条件**

《建筑施工企业安全生产许可证管理规定》中规定，建筑施工企业取得安全生产许可证，应当具备下列安全生产条件：

（1）建立、健全安全生产责任制，制定完备的安全生产规章制度和操作规程。

（2）保证本单位安全生产条件所需资金的投入。

（3）设置安全生产管理机构，按照国家有关规定配备专职安全生产管理人员。

（4）主要负责人、项目负责人、专职安全生产管理人员经建设主管部门或者其他有关部门考核合格。

（5）特种作业人员经有关业务主管部门考核合格，取得特种作业操作资格证书。

（6）管理人员和作业人员每年至少进行1次安全生产教育培训并考核合格。

（7）依法参加工伤保险，依法为施工现场从事危险作业的人员办理意外伤害保险，为从业人员交纳保险费。

（8）施工现场的办公、生活区及作业场所和安全防护用具、机械设备、施工机具及配件符合有关安全生产法律、法规、标准和规程的要求。

（9）有职业危害防治措施，并为作业人员配备符合国家标准或者行业标准的安全防护用具和安全防护服装。

（10）有对危险性较大的分部分项工程及施工现场易发生重大事故的部位、环节的预防、监控措施和应急预案。

（11）有生产安全事故应急救援预案、应急救援组织或者应急救援人员，配备必要的应急救援器材、设备。

（12）法律、法规规定的其他条件。

建筑施工企业未取得安全生产许可证的，不得从事建筑施工活动。

### 二、安全生产许可证的有效期和政府监管的规定

（一）安全生产许可证的申请

建设施工企业从事建筑施工活动前，应当依法申请领取安全生产许可证。省、自治区、直辖市人民政府建设主管部门负责建筑施工企业安全生产许可证的颁发和管理，并接受国务院建设主管部门的指导和监督。

建设施工企业申请安全生产许可证时，应当向建设主管部门提供下列材料：①建筑施工企业安全生产许可证申请表；②企业法人营业执照；③与申请安全生产许可证应当具备的安全生产条件相关的文件、材料。建筑施工企业申请安全生产许可证，应当对申请材料实质内容的真实性负责，不得隐瞒有关情况或者提供虚假材料。

（二）安全生产许可证的有效期

安全生产许可证的有效期为3年。安全生产许可证有效期满需要延期的，企业应当于期满前3个月向原安全生产许可证颁发管理机关办理延期手续。企业在安全生产许可证有效期内，严格遵守有关安全生产的法律法规，未发生死亡事故的，安全生产许可证有效期届满时，经原安全生产许可证颁发管理机关同意，不再审查，安全生产许可证有效期延期3年。

### 三、违法行为应承担的法律责任

安全生产许可证违法行为应承担的主要法律责任如下。

（一）未取得安全生产许可证擅自从事施工活动应承担的法律责任

《安全生产许可证条例》规定，未取得安全生产许可证擅自进行生产的，责令停止生产，没收违法所得，并处10万元以上50万元以下的罚款；造成重大事故或者其他严重后果，构成犯罪的，依法追究刑事责任。

《建筑施工企业安全生产许可证管理规定》进一步规定，建筑施工企业未取得安全生产许可证擅自从事建筑施工活动的，责令其在建项目停止施工，没收违法所得，并处10万元以上50万元以下的罚款；造成重大安全事故或者其他严重后果，构成犯罪的，依法追究刑事责任。

（二）安全生产许可证有效期满未办理延期手续继续从事施工活动应承担的法律责任

《安全生产许可证条例》规定，安全生产许可证有效期满未办理延期手续，继续进行生产的，责令停止生产，限期补办延期手续，没收违法所得，并处5万元以上10万元以下的罚款；逾期仍不办理延期手续，继续进行生产的，依照未取得安全生产许可证擅自进行生产的规定处罚。

《建筑施工企业安全生产许可证管理规定》进一步规定，安全生产许可证有效期满未办理延期手续，继续从事建筑施工活动的，责令其在建项目停止施工，限期补办延期手续，没收违法所得，并处5万元以上10万元以下的罚款；逾期仍不办理延期手续，继续从事建筑施工活动的，依照未取得安全生产许可证擅自从事建筑施工活动的规定处罚。

（三）转让安全生产许可证等应承担的法律责任

《安全生产许可证条例》规定，转让安全生产许可证的，没收违法所得，处10万元以上50万元以下的罚款，并吊销其安全生产许可证；构成犯罪的，依法追究刑事责任；接受转让的，依照未取得安全生产许可证擅自进行生产的规定处罚。冒用安全生产许可证或者使用伪造的安全生产许可证的，依照未取得安全生产许可证擅自进行生产的规定处罚。

《建筑施工企业安全生产许可证管理规定》进一步规定，建筑施工企业转让安全生产许可证的，没收违法所得，处10万元以上50万元以下的罚款，并吊销安全生产许可证；构成犯罪的，依法追究刑事责任；接受转让的，依照未取得安全生产许可证擅自从事建筑施工活动的规定处罚。冒用安全生产许可证或者使用伪造的安全生产许可证的，依照未取得安全生产许可证擅自从事建筑施工活动的规定处罚。

（四）以不正当手段取得安全生产许可证应承担的法律责任

《建筑施工企业安全生产许可证管理规定》中规定，建筑施工企业隐瞒有关情况或者提供虚假材料申请安全生产许可证的，不予受理或者不予颁发安全生产许可证，并给予警告，1年内不得申请安全生产许可证。

建筑施工企业以欺骗、贿赂等不正当手段取得安全生产许可证的，撤销安全生产许可证，3年内不得再次申请安全生产许可证；构成犯罪的，依法追究刑事责任。

（五）暂扣安全生产许可证并限期整改的规定

《建筑施工企业安全生产许可证管理规定》中规定，取得安全生产许可证的建筑施工企业，发生重大安全事故的，暂扣安全生产许可证并限期整改。

建筑施工企业不再具备安全生产条件的，暂扣安全生产许可证并限期整改；情节严重的，吊销安全生产许可证。

（六）颁证机关工作人员违法行为应承担的法律责任

《安全生产许可证条例》规定，安全生产许可证颁发管理机关工作人员有下列行为之一的，给予降级或者撤职的行政处分；构成犯罪的，依法追究刑事责任：①向不符合本条例规定的安全生产条件的企业颁发安全生产许可证的；②发现企业未依法取得安全生产许可证擅自从事生产活动，不依法处理的；③发现取得安全生产许可证的企业不再具备本条例规定的安全生产条件，不依法处理的；④接到对违反本条例规定行为的举报后，不及时处理的；⑤在安全生产许可证颁发、管理和监督检查工作中，索取或者接受企业的财物，或者谋取其他利益的。

# 第三节　施工安全生产责任和安全生产教育培训

施工安全生产责任制和安全生产教育培训制度，是建设工程施工活动中重要的法律制度。

《建筑法》规定，建筑工程安全生产管理必须坚持安全第一、预防为主的方针，建立健全安全生产的责任制度和群防群治。建筑施工企业应当建立健全劳动安全生产教育培训制度，加强对职工安全生产的教育培训；未经安全生产教育培训的人员，不得上岗作业。

《建筑工程安全生产管理条例》进一步规定，施工单位应当建立健全安全生产责任制度和安全生产教育培训制度，制定安全生产规章制度和操作规程，保证本单位安全生产条件所需资金的投入，对所承担的建设工程进行定期和专项安全检查，并做好安全检查记录。

## 一、施工单位的安全生产责任

（一）施工安全生产管理的方针

《建筑法》《安全生产法》《建筑工程安全生产管理条例》中都规定了建设工程安全生产管理的方针，《国务院关于坚持科学发展安全发展促进安全生产形势持续稳定好转的意见》（国发〔2011〕40号）则进一步明确，自觉坚持"安全第一，预防为主，综合治理"方针。

（二）施工单位的安全生产责任制度

《建筑法》规定，建筑施工企业必须依法加强对建筑安全生产的管理，执行安全生产责任制度，采取有效措施，防止伤亡和其他安全生产事故的发生。

1. 施工单位主要负责人对安全生产工作全面负责

《建筑法》规定，建筑施工企业的法定代表人对本企业的安全生产负责。《建筑工程安全生产管理条例》也规定，施工单位主要负责人依法对本单位的安全生产工作全面负责。《国务院关于坚持科学发展安全发展促进安全生产形势持续稳定好转的意见》进一步指出，企业主要负责人、实际控制人要切实承担安全生产第一责任人的责任，带头执行现场带班制度，加强现场安全管理。

2. 施工单位安全生产管理机构和专职安全生产管理人员的职责

《建筑工程安全生产管理条例》规定，施工单位应当设立安全生产管理机构，配备专职安全生产管理人员。专职安全生产管理人员负责对安全生产进行现场监督检查。发现安全事故隐患，应当及时向项目负责人和安全生产管理机构报告；对违章指挥、违章操作的，应当立即制止。

建筑施工企业安全生产管理机构专职安全生产管理人员在施工现场检查过程中具有以下职责：①查阅在建项目安全生产有关资料、核实有关情况；②检查危险性较大工程安全专项施工方案落实情况；③监督项目专职安全生产管理人员履责情况；④监督作业人员安全防护用品的配备及使用情况；⑤对发现的安全生产违章违规行为或安全隐患，有权当场予以纠正或作出处理决定；⑥对不符合安全生产条件的设施、设备、器材，有权当场作出查封的处理决定；⑦对施工现场存在的重大安全隐患有权越级报告或直接向建设主管部门报告；⑧企业明确的其他安全生产管理职责。

3. 建设工程项目安全生产领导小组的职责

建筑施工企业应当在建设工程项目组建安全生产领导小组。建设工程实行施工总承包的，安全生产领导小组由总承包企业、专业承包企业和劳务分包企业的项目经理、技术负责人和专职安全生产管理人员组成。

安全生产领导小组的主要职责：①贯彻落实国家有关安全生产法律法规和标准；②组织制定项目安全生产管理制度并监督实施；③编制项目生产安全事故应急救援预案并组织演练；④保证项目安全生产费用的有效使用；⑤组织编制危险性较大工程安全专项施工方案；⑥开展项目安全教育培训；⑦组织实施项目安全检查和隐患排查；⑧建立项目安全生产管理档案；⑨及时、如实报告安全生产事故。

（三）施工单位负责人施工现场带班制度

《国务院关于进一步加强企业安全生产工作的通知》（国发〔2010〕23号）规定，强化生产过程管理的领导责任。企业主要负责人和领导班子成员要轮流现场带班。

建筑施工企业负责人要定期带班检查，每月检查时间不少于其工作日的25%。建筑施工企业负责人带班检查时，应认真做好检查记录，并分别在企业和工程项目存档备查。工程项目进行超过一定规模的危险性较大的分部分项工程施工时，建筑施工企业负责人应到施工现场进行带班检查。工程项目出现险情或发现重大隐患时，建筑施工企业负责人应到施工现场带班检查，督促工程项目进行整改，及时消除险情和隐患。

（四）重大隐患治理挂牌督办制度

在施工活动中那些可能导致事故发生的物的不安全状态、人的不安全行为和管理上的缺陷，都是事故隐患。《国务院关于进一步加强企业安全生产工作的通知》规定，对重大安全隐患治理实行逐级挂牌督办、公告制度。

住房和城乡建设部《房屋市政工程生产安全重大隐患排查治理挂牌督办暂行办法》（建质〔2011〕158号）进一步规定，重大隐患是指在房屋建筑和市政工程施工过程中，存在的危害程度较大、可能导致群死群伤或造成重大经济损失的生产安全隐患。

建筑施工企业是房屋市政工程生产安全重大隐患排查治理的责任主体，应当建立健全重大隐患排查治理工作制度，并落实到每一个工程项目。企业及工程项目的主要负责人对重大隐患排查治理工作全面负责。建筑施工企业应当定期组织安全生产管理人员、工程技术人员和其他相关人员排查每一个工程项目的重大隐患，特别是对深基坑、高支模、地铁隧道等技术难度大、风险大的重要工程应重点定期排查。对排查出的重大隐患，应及时实施治理消除，并将相关情况进行登记存档。

（五）建立健全群防群治制度

群防群治制度，是《建筑法》中所规定的建筑工程安全生产管理的一项重要法律制度。它是施工企业进行民主管理的重要内容，也是群众路线在安全生产管理工作中的具体体现。广大职工群众在施工生产活动中既要遵守有关法律、法规和规章制度，不得违章作业，还拥有对于危及生命安全和身体健康的行为提出批评、检举和控告的权利。

### 二、施工项目负责人的安全生产责任

施工项目负责人是指建设工程题目的项目经理。施工单位不同于一般的生产经营单位，通常会同时承建若干建设工程项目，且异地承建施工的现象很普遍。为了加强对施工现场的管理，施工单位都要对每个建设工程项目委派一名项目负责人即项目经理，由他对该项目的施工管理全面负责。

《建筑工程安全生产管理条例》规定，施工单位的项目负责人应当由取得相应执业资格的人员担任，对建设工程项目的安全施工负责，落实安全生产责任制度、安全生产规章制度和操作规程，确保安全生产费用的有效使用，并根据工程的特点组织制定安全施工措施，消除安全事故隐患，及时、如实报告生产安全事故。

（一）施工项目负责人的执业资格和安全生产责任

施工项目负责人经施工单位法定代表人的授权，要选配技术、生产、材料、成本等管理人员组成项目管理班子，代表施工单位在本建设工程项目上履行管理职责。由于施工项目负责人对该项目的施工组织管理起关键作用，原人事部、建设部《建造师执业资格制度暂行规定》中规定，建造师经注册后，有权以建造师名义担任建设工程项目施工的项目经理及从事其他施工活动的管理。

施工项目负责人的安全生产责任主要是：①对建设工程项目的安全施工负责；②落实安全生产责任制度、安全生产规章制度和操作规程；③确保安全生产费用的有效使用；④根据工程的特点组织制定安全施工措施，消除安全事故隐患；⑤及时、如实报告生产安全事故情况。

（二）施工单位项目负责人施工现场带班制度

《建筑施工企业负责人及项目负责人施工现场带班暂行办法》规定，项目负责人是工程项目质量安全管理的第一责任人，应对工程项目落实带班制度负责。项目负责人带班生产是指项目负责人在施工现场组织协调工程项目的质量安全生产活动。

项目负责人在同一时期只能承担一个工程项目的管理工作。项目负责人带班生产时，要全面掌握工程项目质量安全生产状况，加强对重点部位、关键环节的控制，及时消除隐患。要认真做好带班生产记录并签字存档备查。项目负责人每月带班生产时间不得少于本月施工时间的80％。因其他事务需离开施工现场时，应向工程项目的建设单位请假，经批准后方可离开。离开期间应委托项目相关负责人负责其外出时的日常工作。

### 三、施工总承包和分包单位的安全生产责任

《建筑法》规定，施工现场安全由建筑施工企业负责。实行施工总承包的，由总承包单位负责。分包单位向总承包单位负责，服从总承包单位对施工现场的安全生产管理。

（一）总承包单位应当承担的法定安全生产责任

施工总承包是由一个施工单位对建设工程施工全面负责。该总承包单位不仅要负责建设工程的施工质量、合同工期、成本控制，还要对施工现场组织和安全生产进行统一协调管理。

1. 分包合同应当明确总分包双方的安全生产责任

《建筑工程安全生产管理条例》规定，总承包单位依法将建设工程分包给其他单位的，分包合同中应当明确各自的安全生产方面的权利、义务。

施工总承包单位与分包单位的安全生产责任，可分为法定责任和约定责任。所谓法定责任，即法律法规中明确规定的总承包单位、分包单位各自的安全生产责任。所谓约定责任，即总承包单位与分包单位通过协商，在分包合同中约定各自应当承担的安全生产责任。但是，安全生产的约定责任不能与法定责任相抵触。

2. 统一组织编制建设工程生产安全应急救援预案

《建筑工程安全生产管理条例》规定，施工单位应当根据建设工程施工的特点、范围，对施工现场易发生重大事故的部位、环节进行监控，制定施工现场生产安全事故应急救援预案。实行施工总承包的，由总承包单位统一组织编制建设工程生产安全事故应急救援预案，工程总承包单位和分包单位按照应急救援预案，各自建立应急救援组织或者配备应急救援人员，配备救援器材、设备，并定期组织演练。

建设工程的施工属高风险工作，极易发生安全事故。为了加强对施工安全突发事故的处理，提高应急救援快速反应能力，必须重视并编制施工安全事故应急救援预案。由于实行施工总承包的，是由总承包单位对施工现场的安全生产负总责，所以总承包单位要统一组织编制建设工程生产安全事故应急救援预案。

（二）分包单位应当承担的法定安全生产责任

《建筑法》规定，分包单位向总承包单位负责，服从总承包单位对施工现场的安全生产管理。《建筑工程安全生产管理条例》进一步规定，分包单位应当服从总承包单位的安全生产管理，分包单位不服从管理导致生产安全事故的，由分包单位承担主要责任。

总承包单位依法对施工现场的安全生产负总责，这就要求分包单位必须服从总承包单位的安全生产管理。在许多工地上，往往有若干分包单位同时在施工，如果缺乏统一的组织管理，很容易发生安全事故。因此，分包单位要服从总承包单位对施工现场的安全生产规章制度、岗位操作要求等安全生产管理。否则，一旦发生施工安全生产事故，分包单位要承担主要责任。

### 四、施工作业人员安全生产的权利和义务

《建筑法》规定，建筑施工企业和作业人员在施工过程中，应当遵守有关安全生产的法律、法规和建筑行业安全规章、规程，不得违背指挥或者违章作业。作业人员有权对影响人身健康的作业程序和作业条件提出改进意见，有权获得安全生产所需的防护用品。作业人员对危及生命安全和人身健康的行为有权提出批评、检举和控告。

（一）施工作业人员应当享有的安全生产权利

按照《建筑法》《安全生产法》《建筑工程安全生产管理条例》等法律、行政法规的规定，施工作业人员主要享有如下的安全生产权利：

1. 施工安全生产的知情权和建议权

施工作业人员是施工单位运行和施工生产活动的主体。充分发挥施工作业人员在企业中的主人翁作用，是搞好施工安全生产的重要保障。因此，施工作业人员对施工安全生产拥有知情权，并享有改进安全生产工作的建议权。

《安全生产法》规定，生产经营单位的从业人员有权了解其作业场所和工作岗位存在的危险因素、防范措施及事故应急措施，有权对本单位的安全生产工作提出意见。《建筑法》还规定，作业人员有权对影响人身健康的作业程序和作业条件提出改进意见。《建筑工程安全生产管理条例》则进一步规定，施工单位应当向作业人员提供安全防护用具和安全防护服装，并书面告知危险岗位的操作规程和违章操作的危害。

2. 施工安全防护用品的获得权

施工安全防护用品，一般包括安全帽、安全带、安全网、安全绳及其他个人防护用品（如防护鞋、防护服装、防尘口罩）等。它是保护施工作业人员安全健康所必需的防御性装备，可有效地预防或减少伤亡事故的发生。

《建筑法》规定，作业人员有权获得安全生产所需的防护用品。《安全生产法》还规定，生产经营单位必须为从业人员提供符合国家标准或者行业标准的劳动防护用品，并监督、教育从业人员按照使用规则佩戴、使用。《建筑工程安全生产管理条例》进一步规定，施工单位应当向作业人员提供安全防护用具和安全防护服装。

3. 批评、检举、控告权及拒绝违章指挥权

《建筑法》规定，作业人员对危及生命安全和人身健康的行为有权提出批评、检举和控告。《安全生产法》还规定，从业人员有权对本单位安全生产工作中存在的问题提出批评、检举、控告；有权拒绝违章指挥和强令冒险作业。生产经营单位不得因从业人员对本单位安全生产工作提出批评、检举、控告或者拒绝违章指挥、强令冒险作业而降低其工资、福利等待遇或者解除与其订立的劳动合同。《建筑工程安全生产管理条例》进一步规定，作业人员有权对施工现场的作业条件、作业程序和作业方式中存在的安全问题提出批评、检举和控告权，拒绝违章作业。

违章指挥是强迫施工作业人员违反法律、法规或者规章制度、操作规程进行作业的行为。法律赋予施工从业人员有拒绝违章指挥和强令冒险作业的权利，是为了保护施工作业人员的人身安全，也是警示施工单位负责人和现场管理人员须按照有关规章制度和操作规程进行指挥，并不得对拒绝违章指挥和强令冒险作业的人员进行打击报复。

4. 紧急避险权

为了保证施工作业人员的安全，在施工中遇有直接危及人身安全的紧急情况时，施工作业人员享有停止作业和紧急撤离的权利。

《安全生产法》规定，从业人员发现直接危及人身安全的紧急情况时，有权停止作业或者在采取可能的应急措施后撤离作业场所。生产经营单位不得因从业人员在前款紧急情况下停止作业或者采取紧急撤离措施而降低其工资、福利等待遇或者解除与其订立的劳动合同。《建筑工程安全生产管理条例》也规定，在施工中发生危及人身安全的紧急情况时，作业人员有权立即停止作业或者在采取必要的应急措施后撤离危险区域。

5. 获得工伤保险和意外伤害保险赔偿的权利

新修订并于2011年7月1日起施行的《建筑法》规定，建筑施工企业应当依法为职工参加工伤保险费。鼓励企业为从事危险作业的职工办理意外伤害保险，支付保险费。

据此，施工作业人员除依法享有工伤保险的各项权利外，从事危险作业的施工人员可以依法享有意外伤害保险的各项权利。

6. 请求民事赔偿权

《安全生产法》规定，因生产安全事故受到损害的从业人员，除依法享有工伤社会保险外，依照有关民事法律尚有获得赔偿的权利的；有权向本单位提出赔偿要求。

（二）施工作业人员应当履行的安全生产义务

按照《建筑法》《安全生产法》《建筑工程安全生产管理条例》等法律、行政法规的规定，施工作业人员主要应当履行如下安全生产义务：

1. 守法遵章和正确使用安全防护用具等的义务

施工单位依法保障施工作业人员的安全，施工作业人员也必须依法遵守有关的规章制度，做到不违章作业。

2. 接受安全生产教育培训的义务

施工单位加强安全教育培训，使作业人员具备必要的施工安全生产知识，熟悉有关的规章制度和安全操作规程，掌握本岗位安全操作技能，是控制和减少施工安全事故的重要措施。

3. 施工安全事故隐患报告的义务

施工安全事故通常都是由事故隐患或者其他不安全因素所酿成。因此，施工作业人员一旦发现事故隐患或者其他不安全因素，应当立即报告，以便及时采取措施，防患于未然。

《安全生产法》规定，从业人员发现事故隐患或者其他不安全因素，应当立即向现场安全生产管理人员或者本单位负责人报告；接到报告的人员应当及时予以处理。

**五、施工单位安全生产教育培训的规定**

针对一些施工单位安全生产教育培训投入不足，许多新入场农民工未经培训即上岗作业，造成一线作业人员安全意识和操作技能普遍不足，往往违章作业、冒险蛮干的问题，《建筑法》明确规定，建筑施工企业应当建立健全劳动安全生产教育培训制度，加强对职工安全生产的教育培训；未经安全生产教育培训的人员，不得上岗作业。

（一）施工单位全员的安全生产教育培训

《建筑工程安全生产管理条例》规定，施工单位应当对管理人员和作业人员每年至少进行一次安全生产教育培训。其教育培训情况记入个人工作档案。安全生产教育培训不合格的人员，不得上岗。《国务院关于坚持科学发展安全发展促进安全生产形式持续稳定好转的意见》规定，企业用工要严格依照劳动合同法与职工签订劳动合同，职工必须全部经培训合格后上岗。

施工单位应当根据实际需要，对不同岗位、不同工种的人员进行因人施教。安全教育培训可采取多种形式，包括安全形势报告会、案例分析会、安全法制教育、安全技术交流、安全竞赛、师傅带徒弟等。

（二）进入新岗位或者新施工现场前的安全生产教育培训

由于新岗位、新工地往往各有特殊性，施工单位须对新录用或转场的职工进行安全教育培训，包括施工安全生产法律法规、施工工地危险源识别、安全技术操作规程、机械设备电气及高处作业安全知识、防火防毒防尘防爆知识、紧急情况安全处置与安全疏散知识、安全防护用品使用知识以及发生事故时自救排险、抢救伤员、保护现场和及时报告等。

《建筑工程安全生产管理条例》规定，作业人员进入新的岗位或者新的施工现场前，应当接受安全生产教育培训。未经教育培训或者教育培训考核不合格的人员，不得上岗作业。《国务院安委会关于进一步加强安全培训工作的决定》中指出，严格落实企业职工先培训后上岗制度。建筑企业要对新职工进行至少 32 学时的安全培训，每年进行至少 20 学时的再培训。

强化现场安全培训。高危企业要严格班前安全培训制度，有针对性地讲述岗位安全生产与应急救援知识、安全隐患和注意事项等，使班前安全培训成为安全生产第一道防线。要大力推广"手指口述"等安全确认法，帮助员工通过心想、眼看、手指、口述，确保按规程作业。要加强班组长培训，提高班组长现场安全管理水平和现场安全风险管控能力。

（三）采用新技术、新工艺、新设备、新材料前的安全生产教育培训

《建筑工程安全生产管理条例》规定，施工单位在采用新技术、新工艺、新设备、新材料时，应当对作业人员进行相应的安全生产教育培训。《国务院安委会关于进一步加强安全培训工作的决定》指出，企业调整职工岗位或者采用新工艺、新技术、新设备、新材料的，要进行专门的安全培训。

随着我国工程建设和科学技术的迅速发展，越来越多的新技术、新工艺、新设备、新材料被广泛应用于施工生产活动中，大大促进了施工生产效率和工程质量的提高，同时也对施工作业人员的素质提出了更高要求。如果施工单位对所采用的新技术、新工艺、新设备、新材料的了解与认识不足，对其安全技术性能掌握不充分。或是没有采取有效的安全防护措施，没有对施工作业人员进行专门的安全生产教育培训，就很可能会导致事故的发生。因此，施工单位在采用新技术、新工艺、新设备、新材料时，必须对施工作业人员进行专门的安全生产教育培训，并采取保证安全的防护措施，防止发生事故。

（四）安全教育培训方式

《国务院安委会关于进一步加强安全培训工作的决定》指出，完善和落实师傅带徒弟制度。高危企业新职工安全培训合格后，要在经验丰富的工人师傅带领下，实习至少 2 个月后方可独立上岗。工人师傅一般应当具备中级工以上技能等级，3 年以上相应工作经历，成绩突出，善于"传、帮、带"，没有发生过"三违"行为等条件。要组织签订师徒协议，建立师傅带徒弟激励约束机制。

## 六、违法行为应承担的法律责任

对于施工安全生产责任和安全生产教育培训违法行为应承担的主要法律责任如下：

（一）施工单位违法行为应承担的法律责任

《建筑法》规定，建筑施工企业违反本法规定，对建筑安全事故隐患不采取措施予以消除的，责令改正，可以处以罚款；情节严重的，责令停业整顿，降低资质等级或者吊销资质证书；构成犯罪的，依法追究刑事责任。

（二）施工管理人员违法行为应承担的法律责任

《建筑法》规定，建筑施工企业的管理人员违章指挥、强令职工冒险作业，因而发生重大伤亡事故或者造成其他严重后果的，依法追究刑事责任。

《建筑工程安全生产管理条例》规定，施工单位的主要负责人、项目负责人未履行安

全生产管理职责的，责令限期改正；逾期未整改的，责令施工单位停业整顿；造成重大安全事故、重大伤亡事故或者其他严重后果，构成犯罪的，依照刑法有关规定追究刑事责任。

（三）施工作业人员违法行为应承担的法律责任

《建筑工程安全生产管理条例》规定，作业人员不服管理、违反规章制度和操作规程冒险作业造成重大伤亡事故或者其他严重后果，构成犯罪的，依照刑法有关规定追究刑事责任。

《刑法》第一百三十四条第一款规定，在生产、作业中违反有关安全管理的规定，因而发生重大伤亡事故或者造成其他严重后果的。处三年以下有期徒刑或者拘役；情节特别恶劣的，处三年以上七年以下有期徒刑。

（四）特种作业违法行为应承担的法律责任

国务院《特种设备安全监察条例》规定，特种设备使用单位有下列情形之一的，由特种设备安全监督管理部门责令限期改正；逾期未改正的，责令停止使用或者停产停业整顿，处2000元以上2万元以下罚款：①未依照本条例规定设置特种设备安全管理机构或者配备专职、兼职的安全管理人员的；②从事特种设备作业的人员，未取得相应特种作业人员证书，上岗作业的；③未对特种设备作业人员进行特种设备安全教育和培训的。

（五）安全生产教育培训违法行为应承担的法律责任

《国务院安委会关于进一步加强安全培训工作的决定》规定，严肃追究安全培训责任。对应持证未持证或者未经培训就上岗的人员，一律先离岗、培训持证后再上岗，并依法对企业按规定上限处罚，直至停产整顿和关闭。

## 【案例 6-1】

1. 背景

在某高层建筑的外墙装饰施工工地，某施工单位为赶在雨季来临前完成施工，又从其他工地调配来一批工人，但未经安全培训教育就安排到有关岗位开始作业。2名工人被安排上高处作业吊篮到6层处从事外墙装饰作业。他们在作业完成后为图省事，直接从高处作业吊篮的悬吊平台向6层窗口爬去，结果失足从10多米高处坠落在地，造成1死1重伤。

2. 问题

（1）本案中，施工单位有何违法行为？

（2）该违法行为应当承担哪些法律责任？

3. 分析

（1）《安全生产法》第二十一条规定："生产经营单位应当对从业人员进行安全生产教育和培训，保证从业人员具备必要的安全生产知识，熟悉有关的安全生产规章制度和安全操作规程，掌握本岗位的安全操作技能。未经安全生产教育和培训合格的从业人员，不得上岗作业。"《建筑工程安全生产管理条例》第三十七条进一步规定：作业人员进入新的岗位或者新的施工现场前，应当接受安全生产教育培训。未经教育培训或者教育培训考核不合格的人员，不得上岗作业。"本案中，施工单位违法未对新进场的工人进行有针对性的安全培训教育，使2名作业人员违反了"操作人员必须从地面进出悬吊平台。在未采取安全保护措施的情况下，禁止从窗口、楼顶等其他位置进出悬吊平台等的安全操作规程"，造成了伤亡事故的发生。

（2）按照《安全生产法》第八十二条规定："生产经营单位有下列行为之一的，责令限期改正；逾期未改正的，责令停产停业整顿，可以并处2万元以下的罚款；……"；《建筑工程安全生产管理条例》第六十二条进一步规定：施工单位有下列行为之一的，责令限期改正；逾期未改正的，责令停业整顿，依照《安全生产法》的有关规定处以罚款；造成重大安全事故，构成犯罪的，对直接责任人员，依照刑法有关规定追究刑事责任；据此，该施工单位及其直接责任人员应当依法承担上述有关的法律责任。

# 第四节　施工现场安全防护制度

保障建设工程施工安全生产，要建立并落实施工安全生产责任和安全生产教育培训制度，还应当针对建设工程施工的特点，加强安全技术管理和施工现场的安全防护。

## 一、编制安全技术措施、专项施工方案和安全技术交底的规定

《建筑法》规定，建筑施工企业在编制施工组织设计时，应当根据建筑流程的特点制定相应的安全技术措施；对专业性较强的工程项目，应当编制专项安全施工组织设计，并采取安全技术措施。

（一）编制安全技术措施和施工现场临时用电方案

《建设工程安全生产管理条例》规定，施工单位应当在施工组织设计中编制安全技术措施和施工现场临时用电方案。

施工组织设计是规划和指导施工全过程的综合性技术经济文件。安全技术措施是为了实现施工安全生产，在安全防护以及技术、管理等方面采取的措施。安全技术措施可分为防止事故发生的安全技术措施和减少事故损失的安全技术措施。

临时用电方案不仅直接关系到用电人员的安全，也关系到施工进度和工程质量。JGJ 46—2005《施工现场临时用电安全技术规范》规定，施工现场临时用电设备在5台及以上或设备总容量在50kW及以上者，应编制用电组织设计；施工现场临时用电设备在5台以下或设备总容量在50kW以下者，应制定安全用电和电气防火措施。

（二）编制安全专项施工方案

《建筑工程安全生产管理条例》规定，对下列达到一定规模的危险性较大的分部分项工程编制专项施工方案，并附安全验算结果，经施工单位技术负责人、总监理工程师签字后实施，由专职安全生产管理人员进行现场监督：①基坑支护与降水工程；②土方开挖工程；③模板工程；④起重吊装工程；⑤脚手架工程；⑥拆除、爆破工程；⑦国务院建设行政主管部门或者其他有关部门规定的其他危险性较大的工程。对以上所列工程中涉及深基坑、地下暗挖工程、高大模板工程的专项施工方案，施工单位还应当组织专家进行论证、审查。

1. 安全专项施工方案的编制

住房和城乡建设部《危险性较大的分部分项工程安全管理办法》规定，施工单位应当在危险性较大的分部分项工程施工前编制专项方案；对于超过一定规模的危险性较大的分

部分项工程（可查阅《危险性较大的分部分项工程安全管理办法》的附件一、附件二），施工单位应当组织专家对专项方案进行论证。

建筑工程实行施工总承包的，专项方案应当由施工总承包单位组织编制。其中机械安装拆卸工程、深基坑工程、附着式升降脚手架等专业工程实行分包的，其专项方案可由专业承包单位组织编制。

2. 安全专项施工方案的审核

专项方案应当由施工单位技术部门组织本单位施工技术、安全、质量等部门的专业技术人员进行审核。经审核合格的，由施工单位技术负责人签字。实行施工总承包的，专项方案应当由总承包单位技术负责人及相关专业承包单位技术负责人签字。不需专家论证的专项方案，经施工单位审核合格后报监理单位，由项目总监理工程师审核签字。

超过一定规模的危险性较大的分部分项工程专项方案应当由施工单位组织召开专家论证会。实行施工总承包的，由施工总承包单位组织召开专家论证会。

施工单位应当根据论证报告修改完善专项方案，并经施工单位技术负责人、项目总监理工程师、建设单位项目负责人签字后，方可组织实施。实行施工总承包的，应当由施工总承包单位、相关专业承包单位技术负责人签字。

专项方案经论证后需做重大修改的，施工单位应当按照论证报告修改，并重新组织专家进行论证。

3. 安全专项施工方案

施工单位应当严格按照专项方案组织施工，不得擅自修改、调整专项方案。如因设计、结构、外部环境等因素发生变化确需修改的，修改后的专项方案应当按规定重新审核。对于超过一定规模的危险性较大工程的专项方案，施工单位应当重新组织专家进行论证。

施工单位应当指定专人对专项方案实施情况进行现场监督和按规定进行监测。发现不按照专项方案施工的，应当要求其立即整改；发现有危及人身安全紧急情况的，应当立即组织作业人员撤离危险区域。施工单位技术负责人应当定期巡查专项方案实施情况。

对于按规定需要验收的危险性较大的分部分项工程，施工单位、监理单位应当组织有关人员进行验收。验收合格的，经施工单位项目技术负责人及项目总监理工程师签字后，方可进入下一道工序。

（三）安全施工技术交底

《建筑工程安全生产管理条例》规定，建设工程施工前，施工单位负责项目管理的技术人员应当对有关安全施工的技术要求向施工作业班组、作业人员作出详细说明，并由双方签字确认。

施工前对有关安全施工的技术要求作出详细说明，就是通常说的安全技术交底。它有助于作业班组和作业人员尽快了解工程概况、施工方法、安全技术措施等情况，掌握操作方法和注意事项，以保护作业人员的人身安全。安全技术交底，通常有施工工种安全技术交底、分部分项工程施工安全技术交底、大型特殊工程单项安全技术交底、设备安装工程技术交底以及采用新工艺、新技术、新材料施工的安全技术交底等。

## 二、施工现场安全防护和安全费用的规定

（一）施工现场安全防护

《建筑法》规定，建筑施工企业应当在施工现场采取维护安全、防范危险、预防火灾等措施；有条件的，应当对施工现场实行封闭管理。施工现场对毗邻的建筑物、构筑物和特殊作业环境可能造成损害的，建筑施工企业应当采取安全防护措施。

1. 危险部位设置安全警示标志

《建筑工程安全生产管理条例》规定，施工单位应当在施工现场入口处、施工起重机械、临时用电设施、脚手架、出入通道口、楼梯口、电梯井口、孔洞口、桥梁口、隧道口、基坑边沿、爆破物及有害危险气体和液体存放处等危险部位，设置明显的安全警示标志。安全警示标志必须符合国家标准。

2. 不同施工阶段和暂停施工应采取的安全施工措施

《建筑工程安全生产管理条例》规定，施工单位应当根据不同施工阶段和周围环境及季节、气候的变化，在施工现场采取相应的安全施工措施。施工现场暂时停止施工的，施工单位应当做好现场防护，所需费用由责任方承担，或者按照合同约定执行。

3. 施工现场临时设施的安全卫生要求

《建筑工程安全生产管理条例》规定，施工单应当将施工现场的办公、生活区与作业区分开设置，并保持安全距离；办公、生活区的选址应当符合安全性要求。职工的膳食、饮水、休息场所等应当符合卫生标准。施工单位不得在尚未竣工的建筑物内设置员工集体宿舍。施工现场临时搭建的建筑物应当符合安全使用要求。施工现场使用的装配式活动房屋应当具有产品合格证。

文明施工是安全施工的基础和保障。"以人为本"，不断改进作业人员的工作和生活条件，创造安全、文明的施工环境，最大限制地降低施工现场的安全风险，方可有效地减少施工生产安全事故的发生。

施工现场的办公区、生活区应当与作业区分开设置，并保持安全距离。

为了保障职工身体健康，对职工的膳食、饮水、休息场所等，均应符合卫生安全标准。

未竣工的建筑物内不得设置员工集体宿舍。

4. 对施工现场周边的安全防护措施

《建筑工程安全生产管理条例》规定，施工单位对因建设工程施工可能造成损害的毗邻建筑物、构筑物和地下管线等，应当采取专项防护措施。在城市市区内的建设工程，施工单位应当对施工现场实行封闭围挡。

5. 危险作业的施工现场安全管理

《安全生产法》规定，生产经营单位进行爆破、吊装等危险作业，应当安排专门人员进行现场安全管理，确保操作规程的遵守和安全措施的落实。

《危险化学品安全管理条例》还规定，进行可能危及危险化学品管道安全的施工作业，施工单位应当在开工的 7 日前书面通知管道所属单位，并与管道所属单位共同制订应急预案，采取相应的安全防护措施。管道所属单位应当指派专门人员到现场进行管道安全保护指导。

6. 安全防护设备、机械设备等的安全管理

《建筑工程安全生产管理条例》规定，施工单位采购、租赁的安全防护用具、机械设备、施工机具及配件，应当具有生产（制造）许可证、产品合格证，并在进入施工现场前进行查验。施工现场的安全防护用具、机械设备、施工机具及配件必须由专人管理，定期进行检查、维修和保养，监理相应的资料档案，并按照国家有关规定及时报废。

安全防护用具、机械设备、施工机具及配件质置的好坏，直接关系到施工作业人员的人身安全。因此，决不能让不合格的产品流入施工现场，并要加强日常的检查、维修和保养，保障这些设备和产品的正常使用和运转。

7. 施工起重机械设备等的安全使用管理

《建筑工程安全生产管理条例》规定，施工单位在使用施工起重机械和整体提升脚手架、模板等自升式架设设施前，应当组织有关单位进行验收，也可以委托具有相应资质的检验检测机构进行验收；使用承租的机械设备和施工机具及配件，由施工总承包单位、分包单位、出租单位和安装单位共同进行验收。验收合格的方可使用。

近年来，由于对施工现场使用的起重机械、整体提升脚手架、模板（主要指提升或滑升模板）等自升式架设设施管理不善或使用不当等，所造成的重大伤亡事故时有发生。因此，必须依法对其加强使用管理。特别是施工起重机械，是《特种设备安全监察条例》所规定的特种设备，使用单位应当按照安全技术规范的定期检验要求，在安全检验合格有效期届满前1个月向特种设备检验检测机构提出定期检验要求。未经定期检验或者检验不合格的特种设备，不得继续使用。

（二）施工单位安全生产费用的提取和使用管理

施工单位安全生产费用（以下简称"安全费用"），是指施工单位按照规定标准提取在成本中列支，专门用于完善和改进企业或者施工项目安全生产条件的资金。安全费用按照"企业提取、政府监管、确保需要、规范使用"的原则进行管理。

《建筑工程安全生产管理条例》规定，施工单位对列入建设工程概算的安全作业环境及安全施工措施所需费用，应当用于施工安全防护用具及设施的采购和更新、安全施工措施的落实、安全生产条件的改善，不得挪作他用。《国务院关于坚持科学发展安全发展促进安全生产形势持续稳定好转的意见》中指出，企业在年度财务预算中必须确定必要的安全投入，提足用好安全生产费用。

1. 施工单位安全费用的提取管理

财政部、国家安全生产监督管理总局《企业安全生产费用提取和使用管理办法》（财企〔2012〕16号中规定，建设工程施工企业以建筑安装工程造价为计提依据。各建设工程类别安全费用提取标准如下：①矿山工程为2.2%；②房屋建筑工程、水利水电工程、电力工程、铁路工程、城市轨道交通工程为2.0%；③市政公用工程、冶炼工程、机电安装工程、化工石油工程、港口与航道工程、公路工程、通信工程为1.5%。建设工程施工企业提取的安全费用列入工程造价，在竞标时，不得删减，列入标外管理。国家对基本建设投资概算另有规定的，从其规定。总包单位应当将安全费用按比例直接支付分包单位并监督使用，分包单位不再重复提取。

2. 施工单位安全费用的使用管理

财政部、国家安全生产监督管理总局《企业安全生产费用提取和使用管理办法》中规定，建设工程施工企业安全费用应当按照以下范围使用：①完善、改造和维护安全防护设施设备支出（不含"三同时"要求初期投入的安全设施），包括施工现场临时用电系统、洞口、临边、机械设备、高处作业防护、交叉作业防护、防火、防爆、防尘、防毒、防雷、防台风、防地质灾害、地下工程有害气体监测、通风、临时安全防护等设施设备支出；②配备、维护、保养应急救援器材、设备支出和应急演练支出；③开展重大危险源和事故隐患评估、监控和整改支出；④安全生产检查、评价（不包括新建、改建、扩建项目安全评价）、咨询和标准化建设支出；⑤配备和更新现场作业人员安全防护用品支出；⑥安全生产宣传、教育、培训支出；⑦安全生产适用的新技术、新标准、新工艺、新装备的推广应用支出；⑧安全设施及特种设备检测检验支出；⑨其他与安全生产直接相关的支出。

### 三、施工现场消防安全职责和应采取的消防安全措施

近年来，施工现场的火灾时有发生，甚至出现了特大恶性火灾事故。因此，施工单位必须建立健全消防安全责任制，加强消防安全教育培训，严格消防安全管理，确保施工现场消防安全。

（一）施工单位消防安全责任人和消防安全职责

《国务院关于加强和改进消防工作的意见》（国发〔2011〕46号）中规定，机关、团体、企业事业单位法定代表人是本单位消防安全第一责任人。各单位要依法履行职责，保障必要的消防投入，切实提高检查消除火灾隐患、组织扑救初起火灾、组织人员疏散逃生和消防宣传教育培训的能力。

（二）施工现场的消防安全要求

《国务院关于加强和改进消防工作的意见》规定，公共建筑在营业、使用期间不得进行外保温材料施工作业，居住建筑进行节能改造作业期间应撤离居住人员，并设消防安全巡逻人员，严格分离用火用焊作业与保温施工作业，严禁在施工建筑内安排人员住宿。新建、改建、扩建工程的外保温材料一律不得使用易燃材料，严格限制使用可燃材料。建筑室内装饰装修材料必须符合国家、行业标准和消防安全要求。

施工现场的办公、生活区与作业区应当分开设置，并保持安全距离；施工单位不得在尚未竣工的建筑物内设置员工集体宿舍。

（三）建设工程消防施工的质量和安全责任

公安部《建设工程消防监督管理规定》中规定，建设工程的消防设计、施工必须符合国家工程建设消防技术标准。

施工单位应当承担下列消防施工的质量和安全责任：①按照国家工程建设消防技术标准和经消防设计审核合格或者备案的消防设计文件组织施工，不得擅自改变消防设计进行施工，降低消防施工质量；②查验消防产品和具有防火性能要求的建筑构件、建筑材料及装修材料的质量，使用合格产品，保证消防施工质量；③建立施工现场消防安全责任制度，确定消防安全负责人。加强对施工人员的消防教育培训，落实动火、用电、易燃可燃材料等消防管理制度和操作规程。保证在建工程竣工验收前消防通道、消防水源、消防设

施和器材、消防安全标志等完好有效。

（四）施工单位的消防安全教育培训和消防演练

《国务院关于加强和改进消防工作的意见》指出，要加强对单位消防安全责任人、消防安全管理人、消防控制室操作人员和消防设计、施工、监理人员及保安、电（气）焊工、消防技术服务机构从业人员的消防安全培训。

### 四、工伤保险和意外伤害保险的规定

新修订的《建筑法》规定，建筑施工企业应当依法为职工参加工伤保险缴纳工伤保险费。鼓励企业为从事危险作业的职工办理意外伤害保险，支付保险费。

据此，工伤保险是面向施工企业全体员工的强制性保险。意外伤害保险则是针对施工现场从事危险作业特有群体的职工，仍属于一种法定险种，其适用范围是在施工现场从事高处作业、深基坑作业、爆破作业等危险性较大的施工人员，尽管可能已经参加了工伤保险，但法律鼓励施工企业再为他们办理意外伤害保险，使这部分人员能够比其他职工依法获得更多的权益保障.

（一）工伤保险的规定

《工伤保险条例》规定，中华人民共和国境内的企业、事业单位、社会团体、民办非企业单位、基金会、律师事务所、会计师事务所等组织和有雇工的个体工商户（以下称用人单位）应当依照本条例规定参加工伤保险，为本单位全部职工或者雇工（以下称职工）缴纳工伤保险费。

中华人民共和国境内的企业、事业单位、社会团体、民办非企业单位、基金会、律师事务所、会计师事务所等组织的职工和个体工商户的雇工，均有依照本条例的规定享受工伤保险待遇的权利。

1. 工伤保险基金

工伤保险基金由用人单位缴纳的工伤保险费、工伤保险基金的利息和依法纳入工伤保险基金的其他基金构成。工伤保险费根据以支定收、收支平衡的原则，确定费率。国家根据不同行业的工伤风险程度确定行业的差别费率，并根据工伤保险费使用、工伤发生率等情况在每个行业内确定若干费率档次。

用人单位应当按时缴纳工伤保险费。职工个人不缴纳工伤保险费。用人单位缴纳工伤保险费的数额为本单位职工工资总额乘以单位缴费费率之积。跨地区、生产流动性较大的行业，可以采取相对集中的方式异地参加统筹地区的工伤保险。

2. 工伤认定

职工有下列情形之一的，应当认定为工伤：①在工作时间和工作场所内，因工作受到事故伤害的；②工作时间前后在工作场所内，从事与工作有关的预备性或者收尾性工作受到事故伤害的；③在工作时间和工作场所内，因履行工作职责受到暴力等意外伤害的；④患职业病的；⑤因工外出期间，由于工作原因受到伤害或者发生事故下落不明的；⑥在上下班途中，受到非本人主要责任的交通事故或者城市轨道交通、客运轮渡、火车事故伤害的；⑦法律、行政法规规定应当认定为工伤的情形情况。

职工有下列情形之一的，视同工伤：①在工作时间和工作岗位，突发疾病死亡或者在48小时之内经抢救无效死亡的；②在抢险救灾等维护国家利益、公共利益活动中受到伤

害的；③职工原在军队服役，因战、因公负伤致残，已取得革命伤残军人证，到用人单位后旧伤复发的。职工有以上第①项、第②项情形的，按照《工伤保险条例》的有关规定享受工伤保险待遇；职工有以上第③项情形的，按照《工伤保险条例》的有关规定享受除一次性伤残补助金以外的工伤保险待遇。

3. 劳动能力鉴定

职工发生工伤，经治疗伤情相对稳定后存在残疾、影响劳动能力的，应当进行劳动能力鉴定。劳动能力鉴定是指劳动功能障碍程度和生活自理障碍程度的等级鉴定。劳动功能障碍分为 10 个伤残等级，最重的为 1 级，最轻的为 10 级。生活自理障碍分为 3 个等级：生活完全不能自理、生活大部分不能自理和生活部分不能自理。

劳动能力鉴定由用人单位、工伤职工或者其近亲属向设区的市级劳动能力鉴定委员会提出申请，并提供工伤认定决定和职工工伤医疗的有关资料。

（二）建筑意外伤害保险的规定

《建筑法》规定，鼓励企业为从事危险作业的职工办理意外伤害保险，支付保险费。《建设工程安全生产管理条例》规定，施工单位应当为施工现场从事危险作业的人员办理意外伤害保险。意外伤害保险费由施工单位支付。实行施工总承包的，由总承包单位支付意外伤害保险费。意外伤害保险期自建设工程开工之日起至竣工验收合格止。

《国务院安委会关于进一步加强安全培训工作的决定》进一步要求。研究探索由开展安全生产责任险、建筑意外伤害险的保险机构安排一定资金，用于事故预防与安全培训工作。

工伤保险与建筑意外伤害保险有着很大的不同。工伤保险是社会保险的一种，实行实名制，并按工资总额计提保险费，较适用于企业的固定职工。建筑意外伤害保险则是一种法定的商业保险，通常是按照施工合同额或建筑面积计提保险费，针对施工现场从事危险作业的特殊人群，较适合施工现场作业人员包括从事危险作业人员流动性大的行业特点。

1. 建筑意外伤害保险的范围、保险期限和最低保险金额

原建设部《关于加强建筑意外伤害保险工作的指导意见》（建质〔2003〕107 号）中指出，建筑施工企业应当为施工现场从事施工作业和管理的人员，在施工活动过程中发生的人身意外伤亡事故提供保障，办理建筑意外伤害保险、支付保险费。范围应当覆盖工程项目。已在企业所在地参加工伤保险的人员，从事现场施工时仍可参加建筑意外伤害保险。保险期限应涵盖工程项目开工之日到工程竣工验收合格日。提前竣工的，保险责任自行终止。因延长工期的，应当办理保险顺延手续。

2. 建筑意外伤害保险的保险费和费率

保险费应当列入建筑安装工程费用。保险费由施工企业支付，施工企业不得向职工摊派。

施工企业和保险公司双方应本着平等协商的原则，根据各类风险因素商定建筑意外伤害保险费率，提倡差别费率和浮动费率。差别费率可与工程规模、类型、工程项目风险程度和施工现场环境等因素挂钩。浮动费率可与施工企业安全生产业绩、安全生产管理状况等因素挂钩。对重视安全生产管理、安全业绩好的企业可采用下浮费率；对安全生产业绩差、安全管理不善的企业可采用上浮费率。通过浮动费率机制，激励投保企业安全生产的

积极性。

3. 建筑意外伤害保险的投保

施工企业应在工程项目开工前，办理完投保手续。鉴于工程建设项目施工工艺流程中各工种调动频繁、用工流动性大，投保应实行不记名和不计人数的方式。工程项目中有分包单位的由总承包施工企业统一办理，分包单位合理承担投保费用。业主直接发包的工程项目由承包企业直接办理。

投保人办理投保手续后，应将投保有关信息以布告形式张贴于施工现场，告之被保险人。

4. 建筑意外伤害保险的索赔

建筑意外伤害保险应规范和简化索赔程序，搞好索赔服务。各地建设行政主管部门要积极创造条件，引导投保企业在发生意外事故后即向保险公司提出索赔，使施工伤亡人员能够得到及时、足额的赔付。

各级建设行政主管部门应设置专门电话接受举报，凡被保险人发生意外伤害事故，企业和工程项目负责人隐瞒不报、不索赔的，要严肃查处。

5. 建筑意外伤害保险的安全服务

施工企业应当选择能提供建筑安全生产风险管理、事故防范等安全服务和有保险能力的保险公司，以保证事故后能及时补偿与事故前能主动防范。目前还不能提供安全风险管理和事故预防的保险公司，应通过建筑安全服务中介组织向施工企业提供与建筑意外伤害保险相关的安全服务。建筑安全服务中介组织必须拥有一定数量、专业配套、具备建筑安全知识和管理经验的专业技术人员。

安全服务内容可包括施工现场风险评估、安全技术咨询、人员培训、防灾防损设备配置、安全技术研究等。施工企业在投保时可与保险机构商定具体服务内容。

### 五、违法行为应承担的法律责任

施工现场安全防护违法行为应承担的主要法律责任如下：

（一）施工现场安全防护违法行为应承担的法律责任

《建筑法》规定，建筑施工企业违反本法规定，对建筑安全事故隐患不采取措施予以消除的，责令改正，可以处以罚款；情节严重的，责令停业整顿，降低资质等级或者吊销资质证书；构成犯罪的，依法追究刑事责任。

《建筑工程安全生产管理条例》规定，施工单位有下列行为之一的，责令限期改正；逾期未改正的，责令停业整顿，并处5万元以上10万元以下的罚款；造成重大安全事故，构成犯罪的，对直接责任人员，依照刑法有关规定追究刑事责任：①施工前未对有关安全施工的技术要求作出详细说明的；②未根据不同施工阶段和周围环境及季节、气候的变化，在施工现场采取相应的安全施工措施，或者在城市市区内的建设工程的施工现场未实行封闭围挡的；③在尚未竣工的建筑物内设置员工集体宿舍的；④施工现场临时搭建的建筑物不符合安全使用要求的；⑤未对因建设工程施工可能造成损害的毗邻建筑物、构筑物和地下管线等采取专项防护措施的。施工单位有以上规定第④项、第⑤项行为，造成损失的，依法承担赔偿责任。

（二）施工单位安全费用违法行为应承担的法律责任

财政部、国家安全生产监督管理总局《企业安全生产费用提取和使用管理办法》中规定，企业未按本办法提取和使用安全费用的，安全生产监督管理部门、煤矿安全监察机构和行业主管部门会同财政部门责令其限期改正，并依照相关法律法规进行处理、处罚。建设工程施工总承包单位未向分包单位支付必要的安全费用以及承包单位挪用安全费用的，由建设、交通运输、铁路、水利、安全生产监督管理、煤矿安全监察等主管部门依照相关法规、规章进行处理、处罚。

原建设部《建筑工程安全防护、文明施工措施费用及使用管理规定》中规定，建设单位未按本规定支付安全防护、文明施工措施费用的，由县级以上建设行政主管部门依据《建筑工程安全生产管理条例》第五十四条规定，责令限期整改；责令该建设工程停止施工。

施工单位挪用安全防护、文明施工措施费用的，由县级以上建设主管部门依据《建筑工程安全生产管理条例》第六十三条规定，责令限期整改，处挪用费用 20％以上 50％以下的罚款；造成损失的，依法承担赔偿责任。

（三）施工现场消防安全违法行为应承担的法律责任

《消防法》规定，单位违反本法规定，有下列行为之一的，责令改正，处 5000 元以上5 万元以下罚款：①消防设施、器材或者消防安全标志的配置、设置不符合国家标准、行业标准，或者未保持完好有效的；②损坏、挪用或者擅自拆除、停用消防设施、器材的；③占用、堵塞、封闭疏散通道、安全出口或者有其他妨碍安全疏散行为的；④埋压、圈占、遮挡消火栓或者占用防火间距的；⑤占用、堵塞、封闭消防车通道，妨碍消防车通行的；⑥人员密集场所在门窗上设置影响逃生和灭火救援的障碍物的；⑦对火灾隐患经公安机关消防机构通知后不及时采取措施消除的。

（四）施工现场食品安全违法行为应承担的法律责任

《食品安全法》规定，违反本法规定，有下列情形之一的，由有关主管部门按照各自职责分工，责令改正，给予警告；拒不改正的，处 2000 元以上 2 万元以下罚款；情节严重的，责令停产停业，直至吊销许可证：①未对采购的食品原料和生产的食品、食品添加剂、食品相关产品进行检验；……；④未按规定要求储存、销售食品或者清理库存食品；⑤进货时未查验许可证和相关证明文件；……；⑦安排患有痢疾、伤寒、病毒性肝炎等消化道传染病的人员，以及患有活动性肺结核、化脓性或者渗出性皮肤病等有碍食品安全的疾病的人员从事接触直接入口食品的工作。

（五）工伤保险违法行为应承担的法律责任

《工伤保险条例》规定，用人单位、工伤职工或者其近亲属骗取工伤保险待遇，医疗机构、辅助器具配置机构骗取工伤保险基金支出的，由社会保险行政部门责令退还，处骗取金额 2 倍以上 5 倍以下的罚款；情节严重，构成犯罪的，依法追究刑事责任。

用人单位依照本条例规定应当参加工伤保险而未参加的，由社会保险行政部门责令限期参加，补缴应当缴纳的工伤保险费，并自欠缴之日起，按日加收万分之五的滞纳金；逾期仍不缴纳的，处欠缴数额 1 倍以上 3 倍以下的罚款。依照本条例规定应当参加工伤保险而未参加工伤保险的用人单位职工发生工伤的，由该用人单位按照本条例规定的工伤保险待遇项目和标准支付费用。用人单位参加工伤保险并补缴应当缴纳的工伤保险费、滞纳金后，由工伤保险基金和用人单位依照本条例的规定支付新发生的费用。

用人单位违反本条例规定，拒不协助社会保险行政部门对事故进行调查核实的，由社会保险行政部门责令改正，处 2000 元以上 2 万元以下的罚款。

# 第五节　施工安全事故的应急救援与调查处理

施工现场一旦发生生产安全事故，应当立即实施抢险救援特别是抢救遇险人员，迅速控制事态，防止伤亡事故进一步扩大，并依法向有关部门报告事故。事故调查处理应当坚持实事求是、尊重科学的原则，及时准确地查清事故经过、事故原因和事故损失，查明事故性质，认定事故责任。总结事故教训，提出整改措施，并对事故责任者依法追究责任。

## 一、生产安全事故的等级划分标准

国务院《生产安全事故报告和调查处理条例》规定，根据生产安全事故（以下简称事故）造成的人员伤亡或者直接经济损失，事故一般分为以下等级：①特别重大事故，是指造成 30 人以上死亡的，或者 100 人以上重伤（包括急性工业中毒、下同），或者 1 亿元以上直接经济损失的事故；②重大事故，是指造成 10 人以上 30 人以下死亡，或者 50 人以上 100 人以下重伤的，或者 5000 万元以上 1 亿元以下直接经济损失的事故；③较大事故，是指造成 3 人以上 10 人以下死亡，或者 10 人以上 50 人以下重伤，或者 1000 万元上 5000 万元以下直接经济损失的事故；④一般事故，是指造成 3 人以下死亡，或者 10 人以下重伤，或者 1000 万元以下直接经济损失的事故。所称的"以上"包括本数，所称的"以下"不包括本数。

《生产安全事故报告和调查处理条例》还规定，没有造成人员伤亡。但是社会影响恶劣的事故，国务院或者有关地方人民政府认为需要调查处理的，依照本条例的有关规定执行。

（一）事故等级划分的要素

事故等级的划分包括了人身、经济和社会 3 个要素，可以单独适用。

1. 人身要素

人身要素就是人员伤亡的数量。施工生产安全事故危害的最严重后果，就是造成人员的死亡和重伤。因此，人员伤亡数量被列为事故分级的第一要素。

2. 经济要素

经济要素就是直接经济损失的数额。施工生产安全事故不仅会造成人员伤亡，往往还会造成直接经济损失。因此，要保护国家、单位和人民群众的财产权，还应根据造成直接经济损失的多少来划分事故等级。

3. 社会要素

社会要素就是社会影响。在实践中，有些生产安全事故的伤亡人数、直接经济损失数额虽然达不到法定标准，但是造成了恶劣的社会影响、政治影响和国际影响，也应当列为特殊事故进行调查处理。例如，事故严重影响周边单位和居民正常的生产生活，社会反应强烈；造成较大的国际影响；对公众健康构成潜在威胁等。对于这类事故，如果国务院或者有关地方人民政府认为需要调查处理的，应依照《生产安全事故报告和调查处理条例》的有关规定执行。

（二）事故等级划分的补充性规定

《生产安全事故报告和调查处理条例》规定，国务院安全生产监督管理部门可以会同国务院有关部门，制定事故等级划分的补充性规定。

由于不同行业和领域的事故各有特点，发生事故的原因和损失情况也差异较大，很难用同一标准来划分不同行业或者领域的事故等级，授权国务院安全生产监督管理部门可以会同国务院有关部门，针对某些特殊行业或者领域的实际情况来制定事故等级划分的补充性规定，是十分必要的。

**二、施工生产安全事故应急救援预案的规定**

施工生产安全事故多具有突发性、群体性等特点，如果施工单位事先根据本单位和施工现场的实际情况，针对可能发生事故的类别、性质、特点和范围等，事先制定当事故发生时有关的组织、技术措施和其他应急措施，做好充分的应急救援准备工作，不但可以采用预防技术和管理手段，降低事故发生的可能性，而且一旦发生事故时，还可以在短时间内就组织有效抢救，防止事故扩大，减少人员伤亡和财产损失。

《安全生产法》规定，生产经营单位的主要负责人具有组织制定并实施本单位的生产安全事故应急救援预案的职责。《建筑工程安全生产管理条例》进一步规定，施工单位应当制定本单位生产安全事故应急救援预案，建立应急救援组织或者配备应急救援人员，配备必要的应急救援器材、设备，并定期组织演练。

（一）施工生产安全事故应急救援预案的编制

《突发事件应对法》规定，应急预案应当根据本法和其他有关法律、法规的规定，针对突发事件的性质、特点和可能造成的社会危害，具体规定突发事件应急管理工作的组织指挥体系与职责和突发事件的预防与预警机制、处置程序、应急保障措施以及事后恢复与重建措施等内容。

（二）施工生产安全事故应急救援预案的评审和备案

《生产安全事故应急预案管理办法》规定，建筑施工单位应当组织专家对本单位编制的应急预案进行评审。评审应当形成书面纪要并附有专家名单。应急预案的评审应当注重应急预案的实用性、基本要素的完整性、预防措施的针对性、组织体系的科学性、响应程序的操作性、应急保障措施的可行性、应急预案的衔接性等内容。施工单位的应急预案经评审后，由施工单位主要负责人签署公布。

中央管理的总公司（总厂、集团公司、上市公司）的综合应急预案和专项应急预案，报国务院国有资产监督管理部门、国务院安全生产监督管理部门和国务院有关主管部门备案；其所属单位的应急预案分别抄送所在地的省、自治区、直辖市或者设区的市人民政府安全生产监督管理部门和有关主管部门备案。其他生产经营单位中涉及实行安全生产许可的，其综合应急预案和专项应急预案，按照隶属关系报所在地县级以上地方人民政府安全生产监督管理部门和有关主管部门备案。

（三）施工生产安全事故应急预案的培训和演练

《国务院关于坚持科学发展安全发展促进安全生产形势持续稳定好转的意见》规定，

定期开展应急预案演练，切实提高事故救援实战能力。企业生产现场带班人员、班组长和调度人员在遇到险情时，要按照预案规定，立即组织停产撤人。

（四）施工总分包单位的职责分工

《建筑工程安全生产管理条例》规定，实行施工总承包的，由总承包单位统一组织编制建设工程生产安全事故应急救援预案，工程总承包单位和分包单位按照应急救援预案，各自建立应急救援组织或者配备应急救援人员，配备救援器材、设备，并定期组织演练。

### 三、施工生产安全事故报告及采取相应措施的规定

《建筑法》规定，施工中发生事故时，建筑施工企业应当采取紧急措施减少人员伤亡和事故损失，并按照国家有关规定及时向有关部门报告。

《建筑工程安全生产管理条例》进一步规定，施工单位发生生产安全事故，应当按照国家有关伤亡事故报告和调查处理的规定，及时、如实地向负责安全生产监督管理的部门、建设行政主管部门或者其他有关部门报告；特种设备发生事故的，还应当同时向特种设备安全监督管理部门报告。实行施工总承包的建设工程，由总承包单位负责上报事故。

（一）施工生产安全事故报告的基本要求

《安全生产法》规定，生产经营单位发生生产安全事故后，事故现场有关人员应当立即报告本单位负责人。单位负责人接到事故报告后，应当迅速采取有效措施，组织抢救，防止事故扩大，减少人员伤亡和财产损失，并按照国家有关规定立即如实报告当地负有安全生产监督管理职责的部门，不得隐瞒不报、谎报或者拖延不报。不得故意破坏事故现场、毁灭有关证据。

1. 事故报告的时间要求

《生产安全事故报告和调查处理条例》规定，事故发生后，事故现场有关人员应当立即向单位负责人报告；单位负责人接到报告后，应当于1小时内向事故发生地县级以上人民政府安全生产监督管理部门和负有安全生产监督管理职责的有关部门报告。

2. 事故报告的内容要求

《生产安全事故报告和调查处理条例》规定，报告事故应当包括下列内容：①事故发生单位概况；②事故发生的时间、地点以及事故现场情况；③事故的简要经过；④事故已经造成或者可能造成的伤亡人数（包括下落不明的人数）和初步估计的直接经济损失；⑤已经采取的措施；⑥其他应当报告的情况。

3. 事故补报的要求

《生产安全事故报告和调查处理条例》规定，事故报告后出现新情况的，应当及时补报。

自事故发生之日起30日内，事故造成的伤亡人数发生变化的，应当及时补报。道路交通事故、火灾事故自发生之日起7日内，事故造成的伤亡人数发生变化时，应当及时补报。

（二）发生施工生产安全事故后应采取的相应措施

《建筑工程安全生产管理条例》规定，发生生产安全事故后，施工单位应当采取措施

防止事故扩大，保护事故现场。需要移动现场物品时，应当做出标记和书面记录，妥善保管有关证物。

**1. 组织应急抢救工作**

《生产安全事故报告和调查处理条例》规定，事故发生单位负责人接到事故报告后，应当立即启动事故相应应急预案，或者采取有效措施，组织抢救，防止事故扩大，减少人员伤亡和财产损失。

**2. 妥善保护事故现场**

《生产安全事故报告和调查处理条例》规定，事故发生后，有关单位和人员应当妥善保护事故现场以及相关证据，任何单位和个人不得破坏事故现场、毁灭相关证据。因抢救人员、防止事故扩大以及疏通交通等原因，需要移动事故现场物件的，应当做出标志，绘制现场简图并做出书面记录，妥善保存现场重要痕迹、物证。

**（三）施工生产安全事故的调查**

《安全生产法》规定，事故调查处理应当按照实事求是、尊重科学的原则，及时、准确地查清事故原因，查明事故性质和责任，总结事故教训，提出整改措施，并对事故责任者提出处理意见。

**1. 事故调查的管辖**

《生产安全事故报告和调查处理条例》规定，重大事故、较大事故、一般事故分别由事故发生地省级人民政府、设区的市级人民政府、县级人民政府负责调查。省级人民政府、设区的市级人民政府、县级人民政府可以直接组织事故调查组进行调查，也可以授权或者委托有关部门组织事故调查组进行调查。未造成人员伤亡的一般事故，县级人民政府也可以委托事故发生单位组织事故调查组进行调查。上级人民政府认为必要时，可以调查由下级人民政府负责调查的事故。

**2. 事故调查组的组成与职责**

事故调查组的组成应当遵循精简、效能的原则。根据事故的具体情况，事故调查组由有关人民政府、安全生产监督管理部门、负有安全生产监督管理职责的有关部门、监察机关、公安机关以及工会派人组成，并应当邀请人民检察院派人参加。事故调查组可以聘请有关专家参与调查。

事故调查组履行下列职责：①查明事故发生的经过、原因、人员伤亡情况及直接经济损失；②认定事故的性质和事故责任；③提出对事故责任者的处理建议；④总结事故教训，提出防范和整改措施；⑤提交事故调查报告。

**3. 事故调查报告的期限与内容**

事故调查组应当自事故发生之日起60日内提交事故调查报告；特殊情况下，经负责事故调查的人民政府批准，提交事故调查报告的期限可以适当延长，但延长的期限最长不超过60日。

事故调查报告应当包括下列内容：①事故发生单位概况；②事故发生经过和事故救援情况；③事故造成的人员伤亡和直接经济损失；④事故发生的原因和事故性质；⑤事故责任的认定以及对事故责任者的处理建议；⑥事故防范和整改措施。事故调查报告应当附具有关证据材料。事故调查组成人员应当在事故调查报告上签名。

（四）施工生产安全事故的处理

1. 事故处理时限和落实批复

《生产安全事故报告和调查处理条例》规定，重大事故、较大事故、一般事故，负责事故调查的人民政府应当自收到事故调查报告之日起 15 日内做出批复；特别重大事故，30 日内做出批复，特殊情况下，批复时间可以适当延长，但延长的时间最长不超过 30 日。

有关机关应当按照人民政府的批复，依照法律、行政法规规定的权限和程序，对事故发生单位和有关人员进行行政处罚，对负有事故责任的国家工作人员进行处分。事故发生单位应当按照负责事故调查的人民政府的批复，对本单位负有事故责任的人员进行处理。

负有事故责任的人员涉嫌犯罪的，依法追究刑事责任。

2. 事故发生单位的防范和整改措施

事故发生单位应当认真吸取事故教训，落实防范和整改措施，防止事故再次发生。防范和整改措施的落实情况应当接受工会和职工的监督。

安全生产监督管理部门和负有安全生产监督管理职责的有关部门应当对事故发生单位落实防范和整改措施的情况进行监督检查。

3. 处理结果的公布

事故处理的情况由负责事故调查的人民政府或者其授权的有关部门、机构向社会公布，依法应当保密的除外。

## 四、违法行为应承担的法律责任

施工安全事故应急救援与调查处理违法行为应承担的主要法律责任如下：

（一）制定事故应急救援预案违法行为应承担的法律责任

《特种设备安全监察条例》规定，特种设备使用单位有下列情形之一的，由特种设备安全监督管理部门责令限期改正；逾期未改正的，处 2000 元以上 2 万元以下罚款；情节严重的，责令停止使用或者停产停业整顿：……（7）未制定特种设备事故应急专项预案的；……。

《生产安全事故应急预案管理办法》规定，生产经营单位应急预案未按照本办法规定备案的，由县级以上安全生产监督管理部门给予警告，并处 3 万元以下罚款。

（二）事故报告及采取相应措施违法行为应承担的法律责任

《安全生产法》规定，生产经营单位主要负责人在本单位发生重大生产安全事故时，不立即组织抢救或者在事故调查处理期间擅离职守或者逃匿的，给予降职、撤职的处分，对逃匿的处 15 日以下拘留；构成犯罪的，依照刑法有关规定追究刑事责任。生产经营单位主要负责人对生产安全事故隐瞒不报、谎报或者拖延不报的，依照以上规定处罚。

《生产安全事故报告和调查处理条例》规定，事故发生单位主要负责人有下列行为之一的，处上一年年收入 40％～80％的罚款；属于国家工作人员的，并依法给予处分；构成犯罪的，依法追究刑事责任：①不立即组织事故抢救的；②迟报或者漏报事故的；③在事故调查处理期间擅离职守的。

（三）事故调查违法行为应承担的法律责任

《生产安全事故报告和调查处理条例》规定，参与事故调查的人员在事故调查中有下列行为之一的，依法给予处分；构成犯罪的，依法追究刑事责任：①对事故调查工作不负责任，致使事故调查工作有重大疏漏的；②包庇、袒护负有事故责任的人员或者借机打击报复的。

（四）事故责任单位及主要负责人应承担的法律责任

《安全生产法》规定，生产经营单位发生生产安全事故造成人员伤亡、他人财产损失的，应当依法承担赔偿责任；拒不承担或者其负责人逃匿的，由人民法院依法强制执行。生产安全事故的责任人未依法承担赔偿责任，经人民法院依法采取执行措施后，仍不能对受害人给予足额赔偿的，应当继续履行赔偿义务；受害人发现责任人有其他财产的，可以随时请求人民法院执行。

《生产安全事故报告和调查处理条例》规定，事故发生单位对事故发生负有责任的，依照下列规定处以罚款：①发生一般事故的，处 10 万元以上 20 万元以下的罚款；②发生较大事故的，处 20 万元以上 50 万元以下的罚款；③发生重大事故的，处 50 万元以上 200 万元以下的罚款；④发生特别重大事故的，处 200 万元以上 500 万元以下的罚款。

事故发生单位主要负责人未依法履行安全生产管理职责，导致事故发生的，依照下列规定处以罚款；属于国家工作人员的，并依法给予处分；构成犯罪的，依法追究刑事责任：①发生一般事故的，处上一年年收入 30% 的罚款；②发生较大事故的，处上一年年收入 40% 的罚款；③发生重大事故的，处上一年年收入 60% 的罚款；④发生特别重大事故的，处上一年年收入 80% 的罚款。

事故发生单位对事故发生负有责任的，由有关部门依法暂扣或者吊销其有关证照；对事故发生单位负有事故责任的有关人员，依法暂停或者撤销其与安全生产有关的执业资格、岗位证书；事故发生单位主要负责人受到刑事处罚或者撤职处分的，自刑罚执行完毕或者受处分之日起，5 年内不得担任任何生产经营单位的主要负责人。

## 【案例 6-2】

1. 背景

某住宅小区工地上，一载满作业工人的施工升降机在上升过程中突然失控冲顶，从 100m 高处坠落，造成施工升降机上的 9 名施工人员全部随机坠落而遇难的惨剧。

2. 问题

（1）本案中的事故应当定为何等级？

（2）在事故发生后，施工单位应当依法采取哪些措施？

3. 分析

（1）《生产安全事故报告和调查处理条例》第三条规定："较大事故，是指造成 3 人以上 10 人以下死亡，或者 10 人以上 50 人以下重伤，或者 1000 万元以上 5000 万元以下直接经济损失的事故。"据此，本案中的事故应当定为较大事故。

（2）在事故发生后，施工单位应当按照《生产安全事故报告和调查处理条例》第九条、第十四条、第十六条和《建筑工程安全生产管理条例》第五十条、第五十一条的规定，采取下列措施：①报告事故：事故有关人员应当立即向本单位负责人报告；单位负责人接到报告后，应当于 1 小时内向事故发生地县级以上人民政府安全生产监督管理部门、建设行政主管部门或者其他有关部门报告；特种设备发生事故的，还应当同时向特种设备安全监督管理部门报告；情况紧急时，事故现场有关人员可以直接向事故发生地县级以上人民政府安全生产监督管理部门、建设行政主管部门或者其他有关部门报告；实行施工总承包的建设工程，由总承包单位负责上报事故；②启动事故应急预案，组织抢救：事故发生单位负责人接到事故报告后，应当立即启动事故相应应急预案，或者采取有效措施，组织抢救，防止事故扩大，减少人员伤亡和财产损失；③事故现场保护：有关单位和人员应当妥善保护事故现场以及相关证据，任何单位和个人不得破坏事故现场、毁灭相关证据。因抢救人员、防止事故扩大以及疏通交通等原因，需要移动事故现场物件的，应当做出标志，绘制现场简图并做出书面记录，妥善保存现场重要痕迹、物证。

# 第六节　建设单位和相关单位的建设工程安全责任

《建筑工程安全生产管理条例》规定，建设单位、勘察单位、设计单位、施工单位、工程监理单位及其他与建设工程安全生产有关的单位，必须遵守安全生产法律、法规的规定，保证建设工程安全生产，依法承担建设工程安全生产责任。

## 一、建设单位相关的安全责任

建设单位是建设工程项目的投资主体或管理主体，在整个工程建设中居于主导地位。但长期以来，我国对建设单位的工程项目管理行为缺乏必要的法律约束，对其安全管理责任更没有明确规定，由于建设单位的某些工程项目管理行为不规范，直接或者间接导致施工生产安全事故的发生是有着不少惨痛教训的。为此，《建设工程安全生产管理条例》中明确规定，建设单位必须遵守安全生产法律、法规的规定，保证建设工程安全生产，依法承担建设工程安全生产责任。

（一）依法办理有关批准手续

《建筑法》规定，有下列情形之一的，建设单位应当按照国家有关规定办理申请批准手续：①需要临时占用规划批准范围以外场地的；②可能损坏道路、管线、电力、邮电通信等公共设施的；③需要临时停水、停电、中断道路交通的；④需要进行爆破作业的；⑤法律、法规规定需要办理报批手续的其他情形。

这是因为，上述活动不仅涉及工程建设的顺利进行和施工现场作业人员的安全，也影响到周边区域人们的安全或是正常的工作生活，并需要有关方面给予支持和配合。为此，建设单位应当依法向有关部门申请办理批准手续。

（二）向施工单位提供真实、准确和完整的有关资料

《建筑法》规定，建设单位应当向建筑施工企业提供与施工现场相关的地下管线资料，建筑施工企业应当采取措施加以保护。

《建设工程安全生产管理条例》进一步规定，建设单位应当向施工单位提供施工现场及毗邻区域内供水、排水、供电、供气、供热、通信、广播电视等地下管线资料，气象和水文观测资料，相邻建筑物和构筑物、地下工程的有关资料，并保证资料的真实、准确、完整。

（三）建设单位违法行为应承担的法律责任

《建筑工程安全生产管理条例》规定，建设单位未提供建设工程安全生产作业环境及

安全施工措施所需费用的，责令限期改正；逾期未改正的，责令该建设工程停止施工。

建设单位未将保证安全施工的措施或者拆除工程的有关资料报送有关部门备案的，责令限期改正，给予警告。

建设单位有下列行为之一的，责令限期改正，处 20 万元以上 50 万元以下的罚款；造成重大安全事故，构成犯罪的，对直接责任人员，依照刑法有关规定追究刑事责任；造成损失的，依法承担赔偿责任：①对勘察、设计、施工、工程监理等单位提出不符合安全生产法律、法规和强制性标准规定的要求的；②要求施工单位压缩合同约定的工期的；③将拆除工程发包给不具有相应资质等级的施工单位的。

### 二、勘察、设计单位相关的安全责任

建设工程安全生产是一个大的系统工程。工程勘察、设计作为工程建设的重要环节，对于保障安全施工有着重要影响。

（一）勘察单位的安全责任

《建筑工程安全生产管理条例》规定，勘察单位应当按照法律、法规和工程建设强制性标准进行勘察，提供的勘察文件应当真实、准确，满足建设工程安全生产的需要。勘察单位在勘察作业时，应当严格执行操作规程，采取措施保证各类管线、设施和周边建筑物、构筑物的安全。

工程勘察是工程建设的先行官。工程勘察成果是建设工程项目规划、选址、设计的重要依据，也是保证施工安全的重要因素和前提条件。因此，勘察单位必须按照法律、法规的规定以及工程建设强制性标准的要求进行勘察，并提供真实、准确的勘察文件，不能弄虚作假。

此外，勘察单位在进行勘察作业时，也易发生安全事故。为了保证勘察作业的安全，要求勘察人员必须严格执行操作规程，并应采取措施保证各类管线、设施和周边建筑物、构筑物的安全，为保障施工作业人员和相关人员的安全提供必要条件。

（二）设计单位的安全责任

工程设计是工程建设的灵魂。在建设工程项目确定后，工程设计便成为工程建设中最重要、最关键的环节，对安全施工有着重要影响。

1. 按照法律、法规和工程建设强制性标准进行设计

《建筑工程安全生产管理条例》规定，设计单位应当按照法律、法规和工程建设强制性标准进行设计，防止因设计不合理导致生产安全事故的发生。

2. 提出防范生产安全事故的指导意见和措施建议

《建设工程安全生产管理条例》规定，设计单位应当考虑施工安全操作和防护的需要，对涉及施工安全的重点部位和环节在设计文件中注明，并对防范生产安全事故提出指导意见。采用新结构、新材料、新工艺的建设工程和特殊结构的建设工程，设计单位应当在设计中提出保障施工作业人员安全和预防生产安全事故的措施建议。

（三）勘察、设计单位应承担的法律责任

《建筑工程安全生产管理条例》规定，勘察单位、设计单位有下列行为之一的，责令限期改正，处 10 万元以上 30 万元以下的罚款；情节严重的，责令停业整顿，降低资质等级，直至吊销资质证书；造成重大安全事故，构成犯罪的，对直接责任人员，依照刑法有

关规定追究刑事责任；造成损失的，依法承担赔偿责任：①未按照法律、法规和工程建设强制性标准进行勘察、设计的；②采用新结构、新材料、新工艺的建设工程和特殊结构的建设工程，设计单位未在设计中提出保障施工作业人员安全和预防生产安全事故的措施建议的。

注册执业人员未执行法律、法规和工程建设强制性标准的，责令停止执业3个月以上1年以下；情节严重的，吊销执业资格证书，5年内不予注册；造成重大安全事故的，终身不予注册；构成犯罪的，依照刑法有关规定追究刑事责任。

### 三、工程监理、检验检测单位相关的安全责任

工程监理是监理单位受建设单位的委托，依照法律、法规和建设工程监理规范的规定，对工程建设实施的监督管理。但在实践中，一些监理单位只注重对施工质量、进度和投资的监控，不重视对施工安全的监督管理，这就使得施工现场因违章指挥、违章作业而发生的伤亡事故局面未能得到有效控制。因此，须依法加强施工安全监理工作，进一步提高建设工程监理水平。

1. 对安全技术措施或专项施工方案进行审查

《建筑工程安全生产管理条例》规定，工程监理单位应当审查施工组织设计中的安全技术措施或者专项施工方案是否符合工程建设强制性标准。

施工组织设计中应当包括安全技术措施和施工现场临时用电方案，对基坑支护与降水工程、土方开挖工程、模板工程、起重吊装工程、脚手架工程、拆除、爆破工程等达到一定规模的危险性较大的分部分项工程，还应当编制专项施工方案。工程监理单位要对这些安全技术措施和专项施工方案进行审查，重点审查是否符合工程建设强制性标准；对于达不到强制性标准的，应当要求施工单位进行补充和完善。

2. 依法对施工安全事故隐患进行处理

《建筑工程安全生产管理条例》规定，工程监理单位在实施监理过程中，发现存在安全事故隐患的，应当要求施工单位整改；情况严重的，应当要求施工单位暂时停止施工，并及时报告建设单位。施工单位拒不整改或者不停止施工的，工程监理单位应当及时向有关主管部门报告。

工程监理单位受建设单位的委托，有权要求施工单位对存在的安全事故隐患进行整改，有权要求施工单位暂时停止施工，并依法向建设单位和有关主管部门报告。

3. 承担建设工程安全生产的监理责任

《建筑工程安全生产管理条例》规定，工程监理单位和监理工程师应当按照法律、法规和工程建设强制性标准实施监理，并对建设工程安全生产承担监理责任。

工程监理单位有下列行为之一的，责令限期改正；逾期未改正的，责令停业整顿，并处10万元以上30万元以下的罚款；情节严重的，降低资质等级，直至吊销资质证书；造成重大安全事故，构成犯罪的，对直接责任人员，依照刑法有关规定追究刑事责任；造成损失的，依法承担赔偿责任：①未对施工组织设计中的安全技术措施或者专项施工方案进行审查的；②发现安全事故隐患未及时要求施工单位整改或者暂时停止施工的；③施工单位拒不整改或者不停止施工，未及时向有关主管部门报告的；④未依照法律、法规和工程建设强制性标准实施监理的。

### 四、政府部门安全监督管理的相关规定

（一）建设工程安全生产的监督管理体制

《建筑工程安全生产管理条例》规定，国务院负责安全生产监督管理的部门依照《中华人民共和国安全生产法》的规定，对全国安全生产工作实施综合监督管理。县级以上地方各级人民政府负责安全生产监督管理的部门，依照《中华人民共和国安全生产法》的规定，对本行政区域内安全生产工作实施综合监督管理。

国务院建设行政主管部门对全国的建设工程安全生产实施监督管理。国务院铁路、交通、水利等有关部门按照国务院规定的职责分工，负责有关专业建设工程安全生产的监督管理。

县级以上地方人民政府建设行政主管部门对本行政区域内的建设工程安全生产实施监督管理。县级以上地方人民政府交通、水利等有关部门在各自的职责范围内，负责本行政区域内的专业建设工程安全生产的监督管理。

建设行政主管部门或者其他有关部门可以将施工现场的监督检查委托给建设工程安全监督机构具体实施。

（二）政府主管部门对安全施工措施的审查

建设行政主管部门在审核发放施工许可证时，应当对建设工程是否有安全施工措施进行审查，对没有安全施工措施的，不得颁发施工许可证。

建设行政主管部门或者其他有关部门对建设工程是否有安全施工措施进行审查时，不得收取费用。

（三）政府主管部门履行职责时有权采取的措施

县级以上人民政府负有建设工程安全生产监督管理职责的部门在各自的职责范围内履行安全监督检查职责时，有权采取下列措施：①要求被检查单位提供有关建设工程安全生产的文件和资料；②进入被检查单位施工现场进行检查；③纠正施工中违反安全生产要求的行为；④对检查中发现的安全事故隐患，责令立即排除，重大安全事故隐患排除或者排除过程中无法保证安全的，责令从危险区域内撤出作业人员或者暂时停止施工。

（四）组织制定特大事故应急救援预案和重大生产安全事故抢救

《安全生产法》规定，县级以上地方各级人民政府应当组织有关部门制定本行政区域内特大生产安全事故应急救援预案，建立应急救援系统。

有关地方人民政府和负有安全生产监督管理职责的部门负责人接到重大生产安全事故报告后，应当立即赶到事故现场，组织事故抢救。

（五）淘汰严重危及施工安全的工艺设备材料及受理检举、控告和投诉

《建筑工程安全生产管理条例》规定，国家对严重危及施工安全的工艺、设备、材料实行淘汰制度。具体目录由国务院建设行政主管部门会同国务院其他有关部门制定并公布。

县级以上人民政府建设行政主管部门和其他有关部门应当及时受理对建设工程生产安全事故及安全事故隐患的检举、控告和投诉。

# 复 习 思 考 题

## 一、单项选择题

1. 根据《建筑起重机械安全监督管理规定》，应当报废的起重机是（　　）

A. 须大修才能达到安全技术标准的　　　B. 超过制造厂家规定的使用年限

C. 无安全技术档案的　　　　　　　　　D. 无齐全有效的安全保护装置的

2. 建筑施工总承包特技资质企业，应至少配备（　　）名专职安全生产管理人员。

A. 8　　　　　　　B. 6　　　　　　　C. 4　　　　　　　D. 3

3. 在施工现场安装、拆卸是施工起重机械和整体提升脚手架、模板等自升式架设设施，必须由（　　）承担。

A. 施工单位　　　B. 出租单位　　　C. 具有相应资质的　　　D. 检验机构

4. 下列不属于建筑施工企业的特种作业人员的是（　　）。

A. 建筑电工　　　B. 架子工　　　C. 起重机械司机　　　D. 钢筋工

5. 在建设工程施工前，应由（　　）将工程概况、施工方法、安全技术措施等向作业班组、作业人员进行交底。

A. 项目负责人　　　　　　　　　　　B. 安全生产管理机构

C. 安全生产管理员　　　　　　　　　D. 负责项目管理的技术人员

6. 某办公楼项目实行施工总承包，装饰部分施工实行专业分包，在装饰施工中发生重大安全生产事故，则应由（　　）将事故情况上报安全监督部门。

A. 建设单位　　　　　　　　　　　B. 施工总承包单位

C. 分包单位　　　　　　　　　　　D. 现场监理单位

7. 某施工现场所需临时用电设备总容量经测算达到75千瓦，则施工单位应当（　　）。

A. 单独设计配电系统　　　　　　　B. 编制用电组织设计

C. 制定安全用电措施和电气防火措施　　　D. 确定用电安全防护措施

8. 建筑职工意外伤害险的投保人是（　　）。

A. 建设单位　　　B. 施工单位　　　C. 保险经纪公司　　　D. 保险公司

9. 未取得安全生产许可证擅自进行生产的，责令停止生产，没收违法所得，并处（　　）的罚款。

A. 10万元以上20万元以下　　　　　B. 20万元以上30万元以下

C. 10万元以上50万元以下　　　　　D. 10万元以上30万元以下

10. 起重吊装工程是一个危险性工程，对于起重吊装工程的说法不正确的是（　　）。

A. 施工单位应该在施工组织设计中编制安全技术措施

B. 需要编制专项施工方案，并附安全验算结果

C. 专项施工方案经专职安全管理人员签字后实施

D. 由专职安全管理人员进行现场监督

## 二、多项选择题

1. 重点工程的施工现场应当履行的消防安全责任包括（　　）。

A. 确定消防安全管理人　　　　　　B. 监理消防档案

C. 实行每周防火巡查，并建立巡查记录　D. 对职工进行岗前消防安全培训

E. 定期组织消防演练

2. 下列生产安全事故情形中，属于《安全生产事故报告和调查处理条例》规定的重大事故的有（　　）。

A. 重伤 80 人　　　　　　　　　　B. 直接经济损失 5000 万元

C. 死亡 20 人　　　　　　　　　　D. 直接经济损失 8000 万元

E. 死亡 30 人

3. 生产安全事故等级划分的主要因素有（　　）。

A. 政治　　　　B. 心理　　　　C. 人　　　　D. 主观恶意　　　　E. 经济

4. 根据《建筑施工企业安全生产许可证管理规定》要求，下列属于建筑施工企业取得安全生产许可证条件的是（　　）。

A. 确定消防安全管理人　　　　　　B. 监理消防档案

C. 实行每周防火巡查，并建立巡查记录　D. 对职工进行岗前消防安全培训

E. 定期组织消防演练

5. 施工单位的项目负责人的安全生产责任包括（　　）。

A. 落实安全生产责任制度、安全生产规章制度和操作规程

B. 制定资金使用计划，保证安全生产所需资金的投入和使用

C. 编制并适时更新安全生产管理制度并监督实施

D. 及时、如实报告生产安全事故

E. 组织制定安全施工措施，消除安全事故隐患

6. 在建工程的施工单位开展消防安全教育工作的表述中错误的是（　　）。

A. 在施工中应当对施工人员进行消防安全教育

B. 在建设工地醒目位置、施工人员集中住宿场所设置消防安全宣传栏，悬挂消防安全挂图和消防安全警示标识

C. 对明火作业人员在工程施工前进行一次消防安全教育

D. 组织救火演练　　　　　　　　　E. 组织应急疏散演练

7. 生产安全事故调查"四不放过"的内容包括（　　）。

A. 事故责任人未受到教育不放过　　　B. 事故责任人未受到处理不放过

C. 防范措施未落实不放过　　　　　　D. 事故原因未查明不放过

E. 全体员工未受到教育不放过

8. 某建筑构件公司由于安全生产资金投入不足造成两人受伤，（　　）应当对此承担责任。

A. 企业法定代表人　　　　　　　　B. 该公司经理

C. 该公司财务总监　　　　　　　　D. 该公司的安全管理人员

E. 该公司的工会小组负责人

9. 安全生产监督管理部门的下述做法错误的有（　　）。

A. 要求施工单位购买其认可的安全防护用品

B. 向施工单位推荐安全设备产品目录

C. 在安全设备检验时，仅收取检验成本费

D. 在检查中发现事故隐患，责令立即排除

E. 在检查中发现从业人员未戴安全帽，即要求停工整顿

10. 某施工单位拟租赁一家设备公司的塔吊，依照《建筑工程安全生产管理条例》，设备公司应出具塔吊的（　　　　）。

A. 发票　　　　　　B. 原始合同　　　　　C. 检测合格证明

D. 生产许可证　　　E. 产品合格证

### 三、简答题

1. 施工现场安全防护都有哪些内容？

2. 简述施工现场应采取的消防安全措施？

3. 简述生产安全事故的等级划分标准？

4. 简述施工生产安全事故应急救援预案的主要作用和事故报告的主要内容？

5. 工程监理单位的安全责任有哪些？

# 第七章　建设工程质量法律制度

【本章概述】

建设工程作为一种特殊产品，是人们日常生活和生产、经营、工作等的主要场所，是人类赖以生存和发展的重要物质基础。建设工程一旦发生质量事故，特别是重大垮塌事故，将危及人民生命财产安全，甚至造成无可估量的损失。因此，"百年大计，质量第一"，必须进一步提高建设工程质量水平，确保建设工程的安全可靠。

《建筑法》《建设工程质量管理条例》均详细的规定了施工单位、建设单位、勘察设计单位和监理单位等建设行为主体的质量责任。建设工程质量责任制涵盖了多方主体的质量责任制，除施工单位外，还有建设单位，勘察、设计单位，工程监理单位的质量责任制。工程实体质量的好坏是建设行为各方主体工作质量的综合反映。

国家计委颁发的《建设项目（工程）竣工验收办法》规定，凡新建、扩建、改建的基本建设项目（工程）和技术改造项目，按批准的设计文件所规定的内容建成，符合验收标准的必须及时组织验收，办理固定资产移交手续。工程项目的竣工验收是施工全过程的最后一道工序，也是工程项目管理的最后一项工作。它是建设投资成果转入生产或使用的标志，也是全面考核投资效益、检验设计和施工质量的重要环节。

【学习目标】

1. 了解工程标准的分类及各类工程标准的审批发布。

2. 了解工程建设标准强制性条文的实施。

3. 掌握施工单位的质量责任和义务。

4. 掌握建设单位、勘察设计单位和工程监理单位等的质量责任和义务。

5. 了解政府部门工程质量监督管理的相关规定。

6. 掌握建设工程竣工验收制度。

7. 了解建设工程质量保修制度。

【能力目标】

1. 具备识别工程标准类型的能力。

2. 能熟练掌握建设行为各方主体质量责任和义务的具体规定。

3. 能了解建设工程竣工验收制度的具体应用。

4. 能进行建设工程质量保修制度的具体应用。

【课时建议】

4 课时。

# 第一节　工程建设标准

　　标准是指对重复性事物和概念所做的统一性规定。它以科学技术和实践经验的综合成果为基础，经有关方面协商一致，由主管机构批准，以特定形式发布，作为共同遵守的准则和依据。

　　工程建设标准是指为在工程建设领域内获得最佳秩序，对建设工程的勘察、设计、施工、安装、验收、运营维护及管理等活动和结果需要协调统一的事项所制定的共同的、重复使用的技术依据和准则。制定和实施各项工程建设标准，并逐步使其各系统的标准形成相辅相成、共同作用的完整体系，实现工程建设标准化既是实现现代化建设的重要手段，也是我国建设领域现阶段一项重要的经济、技术政策。它可保证工程建设的质量及安全生产，全面提高工程建设的经济效益、社会效益和环境效益。

　　工程建设标准通过行之有效的标准规范，特别是工程建设强制性标准，为建设工程实施安全防范措施、消除安全隐患提供统一的技术要求，以确保在现有的技术、管理条件下尽可能地保障建设工程质量安全，从而最大限度地保障建设工程的建造者、使用者和所有者的生命财产安全以及人身健康安全。

## 一、工程建设标准的分类

　　根据《标准化法》的规定，我国的标准分为国家标准、行业标准、地方标准和企业标准，国家标准、行业标准又分为强制性标准和推荐性标准。

　　保障人体健康，人身、财产安全的标准和法律、行政法规规定强制执行的标准是强制性标准，其他标准是推荐性标准。强制性标准一经颁布，必须贯彻执行，否则对造成恶劣后果和重大损失的单位和个人，要受到经济制裁或承担法律责任。

　　（一）工程建设国家标准

　　《标准化法》规定，对需要在全国范围内统一的技术要求，应当制定国家标准。

　　1. 工程建设国家标准的范围和类型

　　原建设部《工程建设国家标准管理办法》规定，对需要在全国范围内统一的下列技术要求，应当制定国家标准：①工程建设勘察、规划、设计、施工（包括安装）及验收等通用的质量要求；②工程建设通用的有关安全、卫生和环境保护的技术要求；③工程建设通用的术语、符号、代号、量与单位、建筑模数和制图方法；④工程建设通用的试验、检验和评定等方法；⑤工程建设通用的信息技术要求；⑥国家需要控制的其他工程建设通用的技术要求。

　　工程建设国家标准分为强制性标准和推荐性标准。下列标准属于强制性标准：①工程建设勘察、规划、设计、施工（包括安装）及验收等通用的综合标准和重要的通用质量标准；②工程建设通用的有关安全、卫生和环境保护的标准；③工程建设重要的通用的术语、符号、代号、量与单位、建筑模数和制图方法标准；④工程建设重要的通用的试验、检验和评定方法等标准；⑤工程建设重要的通用的信息技术标准；⑥国家需要控制的其他工程建设通用的标准。

　　强制性标准以外的标准是推荐性标准。推荐性标准，国家鼓励企业自愿采用。

2. 工程建设国家标准的制订原则和程序

制订国家标准应当遵循下列原则：①必须贯彻执行国家的有关法律、法规和方针、政策，密切结合自然条件，合理利用资源，充分考虑使用和维修的要求，做到安全适用、技术先进、经济合理；②对需要进行科学试验或测试验证的项目，应当纳入各级主管部门的科研计划，认真组织实施，写出成果报告；③纳入国家标准的新技术、新工艺、新设备、新材料，应当经有关主管部门或受委托单位鉴定，且经实践检验行之有效；④积极采用国际标准和国外先进标准，并经认真分析论证或测试验证，符合我国国情；⑤国家标准条文规定应当严谨明确，文句简练，不得模棱两可，其内容深度、术语、符号、计量单位等应当前后一致；⑥必须做好与现行相关标准之间的协调工作。

工程建设国家标准的制订程序分为准备、征求意见、送审和报批四个阶段。

3. 工程建设国家标准的审批发布和编号

工程建设国家标准由国务院工程建设行政主管部门审查批准，由国务院标准化行政主管部门统一编号，由国务院标准化行政主管部门和国务院工程建设行政主管部门联合发布。

4. 国家标准的复审与修订

国家标准实施后，应当根据科学技术的发展和工程建设的需要，由该国家标准的管理部门适时组织有关单位进行复审。复审一般在国家标准实施后 5 年进行 1 次。

（二）工程建设行业标准

《标准化法》规定，对没有国家标准而又需要在全国某个行业范围内统一的技术要求，可以制定行业标准。行业标准由国务院有关行政主管部门制定，并报国务院标准化行政主管部门备案。在公布国家标准之后，该项行业标准即行废止。

1. 工程建设行业标准的范围和类型

原建设部《工程建设行业标准管理办法》规定，下列技术要求，可以制定行业标准：①工程建设勘察、规划、设计、施工（包括安装）及验收等行业专用的质量要求；②工程建设行业专用的有关安全、卫生和环境保护的技术要求；③工程建设行业专用的术语、符号、代号、量与单位和制图方法；④工程建设行业专用的试验、检验和评定等方法；⑤工程建设行业专用的信息技术要求；⑥其他工程建设行业专用的技术要求。

工程建设行业标准也分为强制性标准和推荐性标准。下列标准属于强制性标准：①工程建设勘察、规划、设计、施工（包括安装）及验收等行业专用的综合性标准和重要的行业专用的质量标准；②工程建设行业专用的有关安全、卫生和环境保护的标准；③工程建设重要的行业专用的术语、符号、代号、量与单位和制图方法标准；④工程建设重要的行业专用的试验、检验和评定方法等标准；⑤工程建设重要的行业专用的信息技术标准；⑥行业需要控制的其他工程建设标准。强制性标准以外的标准是推荐性标准。行业标准不得与国家标准相抵触。行业标准的某些规定与国家标准不一致时，必须有充分的科学依据和理由，并经国家标准的审批部门批准。行业标准在相应的国家标准实施后，应当及时修订或废止。

2. 工程建设行业标准的制订、修订程序与复审

工程建设行业标准的制订、修订程序，也可以按准备、征求意见、送审和报批四个阶

段进行。工程建设行业标准实施后，根据科学技术的发展和工程建设的实际需要，该标准的批准部门应当适时进行复审，确认其继续有效或予以修订、废止。一般也是 5 年复审 1 次。

（三）工程建设地方标准

《标准化法》规定，对没有国家标准和行业标准而又需要在省、自治区、直辖市范围内统一的工业产品的安全、卫生要求，可以制定地方标准。在公布国家标准或者行业标准之后，该项地方标准即行废止。

1. 工程建设地方标准制定的范围和权限

我国幅员辽阔，各地的自然环境差异较大，而工程建设在许多方面要受到自然环境的影响。例如，我国的黄土地区、冻土地区以及膨胀土地区，对建筑技术的要求有很大区别。因此，工程建设标准除国家标准、行业标准外，还需要有相应的地方标准。

原建设部《工程建设地方标准化工作管理规定》中规定，工程建设地方标准项目的确定，应当从本行政区域工程建设的需要出发，并应体现本行政区域的气候、地理、技术等特点。对没有国家标准、行业标准或国家标准、行业标准规定不具体，且需要在本行政区域内作出统一规定的工程建设技术要求，可制定相应的工程建设地方标准。

工程建设地方标准在省、自治区、直辖市范围内由省、自治区、直辖市建设行政主管部门统一计划、统一审批、统一发布、统一管理。

2. 工程建设地方标准的实施和复审

工程建设地方标准不得与国家标准和行业标准相抵触。对与国家标准或行业标准相抵触的工程建设地方标准的规定，应当自行废止。工程建设地方标准应报国务院建设行政主管部门备案。未经备案的工程建设地方标准，不得在建设活动中使用。

（四）工程建设企业标准

《标准化法》规定，企业生产的产品没有国家标准和行业标准的，应当制定企业标准，作为组织生产的依据。已有国家标准或者行业标准的，国家鼓励企业制定严于国家标准或者行业标准的企业标准，在企业内部适用。

1. 企业技术标准

企业技术标准是指对本企业范围内需要协调和统一的技术要求所制定的标准。对已有国家标准、行业标准或地方标准的，企业可以按照国家标准、行业标准或地方标准的规定执行，也可以根据本企业的技术特点和实际需要制定优于国家标准、行业标准或地方标准的企业标准；对没有国家标准、行业标准或地方标准的，企业应当制定企业标准。国家鼓励企业积极采用国际标准或国外先进标准。

2. 企业管理标准

企业管理标准是指对本企业范围内需要协调和统一的管理要求，如企业的组织管理、计划管理、技术管理、质量管理和财务管理等所制定的标准。

3. 企业工作标准

企业工作标准是指对本企业范围内需要协调和统一的工作事项要求所制定的标准。重点应围绕工作岗位的要求，对企业各个工作岗位的任务、职责、权限、技能、方法、程序、评定等作出规定。

### 二、工程建设强制性标准实施的规定

工程建设标准制定的目的在于实施。否则，再好的标准也是一纸空文。我国工程建设领域所出现的各类工程质量事故，大多是没有贯彻或没有严格贯彻强制性标准的结果。因此，《标准化法》规定，强制性标准，必须执行。《建筑法》规定，建筑活动应当确保建筑工程质量和安全，符合国家的建设工程安全标准。

（一）工程建设各方主体实施强制性标准的法律规定

《建筑法》和《建设工程质量管理条例》规定，建设单位不得以任何理由，要求建筑设计单位或者建筑施工企业在工程设计或者施工作业中，违反法律、行政法规和建筑工程质量、安全标准，降低工程质量。建设单位不得明示或者暗示设计单位或者施工单位违反工程建设强制性标准，降低建设工程质量。建筑设计单位和建筑施工企业对建设单位违反规定提出的降低工程质量的要求，应当予以拒绝。

勘察、设计单位必须按照工程建设强制性标准进行勘察、设计，并对其勘察、设计的质量负责。建筑工程设计应当符合按照国家规定制定的建筑安全规程和技术规范，保证工程的安全性能。勘察、设计文件应当符合有关法律、行政法规的规定和建筑工程质量、安全标准、建筑工程勘察、设计技术规范以及合同的约定。设计文件选用的建筑材料、建筑构配件和设备，应当注明其规格、型号、性能等技术指标，其质量要求必须符合国家规定的标准。

施工单位必须按照工程设计图纸和施工技术标准施工，不得擅自修改工程设计，不得偷工减料。施工单位必须按照工程设计要求、施工技术标准和合同约定，对建筑材料、建筑构配件、设备和商品混凝土进行检验，检验应当有书面记录和专人签字；未经检验或者检验不合格的，不得使用。

工程监理单位应当依照法律、行政法规及有关的技术标准、设计文件和工程承包合同，对承包单位在施工质量、建设工期和建设资金使用等方面，代表建设单位实施监督。工程监理人员认为工程施工不符合工程设计要求、施工技术标准和合同约定的，有权要求建筑施工企业改正。工程监理人员发现工程设计不符合建筑工程质量标准或者合同约定的质量要求的，应当报告建设单位要求设计单位改正。

（二）工程建设标准强制性条文的实施

在工程建设标准的条文中，使用"必须""严禁""应""不应""不得"等属于强制性标准的用词，而使用"宜""不宜""可"等一般不是强制性标准的规定。但在工作实践中，强制性标准与推荐性标准的划分仍然存在一些困难。

《实施工程建设强制性标准监督规定》中规定，在中华人民共和国境内从事新建、扩建、改建等工程建设活动，必须执行工程建设强制性标准。工程建设强制性标准是指直接涉及工程质量、安全、卫生及环境保护等方面的工程建设标准强制性条文。国家工程建设标准强制性条文由国务院建设行政主管部门会同国务院有关行政主管部门确定。

在工程建设中，如果拟采用的新技术、新工艺、新材料不符合现行强制性标准规定的，应当由拟采用单位提请建设单位组织专题技术论证，报批准标准的建设行政主管部门或者国务院有关主管部门审定。工程建设中采用国际标准或者国外标准，而我国现行强制性标准未作规定的，建设单位应当向国务院建设行政主管部门或者国务院有关行政主管部

门备案。

在对工程建设强制性标准实施改革后，我国目前实行的强制性标准包含三部分：①批准发布时已明确为强制性标准的；②批准发布时虽未明确为强制性标准，但其编号中不带"/T"的，仍为强制性标准；③自 2000 年后批准发布的标准，批准时虽未明确为强制性标准，但其中有必须严格执行的强制性条文（黑体字），编号也不带"/T"的，也应视为强制性标准。

（三）对工程建设强制性标准实施的监督管理

1. 监督管理机构

《实施工程建设强制性标准监督规定》规定，国务院建设行政主管部门负责全国实施工程建设强制性标准的监督管理工作。国务院有关行政主管部门按照国务院的职能分工负责实施工程建设强制性标准的监督管理工作。县级以上地方人民政府建设行政主管部门负责本行政区域内实施工程建设强制性标准的监督管理工作。

建设项目规划审查机关应当对工程建设规划阶段执行强制性标准的情况实施监督；施工图设计文件审查单位应当对工程建设勘察、设计阶段执行强制性标准的情况实施监督；建筑安全监督管理机构应当对工程建设施工阶段执行施工安全强制性标准的情况实施监督；工程质量监督机构应当对工程建设施工、监理、验收等阶段执行强制性标准的情况实施监督。

2. 监督检查的内容和方式

强制性标准监督检查的内容包括：①工程技术人员是否熟悉、掌握强制性标准；②工程项目的规划、勘察、设计、施工、验收等是否符合强制性标准的规定；③工程项目采用的材料、设备是否符合强制性标准的规定；④工程项目的安全、质量是否符合强制性标准的规定；⑤工程项目采用的导则、指南、手册、计算机软件的内容是否符合强制性标准的规定。

### 三、违法行为应承担的法律责任

（一）建设单位违法行为应承担的法律责任

《建筑法》规定，建设单位违反本法规定，要求建筑设计单位或者建筑施工企业违反建筑工程质量、安全标准，降低工程质量的，责令改正，可以处以罚款；构成犯罪的，依法追究刑事责任。

《实施工程建设强制性标准监督规定》中规定，建设单位有下列行为之一的，责令改正，并处以 20 万元以上 50 万元以下的罚款：①明示或者暗示施工单位使用不合格的建筑材料、建筑构配件和设备的；②明示或者暗示设计单位或者施工单位违反工程建设强制性标准，降低工程质量的。

（二）勘察、设计单位违法行为应承担的法律责任

《建筑法》规定，建筑设计单位不按照建筑工程质量、安全标准进行设计的，责令改正，处以罚款；造成工程质量事故的，责令停业整顿，降低资质等级或者吊销资质证书，没收违法所得，并处罚款；造成损失的，承担赔偿责任；构成犯罪的，依法追究刑事责任。

《实施工程建设强制性标准监督规定》中规定，勘察、设计单位违反工程建设强制性

标准进行勘察、设计的，责令改正，并处以 10 万元以上 30 万元以下的罚款。有前款行为，造成工程质量事故的，责令停业整顿，降低资质等级；情节严重的，吊销资质证书；造成损失的，依法承担赔偿责任。

（三）施工企业违法行为应承担的法律责任

《建筑法》规定，建筑施工企业在施工中偷工减料的，使用不合格的建筑材料、建筑构配件和设备的，或者有其他不按照工程设计图纸或者施工技术标准施工的行为的，责令改正，处以罚款；情节严重的，责令停业整顿，降低资质等级或者吊销资质证书；造成建筑工程质量不符合规定的质量标准的，负责返工、修理，并赔偿因此造成的损失；构成犯罪的，依法追究刑事责任。

《实施工程建设强制性标准监督规定》中规定，施工单位违反工程建设强制性标准的，责令改正，处工程合同价款 2% 以上 4% 以下的罚款；造成建设工程质量不符合规定的质量标准的，负责返工、修理，并赔偿因此造成的损失；情节严重的，责令停业整顿，降低资质等级或者吊销资质证书。

（四）工程监理单位违法行为应承担的法律责任

《实施工程建设强制性标准监督规定》规定，工程监理单位违反强制性标准规定，将不合格的建设工程以及建筑材料、建筑构配件和设备按照合格签字的，责令改正，处 50 万元以上 100 万元以下的罚款，降低资质等级或者吊销资质证书；有违法所得的，予以没收；造成损失的，承担连带赔偿责任。

（五）相关主体的刑事责任

《建设工程质量管理条例》规定，建设单位、设计单位、施工单位、工程监理单位违反国家规定，降低工程质量标准，造成重大安全事故，构成犯罪的，对直接责任人员依法追究刑事责任。

# 第二节 施工单位的质量责任和义务

施工单位是工程建设的重要责任主体之一。由于施工阶段影响质量稳定的因素和涉及的责任主体均较多，协调管理的难度较大，施工阶段的质量责任制度尤为重要。

## 一、对施工质量负责和总分包单位的质量责任

（一）施工单位对施工质量负责

《建筑法》规定，建筑施工企业对工程的施工质量负责。《建设工程质量管理条例》进一步规定，施工单位对建设工程的施工质量负责。施工单位应当建立质量责任制，确定工程项目的项目经理、技术负责人和施工管理负责人。

施工单位的质量责任制，是其质量保证体系的一个重要组成部分，也是施工质量目标得以实现的重要保证。建立质量责任制，主要包括制定质量目标计划，建立考核标准，并层层分解落实到具体的责任单位和责任人，特别是工程项目的项目经理、技术负责人和施工管理负责人。落实质量责任制，不仅是为了在出现质量问题时可以追究责任，更重要的是通过层层落实质量责任制，做到事事有人管、人人有职责，加强对施工过程的全面质量控制，保证建设工程的施工质量。

（二）总分包单位的质量责任

《建筑法》规定，建筑工程实行总承包的，工程质量由工程总承包单位负责，总承包单位将建筑工程分包给其他单位的，应当对分包工程的质量与分包单位承担连带责任。分包单位应当接受总承包单位的质量管理。

《建设工程质量管理条例》进一步规定，建设工程实行总承包的，总承包单位应当对全部建设工程质量负责；建设工程勘察、设计、施工、设备采购的一项或者多项实行总承包的，总承包单位应当对其承包的建设工程或者采购的设备的质量负责。总承包单位依法将建设工程分包给其他单位的，分包单位应当按照分包合同的约定对其分包工程的质量向总承包单位负责，总承包单位与分包单位对分包工程的质量承担连带责任。

在总分包的情况下存在着总包、分包两种合同，总承包单位和分包单位各自向合同中的对方主体负责。同时，总承包单位与分包单位对分包工程的质量还要依法承担连带责任，即分包工程发生质量问题时，建设单位或其他受害人既可以向分包单位请求赔偿，也可以向总承包单位请求赔偿；进行赔偿的一方，有权依据分包合同的约定，对不属于自己责任的那部分赔偿向对方追偿。因此，分包单位还应当接受总承包单位的质量管理。

## 二、按照工程设计图纸和施工技术标准施工的规定

《建筑法》规定，建筑工程企业必须按照工程设计图纸和施工技术标准施工，不得偷工减料。工程设计的修改由原设计单位负责，建筑施工不擅自修改工程设计。

《建设工程质量管理条例》进一步规定，施工单位必须按照工程设计图纸和施工技术标准施工，不得擅自修改工程设计，不得偷工减料。施工单位在施工过程中发现设计文件和图纸有差错的，应当及时提出意见和建议。

（一）按图施工，遵守标准

按工程设计图纸施工，是保证工程实现设计意图的前提，也是明确划分设计、施工单位质量责任的前提。施工技术标准则是工程建设过程中规范施工行为的技术依据。施工单位只有按照施工技术标准，特别是强制性标准的要求施工，才能保证工程的施工质量。此外，从法律的角度来看，工程设计图纸和施工技术标准都属于合同文件的组成部分，如果施工单位不按照工程设计图纸和施工技术标准施工，则属于违约行为，应该对建设单位承担违约责任。

（二）防止设计文件和图纸出现差错

工程项目的设计涉及多个专业，需要同有关方面进行协调，设计文件和图纸也有可能会出现差错。施工人员特别是施工管理负责人、技术负责人以及项目经理等，都是有着丰富实践经验的专业人员。如果施工单位在施工过程中发现设计文件和图纸中确实存在差错，其有义务及时向设计单位提出来，以避免造成不必要的损失和质量问题。这也是施工单位履行合同应尽的基本义务。

## 三、对建筑材料、设备等进行检验检测的规定

建设工程属于特殊产品，其质量隐蔽性强、终检局限性大，在施工全过程质量控制中，必须严格执行法定的检验、检测制度，否则将造成质量隐患甚至导致质量事故。

《建筑法》规定，建筑施工企业必须按照工程设计要求、施工技术标准和合同的约定，

对建筑材料、建筑构配件和设备进行检验，不合格的不得使用。《建设工程质量管理条例》进一步规定，施工单位必须按照工程设计要求、施工技术标准和合同约定，对建筑材料、建筑构配件、设备和商品混凝土进行检验，检验应当有书面记录和专人签字；未经检验或者检验不合格的，不得使用。《建设工程消防监督管理规定》要求，施工单位必须查验消防产品和具有防火性能要求的建筑构件、建筑材料及装修材料的质量，使用合格产品，保证消防施工质量。

（一）建筑材料、构配件、设备和商品混凝土的检验制度

施工单位进入现场的建筑材料、建筑构配件、设备和商品混凝土实行检验制度，是施工单位质量保证体系的重要组成部分，也是保证施工质量的重要前提。

施工单位的检验要依据工程设计要求、施工技术标准和合同约定。检验对象是将在工程施工中使用的建筑材料、建筑构配件、设备和商品混凝土。合同若有其他约定的，检验工作还应满足合同相应条款的要求。检验结果要按规定的格式形成书面记录，并由相关的专业人员签字。对于未经检验或检验不合格的，不得在施工中用于工程上。

（二）施工检测的见证取样和送检制度

《建设工程质量管理条例》规定，施工人员对涉及结构安全的试块、试件以及有关材料，应当在建设单位或者工程监理单位监督下现场取样，并送具有相应资质等级的质量检测单位进行检测。

1. 见证取样和送检

所谓见证取样和送检，是指在建设单位或工程监理单位人员的见证下，由施工单位的现场试验人员工程中涉及结构安全的试块、试件和材料在现场取样，并送至具有法定资格的质量检测单位进行检测的活动。

原建设部《房屋建筑工程和市政基础设施工程实行见证取样和送检的规定》中规定，涉及结构安全的试块、试件和材料见证取样和送检的比例不得低于有关技术标准中规定取样的30%。下列试块、试件和材料必须实施见证取样和送检：①用于承重结构的混凝土试块；②用于承重墙体的砌筑砂浆试块；③用于承重结构的钢筋及连接头试件；④用于承重结构墙的砖和混凝土小型砌块；⑤用于拌制混凝土和砌筑砂浆的水泥；⑥用于承重结构的混凝土中使用的掺加剂；⑦地下、屋面、厕浴间使用的防水材料；⑧国家规定必须实行见证取样和送检的其他试件和材料。

见证人员应由建设单位或该工程的监理单位中具备施工试验知识的专业技术人员担任，并由建设单位或该工程的监理单位书面通知施工单位、检测单位和负责该项工程的质量监督机构。

在施工过程中，见证人员应按照见证取样和送检计划，对施工现场的取样和送检进行见证。取样人员应在试样或其包装上作出标识、封志。标识和封志应标明工程名称、取样部位、取样日期、样品名称和样品数量，并由见证人员和取样人员签字。见证人员和取样人员应对试样的代表性和真实性负责。

2. 工程质量检测单位的资质和检测规定

原建设部《建设工程质量检测管理办法》规定，工程质量检测机构是具有独立法人资格的中介机构。检测机构资质按照其承担的检测业务内容分为专项检测机构资质和见证取

样检测机构资质。检测机构未取得相应的资质证书，不得承担本办法规定的质量检测业务。

质量检测业务由工程项目建设单位委托具有相应资质的检测机构进行检测。委托方与被委托方应当签订书面合同。检测机构完成检测业务后，应当及时出具检测报告。检测报告检测人员签字、测机构法定代表人或者其授权的签字人签署，并加盖检测机构公章或者检测专用章后方可生效。检测报告经建设单位或者工程监理单位确认后，由施工单位归档。任何单位和个人不得明示或者暗示检测机构出具虚假检测报告，不得篡改或者伪造检测报告。如果检测结果利害关系人对检测结果发生争议的，由双方共同认可的检测机构复检，复检结果由提出复检方报当地建设主管部门备案。

检测机构应当将检测过程中发现的建设单位、监理单位、施工单位违反有关法律、法规和工程建设强制性标准的情况，以及涉及结构安全检测结果的不合格情况，及时报告工程所在地建设主管部门。检测机构应当建立档案管理制度，并应当单独建立检测结果不合格项目台账。

检测人员不得同时受聘于两个或者两个以上的检测机构。检测机构和检测人员不得推荐或者监制建筑材料、构配件和设备。检测机构不得与行政机关、法律、法规授权的具有管理公共事务职能的组织以及所检测工程项目相关的设计单位、施工单位、监理单位有隶属关系或者其他利害关系。

检测机构不得转包检测业务。检测机构应当对其检测数据和检测报告的真实性和准确性负责。检测机构违反法律、法规和工程建设强制性标准，给他人造成损失的，应当依法承担相应的赔偿责任。

### 四、施工质量检验和返修的规定

（一）施工质量检验制度

施工质量检验，通常是指工程施工过程中工序质量检验（或称为过程检验），包括预检、自检、交接检、专职检、分部工程中间检验以及隐蔽工程检验等。

《建设工程质量管理条例》规定，施工单位必须建立、健全施工质量的检验制度，严格工序管理，作好隐蔽工程的质量检查和记录。隐蔽工程在隐蔽前，施工单位应当通知建设单位和建设工程质量监督机构。

1. 严格工序质量检验和管理

任何一项工程的施工，都是通过一个由许多工序或过程组成的工序（或过程）网络来实现的。施工单位要加强对施工工序或过程的质量控制，特别是要加强影响结构安全的地基和结构等关键施工过程的质量控制。

完善的检验制度和严格的工序管理是保证工序或过程质量的前提。只有工序或过程网络上的所有工序或过程的质量都受到严格控制，整个工程的质量才能得到保证。

2. 强化隐蔽工程质量检查

隐蔽工程是指在施工过程中某一道工序所完成的工程实物，被后一工序形成的工程实物所隐蔽，而且不可以逆向作业的那部分工程。例如，钢筋混凝土工程施工中，钢筋为混凝土所覆盖，前者即为隐蔽工程。

按照《建设工程施工合同（示范文本）》的规定，承包人应当对工程隐蔽部位进行自检，并经自检确认是否具备覆盖条件。除专用合同条款另有约定外，工程隐蔽部位经承包人自检确认具备覆盖条件的，承包人应在共同检查前 48 小时书面通知监理人检查，通知中应载明隐蔽检查的内容、时间和地点，并应附有自检记录和必要的检查资料。

监理人应按时到场并对隐蔽工程及其施工工艺、材料和工程设备进行检查。经监理人检查确认质量符合隐蔽要求，并在验收记录上签字后，承包人才能进行覆盖。经监理人检查质量不合格的，承包人应在监理人指示的时间内完成修复，并由监理人重新检查，由此增加的费用和（或）延误的工期由承包人承担。除专用合同条款另有约定外，监理人不能按时进行检查的，应在检查前 24 小时向承包人提交书面延期要求，但延期不能超过 48 小时，由此导致工期延误的，工期应予以顺延。监理人未按时进行检查，也未提出延期要求的，视为隐蔽工程检查合格，承包人可自行完成覆盖工作，并作相应记录报送监理人，监理人应签字确认。监理人事后对检查记录有疑问的，可按约定重新检查。

承包人覆盖工程隐蔽部位后，发包人或监理人对质量有疑问的，可要求承包人对已覆盖部位进行钻孔探测或者揭开重新检查，承包人应遵照执行，并在检查后重新覆盖恢复原状。经检查员证明工程质量符合合同要求的，由发包人承担由此增加的费用和（或）延误的工期限，并支付承包人合理的利润；经检查证明工程质量不符合合同质量要求的，由此增加的费用和（或）延误工期由承包人承担。

承包人未通知监理人到场检查，私自将工程隐蔽部位覆盖的，监理人有权指示承包人钻孔探测或揭开检查，无论工程隐蔽部位质量是否合格，由此增加的费用和（或）延误的工期均由承包人承担。

（二）建设工程的返修

《建筑法》规定，对已发现的质量缺陷，建筑施工企业应当修复。《建设工程质量管理条例》进一步规定，施工单位对施工中出现质量问题的建设工程或者竣工验收不合格的建设工程，应当负责返修。

《合同法》也作了相应规定，因施工人的原因致使建设工程质量不符合约定的，发包人有权要求施工人在合理期限内无偿修理或者返工、改建。

返修作为施工单位的法定义务，其返修包括施工过程中出现质量问题的建设工程和竣工验收不合格的建设工程两种情形。不论是施工过程中出现质量问题的建设工程，还是竣工验收时发现质量问题的工程，施工单位都要负责返修。

对于非施工单位原因造成的质量问题，施工单位也应当负责返修，但是因此而造成的损失及返修费用由责任方负责。

**五、建立健全职工教育培训制度的规定**

《建设工程质量管理条例》规定，施工单位应当建立、健全教育培训制度，加强对职工的教育培训；未经教育培训或者考核不合格的人员，不得上岗作业。

施工单位的教育培训通常包括各类质量教育和岗位技能培训等。先培训、后上岗，是对施工单位的职工教育的基本要求。特别是与质量工作有关的人员，如总工程师、项目经理、质量体系内审员、质量检查员、施工人员、材料试验及检测人员；关键技术工种如焊工、钢筋工、混凝土工等，未经培训或者培训考核不合格的人员，不得上岗工作或作业。

### 六、违法行为应承担的法律责任

施工单位质量违法行为应承担的主要法律责任如下：

（一）违反资质管理规定和转包、违法分包造成质量问题应承担的法律责任

《建筑法》规定，建筑施工企业转让、出借资质证书或者以其他方式允许他人以本企业的名义承揽工程的，对因该项承揽工程不符合规定的质量标准造成的损失，建筑施工企业与使用本企业名义的单位或者个人承担连带赔偿责任。

承包单位将承包的工程转包的，或者违反本法规定进行分包的，对因转包工程或者违法分包的工程不符合规定的质量标准造成的损失，与接受转包或者分包的单位承担连带赔偿责任。

（二）偷工减料等违法行为应承担的法律责任

《建设工程质量管理条例》规定，施工单位在施工中偷工减料的，使用不合格的建筑材料、建筑构配件和设备的，或者有不按照工程设计图纸或者施工技术标准施工的其他行为的，责令改正，处工程合同价款2％以上4％以下的罚款；造成建设工程质量不符合规定的质量标准的，负责返工、修理，并赔偿因此造成的损失；情节严重的，责令停业整顿，降低资质等级或者吊销资质证书。

（三）检验检测违法行为应承担的法律责任

《建设工程质量管理条例》规定，施工单位未对建筑材料、建筑构配件、设备和商品混凝土进行检验，或者未对涉及结构安全的试块、试件以及有关材料取样检测的，责令改正，处10万元以上20万元以下的罚款；情节严重的，责令停业整顿，降低资质等级或者吊销资质证书；造成损失的，依法承担赔偿责任。

（四）构成犯罪的追究刑事责任

《刑法》第一百三十七条规定，建设单位、设计单位、施工单位、工程监理单位违反国家规定，降低工程质量标准，造成重大安全事故的，对直接责任人员处5年以下有期徒刑或者拘役，并处罚金；后果特别严重的，处5年以上10年以下有期徒刑，并处罚金。

## 第三节　建设单位及相关单位的质量责任和义务

建设工程质量责任制涵盖了多方主体的质量责任制，除施工单位外，还有建设单位，勘察、设计单位，工程监理单位的质量责任制。

### 一、建设单位相关的质量责任和义务

建设单位作为建设工程的投资人，是建设工程的重要责任主体。建设单位有权选择承包单位，有权对建设过程进行检查、控制，对建设工程进行验收，并要按时支付工程款和费用等，在整个建设活动中居于主导地位。因此，要确保建设工程的质量，首先就要对建设单位的行为进行规范，对其质量责任予以明确。

（一）依法发包工程

《建设工程质量管理条例》规定，建设单位应当将工程发包给具有相应资质等级的单位。建设单位不得将建设工程肢解发包。建设单位应当依法对工程建设项目的勘察、设

计、施工、监理以及与工程建设有关的重要设备、材料等的采购进行招标。

建设单位发包工程时，应该根据工程特点，以有利于工程的质量、进度、成本控制为原则，合理划分标段，而不能肢解发包工程。如果将应当由一个承包单位完成的工程肢解成若干部分，分别发包给不同的承包单位，将使整个工程建设在管理和技术上缺乏应有的统筹协调，从而造成施工现场秩序的混乱，责任不清，严重影响建设工程质量，一旦出现问题也很难找到责任方。

建设单位还要依照《招标投标法》等有关规定，对必须实行招标的工程项目进行招标，择优选定工程勘察、设计、施工、监理单位以及采购重要设备、材料等。

（二）依法提供原始资料

《建设工程质量管理条例》规定，建设单位必须向有关的勘察、设计、施工、工程监理等单位提供与建设工程有关的原始资料。原始资料必须真实、准确、齐全。

原始资料是工程勘察、设计、施工、监理等单位赖以进行相关工程建设的基础性材料。建设单位作为建设活动的总负责方，向有关单位提供原始资料，以及施工地段地下管线现状资料，并保证这些资料的真实、准确、齐全，是其基本的质量责任和义务。

（三）限制不合理的干预行为

《建筑法》规定，建设单位不得以任何理由，要求建筑设计单位或者建筑施工企业在工程设计或者施工作业中，违反法律、行政法规和建筑工程质量、安全标准，降低工程质量。

《建设工程质量管理条例》进一步规定，建设工程发包单位，不得迫使承包方以低于成本的价格竞标，不得任意压缩合理工期。建设单位不得明示或者暗示设计单位或者施工单位违反工程建设强制性标准，降低建设工程质量。

成本是构成价格的主要部分，是承包方估算投标价格的依据和最低的经济底线。如果建设单位迫使承包方以低于成本的价格中标，势必会导致中标单位在承包工程后，为了减少开支、降低成本而采取偷工减料、以次充好、粗制滥造等手段，最终导致建设工程出现质量问题，影响投资效益的发挥。

建设单位也不得任意压缩合理工期。因为，合理工期是指在正常建设条件下，采取科学合理的施工工艺和管理方法，以现行的工期定额为基础，结合工程项目建设的实际，经合理测算和平等协商而确定的使参与各方均获满意的经济效益的工期。如果盲目要求赶工期，势必会简化工序，不按规程操作，从而导致建设工程出现质量等诸多问题。

建设单位更不得以任何理由，诸如建设资金不足、工期紧等，违反强制性标准的规定，要求设计单位降低设计标准，或者要求施工单位采用建设单位采购的不合格材料设备等。因为，强制性标准是保证建设工程结构安全可靠的基础性要求，违反了这类标准，必然会给建设工程带来重大质量隐患。

（四）依法报审施工图设计文件

《建设工程质量管理条例》规定，建设单位应当将施工图设计文件报县级以上人民政府建设行政主管部门或者其他有关部门审查。施工图设计文件未经审查批准的，不得使用。

施工图设计文件是编制施工图预算、安排材料、设备订货和非标准设备制作，进行施工、安装和工程验收等工作的依据。因此，施工图设计文件的质量直接影响建设工程的质量。

（五）依法实行工程监理

《建设工程质量管理条例》规定，实行监理的建设工程，建设单位应当委托具有相应资质等级的工程监理单位进行监理，也可以委托具有工程监理相应资质等级并与被监理工程的施工承包单位没有隶属关系或者其他利害关系的该工程的设计单位进行监理。

工程监理单位的资质反映了该单位从事某项监理工作的资格和能力。为了保证监理工作的质量，建设单位必须将需要监理的工程委托给具有相应资质等级的工程监理单位进行监理。目前，我国的工程监理主要是对工程的施工过程进行监督，而该工程的设计人员对设计意图比较理解，对设计中各专业如结构、设备等在施工中可能发生的问题也比较清楚，由具有监理资质的设计单位对自己设计的工程进行监理，对保证工程质量是有利的。但是，设计单位与承包该工程的施工单位不得有行政隶属关系，也不得存在可能直接影响设计单位实施监理公正性的非常明显的经济或其他利益关系。

《建设工程质量管理条例》还规定，下列建设工程必须实行监理：①国家重点建设工程；②大中型公用事业工程；③成片开发建设的住宅小区工程；④利用外国政府或者国际组织贷款、援助资金的工程；⑤国家规定必须实行监理的其他工程。

（六）依法办理工程质量监督手续

《建设工程质量管理条例》规定，建设单位在领取施工许可证或者开工报告前，应当按照国家有关规定办理工程质量监督手续。因此，建设单位在领取施工许可证或者开工报告之前，应当依法到建设行政主管部门或铁路、交通、水利等有关管理部门，或其委托的工程质量监督机构办理工程质量监督手续，接受政府主管部门的工程质量监督。

（七）依法保证建筑材料等符合要求

《建设工程质量管理条例》规定，按照合同约定，由建设单位采购建筑材料、建筑构配件和设备的，建设单位应当保证建筑材料、建筑构配件和设备符合设计文件和合同要求。建设单位不得明示或者暗示施工单位使用不合格的建筑材料、建筑构配件和设备。在工程实践中，常由建设单位采购建筑材料、构配件和设备，在合同中应当明确约定采购责任，即谁采购、谁负责。对于建设单位负责供应的材料设备，在使用前施工单位应当按照规定对其进行检验和试验，如果不合格，不得在工程上使用，并应通知建设单位予以退换。

（八）依法进行装修工程

《建设工程质量管理条例》规定，涉及建筑主体和承重结构变动的装修工程，建设单位应当在施工前委托原设计单位或者具有相应资质等级的设计单位提出设计方案；没有设计方的，不得施工。房屋建筑使用者在装修过程中，不得擅自变动房屋建筑主体和承重结构。

随意拆改建筑主体结构和承重结构等，会危及建设工程安全和人民生命财产安全。因此，建设单位应当委托该建筑工程的原设计单位或者具有相应资质条件的设计单位提出装修工程的设计方案。如果没有设计方案就擅自施工，将留下质量隐患甚至造成质量事故，后果严重。至于房屋使用者，在装修过程中也不得擅自变动房屋建筑主体和承重结构，如拆除隔墙、窗洞改门洞等，否则很有可能会酿成房倒屋塌的灾难。

（九）建设单位质量违法行为应承担的法律责任

《建筑法》规定，建设单位违反本法规定，要求建筑设计单位或者建筑施工企业违反建筑工程质量、安全标准，降低工程质量的，责令改正，可以处以罚款；构成犯罪的，依法追究刑事责任。

《建设工程质量管理条例》规定，建设单位有下列行为之一的，责令改正，处 20 万元以上 50 万元以下的罚款：①迫使承包方以低于成本的价格竞标的；②任意压缩合理工期的；③明示或者暗示设计单位或者施工单位违反工程建设强制性标准，降低工程质量的；④施工图设计文件未经审查或者审查不合格，擅自施工的；⑤建设项目必须实行工程监理而未实行工程监理的；⑥未按照国家规定办理工程质量监督手续的；⑦明示或者暗示施工单位使用不合格的建筑材料、建筑构配件和设备的；⑧未按照国家规定将竣工验收报告、有关认可文件或者准许使用文件报送备案的。

## 二、勘察、设计单位相关的质量责任和义务

《建筑法》规定，建筑工程的勘察、设计单位必须对其勘察、设计的质量负责。勘察、设计文件应当符合有关法律、行政法规的规定和建筑工程质量、安全标准、建筑工程勘察、设计技术规范以及合同的约定。

《建设工程质量管理条例》进一步规定，勘察、设计单位必须按照工程建设强制性标准进行勘察、设计，并对其勘察、设计的质量负责。注册建筑师、注册结构工程师等注册执业人员应当在设计文件上签字，对设计文件负责。

"谁勘察设计谁负责，谁施工谁负责"，这是国际上通行的做法。勘察、设计单位和执业注册人员是勘察设计质量的责任主体，也是整个工程质量的责任主体之一。勘察、设计质量实行单位与执业注册人员双重责任，即勘察、设计单位对其勘察、设计的质量负责，注册建筑师、注册结构工程师等专业人士对其签字的设计文件负责。

（一）依法承揽勘察、设计业务

《建设工程质量管理条例》规定，从事建设工程勘察、设计的单位应当依法取得相应等级的资质证书，并在其资质等级许可的范围内承揽工程。禁止勘察、设计单位超越其资质等级许可的范围或者以其他勘察、设计单位的名义承揽工程。禁止勘察、设计单位允许其他单位或者个人以本单位的名义承揽工程。勘察、设计单位不得转包或者违法分包所承揽的工程。

勘察、设计作为一个特殊行业，与施工单位一样，也有着严格的市场准入条件，有着从业资格制度，同样禁止无资质或者越级承揽工程，禁止以其他勘察、设计单位的名义承揽工程或者允许其他单位、个人以本单位的名义承揽工程，禁止转包或者违法分包所承揽的工程。

（二）勘察、设计必须执行强制性标准

《建设工程质量管理条例》规定，勘察、设计单位必须按照工程建设强制性标准进行勘察、设计，并对其勘察、设计的质量负责。

强制性标准是工程建设技术和经验的积累，是勘察、设计工作的技术依据。只有满足工程建设强制性标准才能保证质量，才能满足工程对安全、卫生、环保等多方面的质量

要求。

（三）勘察单位提供的勘察成果必须真实、准确

《建设工程质量管理条例》规定，勘察单位提供的地质、测量、水文等勘察成果必须真实、准确。工程勘察工作是建设工作的基础工作，工程勘察成果文件是设计和施工的基础资料和重要依据。其真实准确与否直接影响到设计、施工质量，因而工程勘察成果必须真实准确、安全可靠。

（四）设计依据和设计深度

《建设工程质量管理条例》规定，设计单位应当根据勘察成果文件进行建设工程设计。设计文件应当符合国家规定的设计深度要求，注明工程合理使用年限。

勘察成果文件是设计的基础资料，是设计的依据。我国对各类设计文件的编制深度都有规定，在实践中应当贯彻执行。工程合理使用年限是指从工程竣工验收合格之日起，工程的地基基础、主体结构能保证在正常情况下安全使用的年限。它与《建筑法》中的"建筑物合理寿命年限"、《合同法》中的"工程合理使用期限"等在概念上是一致的。

（五）依法规范设计单位对建筑材料等的选用

《建筑法》《建设工程质量管理条例》均规定，设计单位在设计文件中选用的建筑材料、建筑构配件和调和设备，应当注明规格、型号、性能等技术指标，其质量要求必须符合国家规定的标。除有特特殊要求的建筑材料、专用设备、工艺生产线等外，设计单位不得指定生产厂、供应商。

为了使施工能准确满足设计意图，设计文件中必须注明所选用的建筑材料、建筑构配件和设备的规格、型号、性能等技术指标。这也是设计文件编制深度的要求。但是，在通用产品能保证工程质量的前提下，设计单位就不应选用特殊要求的产品，也不能滥用权力指定生产厂、供应商，以免限制建设单位或者施工单位在材料等采购上的自主权，导致垄断或者变相垄断现象的发生。

（六）依法对设计文件进行技术交底

《建设工程质量管理条例》规定，设计单位应当就审查合格的施工图设计文件向施工单位作出详细说明。

设计文件的技术交底，是指设计单位将设计意图、特殊工艺要求，以及建筑、结构、设备等各专业在施工中的难点、疑点和容易发生的问题等向施工单位作详细说明，并负责解释施工单位对设计图纸的疑问。

对设计文件进行技术交底是设计单位的重要义务，对确保工程质量有重要的意义。

（七）依法参与建设工程质量事故分析

《建设工程质量管理条例》规定，设计单位应当参与建设工程质量事故分析，并对因设计造成的质量事故，提出相应的技术处理方案。

工程质量的好坏，在一定程度上就是工程建设是否准确贯彻了设计意图。因此，一旦发生了质量事故，该工程的设计单位最有可能在短时间内发现存在的问题，对事故的分析具有权威性。这对及时进行事故处理十分有利。对因设计造成的质量事故，原设计单位必须提出相应的技术处理方案，这是设计单位的法定义务。

（八）勘察、设计单位质量违法行为应承担的法律责任

《建设工程质量管理条例》规定，有下列行为之一的，责令改正，处 10 万元以上 30 万元以下的罚款：①勘察单位未按照工程建设强制性标准进行勘察的；②设计单位未根据勘察成果文件进行工程设计的；③设计单位指定建筑材料、建筑构配件的生产厂、供应商的；④设计单位未按照工程建设强制性标准进行设计的。有以上所列行为，造成工程质量事故的，责令停业整顿，降低资质等级；情节严重的，吊销资质证书；造成损失的，依法承担赔偿责任。

### 三、工程监理单位相关的质量责任和义务

工程监理单位接受建设单位的委托，代表建设单位，对建设工程进行管理。因此，工程监理单位也是建设工程质量的责任主体之一。

（一）依法承担工程监理业务

《建筑法》规定，工程监理单位应当在其资质等级许可的监理范围内，承担工程监理业务。工程监理单位不得转让工程监理业务。

《建设工程质量管理条例》进一步规定，工程监理单位应当依法取得相应等级的资质证书，并在其资质等级许可的范围内承担工程监理业务。禁止工程监理单位超越本单位资质等级许可的范围或者以其他工程监理单位的名义承担工程监理业务。禁止工程监理单位允许其他单位或者个人以本单位的名义承担工程监理业务。工程监理单位不得转让工程监理业务。

监理单位必须按照资质等级承担工程监理业务。越级监理、允许其他单位或者个人以本单位的名义承担监理业务等，都将使工程监理变得有名无实，最终将对工程质量造成危害。监理单位转让工程监理业务，与施工单位转包工程有着同样的危害性。

（二）对有隶属关系或其他利害关系的回避

《建筑法》《建设工程质量管理条例》都规定，工程监理单位与被监理工程的施工承包单位以及建筑材料、建筑构配件和设备供应单位有隶属关系或者其他利害关系的，不得承担该项如建设工程的监理业务。

由于工程监理单位与被监理工程的承包单位以及建筑材料、建筑构配件和设备供应单位之间，是一种监督与被监督的关系，为了保证客观、公正执行监理任务，工程监理单位与上述单位不能有隶属关系或者其他利害关系。如果有这种关系，工程监理单位在接受监理委托前，应当自行回避；对于没有回避而被发现的，建设单位可以依法解除委托关系。

（三）监理工作的依据和监理责任

《建设工程质量管理条例》规定，工程监理单位应当依照法律、法规以及有关技术标准、设计文件和建设工程承包合同，代表建设单位对施工质量实施监理，并对施工质量承担监理责任。

监理工作的主要依据是：①法律、法规，如《建筑法》《合同法》《建设工程质量管理条例》等；②有关技术标准，如《工程建设标准强制性条文》以及建设工程承包合同中确认采用的推荐性标准等；③设计文件，施工图设计等设计文件既是施工的依据，也是监理单位对施工活动进行监督管理的依据；④建设工程承包合同，监理单位据此监督施工单位是否全面履行合同约定的义务。

监理单位对施工质量承担监理责任，包括违约责任和违法责任两个方面：①违约责任：如果监理单位不按照监理合同约定履行监理义务，给建设单位或其他单位造成损失的，应当承担相应的赔偿责任；②违法责任：如果监理单位违法监理，或者降低工程质量标准，造成质量事故的，要承担相应的法律责任。

（四）工程监理的职责和权限

《建设工程质量管理条例》规定，工程监理单位应当选派具备相应资格的总监理工程师、监理工程师进驻施工现场。未经监理工程师签字，建筑材料、建筑构配件和设备不得在工程上使用或者安装，施工单位不得进行下一道工序的施工。未经总监理工程师签字，建设单位不拨付工程款，不进行竣工验收。

监理单位应根据所承担的监理任务，组建驻工地监理机构。监理机构由总监理工程师、监理工程师和其他监理人员组成。工程监理实行总监理工程师负责制。总监理工程师依法和在授权范围内可以发布有关指令，全面负责受委托的监理工程。监理工程师拥有对建筑材料、建筑构配件和设备以及每道施工工序的检查权，对检查不合格的，有权决定是否允许在工程上使用或进行下一道工序的施工。

（五）工程监理的形式

《建设工程质量管理条例》规定，监理工程师应当按照工程监理规范的要求，采取旁站、巡视和平行检验等形式，对建设工程实施监理。

所谓旁站是指对工程中有关地基和结构安全的关键工序和关键施工过程，进行连续不断地监督检查或检验的监理活动，有时甚至要连续跟班监理。所谓巡视，主要是强调除了关键点的质量控制外，监理工程师还应对施工现场进行面上的巡查监理。所谓平行检验，主要是强调监理单位对施工单位已经检验的工程应及时进行检验。对于关键性、较大体量的工程实物，采取分段后平行检验的方式，有利于及时发现质量问题，及时采取措施予以纠正。

（六）工程监理单位质量违法行为应承担的法律责任

《建筑法》规定，工程监理单位与建设单位或者建筑施工企业串通，弄虚作假、降低工程质量的，责令改正，处以罚款，降低资质等级或者吊销资质证书；有违法所得的，予以没收；造成损失的，承担连带赔偿责任；构成犯罪的，依法追究刑事责任。

《建设工程质量管理条例》规定，工程监理单位有下列行为之一的，责令改正，处50万元以上100万元以下的罚款，降低资质等级或者吊销资质证书；有违法所得的，予以没收；造成损失的，承担连带赔偿责任：①与建设单位或者施工单位串通、弄虚作假、降低工程质量的；②将不合格的建设工程、建筑材料、建筑构配件和设备按照合格签字的。

**四、政府部门工程质量监督管理的相关规定**

为了确保建设工程质量，保障公共安全和人民生命财产安全，政府必须加强对建设工程质量的监督管理。因此，《建设工程质量管理条例》规定，国家实行建设工程质量监督管理制度。

（一）我国的建设工程质量监督管理体制

《建设工程质量管理条例》规定，国务院建设行政主管部门对全国的建设工程质量实施统一监督管理。国务院铁路、交通、水利等有关部门按照国务院规定的职责分工，负责结对全国的有关专业建设工程质量的监督管理。

国务院发展计划部门按照国务院规定的职责，组织稽查特派员，对国家出资的重大建设项目实施监督检查。国务院经济贸易主管部门按照国务院规定的职责，对国家重大技术改造项目实施监督检查。

县级以上地方人民政府建设行政主管部门对本行政区域内的建设工程质量实施监督管理。县级以上地方人民政府交通、水利等有关部门在各自的职责范围内，负责对本行政区域内的专业建设工程质量的监督管理。建设工程质量监督管理，可以由建设行政主管部门或者其他有关部门委托的建设工程质量监督机构具体实施。

从事房屋建筑工程和市政基础设施工程质量监督的机构，必须按照国家有关规定经国务院建设行政主管部门或者省、自治区、直辖市人民政府建设行政主管部门考核；从事专业建设工程质量监督的机构，必须按照国家有关规定经国务院有关部门或者省、自治区、直辖市人民政府有关部门考核。经考核合格后，方可实施质量监督。

在政府加强监督的同时，还要发挥社会监督的巨大作用，即任何单位和个人对建设工程的质量事故、质量缺陷都有权检举、控告、投诉。

（二）政府监督检查的内容和有权采取的措施

《建设工程质量管理条例》规定，国务院建设行政主管部门和国务院铁路、交通、水利等有关部门以及县级以上地方人民政府建设行政主管部门和其他有关部门，应当加强对有关建设工程质量的法律、法规和强制性标准执行情况的监督检查。

县级以上人民政府建设行政主管部门和其他有关部门履行监督检查职责时，有权采取下列措施：①要求被检查的单位提供有关工程质量的文件和资料；②进入被检查单位的施工现场进行检查；③发现有影响工程质量的问题时，责令整改。

有关单位和个人对县级以上人民政府建设行政主管部门和其他有关部门进行的监督检查应当支持与配合，不得拒绝或者阻碍建设工程质量监督检查人员依法执行职务。

（三）禁止滥用权力的行为

《建设工程质量管理条例》规定，供水、供电、供气、公安消防等部门或者单位不得明示或者暗示建设单位、施工单位购买其指定的生产供应单位的建筑材料、建筑构配件和设备。

在实践中，一些部门或单位利用其管理职能或者垄断地位指定生产厂家或产品的现象较多，如果建设单位或者施工单位不采用，就在竣工验收时故意刁难或不予验收，不准投入使用。这种非法滥用职权的行为，是法律所禁止的。

（四）建设工程质量事故报告制度

《建设工程质量管理条例》规定，建设工程发生质量事故，有关单位应当在 24 小时内向当地建设行政主管部门和其他有关部门报告。对重大质量事故，事故发生地的建设行政主管部门和其他有关部门应当按照事故类别和等级向当地人民政府和上级建设行政主管部门和其他有关部门报告。特别重大质量事故的调查程序按照国务院有关规定办理。

根据国务院《生产安全事故报告和调查处理条例》的规定，特别重大事故，是指造成 30 人以上死亡，或者 100 人以上重伤，或者 1 亿元以上直接经济损失的事故。特别重大事故、重大事故逐级上报至国务院安全生产监督管理部门和负有安全生产监督管理职责的有关部门。每级上报的时间不得超过 2 个小时，必要时，安全生产监督管理部门和负有安全生产监督管理职责的有关部门可以越级上报事故情况。

（五）有关质量违法行为应承担的法律责任

《建设工程质量管理条例》规定，发生重大工程质量事故隐瞒不报、谎报或者拖延报告期限的，对直接负责的主管人员和其他责任人员依法给予行政处分。

供水、供电、供气、公安消防等部门或者单位明示或者暗示建设单位或者施工单位购买其指定的生产供应单位的建筑材料、建筑构配件和设备的，责令改正。

国家机关工作人员在建设工程质量监督管理工作中玩忽职守、滥用职权、徇私舞弊，构成犯罪的，依法追究刑事责任；尚不构成犯罪的，依法给予行政处分。

# 第四节　建设工程竣工验收制度

工程项目按设计文件规定的内容和标准全部建成，并按规定将工程内外全部清理完毕后称为竣工。国家计委颁发的《建设项目（工程）竣工验收办法》规定，凡新建、扩建、改建的基本建设项目（工程）和技术改造项目，按批准的设计文件所规定的内容建成，符合验收标准的必须及时组织验收，办理固定资产移交手续。

建筑工程项目的竣工验收指在建筑工程已按照设计要求完成全部施工任务，准备交付给建设单位投入使用时，由建设单位或有关主管部依照国家关于建筑工程竣工验收制度的规定，对该项工程是否符合设计要求和工程质量标准所进行检查、考核工作。工程项目的竣工验收是施工全过程的最后一道工序，也是工程项目管理的最后一项工作。它是建设投资成果转入生产或使用的标志，也是全面考核投资效益、检验设计和施工质量的重要环节。认真做好工程项目的竣工验收工程，对保证工程项目的质量具有重要意义。

## 一、竣工验收的主体和法定条件

（一）建设工程竣工验收的主体

《建设工程质量管理条例》规定，建设单位收到建设工程竣工报告后，应当组织设计、施工、工程监理等有关单位进行竣工验收。

对工程进行竣工检查和验收是建设单位法定的权利和义务。在建设工程完工后，承包单位应当向建设单位提供完整的竣工资料和竣工验收报告，提请建设单位组织竣工验收。建设单位收到竣工验收报告后，应及时组织有设计、施工、工程监理等有关单位参加的竣工验收，检查整个工程项目是否已按照设计要求和合同约定全部建设完成，并符合竣工验收条件。

（二）竣工验收应当具备的法定条件

《建筑法》规定，交付竣工验收的建筑工程，必须符合规定的建筑工程质量标准，有完整的工程技术经济资料和经签署的工程保修书，并具备国家规定的其他竣工条件。建筑工程竣工经验收合格后，方可交付使用；未经验收或者验收不合格的，不得交付使用。

《建设工程质量管理条例》进一步规定，建设工程竣工验收应当具备下列条件：①完成建设工程设计和合同约定的各项内容；②有完整的技术档案和施工管理资料；③有工程使用的主要建筑材料、建筑构配件和设备的进场试验报告；④有勘察、设计、施工、工程监理等单位签署的质量合格文件；⑤有施工单位签署的工程保修书。建设工程经验收合格的，方可交付使用。

### 1. 完成建设工程设计和合同约定的各项内容

建设工程设计和合同约定的内容，主要是指设计文件所确定的以及承包合同"承包人承揽工程项目一览表"中载明的工作范围，也包括监理工程师签发的变更通知单中所确定的工作内容。

### 2. 有完整的技术档案和施工管理资料

工程技术档案和施工管理资料是工程竣工验收和质量保证的重要依据之一，主要包括以下档案和资料：①工程项目竣工验收报告；②分项、分部工程和单位工程技术人员名单；③图纸会审和技术交底记录；④设计变更通知单，技术变更核实单；⑤工程质量事故发生后调查和处理资料；⑥隐蔽验收记录及施工日志；⑦竣工图；⑧质量检验评定资料等；⑨合同约定的其他资料。

### 3. 有工程使用的主要建筑材料、建筑构配件和设备的进场试验报告

对建设工程使用的主要建筑材料、建筑构配件和设备，除须具有质量合格证明资料外，还应有进场试验、检验报告，其质量要求必须符合国家规定的标准。

### 4. 有勘察、设计、施工、工程监理等单位分别签署的质量合格文件

勘察、设计、施工、工程监理等有关单位要依据工程设计文件及承包合同所要求的质量标准对竣工工程进行检查评定；符合规定的，应当签署合格文件。

### 5. 有施工单位签署的工程保修书

施工单位同建设单位签署的工程保修书，也是交付竣工验收的条件之一。

凡是没有经过竣工验收或者经过竣工验收确定为不合格的建设工程，不得交付使用。如果建设单位为提前获得投资效益，在工程未经验收时就提前投产或使用，由此而发生的质量等问题，建设单位要承担责任。

## 二、施工单位应提交的档案资料

《建设工程质量管理条例》规定，建设单位应当严格按照国家有关档案管理的规定，及时收集、整理建设项目各环节的文件资料，建立健全建设项目档案，并在建设工程竣工验收后，及时向建设行政主管部门或者其他有关部门移交建设项目档案。

建设工程是百年大计。一般的建筑物设计年限都在 50～70 年之间，重要的建筑物达百年以上。在建设工程投入使用之后，还要进行检查、维修、管理，还可能会遇到改建、扩建或拆除活动，以及在其周围进行建设活动。这些都需要参考原始的勘察、设计、施工等资料。建设单位是工程建设活动的总负责方，应当在合同中明确要求勘察、设计、施工、监理等单位分别提供工程建设各环节的文件资料，及时收集整理，建立健全建设项目档案。

原建设部《城市建设档案管理规定》中规定，建设单位应当在工程竣工验收后 3 个月内，向城建档案馆报送一套符合规定的建设工程档案。凡建设工程档案不齐全的，应当限期补充。对改建、扩建和重要部位维修的工程，建设单位应当组织设计、施工单位据实修改、补充和完善原建设工程档案。

施工单位应当按照归档要求制定统一目录，有专业分包工程的，分包单位要按照总承

包单位的总体安排做好各项资料整理工作，最后再由总承包单位进行审核、汇总。施工单位一般应当提交的档案资料是：①工程技术档案资料；②工程质量保证资料；③工程检验评定资料；④竣工图等。

### 三、竣工验收报告备案的规定

《建设工程质量管理条例》规定，建设单位应当自建设工程竣工验收合格之日起 15 日内，将建设工程竣工验收报告和规划、公安消防、环保等部门出具的认可文件或者准许使用文件报建设行政主管部门或者其他有关部门备案。建设行政主管部门或者其他有关部门发现建设单位在竣工验收过程中有违反国家有关建设工程质量管理规定行为的，责令停止使用，重新组织竣工验收。

（一）竣工验收备案的时间及须提交的文件

住房和城乡建设部《房屋建筑和市政基础设施工程竣工验收备案管理办法》规定，建设单位应当自工程竣工验收合格之日起 15 日内，依照本办法规定，向工程所在地的县级以上地方人民政府建设主管部门（以下简称备案机关）备案。

建设单位办理工程竣工验收备案应当提交下列文件：①工程竣工验收备案表；②工程竣工验收报告；竣工验收报告应当包括工程报建日期，施工许可证号，施工图设计文件审查意见，勘察、设计、施工、工程监理等单位分别签署的质量合格文件及验收人员签署的竣工验收原始文件，市政基础设施的有关质量检测和功能性试验资料以及备案机关认为需要提供的有关资料；③法律、行政法规规定应当由规划、环保等部门出具的认可文件或者准许使用文件；④法律规定应当由公安消防部门出具的对大型的人员密集场所和其他特殊建设工程验收合格的证明文件；⑤施工单位签署的工程质量保修书；⑥法规、规章规定必须提供的其他文件。住宅工程还应当提交《住宅质量保证书》和《住宅使用说明书》。

《城市地下管线工程档案管理办法》还规定，建设单位在地下管线工程竣工验收备案前，应当向城建档案管理机构移交下列档案资料：①地下管线工程项目准备阶段文件、监理文件、施工文件、竣工验收文件和竣工图；②地下管线竣工测量成果；③其他应当归档的文件资料（电子文件、工程照片、录像等）。建设单位向城建档案管理机构移交的档案资料应当符合 GB/T 50328—2001《建设工程文件归档整理规范》的要求。

（二）竣工验收备案文件的签收和处理

《房屋建筑和市政基础设施工程竣工验收备案管理办法》规定，备案机关收到建设单位报送的竣工验收备案文件，验证文件齐全后，应当在工程竣工验收备案表上签署文件收讫。工程竣工验收备案表一式两份，1 份由建设单位保存，1 份留备案机关存档。

工程质量监督机构应当在工程竣工验收之日起 5 日内，向备案机关提交工程质量监督报告。

备案机关发现建设单位在竣工验收过程中有违反国家有关建设工程质量管理规定行为的，应当在收讫竣工验收备案文件 15 日内，责令停止使用，重新组织竣工验收。

（三）竣工验收备案违反规定的处罚

《房屋建筑和市政基础设施工程竣工验收备案管理办法》规定，建设单位在工程竣工验收合格之日起 15 日内未办理工程竣工备案的，备案机关责令限期改正，处 20 万元以上50 万元以下罚款。

建设单位将备案机关决定重新组织竣工验收的工程，在重新组织竣工验收前，擅自使用的，备案机关责令停止使用，处工程合同价款2%以上4%以下罚款。

建设单位采用虚假证明文件办理工程竣工验收备案的，工程竣工验收无效，备案机关责令停止使用，重新组织竣工验收，处20万元以上50万元以下罚款；构成犯罪的，依法追究刑事责任。

备案机关决定重新组织竣工验收并责令停止使用的工程，建设单位在备案之前已投入使用或者建设单位擅自继续使用造成使用人损失的，由建设单位依法承担赔偿责任。

《城市地下管线工程档案管理办法》规定，建设单位违反本办法规定，未移交地下管线工程档案的，由建设主管部门责令改正，处1万元以上10万元以下的罚款；对单位直接负责的主管人员和其他直接责任人员，处单位罚款数额5%以上10%以下的罚款；因建设单位未移交地下管线工程档案，造成施工单位在施工中损坏地下管线的，建设单位依法承担相应的责任。

# 第五节　建设工程质量保修制度

《建筑法》《建设工程质量管理条例》均规定，建设工程实行质量保修制度。

建设工程质量保修制度是指建设工程竣工经验收后，在规定的保修期限内，因勘察、设计、施工、材料等原因造成的质量缺陷，应当由施工承包单位负责维修、返工或更换，由责任单位负责赔偿损失的法律制度。

## 一、质量保修书和最低保修期限的规定

（一）建设工程质量保修书

《建设工程质量管理条例》规定，建设工程承包单位在向建设单位提交工程竣工验收报告时，应当向建设单位出具质量保修书。质量保修书中应当明确建设工程的保修范围、保修期限和保修责任等。

1. 质量保修范围

《建筑法》规定，建筑工程的保修范围应当包括地基基础工程、主体结构工程、屋面防水工程和其他土建工程，以及电气管线、上下水管线的安装工程，供热、供冷系统工程等项目。

当然，不同类型的建设工程，其保修范围是有所不同的。

2. 质量保修期限

《建筑法》规定，保修的期限应当按照保证建筑物合理寿命年限内正常使用，维护使用者合法权益的原则确定。

具体的保修范围和最低保修期限，国务院在《建设工程质量管理条例》中作了明确规定。

3. 质量保修责任

施工单位在质量保修书中，应当向建设单位承诺保修范围、保修期限和有关具体实施保修的措施，如保修的方法、人员及联络办法，保修答复和处理时限，不履行保修责任的罚则等。

需要注意的是，施工单位在建设工程质量保修书中，应当对建设单位合理使用建设工程有所提示。如果是因建设单位或者用户使用不当或擅自发动结构、设备位置以及不当装修等造成质量问题的，施工单位不承担保修责任；由此而造成的质量受损或者其他用户损失，应当由责任人承担相应的责任。

（二）建设工程质量的最低保修期限

《建设工程质量管理条例》规定，在正常使用条件下，建设工程的最低保修期限为：①基础设施工程、房屋建筑的地基工程和主体结构工程，为设计文件规定的该工程的合理使用年限；②屋面防水工程、有防水要求的卫生间、房间和外墙面的防渗漏，为5年；③供热与供冷系统，为2个采暖期、供冷期；④电气管线、给排水管道、设备安装和装修工程，为2年。其他项目的保修期限由发包方与承包方约定。

1. 地基基础工程和主体结构的保修期

基础设施工程、房屋建筑的地基基础工程和主体结构工程的质量，直接关系到基础设施工程和房屋建筑的整体安全可靠，必须在该工程的合理使用年限内予以保修，即实行终身负责制。因此，工程合理使用年限就是该工程勘察、设计、施工等单位的质量责任年限。

2. 屋面防水工程、供热与供冷系统等的最低保修期

在《建设工程质量管理条例》中，对屋面防水工程、供热与供冷系统、电气管线、给排水管道、设备安装和装修工程等的最低保修期限分别作出了规定。如果建设单位与施工单位经平等协商另行签订保修合同的，其保修期限可以高于法定的最低保修期限，但不能低于最低保修期限，否则视作无效。

建设工程保修期的起始日是竣工验收合格之日。《建设工程质量管理条例》规定，建设行政主管部门发现竣工验收过程中有违反国家有关建设工程质量管理规定行为的，责令停止使用，重新组织竣工验收。

对于重新组织竣工验收的工程，其保修期为各方都认可的重新组织竣工验收的日期。

3. 建设工程超过合理使用年限后需要继续使用的规定

《建设工程质量管理条例》规定，建设工程在超过合理使用年限后需要继续使用的，产权所有人应当委托具有相应资质等级的勘察、设计单位鉴定，并根据鉴定结果采取加固、维修等措施，重新界定使用期。

应该讲，各类工程根据其重要程度、结构类型、质量要求和使用性能等所确定的使用年限是不同的。确定建设工程的合理使用年限，并不意味着超过合理使用年限后，建设工程就一定要报废、拆除。经过具有相应资质等级的勘察、设计单位鉴定，制订技术加固措施，在设计文件中重新界定使用期，并经有相应资质等级的施工单位进行加固、维修和补强，该建设工程能达到继续使用条件的就可以继续使用。但是，如果不经鉴定、加固等而违法继续使用的，所产生的后果由产权所有人自负。

**二、质量责任的损失赔偿**

《建设工程质量管理条例》规定，建设工程在保修范围和保修期限内发生质量问题的，施工单位应当履行保修义务，并对造成的损失承担赔偿责任。

（一）保修义务的责任落实与损失赔偿责任的承担

《最高人民法院关于审理建设工程施工合同纠纷案件适用法律问题的解释》规定，因保修人未及时履行保修义务，导致建筑物损毁或者造成人身、财产损害的，保修人应当承担赔偿责任。保修人与建筑物所有人或者发包人对建筑物毁损有过错的，各自承担相应的责任。

建设工程保修质量问题是指在保修范围和保修期限内的质量问题。对于保修义务的承担和维修的经济责任承担应当按下述原则处理：

（1）施工单位未按照国家有关标准规范和设计要求施工所造成的质量缺陷，由施工单位负责返修并承担经济责任。

（2）由于设计问题造成的质量缺陷，先由施工单位负责维修，其经济责任按有关规定通过建设单位向设计单位索赔。

（3）因建筑材料、构配件和设备质量不合格的引起的质量缺陷，先由施工单位负责维修，其经济责任属于施工单位采购的或经其验收同意的，由施工单位承担经济责任；属于建设单位采购的，由建设单位承担经济责任。

（4）因建设单位（含监理单位）错误管理而造成的质量缺陷，先由施工单位负责维修，其经济责任由建设单位承担，如属监理单位责任，则由建设单位向监理单位索赔。

（5）因使用单位使用不当造成的损坏问题，先由施工单位负责维修，其经济责任由使用单位自行负责。

（6）因地震、台风、洪水等自然灾害或其他不可抗拒原因造成的损坏问题，先由施工单位负责维修，建设参与各方再根据国家具体政策分担经济责任。

（二）建设工程质量保证金

原建设部、财政部《建设工程质量保证金管理暂行办法》规定，建设工程质量保证金（保修金）（以下简称保证金）是指发包人与承包人在建设工程承包合同中约定，从应付的工程款中预留，用以保证承包人在缺陷责任期内对建设工程出现的缺陷进行维修的资金。

1. 缺陷责任期的确定

所谓缺陷是指建设工程质量不符合工程建设强制性标准、设计文件，以及承包合同的约定。缺陷责任期一般为 6 个月、12 个月或 24 个月，具体可由发承包双方在合同中约定。

缺陷责任期从工程通过竣（交）工验收之日起计。由于承包人原因导致工程无法按规定期限进行竣（交）工验收的，缺陷责任期从实际通过竣（交）工验收之日起计。由于发包人原因导致工程无法按规定期限进行竣（交）工验收的，在承包人提交竣（交）工验收报告 90 天后，工程自动进入缺陷责任期。

2. 预留保证金的比例

全部或者部分使用政府投资的建设项目，按工程价款结算总额 5% 左右的比例预留保证金。社会投资项目采用预留保证金方式的，预留保证金的比例可参照执行。

缺陷责任期内，由承包人原因造成的缺陷，承包人应负责维修，并承担鉴定及维修费用。如承包人不维修也不承担费用，发包人可按合同约定扣除保证金，并由承包人承担违约责任。承包人维修并承担相应费用后，不免除对工程的一般损失赔偿责任。由他人原因造成的缺陷，发包人负责组织维修，承包人不承担费用，且发包人不得从保证金中扣除费用。

3. 质量保证金的返还

缺陷责任期内，承包人认真履行合同约定的责任，到期后，承包人向发包人申请返还保证金。

发包人在接到承包人返还保证金申请后，应于14日内会同承包人按照合同约定的内容进行核实。如无异议，发包人应当在核实后14日将保证金返还给承包人，逾期支付的，从逾期之日期起，按照同期银行贷款利率计付利息，并承担违约责任。发包人在接到承包人的返还保证金申请后14日内不予答复，经催告后14日仍不予答复，视同认可承包人的返还保证金申请。

发包人和承包人对保证金预留、返还以及工程维修质量、费用有争议，按承包合同约定的争议和纠纷解决程序处理。

### 三、违法行为应承担的法律责任

建设工程质量保修违法行为应承担的主要法律责任如下：

《建筑法》规定，建筑施工企业违反本法规定，不履行保修义务的责令改正，可以处以罚款，并对在保修期内因屋顶、墙面渗漏、开裂等质量缺陷造成的损失，承担赔偿责任。

《建设工程质量管理条例》规定，施工单位不履行保修义务或者拖延履行保修义务的责令改正，处10万元以上20万元以下的罚款，并对在保修期内因质量缺陷造成的损失承担赔偿责任。

《建设工程质量保证金管理暂行办法》规定，缺陷责任期内，由承包人原因造成的缺陷，承包人应负责维修，并承担鉴定及维修费用。如承包人不维修也不承担费用，发包人可按合同约定扣除保证金，并由承包人承担违约责任。承包人维修并承担相应费用后，不免除对工程的一般损失赔偿责任。

《建筑业企业资质管理规定》规定，建筑业企业申请晋升资质等级或者主项资质以外的资质，在申请之日前1年内有未履行保修义务，造成严重后果的情形的，建设行政主管部门不予批准。

## 复 习 思 考 题

### 一、单项选择题

1. 在 GB/T 50430—2007《工程建设施工企业质量管理规范》中，其中 GB/T 符号表示范围为（　　）。

A. 强制性国家标准          B. 推荐性国家标准

C. 强制性行业标准          D. 推荐性行业标准

2. 某住宅小区分期开工建设，其中二期5号楼建设单位仍然复制使用一期工程施工图纸。施工时承包方发现图纸使用的02标准图集现已作废，承包方正确的做法是（　　）。

A. 因为图纸已经施工图审查合格，按图施工即可

B. 按现行图集套改后继续施工

C. 由施工单位技术人员修改图纸

D. 向相关单位及时提出修改建议

3. 关于施工图报审和审核合格的时间，应为（　　）。

A. 基础及结构部分在开工前报审及完成审核

B. 建筑部分开始施工前完成报审

C. 根据工程进度可以边报审边施工

D. 设计文件应在开工前完成报审和审核

4. 依法为建设工程办理质量监督手续，是（　　）的法定义务。

A. 建设单位　　　　B. 施工单位　　　　C. 监理单位　　　　D. 质量监督机构

5. 某工程承包单位完成了设计图纸和合同规定的施工任务，建设单位欲组织竣工验收，按照《建设工程质量管理条例》规定的工程竣工验收必备条件不包括的是（　　）。

A. 完整的技术档案和施工管理资料

B. 工程使用的主要建筑材料、建筑构配件和设备的进场试验报告

C. 勘察、设计、施工、工程监理等单位共同签署的质量合格文件

D. 施工单位签署的工程保修书

6. 《建设工程质量管理条例》中要求，施工单位向建设单位提交《工程质量保修书》的时间是（　　）。

A. 工程竣工验收合格后　　　　　　B. 工程竣工同时

C. 提交工程竣工验收报告时　　　　D. 工程竣工结算后

7. 根据《建设工程质量管理条例》的规定，《工程质量保修书》应当明确保修的范围、期限和责任；其中保修范围和最低期限是（　　）。

A. 双方约定的　　　B. 法定的　　　C. 设计文件确定的　　　D. 业主方规定的

8. 无证经营的包工头王某的农民工建筑队，挂靠在具有二级资质的某建筑公司下承包了一栋住宅楼工程，因工程质量不符合质量标准而给业主造成了较大的经济损失，此经济损失应由（　　）承担赔偿责任。

A. 王某　　　　　　　　　　　B. 某建筑公司

C. 某建筑公司和王某连带　　　D. 双方按事先的约定

9. 施工单位于 6 月 1 日提交竣工验收报告，建设单位因故迟迟不予组织竣工验收；同年 10 月 8 日建设单位组织竣工验收时因监理单位的过错未能正常进行；10 月 20 日建设单位实际使用该工期。则施工单位承担的保修期应于（　　）起计算。

A. 6 月 1 日　　　B. 8 月 30 日　　　C. 10 月 8 日　　　D. 10 月 20

10. 《建设工程质量管理条例》规定，建设工程发生质量事故，有关单位应当在（　　）小时内向当地建设行政主管部门和其他有关部门报告。

A. 12 小时　　　B. 24 小时　　　C. 36 小时　　　D. 48 小时

二、多项选择题

1. 下列选项中，属于设计单位应履行的质量义务的是（　　）。

A. 对设计文件进行技术交底　　　　B. 依法办理工程质量监督手续

C. 见证取样和送检　　　　　　　　D. 参与建设工程质量事故分析

E. 提供项目规划总平面图、地下管线、地形地貌等基础资料

2. 根据《建设工程质量管理条例》规定，工程监理单位与（　　　）有隶属关系或者其他利害关系的，不得承担该项建设工程的监理业务。

A. 该工程的建设单位　　　　　　　B. 该工程的勘察设计单位

C. 该工程的施工承包单位　　　　　D. 该工程的建筑材料、建筑构配件供

E. 该工程的设备供应商

3. 下列关于工程监理的质量责任中，说法正确的是（　　　）。

A. 工程监理业务可以依法转让

B. 监理工程师应当采取旁站、巡视和平行检验等形式，对建设工程实施监理

C. 工程监理单位应当依法取得相应等级的资质证书

D. 未经监理工程师签字，建筑材料、建筑构配件和设备不得在工程上使用或者安装

E. 未经总监理工程师签字，施工单位不得进行下一道工序的施工，不得拨付工程款

4. 某住宅楼工程设计合理使用年限为50年。以下是该工程施工单位和建设单位签订的《工程质量保修书》关于工程保修期的条款，其中符合《建设工程质量管理条例》规定合法有效的是（　　　）。

A. 地基基础和主体结构工程为50年　　B. 屋面防水工程、卫生间防水为8年

C. 电气管线、给排水管道为2年　　　　D. 供热与供冷系统为2年

E. 装饰装修工程为1年

5. 某工程公司由于建设单位一直拖欠工程款，近2年拒绝履行保修工作，则工程公司应承担法律责任包括（　　　）。

A. 处以罚款　　　　B. 被扣除保证金　　　　C. 申请晋升资质等级不予批准

D. 申请主项资质以外的资质不予批准　　　E. 追究刑事责任

6. 根据《工程建设国家标准管理办法》，工程建设强制性标准是指直接涉及工程（　　　）等方面的工程建设标准强制性条文。

A. 市容市貌　　　B. 质量　　　C. 安全　　　D. 卫生　　　E. 设计

7. 根据《产品质量法》，生产者不得（　　　）。

A. 生产国家命令淘汰的产品　　　　B. 伪造或者占用他人的厂名

C. 对产品使用性能瑕疵作出说明　　D. 伪造或者冒用认证标志等质量标志

E. 以不合格产品冒充合格产品

8. 在我国建设工程领域，依照法律规定属于强制性保险的有（　　　）。

A. 工伤保险　　　　　　　　　　　B. 工程设计责任险

C. 建筑工程一切险　　　　　　　　D. 建筑意外伤害险　　E. 工程监理责任险

9. 关于建设工程监理作用的说法，正确的有（　　　）。

A. 有利于提高建设工程投资决策科学化水平

B. 有利于监理单位维护建设单位和施工单位的合法权益

C. 有利于规范工程建设参与各方的建设行为

D. 有利于实现建设工程投资效益的最大化

E. 有利于促使施工单位保证建设工程质量

10. 对建设工程三大目标之间的统一关系进行分析时，（      ）。

A. 对投资、进度、质量目标进行定性分析

B. 将投资、进度、质量目标分别进行分析论证

C. 掌握客观规律，充分考虑制约因素

D. 对未来的、可能的收益不宜过于乐观

E. 将目标规划和计划结合起来

### 三、简答题

1. 勘察、设计单位的质量责任有哪些？

2. 政府监督检查的内容和有权采取的措施有哪些？

3. 建设工程竣工验收的主体是什么单位？竣工验收应当具备哪些法定条件？

4. 应何时进行竣工验收备案？须提交哪些文件？

5. 建设工程的保修期限从何时算起？我国现行规定的最低保修期限是多长时间？

# 第八章 建设工程合同和劳动合同法律制度

**【本章概述】**

建设工程项目是一个极为复杂的社会生产过程，可以分为不同的建设阶段，每一个建设阶段根据其建设内容的不同，参与的主体也不尽相同，各主体之间的经济关系靠合同这一特定的形式维持。

合同是平等主体之间设立、变更、终止民事权利义务关系的协议。本质上，合同制度是社会商品交换的法律表现，商品交换是合同的经济内容。建设工程合同是建设工程法律关系中的当事人为了实现完成建设工程的经济目的，明确相互权利义务关系而达成的协议。劳动合同则是在明确劳动合同双方当事人的权利和义务的前提下，重在对劳动者合法权益的保护，被誉为劳动者的"保护伞"，为构建与发展和谐稳定的劳动关系提供法律保障。

**【学习目标】**

1. 了解建设工程合同的特征。

2. 了解企业违规行为的规定及承担的责任。

3. 掌握劳动合同的履行、变更、解除和终止。

**【能力目标】**

1. 具备签订建设工程施工合同的能力。

2. 能熟练掌握建设工程施工合同文本的具体规定。

3. 针对劳动合同的履行、变更、解除、终止提供合理的分析。

**【课时建议】**

4 课时。

## 第一节 建设工程合同制度

合同是平等主体之间设立、变更、终止民事权利义务关系的协议。本质上，合同制度是社会商品交换的法律表现，商品交换是合同的经济内容。建设工程合同是建设工程法律关系中的当事人为了实现完成建设工程的经济目的，明确相互权利义务关系而达成的协议。《建筑法》第十五条规定："建筑工程的发包单位与承包单位应当依法订立书面合同，明确双方的权利和义务。"发包单位和承包单位应当全面履行合同约定的义务。不按照合同约定履行义务的，依法承担违约责任。由于建设工程合同是合同的一种，因此它的签订、履行、变更和消灭除了受到《建筑法》的约束外，也受到《中华人民共和国合同法》（以下简称《合同法》）的约束。

### 一、合同的法律特征和订立原则

建设工程合同是建设工程法律关系中的当事人为了实现完成建设工程的经济目的，明确相互权利义务关系而达成的协议。与其他合同相比，建设工程合同具有如下特征。

（一）合同客体的特殊性

建设工程合同的客体是完成建设工程项目的工作或者任务，而建筑活动产出的建筑产品除了与其他产品一样具有性能、寿命、可靠性、安全性、经济性5项质量特征外，还具有与一般产品不同的特征，如建筑产品形成之后，是一个与土地相衔接的不可分割的整体，不能异地交换，每件产品都具有不同的使用价值，与周围环境相协调，同时又影响着周围的景观，这些都使得建设工程合同具有与普通合同不同的法律特征。

（二）合同主体的特殊性

工程建设技术含量较高，社会影响很大，所以法律对建设工程合同主体的资格有严格的限制，只有经国家主管部门审查，具有相应资质等级，并登记注册，持有营业执照的单位，才具有签约承包的能力。任何不具有签约资格的个人和其他单位不得承包建设工程。

（三）合同形式的特殊性

工程建设周期长，专业技术性强，涉及因素多，当事人之间的权利义务关系非常复杂，仅有口头约定不足以固定当事人之间的权利义务关系，所以我国法律明文规定建设工程合同必须采用书面的形式。

（四）合同监督管理的特殊性

由于建设工程合同本身具有的特殊性，国家对建设工程合同的监督管理也十分严格。如工程承发包双方的资质要接受有关部门的审查；部分建设工程合同签订后，还须经有关建设行政主管部门审查批准后才能生效等。

合同是指平等主体的自然人、法人、其他组织之间设立、变更、终止民事权利义务关系的协议。

合同具有以下特点：

（1）合同的主体可以是自然人、法人或其他组织。

（2）合同主体订立合同的目的在于通过双方享受权利、履行义务来实现各自的经济目的。

（3）合同的内容是有关设立、变更和终止民事权利义务关系的约定，是合同主体协商一致的结果，是通过合同条款来体现、明确双方的权利和义务。

（4）法律对依法成立的合同有约束力。

合同订立原则：

（1）合同当事人法律地位平等原则。

（2）当事人自愿订立合同原则。

（3）公平原则。

（4）诚实信用原则。

（5）遵守法律、尊重社会公德、不损害他人及社会公共利益原则。

### 二、合同的要约与承诺

（一）合同订立与合同成立

合同订立是指讨价还价的整个动态过程和静态协议。

合同成立是指当事人就内容主要内容达成了合意。合同成立需具备以下条件：

（1）存在两方以上的订约当事人。

（2）订约当事人对合同主要条款达成一致意见。

合同的成立一般要经过要约和承诺两个阶段。《合同法》规定，当事人订立合同，采取要约、承诺方式。

（二）要约

《合同法》规定，要约是希望和他人订立合同的意思表示。

1. 要约的构成条件

（1）内容具体确定。

（2）表明经受要约人承诺，要约人即受该意思表示约束。

2. 要约邀请

要约邀请与要约的区别见表8－1。

表8－1　　　　　　　　　　要约邀请与要约的区别

| 项　　　目 | 要　约　邀　请 | 要　　　约 |
|---|---|---|
| 目的不同 | 邀请他人向自己发出要约 | 希望与对方订立合同 |
| 内容不同 | 寄出的价目表、拍卖公告、招标公告、招股说明书、商业广告等为要约邀请 | 内容明确具体，包含拟订立合同的主要内容 |
| 法律效力不同 | 不是法律行为。即使对方向自己发出要约，要约邀请人也无须承担任何责任 | 是法律行为，一旦对方承诺，合同即成立 |

3. 要约的法律效力

（1）生效的时间。要约到达受要约人时生效。如投标人向招标人发出的投标文件，自到达招标人起生效。

（2）要约的撤回。要约的有效期间由要约人在要约中规定。要约人如果在要约中定有存续时间，受要约人必须在此期间内承诺。要约可以撤回，但撤回要约的通知应当在要约到达受要约人之前或者与要约同时到达要约人。

（3）要约的撤销。要约可以撤销，但撤销要约的通知应当在受要约人发出承诺通知之前到达受要约人。

有下列情形之一的，要约不得撤销：

（1）要约人确定了承诺期限或者以其他形式明示要约不可撤销。

（2）受要约人有理由认为要约是不可撤销的，并已经为履行合同做了准备工作。

（三）承诺

依照我国《合同法》第二十一条规定：承诺是受要约人同意要约的意思表示。有效的承诺应符合以下条件：

（1）承诺必须由受要约人做出。

（2）承诺必须向要约人做出。

（3）承诺的内容必须与要约的内容一致。

（4）承诺必须在承诺期间内做出。

（四）承诺的生效

承诺的时间是指承诺的意思表示到达要约人支配的范围内时，承诺发生法律效力。承诺不需要通知，根据交易习惯或者要约的要求做出承诺的行为时生效。

（五）承诺的撤回

所谓承诺撤回，指要约人在发出承诺通知后，在承诺正式生效之前撤回承诺。根据《合同法》第二十七条规定："承诺可以撤回。撤回承诺的通知应在承诺通知到达要约人之前或者与承诺通知同时到达要约人。"

### 三、建设施工合同的法定形式和内容

（一）建设工程施工合同的法定形式

《合同法》规定，当事人订立合同，有书面形式、口头形式和其他形式。

《合同法》明确规定，建设工程合同应当采用书面形式。

（二）建设工程施工合同的内容

现行建设工程施工合同适用于国内各类公用建筑、民用住宅、工业厂房、交通设施及线路管道的施工和安装工程的合同。该示范文本由《协议书》《通用条款》和《专用条款》组成，都是双方统一意愿的体现，成为合同文件的组成部分。

1.《协议书》是《施工合同文本》中总纲领性的文件

《协议书》是参照国际惯例新增加的部分，其主要内容包括工程概况、工程承包范围、合同工期、质量标准、合同价款、组成合同的文件、双方对履行合同义务的承诺以及合同生效等。虽然《协议书》文字表述不多，但它规定了合同当事人最主要的义务，经合同当事人签字盖章，就对双方当事人产生法律约束力，而且在所有施工合同文件组成中它具有最优的解释效力

2.《通用条款》是根据我国法律的现行规定对承、发包双方权利义务做出的决定

除双方协商一致对其中某些条款可以做出修改，补充和取消外，必须严格执行。《通用条款》共47条，是一般土木工程所共同具备的共性条款，具有规范性，可靠性，完备性和适用性等特点，该部分可适用于任何工程项目，并可作为招标文件的组成部分而予以直接采用。

3.《专用条款》是对《通用条款》的修改和补充

由于合同标的，即工程的内容各不相同，工程造价也就随之变动，承发包双方的自身条件、能力，施工现场的环境和条件也都各异，双方的权利、义务也就各有特性。因此《通用条款》也就不可能完全适用于每个具体工程，需要进行必要的修改、补充，即配之以《专用条款》。《专用条款》也有47条，与《通用条款》条款序号一致，主要是为《通用条款》的修改补充和不予采用的一致意见按《专用条款》格式形成协议。

《建设工程施工合同（示范文本）》规定了施工合同文件的组成及解释顺序。组成建设工程施工合同的文件包括以下内容：

（1）施工合同协议书。

（2）中标通知书。

（3）投标书及其附件。

（4）施工合同专用条款。

（5）施工合同通用条款。

（6）标准、规范及有关技术文件。

（7）图纸。

（8）工程量清单。

（9）工程报价单或预算书。

双方有关工程的洽商、变更等书面协议或文件均视为施工合同的组成部分。

技术提示：上述施工合同文件应该互相解释、互相说明。当合同文件中出现不一致时，上面的顺序就是合同优先解释顺序。当合同文件出现含糊不清或是当事人有不同理解时，按照合同争议的解决方式处理。

### 四、建设工程工期的相关规定

建设部、国家工商行政管理局《建设工程施工合同（示范文本）》规定，工期指发包人、承包人在协议书中约定，按总日历天数（包括法定节假日）计算的承包天数。

开工及开工日期、工程暂停施工、工期顺延、竣工日期等，直接决定了工期天数。

（一）开工及开工日期

开工日期是指发包人和承包人在协议书中约定，承包人开始施工的绝对或相对的日期。

（1）承包人应当按照协议书约定的开工日期开工。

（2）因发包人原因不能按照协议书约定的开工日期开工，工程师应以书面形式通知承包人，推迟开工日期。发包人赔偿承包人因延期开工造成的损失，并相应顺延工期。

（二）暂停施工

1. 暂停施工的程序

工程师认为确有必要暂停施工时，工程师应当以书面形式通知承包人暂停施工，并在发出暂停施工通知后的 48 小时内提出书面处理意见。承包人应当按照工程师的要求停止施工，并妥善保护已完工工程。

承包人实施工程师做出的处理意见后，可提出书面复工要求。工程师应当在收到复工通知后的 48 小时内给予相应的答复。如果工程师未能在规定的时间内提出处理意见，或收到承包人复工要求后 48 小时内未予答复，承包人可从自行复工

2. 暂停施工后的责任承担

（1）因发包人原因造成停工的，由发包人承担所发生的追加合同价款，赔偿承包人由此造成的损失，相应顺延工期。

（2）因承包人原因造成停工的，由承包人承担发生的费用，工期不予顺延。

（三）工期顺延

因以下原因造成工期延误，经工程师确认，工期相应顺延：

（1）发包人未能按专用条款的约定提供图纸及开工条件。

（2）发包人未能按约定日期支付工程预付款、进度款，致使施工不能正常进行。

（3）工程师未按合同约定提供所需指令、批准等，致使施工不能正常进行。

（4）设计变更和工程量增加。

（5）一周内非承包人原因停水、停电、停气造成停工累计超过 8 小时。

（6）不可抗力。

（7）专用条款中约定或工程师同意工期顺延的其他情况。

承包人在工期可以顺延的情况发生后 14 天内，就延误的工期以书面形式向工程师提出报告。工程师在收到报告后 14 天内予以确认，逾期不予确认也不提出修改意见，视为同意顺延工期。

总结归纳：凡是需要工程师予以确认的，必须明示确认，默示即推定为同意。

（四）竣工日期

竣工日期是指发包人、承包人在协议书中约定，承包人完成承包范围内工程的绝对或相对的日期。

（1）因承包人原因不能按期竣工的责任承担。承包人必须按照协议书约定的竣工日期或工程师同意顺延的工期竣工。因承包人原因不能按照协议书约定的竣工日期或工程师同意顺延的工期竣工的，承包人承担违约责任。

（2）发包人要求提前竣工的处理。施工中发包人如需提前竣工：

1）双方协商一致后应签订提前竣工协议，作为合同文件组成部分。

2）提前竣工协议应包括承包人为保证工程质量和安全采取的措施、发包人为提前竣工提供的条件以及提前竣工所需的追加合同价款等内容。

3）《最高人民法院关于审理建设工程施工合同纠纷案件适用法律问题的解释》规定，当事人对建设工程实际竣工日期有争议的，按照以下情形分别处理：

a. 建设工程经竣工验收合格的，以竣工验收合格之日为竣工日期。

b. 承包人已经提交竣工验收报告，发包人拖延验收的，以承包人提交验收报告之日为竣工日期。

c. 建设工程未经竣工验收，发包人擅自使用的，以转移占有建设工程之日为竣工日期。

## 五、建设工程赔偿损失的规定

（一）赔偿损失的特征

赔偿损失具有以下特征：

（1）赔偿损失是合同违约方违反合同义务所产生的责任形式。

（2）赔偿损失具有补偿性，是强制违约方给非违约方所受损失的一种补偿。违约的赔偿损失一般以违约所造成的损失为标准。

（3）赔偿损失具有一定的任意性。当事人订立合同时，可以预先约定对违约的赔偿损失的计算方法，或者直接约定违约方付给非违约方一定数额的金钱。同时，当事人也可以事先约定免责的条款。

（4）赔偿损失以赔偿非违约方实际遭受的全部损害为原则。

（二）承担赔偿损失责任的构成要件

承担赔偿损失责任的构成要件是：

（1）具有违约行为。

（2）造成损失后果。

（3）违约行为与财产等损失之间有因果关系。

（4）违约人有过错，或者虽无过错，但法律规定应当赔偿。

（三）赔偿损失的范围

赔偿损失的范围包括直接损失和间接损失。直接损失是指财产上的直接减少。间接损失（又称所失利益），是指失去的可以预期取得的利益。

（四）约定赔偿损失与法定赔偿损失

1. 约定赔偿损失、约定违约金或赔偿损失的计算方法

《合同法》规定，当事人可以约定一方违约时应当根据违约情况向对方支付一定数额的违约金，也可以约定因违约产生的损失赔偿额的计算方法。约定的违约金低于造成的损失的，当事人可以请求人民法院或者仲裁机构予以增加；约定的违约金过分高于造成的损失的，当事人可以请求人民法院或者仲裁机构予以适当减少。

2. 法定赔偿损失

法定赔偿损失是指根据法律规定的赔偿范围、损失计算原则与标准，确定赔偿损失的金额。

（五）赔偿损失的限制

1. 赔偿损失的可预见性原则

《合同法》规定，赔偿损失不得超过违反合同一方订立合同时预见到或者应当预见到的违反合同可能造成的损失。

2. 采取措施防止损失的扩大

《合同法》规定，当事人一方违约后，对方应当采取适当措施防止损失的扩大；没有采取适当措施致使损失扩大的，不得就扩大的损失要求赔偿。当事人因防止损失扩大而支出的合理费用，由违约方承担。

（六）建设工程施工合同中的赔偿损失

1. 发包人应当承担的赔偿损失

（1）未及时检查隐蔽工程造成的损失。《合同法》规定，隐蔽工程在隐蔽以前，承包人应当通知发包人检查。发包人没有及时检查的，承包人可以顺延工程日期，并有权要求赔偿停工、窝工等损失。

（2）未按照约定提供原材料、设备等造成的损失。发包人未按照约定的时间和要求提供原材料、设备、场地、资金、技术资料的，承包人可以顺延工程日期，并有权要求赔偿停工、窝工等损失。

（3）因发包人原因致使工程中途停建、缓建造成的损失。

（4）提供图纸或者技术要求不合理且怠于答复等造成的损失。

（5）中途变更承揽工作要求造成的损失。

（6）要求压缩合同约定工期造成的损失。

（7）验收违法行为造成的损失。

《建设工程质量管理条例》规定，建设单位有下列行为之一，造成损失的，依法承担赔偿责任：

（1）未组织竣工验收，擅自交付使用的。

（2）验收不合格，擅自交付使用的。

（3）对不合格的建设工程按照合格工程验收的。

2. 承包人应当承担的赔偿损失

承包人应当承担的赔偿损失见表 8-2。

表 8-2　　　　　　　　　承包人应当承担的赔偿损失

| 违 法 情 形 | 责 任 形 式 |
|---|---|
| （1）转让、出借资质证书等造成的损失 | 承担连带赔偿责任 |
| （2）转包、违法分包造成的损失 | |
| （3）偷工减料等造成的损失 | |
| （4）与监理单位串通造成的损失 | 承包人应当承担损害赔偿责任 |
| （5）不履行保修义务造成的损失 | |
| （6）保管不善造成的损失 | |
| （7）合理使用期限内造成的损失 | |

### 六、无效合同和效力待定合同的规定

无效建设工程合同是指虽然建设工程合同已经订立，但不具有法律约束力，不受法律保护。无效工程合同是相对于有效工程合同而言的，如果当事人签订建设工程合同的行为不符合法律规定的要求，就不能产生设立、变更和终止当事人之间的权利义务关系的效力。无效约定本身不受法律保护，也就不存在违约问题，更不用承担违约责任。因此，这种"不具有法律约束力"的实质是指不发生履行效力，而并不是说无效建设工程合同不引起任何法律后果，只是无效建设工程合同引起的法律后果并非当事人订立建设工程合同时所预期的。

（一）引起建设工程合同无效的原因

（1）一方以欺诈、胁迫的手段订立建设工程合同，损害国家利益。

（2）恶意串通，损害国家、集体或者第三人利益。

（3）以合法形式掩盖非法目的。

（4）损害社会公共利益。

（5）违反法律、行政法规的强制性规定。

（二）确认建设工程合同无效的规则

导致建设工程合同无效的原因均是建设工程合同违反了法律规定的要求，但是这些原因发生的时间和阶段只能是发生在建设工程合同订立时或建设工程合同订立阶段，即订立建设工程合同时不合法。对于部分无效的建设工程合同则应遵循下列规则：

（1）建设工程合同中的某些条款无效，与该建设工程合同中的其他条款相比较，无效条款部分是相对独立的，该部分与建设工程合同整体具有可分性，则应认定无效条款不影响其他条款的效力，相反，无效条款部分与建设工程合同整体具有不可分性，则应认定整体建设工程合同无效。

（2）建设工程合同的目的违法，则应认定整个建设工程合同无效。

（三）确认建设工程合同无效的机构

在我国，建设工程合同的效力由人民法院或仲裁机构确认，其他任何单位和个人都无权宣布建设工程合同有效或无效。

（四）无效建设工程合同的处理方法

建设工程合同被确认无效后，尚未履行的，不得履行；已经履行的，应当立即终止履行。建设工程合同被确认无效后，应视情况做出处理，处理方式一般有下列五种：

1. 返还财产

返还财产是使当事人的财产关系恢复到建设工程合同签订前的状态。这是消除无效建设工程合同造成财产后果的一种法律手段，而非惩罚措施。建设工程合同被确认无效后，当事人依据建设工程合同所取得的财产应返还对方，不能返还或者没有必要返还的，应当折价补偿。

2. 折价补偿

折价补偿是在因无效建设工程合同所取得的对方当事人的财产不能返还或者没有必要返还时，按照所取得的财产价值进行折算，以金钱方式对对方当事人进行补偿的责任形式。

3. 赔偿损失

赔偿损失是过错方给对方造成损失时，应当承担的责任。有过错一方应赔偿对方因此而遭受的损失，如果双方都有过错，各自承担相应责任。

4. 收归国有

收归国有是一种惩罚手段，只适用于恶意串通、损害国家利益的建设工程合同。此类无效建设工程合同的危害较严重，仅以返还、赔偿等方法尚不足以消除其造成的不良后果。如果双方当事人都是故意行为，应追缴双方已经取得的或约定取得的财产，收归国有；如果是由一方故意行为，则故意的一方应将从对方取得的财产返还对方，非故意一方已经取得或约定取得的财产应收归国有。

5. 返还集体或者第三人

恶意串通，损害集体或第三人利益的，应由当事人返还从集体第三人处取得的财产。

（五）效力待定的建设工程合同

效力待定的建设工程合同是指建设工程合同已经成立，但是其效力处于不确定状态，尚待第三人同意（追认）或拒绝的意思表示来确定。效力待定的建设工程合同主要有以下四种情形：

（1）无行为能力人订立的合同。

（2）限制行为能力人订立的合同。

（3）无权代理人以被代理人名义订立的合同。

（4）无权处分人处分他人财产订立的合同。

**七、合同的履行、变更、转让、解除和终止**

（一）合同的履行

1. 合同履行的概念

合同履行是指合同当事人双方依据合同条款的规定，在合同生效后，全面、适当地完成合同义务的行为。

2. 合同履行的原则

只有通过合同的履行，当事人在合同中约定的权利才能实现，从而实现其经济目的。合同的担保、违约责任的规定，都是为了保障合同的履行。为了使合同能够得到很好地履行，我国《合同法》对合同的履行问题做了明确规定。

（1）全面、适当履行原则。

（2）诚实信用原则。

（3）公平合理，促进合同履行的原则

（二）合同的变更

1. 合同变更的概念

合同变更指合同依法订立后，在尚未履行或尚未完全履行时，当事人依法经过协商，对合同的内容进行修订或调整并达成协议。例如对原合同中规定的履行期限进行变更。

当事人对合同内容变更取得一致意见时方为有效。

2. 合同变更的条件

我国《合同法》第七十七条规定："当事人协商一致，可以变更合同。法律、行政法规规定变更合同应当办理批准、登记等手续的，依照其规定。"

第七十八条规定："当事人对合同变更的内容约定不明确的，推定为未变更。"

合同变更需要满足下列条件：

（1）原合同已生效。

（2）原合同未履行或未完全履行。

（3）当事人需要对变更内容协商一致。

（4）当事人对变更内容约定明确。

（5）遵守法定程序。变更也需要办理批准、登记等手续才能生效。

（三）合同的转让

1. 合同转让的含义

合同转让是指合同成立后，当事人依法可以将合同中的全部权利（义务）、部分权利（义务）转让或转移给第三人的法律行为。合同转让可分为权利转让和义务转让。

2. 合同转让的条件

（1）必须有合法有效的合同关系存在为前提，如果合同不存在或被宣告无效，被依法撤销、解除、转让的行为属无效行为，转让人应对善意的受让人所遭受的损失承担赔偿责任。

（2）转让人与受让人之间达成协议，该协议应该是平等协商的。

（3）转让符合法律规定的程序，合同转让人应征得对方同意并尽通知义务。转让合同应经原审批机关批准，否则转让无效。

《合同法》第七十九条规定：债权人可以将合同的权利全部或者部分转让给第三人，但有下列情形之一的除外：

（1）根据合同性质不得转让。

（2）按照当事人约定不得转让。

（3）依照法律规定不得转让。

（四）合同的解除

1. 合同解除的特征

合同解除具有如下特征：

（1）合同的解除适用于合法有效的合同，而无效合同、可撤销合同不发生合同解除。

（2）合同解除须具备法律规定的条件。

（3）合同解除须有解除的行为。

（4）合同解除使合同关系自始消灭或者向将来消灭，可视为当事人之间未发生合同关系，或者合同尚存的权利义务不再履行。

2. 合同解除的分类

（1）约定解除。

1）协商解除。

2）行使约定解除权的解除。

（2）法定解除。《合同法》第九十一条规定：有下列情形之一的，当事人可以解除合同：

1）因不可抗力致使不能实现合同目的。

2）在履行期限届满之前，当事人一方明确表示或者以自己的行为表明不履行主要债务。

3）当事一方迟延履行主要债务，经催告后在合理期限内仍未履行。

4）当事人一方迟延履行债务或者其他违约行为致使不能实现合同目的。

5）法律规定的其他情形。

3. 解除合同的程序

《合同法》规定，当事人一方依照本法第九十三条第二款、第九十四条的规定主张解除合同的，应当通知对方。合同自通知到达对方时解除。对方有异议的，可以请求人民法院或者仲裁机构确认解除合同的效力。法律、行政法规规定解除合同应当办理批准、登记等手续的，依照其规定。

当事人对异议期限有约定的依照约定，没有约定的，最长期 3 个月。

4. 发包人请求解除建设工程施工合同的情形

（1）承包人明确表示或者以行为表明不履行合同主要义务的——预期违约。

（2）合同约定的期限内没有完工，且在发包人催告的合理期限内仍未完工的——一般性迟延履约。

（3）承包人已经完成的建设工程质量不合格，并拒绝修复的——质量不合格。

（4）承包人将承包的建设工程非法转包、违法分包的。

5. 承包人请求解除建设工程施工合同的情形

发包人具有下列情形之一，致使承包人无法施工，且在催告的合理期限内仍未履行相应义务的承包人请求解除建设工程施工合同的，应予支持：

（1）未按约定支付工程价款的。

（2）提供的主要建筑材料、建筑构配件和设备不符合强制性标准的。

（3）不履行合同约定的协助义务的。

上述三种情形均属于发包人违约。因此，合同解除后，发包人还要承担违约责任。

6. 合同解除的法律后果

（1）建设工程施工合同解除后，已经完成的建设工程质量合格的，发包人应当按照约定支付相应的工程价款——只针对未来，不溯及以往。

（2）已经完成的建设工程质量不合格的：

1）修复后的建设工程经竣工验收合格，发包人请求承包人承担修复费用的，应予支持。

2）修复后的建设工程经竣工验收不合格，承包人请求支付工程价款的，不予支持。

（五）合同的终止

《合同法》规定，在下列情形之一的，合同的权利义务终止：①债务已经按照约定履行；②合同解除；③债务相互抵消；④债务人依法将标的物提存；⑤债权人免除债务；⑥债权债务同归于一人；⑦法律规定或者当事人约定终止的其他情形。

### 八、建设工程合同的索赔

在建设工程施工当中，由于其投资大、工期长、工序复杂等特点，建设方和施工方在履约过程中为维护自身的利益，必然对工程的技术要求和有关合同文件的解释方面会产生争议和矛盾，这就决定了合同双方之间索赔事件的发生不可避免。

（一）索赔时效的法律基础

随着法制的健全和施工企业法律意识的增强，承包商为了取的更大的工程经济利益越来越重视索赔以及索赔时效的问题，从而，索赔时效也几乎成了建筑业的行规，但在现行的法律中，却不像其他民事法律制度一样对索赔时效做出明文的规定（如民法通则中第七章关于诉讼时效的规定），究其性质仍属于当事人的一种合同约定。

（二）建设工程合同管理实务中关于索赔时效的规定

索赔是指在建设工程施工合同履行过程中，由于非自己的过错，而是应由对方承担责任的情况造成的实际损失，向对方提出经济补偿和工期顺延的要求。索赔事件主要有业主方不依法履行合同、设计文件的缺陷、工程项目建设承发包管理模式变化、意外风险和不可预见因素等方面。

建设工程合同索赔，包括承包人向发包的索赔、发包人向承包人的索赔和相互之间的反索赔。这里重点介绍承包人向发包人的索赔。

建设工程施工合同索赔时效，是指建设施工合同履行过程中，索赔方在索赔事件发生后的约定期限内不行使索赔权的，视为放弃索赔权利，其索赔权归于消灭的合同法律制度。约定的期限即索赔时效期间，该种索赔时效，属于消灭时效的一种。

（三）索赔时效的效力

索赔时效有两个方面的效力，一是索赔权利的消灭，即权利人在双方约定的索赔时效期间没有行使索赔的权利，其相对人可以就其索赔时效届满而拒绝工期或者费用的索赔；二是胜诉权的消灭，即权利人未在约定的索赔时效期间内提出索赔。其不再受法律的约束和保障，并因相对人时效届满的抗辩而成为一种自然之债。但索赔时效和诉讼时效一样，即使时效届满，但权利人的实体权利并未就此丧失，因此，如果相对人放弃索赔时效的抗辩权，给权利人以补偿，则相对人就不得再以其不知道时效届满的事实为由要求索赔返还。

（四）索赔时效的起算

索赔时效是以索赔事件发生的时间为起算点，还是以索赔事件结束时间为起算点，历多争议较大。尽管任何索赔事件的发生或长或短都有持续时间，但索赔时效期间的起算应该是索赔事件发生的时间。

### 九、违约责任及违约责任的免除

（一）违反建设工程合同违约责任的概念及特征

1. 违反建设工程合同的违约责任

违约责任在合同法领域居于核心位置。《合同法》以违约责任作为保护当事人合法权益、维护社会经济、促进社会主义现代化事业发展基本目的的前提和最终保障。正是因为违约责任的存在，建设工程合同的正常秩序才可能正常运转，社会主义现代化的基本价值目标才可能实现。

2. 违约责任的特征

（1）违约责任是一种财产责任。违约责任作为财产责任，其本质意义不在于对违约方的制裁，而在于对守约方的补偿，违约责任在完成补偿功能的同时，也体现了对违约方行为的否定性性评价，同时，违约方须承担违约成本。

（2）违约责任产生于有效建设工程合同。

（3）违约责任体现了建设工程合同的效力。

（4）违约责任有一定的任意性。

（5）违约责任的主体是建设工程合同当事人。

（二）当事人承担违约责任应具备的条件

1. 先期违约（或预期违约）的责任承担

《合同法》规定，当事人一方明确表示或者以自己的行为表明不履行合同义务的，对方可以在履行期限届满之前要求其承担违约责任。

2. 承担违约责任的条件

（1）合同当事人发生了违约行为，即有违反合同义务的行为。

（2）非违约方不需要证明其主观上是否具有过错。

（3）无约定或法定免责事由。

3. 承担违约责任的种类

（1）继续履行。继续履行是一种违约后的补救方式，是否要求违约方继续履行是非违约方的一项权利。继续履行可以与违约金、定金、赔偿损失并用，但不能与解除合同的方式并用。

（2）违约金和定金。

1）违约金的调整。约定的违约金低于造成的损失的，当事人可以请求人民法院或者仲裁机构予以增加；约定的违约金过分高于造成的损失的，当事人可以请求人民法院或者仲裁机构予以适当减少。

2）定金罚则。当事人可以依照《担保法》约定一方向对方给付定金作为债权的担保。

债务人履行债务后，定金应当抵作价款或者收回。给付定金的一方不履行约定的债务的，无权要求返还定金；

收受定金的一方不履行约定的债务的，应当双倍返还定金。

4．承担违约责任的方式

（1）继续履行。

（2）采取补偿措施。

（3）补偿损失。

（4）违约金。

5．违约责任的免除

（1）免责事由—不可抗力。《合同法》规定，因不可抗力不能履行合同的，根据不可抗力的影响，部分或者全部免除责任，但法律另有规定的除外。当事人迟延履行后发生不可抗力的，不能免除责任。本法所称不可抗力，是指不能预见、不能避免并不能克服的客观情况。

（2）当事人一方因不可抗力不能履行合同的，应当及时通知对方，以减轻可能给对方造成的损失，并应当在合理期限内提供证明。

### 十、建设施工合同示范文本的使用与法律地位

《合同法》规定，当事人可以参照各类合同的示范文本订立合同。

合同示范文本对当事人订立合同起参考作用，但不要求当事人必须采用合同示范文本，即合同的成立与生效同当事人是否采用合同示范文本无直接关系。合同示范文本具有引导性、参考性，并无法律强制性。

# 第二节　劳动合同及劳动关系制度

### 一、劳动合同及劳动关系制度

（一）劳动合同的订立

1．劳动合同

劳动合同是用人单位与劳动者进行双向选择、确定劳动关系、明确双方权利义务的协议。

2．劳动关系

劳动关系指劳动者与用人单位在实现劳动过程中建立的社会经济关系。

3．劳动合同订立的原则

合法、公平、平等自愿、协商一致、诚实守信。

4．特别规定

（1）用人单位不得要求劳动者提供担保或者以其他名义向劳动者收取财物。

（2）用人单位不得扣押劳动者的居民身份证或者其他证件。

5．劳动合同的期限

劳动合同期限指劳动合同的有效时间，是劳动关系当事人双方享有权利和履行义务的

时间。始于劳动合同的生效之日，终于劳动合同的终止之时，是劳动合同存在的前提条件。

6. 劳动合同的种类

（1）固定期限劳动合同。

（2）无固定期限劳动合同。

（3）以完成一定工作任务为期限的劳动合同。

（二）劳动合同的种类

1. 固定期限劳动合同

（1）内涵：用人单位与劳动者约定合同终止时间的劳动合同，当事人在合同中明确规定了合同效力的起始和终止时间。

（2）特殊规定：超过两次签订固定期限的劳动合同，在劳动者没有《劳动合同法》规定的特定情形下，且劳动者本人又没有提出订立固定期限劳动合同的，用人单位应与劳动者签订无固定期限劳动合同。

2. 无固定期限劳动合同

（1）内涵：用人单位与劳动者约定无确定终止时间的劳动合同，并非无终止时间，一旦出现了法定解除情形或者双方协商一致，均可解除。

（2）可以签订无固定期限劳动合同的情形：

1）劳动者在该用人单位连续工作满10年的。

2）用人单位初次实行劳动合同制度或者国有企业改制重新订立劳动合同时，劳动者在该用人单位连续工作满10年且距法定退休年龄不足10年的。

3）连续订立2次固定期限劳动合同，且劳动者没有特殊情况的。

（3）特殊情况：用人单位自用工之日满1年不与劳动者订立书面劳动合同的，视为用人单位与劳动者已订立无固定期限劳动合同。只要职工在本单位工作满10年，且没有提出要求签订固定期限合同的，就必须签无固定期限合同，无论单位是否愿意，否则就是违约。

3. 以完成一定工作任务为期限的劳动合同

用人单位与劳动者约定，以某项工作的完成为合同期限的劳动合同。

（三）劳动合同的基本条款

1. 必备条款

（1）用人单位的情况。

（2）劳动者的情况。

（3）劳动合同期限。

（4）工作内容和工作地点。

（5）工作时间和休息休假。

（6）劳动报酬。

（7）社会保险。

（8）劳动保护、劳动条件和职业危害防护。

（9）其他事项。

2. 可备条款

（1）试用期。

（2）培训。

（3）保守秘密。

（4）补充保险和福利待遇。

（四）订立劳动合同应注意的事项

1. 建立劳动关系即应订立劳动合同

（1）用人单位自用工之日起即与劳动者建立劳动关系（无论签订合同之前、还是之后）。

（2）未同时签订劳动合同的，应自用工之日起 1 个月内订立。

2. 未签订劳动合同，劳动报酬不明确的

（1）新招用的劳动者，报酬按企业的或者同行业的集体合同规定的标准执行。

（2）没有集体合同的，用人单位应对劳动者实行同工同酬。

3. 劳动合同的形式

固定期限、无固定期限、以完成一定工作任务为期限。

（1）固定期限劳动合同。用人单位与劳动者约定合同终止时间的劳动合同。

（2）无固定期限劳动合同。用人单位与劳动者约定无确定终止时间的劳动合同。这是一种长期性的合同，如果出现法律规定或合同约定的解除或终止条件的，双方可以解除或终止。

双方协商一致，可以订立无固定期限劳动合同。

有下列情形之一，劳动者提出或者同意续订、订立劳动合同的，除劳动者提出订立固定期限劳动合同外，应当订立无固定期限劳动合同。

1）劳动者在该用人单位连续工作满 10 年的。

2）用人单位初次实行劳动合同制度或者国有企业改制重新订立劳动合同时，劳动者在该用人单位连续工作满 10 年且距法定退休年龄不足 10 年的。

3）连续订立 2 次固定期限劳动合同，且劳动者没有下述情形，续订劳动合同的。

a. 严重违反用人单位的规章制度的。

b. 严重失职，营私舞弊，给用人单位造成重大损害的。

c. 劳动者同时与其他用人单位建立劳动关系，对完成本单位的工作任务造成严重影响，或者经用人单位提出，拒不改正的。

d. 以欺诈、胁迫的手段或者乘人之危，使用人单位在违背真实意思的情况下订立或者变更劳动合同，致使劳动合同无效的。

e. 被依法追究刑事责任的。

f. 劳动者患病或者非因工负伤，在规定的医疗期满后不能从事原工作，也不能从事由用人单位另行安排的工作的。

g. 劳动者不能胜任工作，经过培训或者调整工作岗位，仍不能胜任工作的。

注意：

（1）连续工作满 10 年的起始时间，应当自用人单位用工之日起计算，包括《劳动合同法》施行前的工作年限。

（2）劳动者非因本人原因从原用人单位被安排到新用人单位工作的。

a. 劳动者在原用人单位的工作年限合并计算为新用人单位的工作年限。

b. 原用人单位已经向劳动者支付经济补偿的，新用人单位在依法解除、终止劳动合同计算支付经济补偿的工作年限时，不再计算劳动者在原用人单位的工作年限。

（3）连续订立固定期限劳动合同的次数，应当自《劳动合同法》2008年1月1日施行后，续订固定期限劳动合同时开始计算。

（4）地方各级人民政府及县级以上地方人民政府有关部门为安置就业困难人员提供的给予岗位补贴和社会保险补贴的公益性岗位。其劳动合同不适用劳动合同法有关无固定期限劳动合同的规定以及支付经济补偿的规定。

（5）以完成一定工作任务为期限的劳动合同。

## 二、劳动合同的履行、变更、解除和终止

### （一）劳动合同的履行

用人单位与劳动者应当按照劳动合同的约定，全面履行各自的义务：

（1）用人单位应向劳动者及时足额支付劳动报酬。用人单位拖欠或者未足额支付劳动报酬的，劳动者可以依法向当地人民法院申请支付令。

（2）用人单位不得强迫或者变相强迫劳动者加班。

（3）劳动者拒绝用人单位管理人员违章指挥、强令冒险作业的，不视为违反劳动合同。

（4）用人单位变更名称、法定代表人、主要负责人或者投资人等事项，不影响劳动合同的履行。

（5）用人单位发生合并或者分立等情况，原劳动合同继续有效，劳动合同由承继其权利和义务的用人单位继续履行。

（6）用人单位应当依法建立和完善劳动规章制度，保障劳动者享有劳动权利、履行劳动义务。

技术提示：用人单位劳动规章制度即内部劳动规则，其内容不能违反劳动法律法规的义务性规范和劳动合同规定的约定条款。合法有效的劳动规章制度是劳动合同组成部分，对用人单位和劳动者均有法律约束力。

### （二）劳动合同的变更

劳动合同变更是指劳动合同订立时所依据的客观情况发生重大变化，致使劳动合同无法履行，经用人单位与劳动者协商。《劳动合同法》第三十五条规定："用人单位与劳动者协商一致，可以变更劳动合同约定的内容。变更劳动合同，应当采用书面形式。变更后的劳动合同文本由用人单位和劳动者各执一份。比如：

#### 1. 依约定变更劳动合同

依约定变更劳动合同，是指用人单位依据劳动合同或者规章制度中的相关约定，对劳动合同内容进行变更。这里有两种情况：一种情况是依劳动合同约定变更；另一种情况是依规章制度约定变更。

2. 因伤病变更劳动合同

所谓因伤病变更，是指劳动者患病或者非因工负伤、医疗期满后不能从事原工作，用人单位依法对其进行调岗调薪。这是依《劳动合同法》第四十条作出的劳动合同内容变更。按照该条规定，劳动者患病或者非因工负伤，在规定的医疗期满后不能从事原工作，也不能从事由用人单位另行安排的工作的，用人单位可以解除劳动合同。在解除劳动合同之前，实施劳动合同内容变更，即调岗调薪。

（三）劳动合同的解除

用人单位与劳动者协商一致，可以解除劳动合同。

劳动者提前 30 日以书面形式通知用人单位，可以解除劳动合同。劳动者在试用期内提前通知用人单位，可以解除劳动合同。

1. 用人单位有下列情形之一的，劳动者可以解除劳动合同

（1）未按照劳动合同约定提供劳动保护或者劳动条件的。

（2）未及时足额支付劳动报酬的。

（3）未依法为劳动者缴纳社会保险费的。

（4）用人单位的规章制度违反法律、法规的规定，损害劳动者权益的。

（5）因本法第十六条第一款规定的情形致使劳动合同无效的。

（6）法律、行政法规规定劳动者可以解除劳动合同的其他情形。

用人单位以暴力、威胁或者非法限制人身自由的手段强迫劳动者劳动的，或者用人单位违章指挥、强令冒险作业危及劳动者人身安全的，劳动者可以立即解除劳动合同，不需事先告知用人单。

2. 劳动者有下列情形之一的，用人单位可以解除劳动合同

（1）在试用期间被证明不符合录用条件的。

（2）严重违反用人单位的规章制度的。

（3）严重失职，营私舞弊，给用人单位造成重大损害的。

（4）劳动者同时与其他用人单位建立劳动关系，对完成本单位的工作任务造成严重影响，或用人单位提出，拒不改正的。

（5）因本法第二十六条第一款第一项规定的情形致使劳动合同无效的。

（6）被依法追究刑事责任的。

3. 有下列情形之一的，用人单位提前 30 日以书面形式通知劳动者本人或者额外支付劳动者一个工资后，可以解除劳动合同

（1）劳动者患病或者非因工负伤，在规定的医疗期满后不能从事原工作，也不能从事由用人单位另行安排的工作的。

（2）劳动者不能胜任工作，经过培训或者调整工作岗位，仍不能胜任工作的。

（3）劳动合同订立时所依据的客观情况发生重大变化，致使劳动合同无法履行，经用人单位与劳动者协商，未能就变更劳动合同内容达成协议的。

（四）劳动合同的终止

（1）《劳动合同法》第四十四条规定，有下列情形之一的，劳动合同终止：

a. 劳动合同期满的。

b. 劳动者开始依法享受基本养老保险待遇的。

c. 劳动者死亡，或者被人民法院宣告死亡或者宣布失踪的。

d. 用人单位被依法宣告破产的。

e. 用人单位被吊销营业执照、责令关闭、撤销或者用人单位决定提前解散的。

f. 法律、行政法规规定的其他情形。

（2）在本单位患有职业病或者因工负伤并被确认丧失或者部分丧失劳动能力的劳动者的劳动合同的终止，按照国家有关工伤保险的规定执行。

### 三、合法用工方式与违法用工模式的规定

（一）"包工头"用工模式

"包工头"作为自然人的民事主体，一方面为解决农村富余劳动力就业提供了一个渠道，另一方面也往往扮演了损害农民工利益的重要角色，在建设领域和劳动领域产生了很大的负面影响。2005年8月"包工头"承揽分包业务基本被禁止。

（二）劳务派遣

劳务派遣（又称劳动力派遣、劳动派遣或人才租赁），是指依法设立的劳务派遣单位与劳动者签订劳动合同，依据与接受劳务派遣单位（即实际用工单位）订立的劳务派遣协议，将劳动者派遣到实际用工单位工作，由派遣单位向劳动者支付工资、福利及社会保险费用，实际用工单位提供劳动条件并按照劳务派遣协议支付用工费用的新型用工方式。

（1）劳务派遣单位。《劳动合同法》规定，劳务派遣单位应当依照公司法的有关规定设立，注册资本不得少于50万元。劳务派遣一般在临时性、辅助性或者替代性的工作岗位上实施。

（2）劳动合同与劳务派遣协议。劳务派遣单位应当将劳务派遣协议的内容告知被派遣劳动者。劳务派遣单位不得克扣用工单位按照劳务派遣协议支付给被派遣劳动者的劳动报酬。劳务派遣单位和用工单位不得向被派遣劳动者收取费用。

（3）被派遣劳动者。

（4）用工单位。《劳动合同法》规定，用工单位应当履行下列义务：①执行国家劳动标准，提供相应的劳动条件和劳动保护；②告知被派遣劳动者的工作要求和劳动报酬；③支付加班费、绩效奖金，提供与工作岗位相关的福利待遇；④对在岗被派遣劳动者进行工作岗位所必需的培训；⑤连续用工的，实行正常的工资调整机制。用工单位不得将被派遣劳动者再派遣到其他用人单位。

### 四、劳动保护的规定

（一）劳动者的工作时间和休息休假

1. 工作时间

《劳动法》第三十六条、第三十八条规定，国家实行劳动者每日工作时间不超过8小时、平均每周工作时间不超过44小时的工时制度。

（1）缩短工作日。《国务院关于职工工作时间的规定》中规定："在特殊条件下从事劳动和有特殊情况，需要适当缩短工作时间的，按照国家有关规定执行"。目前，我国实行缩短工作时间的主要是：从事矿山、高山、有毒、有害、特别繁重和过度紧张的体力劳动

职工，以及纺织、化工、建筑冶炼、地质勘探、森林采伐、装卸搬运等行业或岗位的职工；从事夜班工作的劳动者；在哺乳期工作的女职工；16～18岁的未成年劳动者等。

（2）不定时工作日。原劳动部《关于企业实行不定时工作制和综合计算工时工作制的审批办法》中规定，企业对符合下列条件之一的职工，可以实行不定时工作日制：

a. 企业中的高级管理人员、外勤人员、推销人员、部分值班人员和其他因工作无法按标准工作时间衡量的职工。

b. 企业中的长途运输人员、出租汽车司机和铁路、港口、仓库的部分装卸人员以及因工作性质特殊，需机动作业的职工。

c. 其他因生产特点、工作特殊需要或职责范围的关系，适合实行不定时工时制的职工。

（3）综合计算工作日，即分别以周、月、季、年等为周期综合计算工作时间。但其平均日工作时间和平均周工作时间应与法定标准工作时间基本相同。按规定，企业对交通、铁路等行业中因工作性质特殊需连续作业的职工，地质及资源勘探、建筑等受季节和自然条件限制的行业的部分职工等，可实行综合计算工作日。

（4）计件工资时间。对实行计件工作的劳动者，用人单位应当根据《劳动法》第三十六条规定的工时制度合理确定其劳动定额和计件报酬标准。

2. 休息休假

用人单位应当按照下列标准支付高于劳动者正常工作时间工资的工资报酬：安排劳动者延长工作时间的，支付不低于工资的150％的工资报酬；休息日安排劳动者工作又不能安排补休的，支付不低于工资的200％的工资报酬；法定休假日安排劳动者工作的，支付不低于300％的工资报酬。

（二）劳动者的工资

1. 工资基本规定

劳动者基本工资是根据劳动合同约定或国家及企业规章制度规定的工资标准计算的工资，也称标准工资。在一般情况下，基本工资是职工劳动报酬的主要部分。

2. 最低工资保障制度

根据劳动和社会保障部《最低工资规定》，在劳动者提供正常劳动的情况下，用人单位应支持给劳动者的工资在剔除下列各项以后，不得低于当地最低工资标准：

（1）延长工作时间工资。

（2）中班、夜班、高温、低温、井下、有毒有害等特殊工作环境、条件下的津贴。

（3）法律、法规和国家规定的劳动者福利待遇等。实行计件工资或提成工资等工资形式的用人单位，在科学合理的劳动定额基础上，其支付劳动者的工资不得低于相应的最低工资标准。

（三）劳动者的社会保险与福利

《社会保险法》规定，国家建立基本养老保险、基本医疗保险、工伤保险、失业保险、等社会保险制度，保障公民在年老、疾病、工伤、失业、生育等情况下依法从国家和社会获得物质帮助的权利。

### 五、劳动争议的解决

劳动争议仲裁时效是指劳动者或用人单位的权利遭到对方侵犯后，在法定期间内不行使权利，即丧失仲裁机构予以保护的权利。也就是说，一旦错过仲裁时效，权利人的胜诉权就被消灭，即丧失了请求仲裁委员会保护的权利。有关法规规定："提出劳动争议的一方应当自劳动争议发生之日起 60 日内向劳动争议仲裁委员会提出书面申请。"对于这句话中"争议发生之日"如何理解十分重要的问题，因为它关系到时效起算日的确定。根据有关法律解释，"争议发生之日"知道或应当知道权利被侵害之日。也就是说，"争议发生之日"，是从当事人知道或应当知道自己的权利被侵害之时，在法律上就被认为是产生"争议"之日，此时也就是仲裁时效的起算之日。

发生了劳动争议，主要解决方法和途径如下所述。

（一）争议解决的主要途径

（1）调解。劳动争议调解委员会的组成：员工代表、公司代表、工会代表。与员工达成的调节协议必须是自愿执行。这个协议没有法律强制力，不可以向法院申请强制执行。

（2）仲裁。对于仲裁裁决，当事方均没有反对，应执行。如有一方不服裁决，应在收到 15 天内向法院提出诉讼。仲裁裁决在做出后 15 天开始生效。仲裁裁决可以向法院申请强制仲裁程序为：

a. 申请仲裁有时效性，要求自争议发生之日起 60 天内。

b. 申请受理时间：7 天。

c. 答辩：被申请人在 15 天内做出答辩。

d. 裁决：仲裁裁决在 60 天内做出。对复杂的申请，可延长 30 天。

（3）诉讼。劳动争议产生后，员工不能直接向法院提出诉讼，必须先经过劳动者争议仲裁程序。法律法规也规定了例外，比如单独订立的保密协议等。

我国实行的二审制。对一审不服可向二审法院上诉。在一审中，对做出的劳动仲裁裁决员工提出支付工资等情况，法院可视情况先予以执行仲裁裁决。

（二）发生劳动争议时主要的证据

（1）劳动合同。劳动合同是主要证据，合同中双方确定了各方权利义务等内容。因此，劳动合同应该以书面形式做出，对法律规定中不清楚的方面加以填补。

（2）《员工手册》。尽可能制订比较详细的《员工手册》，与劳动合同相补充，应该包括员工不当行为、工作要求及员工福利等内容。《员工手册》内容要遵守法律法规要求。

（3）其他证据。

a.《解聘函》——提前 30 天做出并通知员工。诉讼的时效与《解聘函》有直接关系。

b. 工资签收单。

c. 病假的证明材料及相关资料。

d. 医生的处方等。

### 六、工伤处理的规定

（一）工伤认定

1. 应当认定为工伤的情形

（1）在工作时间和工作场所内，因工作原因受到事故伤害的。

（2）工作时间前后在工作场所内，从事与工作有关的预备性或者收尾性工作受到事故伤害的。

（3）在工作时间和工作场所内，因履行工作职责受到暴力等意外伤害的。

（4）患职业病的。

（5）因工外出期间，由于工作原因受到伤害或者发生事故下落不明的。

（6）在上下班途中，受到非本人主要责任的交通事故或者城市轨道交通、客运轮渡、火车事故伤害的。

（7）法律、行政法规规定应当认定为工伤的其他情形。

2. 视同工伤的情形

职工有下列情形之一的，视同工伤：

（1）在工作时间和工作岗位，突发疾病死亡或者在 48 小时之内经抢救无效死亡的。

（2）在抢险救灾等维护国家利益、公共利益活动中受到伤害的。

（3）职工原在军队服役，因战、因公负伤致残，已取得革命伤残军人证，到用人单位后旧伤复发的。

（二）劳动能力鉴定

劳动功能障碍分为 10 个伤残等级，最重的为 1 级，最轻的为 10 级。生活自理障碍分为 3 个等级：生活完全不能自理（1～4 级）、生活大部分不能自理（5～6 级）和生活部分不能自理（7～10 级）。

（三）工伤保险待遇

职工因工作遭受事故伤害或者患职业病进行治疗，享受工伤医疗待遇。

1. 工伤医疗的停工留薪期

停工留薪期一般不超过 12 个月。伤情严重或者情况特殊，经设区的市级劳动能力鉴定委员会确认，可以适当延长，但延长不得超过 12 个月。

2. 工伤职工的护理

生活不能自理的工伤职工在停工留薪期需要护理的，由所在单位负责。

工伤职工已经评定伤残等级并经劳动能力鉴定委员会确认需要生活护理的，从工伤保险基金按月支付生活护理费。生活护理费按照生活完全不能自理、生活大部分不能自理或者生活部分不能自理 3 个不同等级支付，其标准分别为统筹地区上年度职工月平均工资的 50%、40%或者 30%。

3. 职工因工致残的待遇

（1）职工因工致残被鉴定为 1 级至 4 级伤残的，保留劳动关系，退出工作岗位，从工伤保险基金按伤残等级支付一次性伤残补助金。

（2）职工因工致残被鉴定为 5 级、6 级伤残的，从工伤保险基金按伤残等级支付一次性伤残补助金；保留与用人单位的劳动关系，由用人单位安排适当工作，难以安排工作的由用人单位按月津贴，并由用人单位按照规定为其缴纳应缴纳的各项社会保险费：经工伤职工本人提出，该职工可以与用人单位解除或者终止劳动关系，由工伤保险基金支付一次性工伤医疗补助金，由用人单位支付一次性伤残就业补助金。

（3）职工因工致残被鉴定为 7 级至 10 级伤残的，从工伤保险基金按伤残等级支付一次性伤残补助金。劳动聘用合同期满终止，或者职工本人提出解除劳动、聘用合同的，由工伤保险基金支付一次性工伤医疗补助金，由用人单位支付一次性伤残就业补助金。

4. 其他规定

职工因工外出期间发生事故或者在抢险救灾中下落不明的，从事故发生当月起 3 个月内其工资从第 4 个月起停发工资，由工伤保险基金向其供养亲属按月支付供养亲属抚恤金。生活有困难的，可以预支一次性工伤补助金的 50％。

### 七、违法行为应承担的法律责任

（1）《劳动合同法》第九十一条规定，用人单位招用与其他用人单位尚未解除或者终止劳动的劳动者，给其他用人单位造成损失的，应当承担连带赔偿责任。

（2）《劳动合同法》第九十二条规定，劳务派遣单位违反本法规定的，由劳动行政部门和其他有关主管部门责令改正；情节严重的，以每人一千元以上五千元以下的标准处以罚款，并由工商行政理部门吊销营业执照；给被派遣劳动者造成损害的，劳务派遣单位与用工单位承担连带赔偿责任

（3）《劳动合同法》第九十三条规定，对不具备合法经营资格的用人单位的违法犯罪行为，依法追究法律责任；劳动者已经付出劳动的，该单位或者其出资人应当依照本法有关规定向劳动者支付劳动报酬、经济补偿、赔偿金；给劳动者造成损害的，应当承担赔偿责任。

（4）《劳动合同法》第九十四条规定，个人承包经营违反本法规定招用劳动者，给劳动者损害的，发包的组织与个人承包经营者承担连带赔偿责任。

# 第三节　相　关　合　同

### 一、承揽合同的法律规定

《合同法》规定，承揽合同是承揽人按照定做人的要求完成工作，交付工作成果，定作人给付报酬的合同。承揽包括加工、定作、修理、复制、测试、检验等工作。

（一）承揽合同的特征

（1）承揽合同以完成一定的工作并交付工作成果为标的。

（2）承揽人须以自己的设备、技术和劳力完成所承揽的工作。

a. 未经定作人的同意，承揽人将承揽的主要工作交由第三人完成的，定作人可以解除合同。

b. 经定作人同意的，承揽人也应就第三人完成的工作成果向定作人负责。

c. 承揽人有权将其承揽的辅助工作交由第三人完成。承揽人将承揽的辅助工作交由第三人的，应当就第三人完成的工作成果向定作人负责。

（二）承揽人工作具有独立性

1. 承揽人的义务

（1）按照合同约定完成承揽工作的义务。承揽人应当按照合同的约定，按时、按质、按量等完成工作。

（2）材料检验的义务。

a. 承揽人提供材料的，承揽人应当按照约定选用材料，并接受定作人检验：

b. 如果定作人提供材料的，承揽人应当对定作人提供的材料及时检验。

（3）通知和保密的义务。未经定作人许可，不得留存复制品或者技术资料。

（4）接受监督检查和妥善保管工作成果等义务。承揽人在工作期间，应当接受定作人必要的监督检验。

（5）交付符合质量要求工作成果的义务。

2. 定作人的义务

（1）按照约定提供材料和协助承揽人完成工作的义务。

（2）支付报酬的义务。除当事人另有约定的外，定作人未向承揽人支付报酬或者材料费等价款的，承揽人对完成的工作成果享有留置权。

（3）依法赔偿损失的义务。

（4）验收工作成果的义务。

## 二、买卖合同的法律规定

（一）买卖合同的法律特征

（1）买卖合同是一种转移财产所有权的合同。

（2）买卖合同是有偿合同。

（3）买卖合同是双务合同。

（4）买卖合同是诺成合同。

（二）买卖合同当事人的权利义务

1. 出卖人的主要义务

（1）按照合同约定交付标的物的义务。出卖的标的物，应当属于出卖人所有或者出卖人有权处分——权利担保。

（2）出卖人应当向买受人交付标的物或者交付提取标的物的单证，并应当按照约定或者交易习惯向买受人交付提取标的物单证以外的有关单证和资料——交单义务。

交付的方式可以是：

a. 现实交付。标的物由出卖人直接交付给买受人。

b. 简易交付。标的物在订立合同之前已为买受人占有，合同生效即视为完成交付。

c. 占有改定。买卖双方特别约定，合同生效后标的物仍然由出卖人继续占有，但其所有权已完成法律上的转移。

d. 指示交付。合同成立时，标的物为第三人合法占有，买受人取得了返还标的物请求权。

e. 拟制交付。出卖人将标的物的权利凭证（如仓单、提单）交给买受人，以代替标的物的现实交付。

（3）出卖人应当按照约定的期限交付标的物。对于不能达成补充协议，也不能按照合同有关条款或者交易习惯确定的，债务人可以随时履行，债权人也可以随时要求履行，但应当给对方必要的时间。

（4）出卖人应当按照约定的地点交付标的物。对于不能达成补充协议，也不能按照合同或者交易习惯确定的，适用下列规定：

a. 标的物需要运输的，出卖人应当将标的物交付给第一承运人以运交给买受人。

b. 标的物不需要运输，出卖人和买受人订立合同时知道标的物在某一地点的，出卖人应当在该地点交付标的物；不知道标的物在某一地点的，应当在出卖人订立合同时的营业地交付标的物。

（5）出卖人应当按照约定的质量要求交付标的物。对于不能达成补充协议，也不能按照合同有关条款或者交易习惯确定的，按照国家标准、行业标准履行；没有国家标准、行业标准的，按通常标准或者符合合同目的的特定标准履行。

（6）出卖人应当按照约定的包装方式交付标的物。对于不能达成补充协议，也不能按照合同有关条款或者交易习惯确定的，应当按照通用的方式包装，没有通用方式的，应当采取足以保护标的物的包装方式。

2. 出卖方的权利

1）出卖的标的物，应当属于出卖人所有或者出卖人有权处分。

2）当事人可以在买卖合同中约定买受人未履行支付价款或者其他义务的，标的物的所有权属于出卖人。

3）出卖具有知识产权的计算机软件、图纸等的标的物的，除法律另有规定或当事人另有约定的以外，该标的物的知识产权不属于买受人。

4）出卖人按照约定的期限，交付标的物。约定交付期间的，出卖人可以在该交付期间内的任何时间交付。

5）分期付款的买受人未支付到期价款的金额达到全部价款五分之一的，出卖人可以要求买受人支付全部价款或者解除合同。

6）出卖人解除合同的，可以向买受人要求支付该标的物的使用费。

7）试用买卖的当事人可以约定标的物的试用期间。对试用期间没有约定或者约定不明确的，由出卖人确定。

8）出卖人享有标的物交付前产生的孳息。

3. 买受人义务

1）支付价款。支付价款是买受人的主要义务。买受人支付价款应按照合同约定的数额、地点、时间为之。

2）受领标的物。买受人有依照合同约定或者交易惯例受领标的物的义务。

3）及时检验出卖人交付的标的物。买受人收到标的物时，有及时检验义务。

4）暂时保管及应急处置拒绝受领的标的物。

4. 买受人的权利

1）出卖人交付的不符合质量要求的标的物致使买受人不能实现合同目的的，买受人可以拒绝接受标的物或者解除合同。

2）买受人有确切证据证明第三人可能就标的物主张权利的，可以终止支付相应的价款，但出卖人提供适当担保的除外。

3）买受人对出卖人多交付的标的物，可以接收也可以拒绝，对接收多交的部分，买受人按照合同的价格支付价款。买受人拒绝接收多交的标的物，应当及时通知出卖人。

4）买受人享有标的物交付之后产生的孳息。

其权利相应地即是卖方的义务，其义务亦即卖方的权利。买方的主要义务是接受卖方向其交付的标的物并支付价金。

### 三、借款合同的法律规定

（一）借款合同的法律特征

| 一般借款合同的特征 | 自然人之间的借贷合同的例外 |
|---|---|
| 标的物是货币 ||
| （1）一般为要式合同。<br>（2）一般是有偿合同（有息借款）。<br>（3）一般为诺成合同 | （1）借款合同不一定采用书面形式，可以灵活约定形式。<br>（2）借款合同未约定利息的，视为无息。<br>（3）自然人之间的借款合同则为实践合同 |

（二）借款合同当事人的权利义务

1. 贷款人的义务

（1）提供借款的义务。

（2）不得预扣利息的义务。

2. 借款人的义务

（1）提供担保的义务。

（2）提供真实情况的义务。

（3）按照约定收取借款的义务。

（4）按照约定用途使用借款的义务。

（5）按期归还本金和利息的义务。

### 四、租赁合同的法律规定

租赁合同是出租人将租赁物交付承租人使用、收益，承租人支付租金的合同。

（一）租赁合同的法律特征

（1）租赁合同是转移租赁物使用收益权的合同。

（2）租赁合同是诺成、双务、有偿合同。

（二）租赁合同的内容和类型

（1）租赁合同的内容。租赁合同的内容包括租赁物的名称、数量、用途、租赁期限、租金及其支付期限和方式、租赁物维修等条款。

（2）租赁合同的类型

a. 定期租赁。租赁合同可以约定租赁期限，但租赁期限不得超过 20 年。超过 20 年的，超过部分无效。租赁期间届满，当事人可以续订租赁合同，但约定的租赁期限自续订之日起不得超过 20 年。租赁期限 6 个月以上的，应当采用书面形式。当事人未采用书面形式的，视为不定期租赁。

b. 不定期租赁。不定期租赁分为两种情形：一种是当事人没有约定租赁期限；另一种是定期租赁合同期限届满，承租人继续使用租赁物；出租人没有提出异议的，原租赁合同继续有效，但租赁期限为不定期。

（三）租赁合同当事人的权利义务

1. 出租人的义务

（1）交付出租物的义务。出租人应当按照约定将租赁物交付承租人，并在租赁期间保持租赁物符合约定的用途。

（2）维修租赁物的义务（区别于融资租赁合同）。

a. 除当事人另有约定的外，出租人应当履行租赁物的维修义务。

b. 出租人不履行维修义务，承租人可以自行维修，维修费用由出租人负担。

（3）权利瑕疵担保的义务。

（4）租赁物的瑕疵担保义务。

（5）保证承租人优先购买权的义务。

（6）保证共同居住人继续承租的义务。承租人在房屋租赁期间死亡的，与其生前共同居住的人可以按照原租赁合同租赁该房屋。生前共同居住的人不以与承租人是否有继承关系、亲属关系为限。

2. 承租人的义务

（1）支付租金的义务。

（2）按照约定使用租赁物的义务。

（3）妥善保管租赁物的义务。

（4）有关事项通知的义务。

（5）返还租赁物的义务。

（6）损失赔偿的义务。

（四）租赁合同的其他规定

在租赁期间因占有、使用租赁物获得的收益，归承租人所有，但当事人另有约定的除外。

**五、融资合同的法律规定**

（一）融资租赁合同的法律特征

融资租赁是将融资与融物结合在一起的特殊交易方式。融资租赁合同涉及出租人、出卖人和承租人三方主体。

1. 出租人身份的二重性

出租人是租赁行为的出租方，但在承租人选择承租物和出卖人后出租人与出卖人之间构成了法律上的买卖关系，因而又是买受人。

2. 出卖人权利与义务相对人的差异性

（1）融资租赁合同不同于买卖合同。即承租人享有买受人的权利但不承担买受人的义务。

（2）融资租赁合同也不同于租赁合同。融资租赁合同的出租人不负担租赁物的维修与瑕疵担保义务，但承租人须向出租人履行交付租金义务。

3. 融资租赁合同是要式合同

（二）融资租赁合同当事人的权利义务

1. 出租人的义务

出租人的主要义务是向出卖人支付价金、保证承租人对租赁物占有和使用、协助承租人索赔和尊重承租人选择权。

2. 出卖人的义务

出卖人的主要义务是向承租人交付标的物和标的物的瑕疵担保。

3. 承租人的义务

承租人的主要义务是支付租金、妥善保管和使用租赁物、租赁期限届满返还租赁物。

## 六、运输合同的法律规定

（一）货运合同的法律特征

货运合同具有以下法律特征：

①货运合同是双务、有偿合同。

②货运合同的标的是运输行为。

③货运合同是诺成合同。

④货运合同当事人的特殊性。

（二）货运合同当事人的权利义务

托运人有任意变更权、任意解除权，承运人对运输货物毁损的无过错责任，运费的风险承担，收货人有验收、通知义务，单式联运合同中承运人的连带责任等。

1. 托运人的任意变更权、任意解除权

《合同法》第308条规定，在承运人将货物交付收货人之前，托运人可以要求承运人中止运输、返还货物、变更到达地或者将货物交给其他收货人，但应赔偿承运人因此受到的损失。

2. 承运人对运输货物毁损的无过错责任

《合同法》第311条规定，承运人对运输过程中货物的毁损、灭失承担"无过错赔偿责任"。法定免责事由有三：①不可抗力；②货物本身的自然性质或者合理损耗；③托运人、收货人的过错（如包装瑕疵，堆放错误）。

对赔偿数额没有约定的，按照交付或者应当交付时"货物到达地"的市场价格计算承运人应当赔偿的数额。

3. 运费的风险负担

《合同法》第314条规定，货物运输合同中运费的风险"恒定"地由承运人承担，没有风险"移转"的问题。①货物在运输过程中因不可抗力全部灭失的，承运人不得要求支付运费；已经收取运费的，托运人可以请求返还。②货物在运输过程中因不可抗力部分灭失的，托运人应当按照货损比例支付相应运费。

4. 收货人的验收、通知义务

《合同法》第310条规定，收货人应当在约定的期限内或者合理的期限内检验货物并对承运人提出异议，未在约定的期限或者合理的期限内提出异议的，视为承运人已经按照运输单证的记载交付的初步证据。

5. 单式联运合同中承运人的连带责任

《合同法》第313条突破了合同的相对性，该条的规定：①货物损失发生在某一运输区段的，该区段的实际承运人和与托运人订立合同的承运人对托运人承担连带责任。②不能证明货物损失发生在某一运输区段，在各区段的承运人应当和与托运人订立合同的承运人对托运人承担连带责任。

6. 多式联运合同中承运人的责任承担

根据《合同法》第317条，在多式联运合同中，不管货物损失发生在哪一个运输区段，都由与托运人订立多式联运合同的多式联运经营人单独对托运人承担责任，实际承运人不承担连带责任。

### 七、仓储合同的法律规定

（一）仓储合同的法律特征

仓储合同是一种特殊的保管合同，具有如下法律特征。

1. 仓储合同是诺成合同

仓储合同自成立时生效，不以仓储物是否交付为要件。这是区别于保管合同的显著特征。

2. 仓储合同的保管对象是动产

仓储合同保管的对象必须是动产，不动产不能作为仓储合同的保管对象。这是区别于保管合同的又一显著特征。

3. 仓储合同是双务合同、有偿合同

无偿保管合同是单务合同，有偿保管合同是双务合同。

（二）仓储合同当事人的权利义务

1. 保管人的义务

（1）验收的义务。

（2）出具仓单的义务。

（3）允许检查或者提取样品的义务。

（4）通知的义务。

（5）催告或做出必要处置的义务。

（6）损害赔偿的义务。

2. 存货人的义务

（1）支付仓储费用的义务。

（2）说明的义务。

（3）按时提取仓储物。

### 八、委托合同的法律规定

（一）委托合同的法律特征

1. 委托合同的目的是为他人处理或管理事务

委托合同是一种典型的提供劳务的合同。合同订立后，受托人在委托的权限内所实施的行为，等同于委托人自己的行为；委托的事务可以是法律行为，也可以是事实行为。它不同于民事代理，后者委托的只能是法律行为。它也不同于行纪合同，后者委托的仅是商事贸易行为。

2. 委托合同的订立以双方相互信任为前提

委托合同是指受托人为委托人办理委托事务，委托人支付约定报酬或不支付报酬的合同。其特征有：委托合同是典型的劳务合同；受托人以委托人的费用办理委托事务；委托合同具有人身性质，以当事人之间相互信任为前提；委托合同既可以是有偿合同，也可以是无偿合同；委托合同是诺成的、双务的合同。委托合同又称委任合同，是指委托人和受托人约定，由受托人处理委托事务的合同。

3. 委托合同未必是有偿合同

委托合同可以是有偿合同，也可以是无偿合同。

（二）委托合同当事人的权利义务。

1. 委托人的义务

（1）支付费用的义务。无论委托合同是否有偿，委托人都有义务提供或偿还委托事务的必要费用。

（2）支付报酬的义务。受托人完成委托事务的，委托人应当向其支付报酬。

（3）赔偿损失的义务。

2. 受托人的义务

（1）按指示处理委托事务的义务。

（2）亲自处理委托事务的义务。

（3）委托事务报告和转交财产的义务。

（4）披露委托人或第三人的义务。

（5）承担赔偿的义务。

# 复 习 思 考 题

## 一、单项选择题

1. 根据合同的分类，下列合同属于无偿合同的是（　　）。

A. 买卖合同　　　　　B. 赠与合同　　　　　C. 租赁合同　　　　　D. 加工承揽

2. 下列关于合同自愿原则的表述，错误的是（　　）。

A. 自愿就是绝对的合同自由　　　　　B. 自愿是在法定范围内的自由

C. 自愿不得损害公共利益　　　　　D. 自愿不能危急社会公共安全

3. 下列选项中属于要约的是（　　）。

A. 投标书　　　　　B. 招标公告　　　　　C. 招股说明书　　　　　D. 商业广告

4. 工期是指发包人承包人在协议书中约定，按总（　　）确定。

A. 阳历天数　　　　　　　　　　B. 阴历天数

C. 合法定节假日日历天数　　　　　D. 除法定节假日以外的日历天数

5. 合同成立的根本标志是（　　）。

A. 存在订约当事人

B. 当事人具有相应民事权利能力和民事行为能力

C. 订约当事人对主要条款达成一致

D. 经历要约与承诺的阶段

6. 采用欺诈、威胁等手段订立的劳动合同为（　　）劳动合同。

A. 有效　　　　　　B. 无效　　　　　　C. 可变更　　　　　D. 可撤销

7. 根据《合同法》，应当采用书面形式的合同是（　　　）。

A. 设备租赁合同　　B. 建设工程合同　　C. 承揽合同　　　D. 货物买卖合同

8. 某矿山企业的如下工作安排中，不违反《劳动法》中关于劳动保护规定的是（　　　）。

A. 安排怀孕 4 个月的李某夜班看护仪表　　B. 未对未成年工进行定期健康检查

C. 安排女职工王某从事井下作业　　　　　D. 安排未成年工进行井下作业

9. 根据《劳动合同法》，劳动者在试用期内的工资最低为劳动合同工资的（　　　），并不得低于用人单位所在地的最低工资标准。

A. 60%　　　　　　B. 75%　　　　　　C. 80%　　　　　D. 90%

10. 依据《劳动合同法》用人单位自用工之日起超过 1 个月不满 1 年未与劳动者订立书面合同的，应当向劳动者每月支付（　　　）倍的工资。

A. 1.5　　　　　　B. 2　　　　　　　C. 3　　　　　　　D. 4

**二、多项选择题**

1. 根据合同的分类，赠与合同属于（　　　）。

A. 单务合同　　B. 双务合同　　C. 有偿合同　　D. 无偿合同　　E. 要式合同

2. 当事人订立合同，经历（　　　）阶段。

A. 要约　　　　B. 要约邀请　　C. 承诺　　　D. 成立　　　E. 生效

3. 施工合同履行过程中的合同变更通常包括（　　　）。

A. 工期改变　　　　　　B. 承包人变更　　　　　C. 工程量的变更

D. 施工方法的改变　　　　　　　　　　　E. 工程技术规格的改变

4. 合同解除的主要要件有（　　　）。

A. 合同有效　　　　　　B. 合同未曾履行　　　　C. 合同未完全履行

D. 合同具备解除的条件　　　　　　　　　E. 经对方当事人同意

5. 施工合同可撤销的情形有（　　　）。

A. 在订立合同时显失公平　　　　　B. 损害公共利益

C. 违反了《建筑法》的强制性规定　　D. 订立合同时，建设单位存在重大误解

E. 施工单位以欺诈手段订立，损害了国家利益

6. 合同未约定违约责任，当事人一方不履行合同义务的，违约方应当承担的违约责任有（　　　）。

A. 赔礼道歉　　B. 继续履行　　C. 赔偿损失　　D. 采取补救措施　　E. 支付违约金

7. 关于合同成立时间的说法，正确的有（　　　）。

A. 合同书自双方签字时成立　　　　B. 双方意思表示一致时即成立

C. 承诺生效时合同成立　　　　　　D. 口头合同自交付标的物时成立

E. 按照数据电文合同的要求签订确认书时合同成立

8. 根据《劳动合同法》，用人单位在与劳动者签订合同时采取的正当行为有（　　　）。

A. 约定专业技术培训服务违约金　　B. 扣押居民身份证　　C. 签订竞业限制协议书

D. 扣押职业资格证　　　　　　E. 要求提供担保

9. 关于劳动合同试用期的说法正确的有（　　　）。

A. 试用期次数最多为 2 次　　　　B. 试用期不包含在劳动合同期限内

C. 试用期最长为 6 个月　　　　　D. 试用期内，用人单位可无理由解除劳动合同

E. 以完成一定工作任务为期限的劳动合同不得约定试用期

10. 根据《劳动合同法》，劳动者可以解除劳动合同，用人单位应当向劳动者支付经济补偿的有（　　　）。

A. 用人单位未及时足额支付劳动报酬的

B. 用人单位未按照劳动合同约定提供劳动保护或者劳动条件的

C. 用人单位未依法为劳动者缴纳社会保险费的

D. 用人单位违章指挥。强令冒险作业危及劳动者人身安全的

E. 用人单位为劳动者提供专项技术培训，双方约定的服务期未到期，但劳动合同期满

### 三、简答题

1. 简述合同交底的重要性。

2. 作为承包商，在报价中如何考虑不可预见风险费？

3. 简述最低工资的特点及立法意义。

4. 简述劳动合同经济补偿金与赔偿金的区别。

5. 简述解除劳动争议各种方式之间的关系及其法律效力。

# 第九章　FIDIC 土木工程施工合同条件

## 【本章概述】

本章主要是针对国际工程承包中通常采用的 FIDIC 合同条件，阐述了其发展过程、合同文件的构成、FIDIC 合同条件的应用范围及前提条件，应用 FIDIC 合同条件的工作程序等；根据 1999 年第 1 版的 FIDIC 施工合同条件，重点介绍了涉及权利和义务的条款、涉及质量控制的条款、涉及工程进度控制的条款、涉及费用管理的条款和涉及法规性的条款五部分内容。

## 【学习目标】

1. 了解 FIDIC 施工合同文件的组成及前提是什么。

2. 掌握 FIDIC 施工合同条件中工程计量的规定。

3. 掌握因不可抗力而终止合同时如何结算和付款。

## 【能力目标】

1. 具备熟练掌握施工合同条件下处理争端。

2. 能够简述保留金的支付情况。

3. 能熟练掌握最终支付证书说明的内容。

## 【课时建议】

4 课时。

# 第一节　FIDIC 合同概述

FIDIC《施工合同条件》是合同文件最重要的组成部分。在国际工程承发包中，业主和承包商在订立工程合同时，常参考一些国际性的专业组织编制的标准合同条件，本章主要介绍国际咨询工程师联合会（FIDIC）编制的施工合同条件。

## 一、FIDIC 简介

FIDIC 是指国际咨询工程师联合会法文名称的缩写，在国内一般译为"菲迪克"。总部设在瑞士洛桑，是世界上最具权威性的咨询工程师组织，推动了全球范围内高质量的工程咨询服务业的发展。它在每个国家只吸收一个独立的咨询工程师协会作为团体会员。中国工程咨询协会 1996 年代表中国加入 FIDIC，成为其正式会员。

FIDIC 下设五个长期性的专业委员会：业主与咨询工程师关系委员会（CCRC）；合同委员会（CC）；风险管理委员会（RMC）；质量管理委员会（QMC）；环境委员会（EN－VC）。FIDIC 的各专业委员会编制了许多规范性的文件，这些文件不仅为 FIDIC 成员国采用，世界银行、亚洲开发银行、非洲开发银行的招标样本也常常采用。其中最常用的有

《土木工程施工合同条件》《电气和机械工程合同条件》《业主/咨询工程师标准服务协议书》《设计——建造与交钥匙工程合同条件》（国际上分别通称为 FIDIC "红皮书""黄皮书""白皮书"和"橘皮书"）以及《土木工程施工分包合同条件》。1999 年，FIDIC 又出版了新的《施工合同条件》《工程设备和设计——施工合同条件》《EPC（设计采购施工）交钥匙工程合同条件》及《简明合同格式》四本新的合同标准格式。本章重点介绍 FIDIC 新版《施工合同条件》的有关内容。

### 二、FIDIC《施工合同条件》简介

FIDIC 施工合同条件由通用合同条件和专用合同条件两部分构成。

（一）通用合同条件

FIDIC 通用条件的含义是：工程建设项目只要是属于土木工程施工，如：工业与民用建筑工程、水电工程、路桥工程、港口工程等建设项目，均可适用。通用条件共分 20 条，内含 163 款。其中 20 条分别是：一般规定，雇主，工程师，承包商，指定的分包商，员工，工程设备，材料和工艺，开工，延误和暂停，竣工检验，雇主接受，缺陷责任，测量和估价，变更和调整，合同价款和支付。由雇主终止，由承包商暂停和终止，风险与职责，保险，不可抗力，索赔、争端和仲裁。在通用条件中还有附录及程序规则。

（二）专用合同条件

基于不同地区、不同行业的土建类工程施工共性条件而编制的通用条件已成为分门别类、内容详尽的合同文件范本。但有这些仍是不够的，具体到某一工程项目，有些条款应进一步明确，有些条款还必须考虑工程的具体特点和所在地区情况予以必要的变动，FIDIC 专用合同条件恰好实现了这一目的。第二部分专用条件和第一部分的通用条件，构成了决定一个具体工程项目各方的权利和义务。

第二部分专用条件的编制原则是，根据具体工程的特点，针对通用条件中的不同条款进行选择、补充或修正，使由这两部分相同序号组成的条款内容更为完备。因此第二部分专用条件并不像第一部分通用条件那样，条款序号依次排列，以及每一序号下都有具体的条款内容，而是视第一部分条款内容是否需要修改、取代或补充，而决定相应序号的专用条款是否需要修改、取代或补充，从而决定相应序号的专用条款是否存在。

### 三、FIDIC 合同条件的应用

（一）FIDIC 合同条件的应用前提

FIDIC 合同条件注重业主、承包商、工程师三方的关系协调，强调工程师在项目管理中的作用。在土木工程施工中应用 FIDIC 合同条件应具备以下前提：

（1）通过竞争性招标确定承包商。

（2）委托工程师对工程施工进行管理。

（3）按照固定单价方式编制招标文件。

（二）FIDIC 合同条件应用的基本工作程序

应用 FIDIC 合同条件大致需要经过以下主要工作程序：

（1）确定工程项目，筹措资金。

（2）选择工程师，签订监理委托合同。

（3）委托勘察设计单位对工程项目进行勘察设计，也可委托工程师对此进行监理。

（4）通过竞争性招标，确定承包商。

（5）业主与承包商签订施工承包合同，作为 FIDIC 合同文件的组成部分。

（6）承包商办理合同要求的履约担保、预付款保函、保险等事项，并取得业主的批准。

（7）业主支付预付款。在国际工程中，一般情况下，业主都在合同签订后施工前，支付给承包商一定数额的无息资金，以供承包商进行施工人员的组织、材料设备的购置及进人现场、完成临时工程等准备工作，这笔资金称预付款。预付款的有关事项如数量、支付时间和方式、支付条件、扣还方式等，应在专用合同条件或投标书附件中规定。一般为合同款的 10%～15%。

（8）承包商提交工程师所需的施工组织设计、施工技术方案、施工进度计划和现金流量估算。

（9）准备工作就绪后，由工程师下达开工令，业主同时移交工地占有权。

（10）承包商根据合同的要求进行施工，而工程师则进行日常的监理工作。这一阶段是承包商与工程师的主要工作阶段，也是 FIDIC 合同条件要规范的主要内容。这在本章中还要做详细介绍。

（11）根据承包商的申请，工程师进行竣工检验。若工程合格，颁发接收证书，业主归还部分保留金。

（12）承包商提交竣工报表，工程师签发支付证书。

（13）在缺陷通知期内，承包商应完成剩余工作并修补缺陷。

（14）缺陷通知期满后，经工程师检验，证明承包商已根据合同履行了施工、竣工以修补所有工程缺陷的义务，工程质量达到了工程师满意的程度，则由工程师颁发履约证书，业主应归还履约保证金及剩余保留金。

（15）承包商提出最终报表，工程师签发最终支付证书，业主与承包商结清余款，随后，业主与承包商的权利义务关系即告终结。

（三）FIDIC 合同条件下合同文件的组成及优先次序

在 FIDIC 合同条件下，合同文件除合同条件外，还包括其他对业主、承包方都有约束力的文件。构成合同的这些文件应该是互相说明、互相补充的，但是这些文件有时会产生冲突或含义不清。此时，应由工程师进行解释，其解释应按构成合同文件的内容按以下先后次序进行：

（1）合同协议。

（2）中标。

（3）投标书。

（4）合同条件第二部分（专用条件）。

（5）合同条件第一部分（通用条件）。

（6）规范。这是指对工程范围、特征、功能和质量的要求和施工方法、技术要求的说明书，对承包商提供的材料的质量和工艺标准、样品和试验、施工顺序和时间安排等都要做出明确规定。一般技术规范还包括计量支付方法的规定。

（7）图纸。

（8）资料表和构成合同组成部分的其他文件。

### 四、FIDIC施工合同条件的条款

FIDIC施工合同条件可以大致划分为涉及权利义务的条款、涉及费用管理的条款、涉及工程进度控制的条款、涉及质量控制的条款和涉及法规性的条款五大部分。这种划分只能是大致的，因为有相当多的条款很难准确地将其划入某一部分，可能它同时涉及费用管理、工程进度控制等几个方面的内容。本章以1999年出版的FIDIC施工合同条件为依据，分节对F1DIC施工合同条件中各条款的主要内容、功能、作用等方面作一个初步归纳。

# 第二节　涉及权利和义务的条款

FIDIC土木工程施工合同条件中涉及权利和义务的条款，主要包括业主的权利与义务、工程师的权利与职责、承包商的权利与义务。其主要内容如下所述。

### 一、业主的权利与义务

业主是指在合同专用条件中指定的当事人以及取得此当事人资格的合法继承人（在FIDIC原文中称为雇主），但除非承包商同意，不指此当事人的任何受让人。业主是建设工程项目的所有人，也是合同的当事人，在合同的履行过程中享有大量的权利并承担相应的义务。

（一）业主的权利

1. 有权批准或否决承包商将合同转让

承包商如果要将合同的全部或部分转让给他人，必须经业主同意。因为这种转让行为有可能损害业主的权益。

2. 有权指定分包商

指定分包商是指合同中由业主指定或由业主工程师在工程实施的过程中指定，完成某一项工作内容的施工或材料设备供应工作的承包商。指定分包商虽由业主或业主工程师指定，但他应与承包商签订分包合同，由承包商负责对他的协调与管理并对之进行支付。如果有正当理由，承包商可以反对接受指定的分包商。

3. 承包商违约时业主有权采取补救措施

（1）施工期间出现的质量事故，如果承包商无力修复，或者业主工程师考虑工程安全，要求承包商紧急修复，而承包商不愿或不能立即进行修复。此时，业主有权雇用其他人完成修复工作，所支付的费用从承包商处扣回。

（2）承包商未按合同要求进行投保并保持其有效，或者承包商在开工前未向业主提供说明已按合同要求投保并生效的证明。则业主有权办理合同中规定的承包商应当办理而未办理的投保。业主代替承包商办理投保的一切费用均由承包商承担。

（3）承包商未能在指定的时间将有缺陷的材料、工程设备及拆除的工程运出现场。此时业主有权雇用他人承担此类工作，由此产生的一切费用均由承包商承担。

**4. 承包商构成合同规定的违约事件时，业主有权终止合同**

在发生下述事件后，业主有权向承包商发出终止合同的书面通知，终止对承包商的雇用：①承包商宣告破产、停业清理或解体，或由于其他情况失去偿付能力；②承包商未能按要求及时提交履约保证或按照工程师的通知改正过失；③承包商未经业主同意将整个工程分包出去或转让合同；④承包商不愿继续履行合同义务；⑤承包商无正当理由未按合同规定开工、拖延工期；⑥承包商不及时拆除、移走、重建不合格的工程设备、材料或工艺缺陷，或实施补救工作；⑦承包商的各种贿赂行为。

在发出终止合同的书面通知 14 天后终止合同，将承包商逐出现场。业主可以自己完成该工程，或雇用其他承包商完成该工程。业主或其他承包商为了完成该工程，有权使用他们认为合适的原承包商的设备、临时工程和材料。

（二）业主的义务

**1. 投标函附录规定的时间内向承包商提供施工场地**

业主应随时给予承包商占有现场各部分的范围及占用各部分的顺序。业主提供的施工场地应能够使承包商根据工程进度计划开始并进行施工。

**2. 业主应在合理的时间内向承包商提供图纸和有关辅助资料**

在承包商提交投标书之前，业主应向承包商提供根据有关该项工程的勘察所取得的水文及地表以下包括环境方面的资料。开工后，随着工程进度的进展，业主应随时提供施工图纸。特别是工程变更时，更应避免因图纸提供不及时而影响施工进度。

**3. 业主应按合同规定的时间向承包商付款**

FIDIC 合同条件对业主向承包商付款有很多具体的规定。在工程师签发首期预付款、期中支付证书、最终支付证书后，业主应按合同规定的期限，向承包商付款。如果业主没有在规定的时间内付款，则业主应按照合同规定的利率，从应付日期起计算利息付给承包商。

**4. 业主应在缺陷责任期内负责照管工程现场**

颁发接收证书后，在缺陷责任期内的现场照管由业主负责。如果工程师为永久工程的某一部分工程颁发了接收证书，则这一部分的照管责任随之转移给业主。

**5. 业主应协助承包商做好有关工作**

业主的协助义务是多方面的。如帮助承包商获得工程所在国的法律文本、申请法律中要求的各项许可、执照和批准等。

## 二、工程师的职责与权利

工程师是指业主为实现合同规定的目的而指定的工程师。他与业主签订委托协议书，根据施工合同的规定，对工程的质量、进度和费用进行控制和监督，以保证工程项目的建设能满足合同的要求。

（一）工程师的权利

**1. 质量管理方面的权利**

（1）对现场材料及设备有检查和拒收的权力。对工程所需要的材料和设备，工程师随时有权检查。对不合格的材料、设备，工程师有权拒收。

（2）有权监督承包商的施工。监督承包商的施工，是工程师最主要的工作。一旦发现施工质量不合格，工程师有权指令承包商进行改正或停工。

（3）对已完工程有确认或拒收的权利。任何已完工程，由工程师进行验收并确认。对不合格的工程，工程师有权拒收。

（4）有权对工程采取紧急补救措施。一旦发生事故、故障或其他事件，如果工程师认为进行任何补救或其他工作是工程安全的紧急需要，则工程师有权采取紧急补救措施。

（5）有权要求解雇承包商的雇员。对于承包商的任何人员，如果工程师认为其在履行职责中不能胜任或出现玩忽职守的行为、不遵守合同的规定等，有权要求承包商予以解雇。

（6）有权批准分包商。如果承包商准备将工程的一部分分包出去，他必须向工程师提出申请报告。未经工程师批准的分包商不能进入工地进行施工。

2. 进度管理方面的权利

（1）有权批准承包商的进度计划。承包商的施工进度计划必须满足合同规定工期（包括工程师批准的延期）的要求，同时必须经过工程师的批准。

（2）有权发出开工令、停工令和复工令。承包商应当在接到工程师发出的开工通知后开工。如果由于种种原因需要停工，工程师有权发布停工令。当工程师认为施工条件已达到合同要求时，可以发出复工令。

（3）有权控制施工进度。如果工程师认为工程或其他任何区段在任何时候的施工进度太慢，不符合竣工期限的要求，则工程师有权要求承包商采取必要的步骤，加快工程进度，使其符合竣工期限的要求。

3. 费用管理方面的权利

（1）有权确定变更价格。任何因为工作性质、工程数量、施工时间的变更而发出的变更指令，其变更的价格由工程师确定。工程师确定变更价格时应充分和承包商协商，尽量取得一致性意见。

（2）有权批准使用暂定金额。暂定金额只有在工程师的指示下才能动用。

（3）有权批准使用计日工。对于数量少的零散工作，工程师可以用变更的形式指示承包商实施。并按合同中的计日工表进行估价和支付。

（4）有权批准向承包商付款。所有按照合同规定应由业主向承包商支付的款项，均需由工程师签发支付证书，业主再据此向承包商付款。工程师还可以通过任何临时支付证书对他所签发的任何原有支付证书进行修正或更改。如果工程师认为有必要，他有权停止对承包商付款。

4. 合同管理方面的权利

（1）有权批准工程延期。如果由于承包商自身以外的原因，导致工期的延长，则工程师应批准工程延期。经工程师批准的延期时间，应视为合同规定竣工时间的一部分。

（2）有权发布工程变更令。合同中工程的任何部分的变更，包括性质、数量、时间的变更，必须经工程师的批准，由工程师发出变更指令。

（3）颁发接收证书和履约证书。经工程师检查验收后，工程符合合同的标准，即颁发接收证书和履约证书。

（4）有权解释合同中有关文件。当合同文件的内容、字义出现歧义或含糊时，则应由工程师对此做出解释或校正，并向承包商发布有关解释或校正的指示。

（二）工程师的义务

1. 认真执行合同

认真执行合同是工程师的根本职责。FIDIC 合同条件的规定，工程师有如下的职责：合同实施过程中向承包商发布信息和指标；评价承包商的工作建议；保证材料和工艺符合规定；批准已完成工作的测量值以及校核，向业主送交支付证书等工作。

2. 协调施工有关事宜

工程师对工程项目的施工进展负有重要责任，应当与业主、承包商保持良好的工作关系，协调有关施工事宜，及时处理施工中出现的问题，确保施工的顺利进行。

### 三、承包商的权利与义务

承包商是指其标书已被业主接受的当事人，以及取得该当事人资格的合法继承人，但不指该当事人的任何受让人（除非业主同意）。承包商是合同的当事人，负责工程的施工。

（一）承包商的权利

1. 有权得到工程付款

这是承包商最主要的权利。在合同履行过程中；承包商完成了他的义务后，他有权得到业主支付的各类款项。

2. 有权提出索赔

由于不是承包商自身的原因，造成工程费用的增加或工期的延误，承包商有权提出费用索赔和工期索赔。承包商提出索赔，是行使自己的正当权利。

3. 有权拒绝接受指定的分包商

为了保证承包商施工的顺利进行，如果承包商认为指定的分包商不能与他很好合作，承包商有权拒绝接受这个分包商。

4. 如果业主违约，承包商有权终止受雇和暂停工作

（1）承包商暂停工作的权利。

（2）承包商有权提出终止。

（3）停止工作及承包商设备的撤离。

（二）承包商的义务

1. 按合同规定的完工期限、质量要求完成合同范围内的各项工程

合同范围内的工程包括合同的工程量清单以及清单以外的全部工程和工程师要求完成的与其有关的任何工程。合同规定的完工期限则是指合同工期加上由工程师批准的延期时间。承包商应按期、按质、按量完成合同范围内的各项工程，这是承包商的主要义务。

2. 对现场的安全和照管负责

在施工现场，承包商有义务保护有权进入现场人员的安全及工程的安全；有义务提供对现场照管的各种条件，包括一切照明、防护、围栏及看守。并应避免由其施工方法引起的污染，直到颁发接收证书为止。

3. 遵照执行工程师发布的指令

对工程师发布的指令，不论是口头的还是书面的，承包商都必须遵照执行。但对于口

头指令，承包商应在 7 天内以书面形式要求工程师确认。承包商对有关工程施工的进度、质量、安全、工程变更等内容方面的指示，应当只从工程师及其授予相应权限的工程师代表处获得。

4. 对现场负责清理

在施工现场，承包商随时应进行清理，保证施工井然有序。在颁发接收证书时，承包商应对接收证书所涉及的工程现场进行清理，并使原施工用地恢复原貌，达到工程师满意的状态。

5. 提供履约担保

如果合同要求承包商为其正确履行合同提供担保，则承包商应在收到中标函后 28 天内，按投标书附件中注明的金额和货币种类，按一定的格式开具履约担保，并将此保函提交给业主。

6. 应提交进度计划和现金流通量的估算

提交进度计划和现金流通量的估算，有利于工程师对工程施工进度的监督，有利于业主能够保证在承包商需要时提供资金。

7. 保护工程师提供的坐标点和水准点

承包商除了对由工程师书面给定的原始坐标点和水准点进行准确的放线外，他有义务对上述各类的地面桩进行仔细保护。

8. 工程和承包商设备保险

承包商必须以业主和承包商共同的名义，以全部重置成本对工程连同材料和工程配套设备进行保险。保险期限从现场开始工作起到工程竣工移交为止。如为部分工程或单项工程投保时，保险金额则应为除重置成本外，另外加上 15％的附加金额，用以包括拆除和运走工程某些部分废弃物等的附加费用和临时费用。

9. 保障业主免于承受人身或财产的损害

承包商应保障业主免受任何人员的死亡或受伤及任何财产（除工程外）的损失及其产生的索赔。

10. 遵守工程所在地的一切法律和法规

承包商应保证业主免于承担由于违反法律法规的罚款和责任。由于遵守法律、法规而导致费用的增加，由承包商自己承担。

# 第三节 涉及质量控制的条款

FIDIC 合同条件中涉及质量控制的条款包括有关承包人员素质的规定、有关合同转让与分包的规定、有关施工现场的材料和工程设备的规定、有关施工质量及验收的规定等内容。

## 一、有关承包人员素质的规定

工程的施工最终要由承包人员来完成，因此，承包人员的素质是一切质量控制的基础。工程师有权对承包人员的素质进行控制。

（一）对承包商人员的要求

1. 承包商应提供承包人员的详细报告

承包商应按工程师批准的格式，每月向工程师提交说明现场各类承包商人员数量的详细报告。这能够使工程师对承包人员的数量和质量有大概的了解，也是对承包商雇用劳务人员的一种约束。

2. 承包商应提供的人员

承包商向施工现场提供的人员都应是在他们各自行业或职业内，具有相应资质、技能和经验的人员。

3. 管理人员的能力

在工程施工过程中，承包商应安排一定的管理人员对工作的计划、安排、指导、管理、检验和试验提供一切必要的监督。此类管理人员应具备用投标书附录中规定的语言交流的能力，应具备进行施工管理所需的专业知识及防范风险和预防事故的能力。

4. 承包商不合格的人员的撤换

工程师有权要求承包商立即从该工程中撤掉由承包商提供的受雇于工程的有下列行为的任何人员、（包括承包商代表）：经常行为不当，或工作漫不经心；无能力履行义务或玩忽职守；不遵守合同规定或经常出现有损安全、健康、环境保护的行为。

（二）承包商代表

承包商应在开工日期前任命承包商代表，授予他必需的一切权利，由他全权代表承包商履行合同并接受工程师的指示。承包商代表的任命和撤换要经工程师的同意。承包商的代表应用其全部时间去实施合同，他可将权利、职责或责任委任给任何胜任的人员，并可随时撤回，但须事先通知工程师。

**二、有关合同转让与分包的规定**

（一）合同的转让

如果没有一方的事先同意，另一方不得将合同或者合同的任何部分、合同中的任何利益进行转让。但下列情况除外：①任一方在他方完全自主决定的情况下，事先征得他人同意后，可以将合同或者合同的任何部分转让；②可以作为以银行或金融机构为受款人的担保。

（二）工程的分包

（1）承包商不得将整个工程分包出去。

（2）责任关系：虽然分包出去的部分工程由分包商来实施，但是对分包商、分包商的代理人及其人员的行为或违约要由承包商负全部责任。

（3）对分包的要求。

1）雇用分包商（材料供应商和合同中已注明的分包商除外），必须经工程师事先同意。

2）承包商要提前28天将分包商的开工日期通知工程师。

3）分包合同中必须规定：如果分包商履行其分包合同义务的期限超过了本合同相应部分的缺陷通知期，承包商应将此分包合同的利益转让给业主。

### 三、有关施工现场的材料、工程设备的规定

施工使用的材料、工程设备是确保工程质量的物质基础，工程师必须对此严格控制。

（一）对材料、工程设备和工艺的检查和检验

1. 检查

业主的人员在一切合理时间内，有权进入所有现场和获得天然材料的场所；以及在生产、制造和施工期间，对材料、工艺进行检查，对工程设备及材料的生产制造进度进行检查。承包商应向业主人员提供进行上述工作的一切方便。未经工程师的检查和批准，工程的任何部分不得覆盖、掩蔽或包装。否则，工程师有权要求承包商打开这部分工程供检验并自费恢复原状。

2. 检验

对于合同中有规定的检验（竣工后的检验除外），由承包商提供所需要的一切用品和人员。检验的时间和地点由承包商和工程师商定。工程师可以通过变更改变规定的检验的位置和详细内容，或指示承包商进行附加检验。工程师应提前 24 小时通知承包商他将参加检验，如果工程师未能如期前往（工程师另有指示除外），承包商可以自己进行检验，工程师应确认此检验结果。承包商要及时向工程师提交具有证明的检验报告，规定的检验通过后，工程师应向承包商颁发检验证书。如果按照工程师的指示对某项工作进行检验或由于工程师的延误导致承包商遭受了工期、费用及合理的利润损失，承包商可以提出索赔。

（二）对不合格的材料和工程设备的拒收

如果工程师经检查或检验发现任何工程设备、材料或工艺有缺陷或不符合合同的其他规定，可以对其拒收，承包商应立即进行修复。工程师可要求对修复后的工程设备、材料和工艺按相同条款和条件再次进行检验，直到其合格为止。

### 四、有关施工质量及验收的规定

（一）工程师对施工过程的检查

1. 工程师检查的内容

（1）承包商应按合同的要求建立质量保证体系，该体系应符合合同的详细规定。工程师应对承包商的质量保证体系进行审查，使其发挥良好的作用。

（2）工程师应在施工过程中检查和监督承包商的各项工程活动，包括施工中的材料、设备、工艺、人员等每一个环节。

2. 工程师对覆盖前工程的检查

没有工程师的批准，工程的任何部分均不得覆盖或使之无法查看。承包商应在规定的时间内通知工程师参加工程的此类部分的检查，且不得无故拖延。如果工程师认为检查并无必要，则应通知承包商。

3. 工程师对覆盖后工程的检查

如果承包商没有及时通知工程师，工程师可以要求对已覆盖的工程进行检查。承包商则应按工程师随时发出的指示，移去工程的任何部分的覆盖物，或在其内或贯穿其中开孔，并将该部分恢复原状和使之完好，所需费用由承包商承担。

4. 工程师有权指令暂时停工

由于承包商的违约或者为工程的合理的施工或工程的安全，工程师有权指令暂时停工。承包商应按照工程师指示的时间和方式暂停工程，在暂停工程期间承包商应对工程进行必要的保护和安全保障。

（二）工程师在颁发接收证书前对工程的检查

1. 地表应恢复原状

在工程师颁发接收证书前，承包商应将场地或地表面恢复原状。在移交证书中未对此作出规定不能解除承包商自费进行恢复原状工作的责任。

2. 颁发接收证书前的检验

工程师在颁发接收证书前，应对工程进行全面检验，接收证书将确认工程已基本竣工。

3. 非承包商的原因造成的妨碍竣工检验的处理

如果因业主、工程师、业主雇用的其他承包商的原因，使承包商不能进行竣工检验，如果工程符合合同要求，则应认为业主已在本该进行竣工检验的日期接收到了工程。但是，如果工程基本上不符合合同要求，则不能认为工程已被接收。

（三）上缺陷通知期的质量控制

在工程的缺陷通知期满之前，工程出现任何缺陷或其他不合格之处，工程师可向承包商下达指示，承包商应该：①在移交证书注明的竣工日期之后，尽快地完成在当时尚未完成的工作；②工程师指示承包商对工程进行修补、重建和补救缺陷时，承包商应在缺陷通知期内或期满后 14 天内实施这些工作。

当承包商未能在合理的时间内执行这些指示时，业主有权雇用他人从事该项工作，并付给报酬。

颁发履约证书后，承包商对尚未履行的义务仍有承担的责任。

# 第四节　涉及进度控制的条款

FIDIC 合同条件中涉及工程进度控制的条款主要包括有关工程进度计划管理的规定、关工程延误的规定、有关接收证书和履约证书的规定等方面的内容。

## 一、有关工程进度计划管理的规定

（一）承包商应提交工程进度计划

承包商应在收到工程师的开工日期的通知后 28 天内，应以工程师规定的适当格式和详细程度，向工程师递交一份详细的工程进度计划，以取得工程师的同意并按计划开展工作。当进度计划与实际进度或承包商履行的义务不符，或工程师根据合同发出通知时，承包商要修改原进度计划并提交给工程师。

（二）工程师对工程进度计划的管理

1. 审查、批准工程进度计划

工程师在收到承包商提交的工程进度计划后，应根据合同的规定，工程实际情况及其他方面的因素进行审查。其中如果有不符合合同要求的部分，应在 21 天内通知承包商，承包商应对计划进行修订。否则承包商应立即按进度计划执行。

## 2. 监督工程进度计划实施

监督工程进度计划实施的依据是被确认的承包商的工程进度计划。如果工程师发现工程的实际进度不符合工程进度计划，或者进度计划某些内容不符合合同的要求，则承包商应根据工程师的要求提出一份修订的进度计划，修改后的工程进度计划也应重新交工程师确认。由此引起的风险和开支，包括由此导致业主产生的附加费用（如工程师的报酬等），均由承包商承担。

### （三）承包商对延误工期所应承担的责任

如果由于承包商自身的原因造成工期延误，而承包商又未能按照工程师的指示改变这一状况，则承包商应承担以下责任：

#### 1. 误期损失赔偿

如果承包商未能在合同规定的竣工日期前完成工程，则承包商应向业主支付误期损害赔偿费。误期损害赔偿费应按投标书附件中注明的每天应付的金额与合同中原定的竣工时间到接收证书中注明的实际竣工日期之间的天数的乘积。但损失赔偿费应限制在投标书附件中注明的限额内。这笔金额是承包商为这种过失所应支付的惟一款项。这些赔偿费不应解除承包商对完成该项工程的义务或合同规定的承包商的任何其他义务和责任。

#### 2. 终止对承包商的雇用

如果承包商严重违约，包括拖延工期又固执地不采取补救措施，业主有权终止对其的雇用，而且承包商还要承担由此而造成的业主的损失费用。

## 二、有关工程延误的规定

### （一）工程延误

由于非承包商的原因造成施工工期的延长，不能按竣工日期竣工，称为工期延误。

### （二）工程延误的原因

（1）变更或合同范围内某些工程的工作量的实质性的变化。

（2）无法预见的公共当局的干扰引起了延误。

（3）异常不利的气候条件。

（4）传染病、法律变更或其他政府行为导致承包商不能获得充足的人员或货物，而且这种短缺是不可预见的。

（5）业主、业主人员或业主的其他承包商延误、干扰或阻碍了工程的正常进行。

（6）非承包商的原因工程师的暂时停工指示。

得到工程师批准的工程延期，所延长的工期已经属于合同工期的一部分。因而，承包商可以免除由于延长工期而向业主支付误期损失赔偿费的责任。由于工程延期所增加的费用将由业主承担。

### （三）工程延误的审批

（1）承包商的通知。承包商应在引起工程延误的事件开始发生后 28 天内通知工程师，随后，承包商应提交要求延期的详细说明。

（2）工程师做出工程延期的决定。

### 三、有关接收证书和解除缺陷责任证书的规定

（一）接收证书

（1）工程和分项工程的接收证书。承包商可以在他认为工程达到合同规定的竣工检验标准日期 14 天前，向工程师发出申领接收证书的通知。如果工程分成若干个分项工程时，承包商可类似地对每个分项工程申领接收证书。工程师在收到上述通知书 28 天内，或者向承包商颁发一份工程或分项工程接收证书，注明工程或分项工程按照合同要求已基本完工的日期；或者拒绝申请，但要说明理由，并指出在能够颁发接收证书之前承包商需要做的工作。承包商应在再次申领接收证书前，完成上述工作。

如果工程师在 28 天内既不颁发接收证书，又不对承包商作拒绝申请，而工程或分项工程实质上符合合同规定，接收证书应视为已在上述规定期限的最后一日签发。

承包商应在收到接收证书之前或之后将地表恢复原状。

（2）对部分工程的接收。这里所说的"部分"指合同中已规定的区段中的一个部分。只要业主同意工程师就可对永久工程的任何部分颁发接收证书。除非合同中另有规定或合同双方有协议，在工程师颁发包括某部分工程的接收证书之前，业主不得使用该部分。否则，一经使用则：

1）可认为业主接收了该部分工程，对该部分要承担照管责任。

2）如果承包商要求，工程师应为此部分颁发接收证书。

3）如果因此给承包商导致了费用，承包商有权索赔这笔费用及合理的利润。若对工程或某区段中的一部分颁发了接收证书，则该工程或该区段剩余部分的误期损害赔偿费的日费率将按相应比例减小，但最大限额不变。

（3）对竣工检验的干扰。若因为业主的原因妨碍竣工检验已达 14 天以上，则认为在原定竣工检验之日业主已接收了工程或区段，工程师应颁发接收证书。工程师应在 14 天前发出通知，要求承包商在缺陷通知期满前进行竣工检验。若因延误竣工检验导致承包商的损失，则承包商可据此索赔损失的工期、费用和利润。

（二）履约证书

（1）缺陷通知期的计算。从接收证书中注明的工程（或区段）的竣工日期开始，工程（或区段）进入缺陷通知期。投标函附录中规定了缺陷通知期的时间。

（2）承包商在缺陷通知期内要完成接收证书中指明的扫尾工作，并按业主的指示对工程中出现的各种缺陷进行修正、重建或补救。

（3）修补缺陷的费用。如果这些缺陷的产生是由于承包商负责的设计有问题，或由于工程设备、材料或工艺不符合合同要求，或由于承包商未能完全履行合同义务，则由承包商自担风险和费用。否则按变更处理，由工程师考虑向承包商追加支付。承包商在工程师要求下进行缺陷调查的费用亦按此原则处理。

（4）缺陷通知期的延长。如果在业主接收后，整个工程或工程的主要部分由于缺陷或损坏不能达到原定的使用目的，业主有权通过索赔要求延长工程或区段的缺陷通知期，但延长最多不得超过两年。

（5）未能补救缺陷。如果承包商未能在业主规定的期限内完成他应自费修补的缺陷，业主可以选择采取以下措施：①自行或雇用他人修复并由承包商支付费用；②要求适当减

少支付给承包商的合同价格；③如果该缺陷使得全部工程或部分工程基本损失了盈利功能，则业主可对此不能按期投入使用的部分工程终止合同，向承包商收回为此工程已支付的全部费用及融资费，以及拆除工程、清理现场所产生的费用等。

（6）进一步的检验。如果工程师认为承包商对缺陷或损坏的修补可能影响工程运行时，可要求按原检验条件重新进行检验。由责任方承担检验的风险和费用及修补工作的费用。

（7）履约证书的颁发。在最后一个区段的缺陷通知期期满后的28天内，或承包商提供了全部承包商文件并完成和通过了对全部工程（包括修补所有的缺陷）的检验后，工程师应向承包商颁发履约证书，以说明承包商已履行了合同义务并达到了令工程师满意的程度。

注意，只有颁发履约证书才代表对工程的批准和接受。

履约证书颁发后，各方仍应负责完成届时尚未完成的义务。

（三）现场的清理

在接到履约证书后28天内，承包商应清理现场，运走他的设备、剩余材料、垃圾等。否则业主可自行出售或处理留下的物品，并扣下所花费的费用，如有余额应归还承包商。接收证书并不是工程的最终批准，不解除承包商对工程质量及其他方面的任何责任。只有工程师颁发的履约证书，才是对工程的批准。

# 第五节　涉及费用管理的条款

FIDIC合同条件中涉及费用管理的条款范围很广，有的直接与费用管理有关，有的间接与费用管理有关。概括起来，大致包括有关工程计量的规定、有关合同履行过程中结算与支付的规定、有关合同被迫终止时结算与支付的规定、有关工程变更和价格调整时结算与支付的规定、有关索赔支付的规定等方面的内容。

## 一、有关工程计量的规定

### 1. 工程量

投标报价中工程量清单上的工程量是在图纸和规范的基础上对该工程的估算工程量，它们不能作为承包商履行合同过程中应予完成的实际的工程量。

承包商在实施合同中完成的实际工程量要通过测量来核实，以此作为结算工程价款的依据。由于FIDIC合同是固定单价合同，承包商报出的单价是不能随意变动的，因此工程价款的支付额是单价与实际工程量的乘积之和。

### 2. 工程量的计算

为了付款，工程师应根据合同通过计量来核实和确定工程的价值。工程师计量时应通知承包商一方派人参加，并提供工程师所需的一些详细资料。如果承包商一方未参加计量，他应承认工程师的计量结果。

在对永久工程进行计量需要记录时，工程师应准备此类记录。承包商应按照要求对记录进行审查，并就此类记录和工程师达成一致时双方共同签名。如果承包商不出席此类记录的审查和承认时，则应认为这些记录是正确无误的。

如果承包商在审查后认为记录是不正确的，则必须在审查后 14 天内向工程师发出通知，说明上述记录中不正确的部分。工程师则应在接到这一通知后复查这些记录，或予以确认或予以修改。

### 3. 工程计量的方法

工程计量方法应事先在合同中作出约定。如果合同中没有约定，应测量永久工程各项内容的实际净数量，测量的方法应按照工程量表或资料表中的规定。

## 二、有关合同价格与支付的规定

### 1. 合同价格

合同价格要通过对实际完工工程量的测量和估价来商定或决定，并且包括因法规变化、物价变化等原因对其进行的调整。承包商应支付根据合同应付的各类关税和税费，合同价格不因此类费用而调整。

开工日期开始后 28 天内，承包商应向工程师提交资料表中每个包干项目的价格分解表，供工程师在支付时参考。

### 2. 中期付款

承包商应在每个月末按工程师指定的格式向其提交一式 6 份的报表，详细地说明他认为自己到该月末有权得到的款额，同时提交证明文件（包括月进度报表），作为对期中支付证书的申请。此报表中应包括：

（1）截止到该月末已实施的工程及完成的估算合同价值（包括变更）。

（2）由于法规变化和费用涨落应增加和扣减的金额。

（3）作为保留金扣减的金额。

（4）因预付款的支付和偿还应增加和扣减的金额。

（5）根据合同规定，应付的作为永久工程的设备和材料的任何应增加和扣减的金额。

（6）根据合同或其他规定（包括对索赔的规定），应增加和扣减的金额。

（7）对以前所有的支付证书中已经证明的扣减款额。

如果合同中包括支付表，规定了合同价格的分期付款数额，则截止到该月末已实施的工程及完成的估算合同价值（包括变更）中所述估算合同价值即为支付表中对应的分期付额，并且不拨付工程设备和材料运抵工地的预支款。如果实际进度落后于支付表中分期支付所依据的进度，则工程师可根据落后的情况决定修正分期支付款。

只有在业主收到并批准了承包商提交的履约保证之后，工程师才能为任何付款开具支付正书，付款才能得到支付。在收到承包商的报表和证明文件后的 28 天内，工程师应向业主签发中期支付证书，列出他认为应支付给承包商的金额，并提交详细证明材料。在颁发工程的接收证书之前，若该月应付的净金额（扣除保留金和其他应扣款额之后）少于投标函附录中对支付证书的最低限额的规定，工程师可暂不开具支付证书，而将此金额累计到下月应付金额中；若工程师认为承包商的工作或提供的货物不完全符合合同要求，可以从应付款项中扣留用于修理或替换的费用，直至修理或替换完毕；如果他对某项工作的执行情况不满意时，也有权在证书中删去或减少该项工作的价值，但不得因此而扣发中期支付证书。工程师在签发每月支付证书时，有权对以前签发的证书进行修正。支付证书不代表工程师对工程的接受、批准、同意或满意。

中期付款支付时间应在工程师收到报表和证明文件后的 56 天内。

3. 暂列金额的使用

（1）暂列金额。暂列金额是指在合同中规定作为暂列金额的一笔款项。中标的合同金额包含暂列金额，根据合同中暂列金额的使用规定，用于工程任何部分的施工或用于提供材料设备或服务。

（2）暂列金额的使用。暂列金额按照工程师的指示可全部或部分地使用，也可根本不予动用。

（3）暂列金额的使用范围。

1）承包商按工程师的指令进行的变更部分的估价。

2）包括在合同价格中的，要由承包商从指定分包商或其他单位购买的工程设备材料或服务。

4. 保留金的支付

（1）保留金。保留金是指每次中期付款时，从承包商应得款项中按投标书附件中规定比例扣除的金额。留金额一般情况下为合同款的 5％。

（2）颁发接收证书时保留金的支付。当颁发整个工程的接收证书时，工程师应开具支付证书，把一半保留金支付给承包商。如果颁发的是分项或部分工程的接收证书时，保留金则应按该分项或部分工程估算的合同价值除以估算的最终合同价格所得的比例的 40％支付。

（3）工程的缺陷通知期满时保留金的支付。当整个工程的缺陷通知期满时，剩余保留金将由工程师开具支付证书支付给承包商。如果有不同的缺陷通知期适用于永久工程的不同区段或部分时，只有当最后一个缺陷通知期满时才认为该工程的缺陷通知期满。

5. 竣工报表及支付

颁发整个工程的接收证书之后 84 天内，承包商应向工程师呈交一份竣工报表，并应附有按工程师批准的格式所编写的证明文件。竣工报表应详细说明以下几点：①到接收证书证明的日期为止，根据合同所完成的所有工作的最终价值；②承包商认为应该支付的任何增加的款项；③承包商认为根据合同将支付给他的任何其他款项的估算数额。

6. 最终支付证书

承包商在收到履约证书后 56 天内，应向工程师提交按照工程师批准的格式编制的最终报表草案，并附证明文件一式 6 份。该草案应该详细说明以下问题：①根据合同所完成的所有工作的价值；②承包商认为根据合同或其他规定应支付给他的任何其他的款项。

如果工程师不同意或无法核实该草案的任何部分，则承包商应根据工程师的合理要求提交补充的资料，并按照可能商定的意见对草案进行修改。随后，承包商应按已商定的意见编制最终报表并提交给工程师。当最终报表递交之后，承包商根据合同向业主索赔的权利就终止了。

（1）结清证明。在提交最终报表时，承包商应给业主一份书面结清证明，进一步证实最终报表的总额，代表了由合同引起的或与合同有关的全部和最后确定应支付给承包商的所有金额，但结清证明只有当最终证书中的款项得到支付和业主退还履约保证书以后才能生效。

（2）最终支付证书的颁发。工程师在接到最终报表及书面结清证明后 28 天内，应向业主发出一份最终付款证书，以说明：①最终应支付的款额；②确认业主先前已付的所有金额以及业主有权得到的金额，业主还应支付给承包商，或承包商还应支付给业主的余额（如有的话）。

7. 承包商对指定分包商的支付

承包商在获得业主按实际完成工程量的付款后，扣除分包合同规定的承包商应得款（如税款、协调管理的费用等）和按比例扣除保留金后，应按时付给指定分包商。

### 三、有关合同被迫终止时结算与支付的规定

1. 由于承包商的违约终止合同的结算和支付

（1）对合同终止时承包商已完工作的估价。业主终止对承包商的雇用后，工程师应尽快对合同终止日的工程、货物和承包商的文件的价值作出估价，并决定承包商所有应得的款项。

（2）终止后的支付。终止通知生效后，业主可以：

1）要求索赔。

2）在确定施工、竣工和修补工程缺陷的费用、误期损害赔偿费及自己花费的所有其他费用之前，停止对承包商的一切支付。

3）从工程师估算的合同终止日承包商所有应得款项中扣除因承包商违约对业主造成的损失、损害赔偿费和完成工程所需的额外费用后，余额应支付给承包商。

2. 由于不可抗力而终止合同时的结算和付款

（1）不可抗力的定义。不可抗力是指某种异常事件或情况，这种事件或情况还必须同时满足以下四个条件：①一方无法控制；②在签订合同前该方无法防范；③情况发生后，该方不能合理避免或克服；④情况的发生不是因另一方的责任造成的，而是由于不可抗力。如战争、入侵、叛乱、暴乱、军事政变、内战、地震、飓风、台风、火山活动等都属于不可抗力的范围。

（2）由于不可抗力而终止合同时的结算和付款。如果因不可抗力而终止合同时，业主除应以合同规定的单价和价格向承包商支付在合同终止前造未支付的已完工程量的费用外，还应支付以下几种费用：

1）工程量表中涉及的任何施工准备项目，只要这些项目的准备工作或服务已经进行或部分进行，则应支付该项费用或适当比例的金额。

2）为工程需要而定货的各种材料、设备或物资中，已交发给承包商或承包商有法定义务要接收的那一部分订购所需的费用，业主支付此项费用后，上述物资、设备即成为业主财产。

3）承包商撤离自己设备的迁移费，但这部分费用应该是合理的，应该是撤回基地或费用更低的目的地所需费用。

4）承包商雇用的所有与工程施工有关的职员、工人，在合同终止时的合理遣返费。

另外，业主也有权要求索还任何有关承包商的设备、材料和工程设备的预付款的未估算余额，以及在合同终止时按合同规定应由承包商偿还的任何其他金额。上述应支付的金额均应由工程师在同业主和承包商适当协商后确定，并应相应地通知承包商，同时将一份

副本呈交业主。

3. 因业主违约终止合同的结算和支付

由于业主违约而终止合同时，业主对承包商的义务除与因不可抗力而终止合同时的付款条件一样外，还应再付给承包商由于该项合同终止而造成的损失赔偿费。

### 四、有关工程变更和价格调整时结算与支付的规定

1. 工程变更的范围

如果工程师认为有必要对工程的形式、质量或数量作出任何变更，他应有权指示承包商进行下述任何工作：①增加或减少合同中所包括的任何工作的数量；②删减任何工作（要交他人实施的工作除外）；③改变任何工作的性质、质量；④改变工程任何部分的标高、基线、位置和尺寸；⑤任何永久工程需要的附加工作、工程设备、材料或服务；⑥改变实施工程的施工顺序或时间安排。

承包商应遵守并执行工程师提出的每一项变更，如果承包商无法获得变更所需的货物，应立即通知工程师，工程师应取消、确认、修改指示。

2. 工程变更的估价

（1）使用工程量表中的费率和价格。对变更的工作进行估价，如果工程师认为适当，可以使用工程量表中的费率和价格。

（2）制定新的费率和价格。如果合同中未包括适用于该变更工作的费率和价格，则应在合理的范围内使用合同中的费率和价格作为估价的基础。如做不到这一点，则要求工程师与业主、承包商适当协商后，再由工程师和承包商商定一个合适的费率和价格。当双方意见不一致时，工程师有权确定一个他认为合适的费率和价格。在费率和价格确定之前，工程师应确定临时费率或价格，以便用于中期付款。

### 五、索赔的支付

在工程师核实了承包商的索赔报告、同期记录和其他有关资料之后，应根据合同规定决定承包商有权获得延期和附加金额。

经证实的索赔款额应在该月的期中支付证书中给予支付。如果承包商提供的报告不足以证实全部索赔，则已经证实的部分应被支付，不应将索赔款额全部拖到工程结束后再支付。

# 第六节 涉及法规性的条款

FIDIC 合同条件中涉及法规性的条款主要包括有关争端处理的规定、有关劳务方面的规定、有关合同法律适用的规定、有关通知的规定等。

### 一、有关争端处理的规定

争端处理的程序是首先将争端提交争端裁决委员会，由争端裁决委员会做出裁决，如果争端双方同意则执行，否则一方可要求提交仲裁，再经过 56 天的期限争取友好解决，如未能友好解决则开始仲裁。

1. 争端仲裁委员会的委任和终止

（1）委任。合同双方应在投标书附录规定的日期内任命争端裁决委员会成员。根据投书附录中的规定，争端裁决委员会由 1 人或 3 人组成。若成员为 3 位，则合同双方应各提名 1 位成员供对方批准，并共同确定第三位成员作为主席。如果在上述规定的日期内，不论由于任何原因，合同双方未能就争端裁决委员会成员的任命或替换达成一致，即应由专用条件中指定的机构或官方在与双方适当协商后确定争端裁决委员会成员的最后名单。

合同双方与争端裁决委员会成员的协议应编入附在通用条件后的争端裁决协议书中。由合同双方共同商定对争端裁决委员会成员的支付条件，并各支付酬金的一半。

（2）替换。除非合同双方另有协议，只要某一成员拒绝履行其职责或由于死亡、伤残、辞职或其委任终止而不能尽其职责，合同双方即可任命合格的人选替代争端裁决委员会的任何成员。

（3）委任终止。任何成员的委任只有在合同双方都同意的情况下才能终止。除非双方另有协议，在结清单即将生效时，争端裁决委员会成员的任期即告期满。

2. 获得争端裁决委员会的裁决

（1）如果合同双方由于合同、工程的实施或与之相关的任何事宜产生了争端，包括对工程师的任何证书的签发、决定、指示、意见或估价产生了争端，任一方可以书面形式将争端提交争端裁决委员会裁定，同时将副本送交另一方和工程师。

（2）争端裁决委员会应在收到书面报告后 84 天内对争端作出裁决，并说明理由。

（3）如果合同双方中任一方对争端裁决委员会作出的裁决不满，他应在收到该决定的通知后的 28 天内向对方发出表示不满的通知，并说明理由，表明他准备提请仲裁；如果争端裁决委员会未能在 84 天内对争端作出裁决，则合同双方中任一方都可在上述 84 天期满后的 28 天内向对方发出要求仲裁的通知。

如果争端裁决委员会将其裁决通知了合同双方，而合同双方在收到此通知后 28 天内都未就此裁决向对方提出上述表示不满的通知，则该裁决成为对双方都有约束力的最终决定。

只要合同尚未终止，承包商就有义务按照合同继续实施工程。未通过友好解决或仲裁改变争端裁决委员会作出的裁决之前，合同双方应执行争端裁决委员会作出的裁决。

3. 友好解决

在一方发出表示不满的通知后，必须经过 56 天之后才能开始仲裁。这段时间是留给合同双方友好解决争端的。

4. 仲裁

如果一方发出表示不满的通知 56 天后，争端未能通过友好方式解决，那么此类争端应提交国际仲裁机构作最终裁决。除非合同双方另有协议，仲裁应按照国际商会的仲裁规则进行，并按照此规则指定 3 位仲裁人。

仲裁人应有充分的权利公开、审查和修改工程师的任何证书、决定、指示、意见或估价，以及争端裁决委员会对争端事宜作出的任何裁决。仲裁过程中，合同双方都可提交新的证据和论据。

工程师可被传为证人并可提交证据，争端裁决委员会的裁决可作为一项证据。工程竣工之前和竣工之后，均可开始仲裁。在工程进行过程中，合同双方、工程师以及争端裁决委员会均应正常履行各自的义务。

5.未能遵守争端裁决委员会的裁决

当争端裁决委员会对争端作出决定之后，如果一方既未在28天内提出表示不满的通知，而后又不遵守此决定，则另一方可不经友好解决阶段直接将此不执行裁决的行为提请仲裁。

6.委任期满

如果双方产生争端时已不存在争端裁决委员会，则该争端应直接通过仲裁最终解决。

## 二、有关劳务方面的规定

### 1.劳务人员的工资及劳动条件的标准

承包商应遵守所有适用于其雇员的相关劳动法，向他们合理支付并保障他们享有法律规定的所有权利。另外，承包商应要求其全体雇员遵守所有与承包工作（包括安全工作）有关的法律和规章。承包商所付的工资标准及提供的劳动条件应不低于从事工作的地区同类工商业现行标准。承包商应为其人员提供和维护所有必需的食宿及福利设施。承包商应采取合理预防措施（如配备医务人员、急救设施、病房等）以维护其雇员的健康和安全，并在现场指派安全员负责维持安全秩序及预防事故的发生。一旦发生事故，承包商应及时向工程师报告。

### 2.劳务人员的工作时间

在投标函附录中规定的正常工作时间以外及当地公认的休息日，不得在现场进行任何工作。除非合同另有规定，或得到了工程师的批准，或是为了抢救生命财产或工程安全。

### 3.劳务人员的遣返

对于为合同目的或与合同有关事宜招收或雇用的所有人员，承包商应负责将他们送回招收地或其户籍所在地。对以合适的方式将要返回的人员，在他们离开工地之前，承包商应给予供养。

## 三、有关合同法律适用的规定

### 1.合同应当明确适用的法律

由于FIDIC合同条件在国际工程承包中被广泛采用，而一项国际承包工程要涉及两个或两个以上国家的单位和人员。一般情况下，合同中各方当事人应享受的权利和应承担的义务在合同中都会有十分明确、肯定的表述。但是，在实际履行中，合同的各方当事人仍然会对某些权利义务条款的具体含义有不同的理解。因此，必须在合同中明确，合同适用哪个国家的法律，明确一旦发生纠纷，究竟应按照哪个国家的法律来确定合同当事人的权利义务。

### 2.合同适用法律的选择

在国际工程承包合同中，在一般情况下，当事人可以根据自己的意愿，自行商定、任意选择合同所适用的法律，即合同的"意思自治"原则。如果有的国家对"意思自治"原则有一定的限制，则当事人只能在法律允许的范围内选择合同所适用的法律。由于各国的政治制度、经济制度、民族习惯等方面存在很大的差异，必然决定了各国的法律制度也有很大的不同。合同适用不同国家的法律，用以确定同一个合同中的同一项权利义务关系，可能会产生截然不同的结果，对各方当事人的利害得失带来严重的影响。

### 四、有关通知的规定

（1）致承包商的通知根据合同条款由业主或工程师发给承包商的所有证明、通知、指示均应通过邮件、电报、电传或传真发至（或留在）承包商主要营业地点或承包商为此目的指定的其他该类地址。

（2）致业主和工程师的通知根据合同条款发给业主或工程师的任何通知均应通过邮件、电报、电传或传真发至（或留在）合同专用条件中指定的各有关地址。

（3）地址的变更。合同双方的任何一方均可事先通知另一方，将指定地址改变为工程施工所在国内的另一地址，并将一份副本送交工程师，工程师也可事先通知合同双方这样做。

## 复 习 思 考 题

### 一、单项选择题

1. 根据 FIDIC《施工合同条件》，合同争端裁决委员会的组成人员由（　　）。

A. 行业协会指定　　　　　　　　B. 仲裁委员会指定

C. 业主与承包商协商选定　　　　D. 工程师和承包商协商选定

2. 根据 FIDIC《施工合同条件》，业主与承包商划分合同风险的"基准日"为（　　）。

A. 发布招标公告之日　　　　　　B. 承包商提交投标文件之日

C. 投标截止日前第 28 天　　　　D. 签订施工合同后第 28 天

3. 根据 FIDIC《施工合同条件》，同时在现场施工的两个承包商出现施工干扰时，工程师有权发布调整其中某一承包商原定施工作业顺序的指令，工程师发布该指令的依据是（　　）的规定。

A. 施工合同中关于进度控制条款　　B. 施工合同中关于变更条款

C. 工程师与业主订立的服务合同中工程师权力条款

D. 工程师与业主订立的服务合同中工程师责任条款

4. 根据 FIDIC《施工合同条件》，保留金的性质属于（　　）。

A. 合同实施期的暂列金额　　　　B. 承包商部分工程的预付款

C. 业主的履约保证金　　　　　　D. 作为承包商严格履行合同义务的措施

5. 根据 FIDIC《施工合同条件》，工程竣工验收不合格且经过修复后重新检验仍未通过的，工程师有权选择处理方法，下列处理方法中错误的是（　　）。

A. 指示承包商修复缺陷后再进行检验　B. 经业主同意折价接收工程并颁发接收证书

C. 建议业主解除施工合同　　　　D. 颁发接收证书并延长缺陷通知期的期限

6. 根据 FIDIC《土木工程施工分包合同条件》，分包商收到工程师发出的分包工程变更指令后，正确的做法是（　　）。

A. 立即执行　　　　　　　　　　B. 变更执行

C. 请承包商代表确认后再执行　　　　D. 请业主代表确认后再执行

7. 某工程项目是按照 FIDIC《施工合同条件》签订的合同，合同约定，缺陷通知期为 1 年，A 单位工程为分部移交工程，A 单位工程竣工移交后的运行期间，因施工质量问题出现重大缺陷。承包人修复后工程师要求延长该部分缺陷通知期 3 个月。单位工程缺陷通知期的终止时间应为（　　）。

A. A 单位工程竣工日后 1 年　　　　B. A 单位工程竣工日后 1 年 3 个月

C. 全部工程竣工日后 1 年　　　　　D. 全部工程竣工日后 1 年 3 个月

8. 某工程是采用 FIDIC《施工合同条件》签订的合同，合同约定，物价浮动对合同价格的影响采用公式法调价。施工中因承包商的原因竣工延误 1 个月，合同应竣工月计算的调价系数 PN＝1.05，实际竣工月计算的调价系数为 PN＝1.07。施工最后一个月支付工程进度款时，应取用的调价系数为（　　）。

A. 1.0　　　　B. 1.05　　　　C. 1.06　　　　D. 1.07

9. 由业主订购的部分设备延误到货，安装工程分包商被迫停工，安装工程分包商受到损失的索赔报告应（　　）。

A. 提交给业主　　　　　　　　　　B. 提交给工程师

C. 提交给承包商　　　　　　　　　D. 分别提交给业主和承包商

10. 根据 FIDIC《施工合同条件》，颁发工程接收证书后扣留在业主方的保留金应（　　）。

A. 全额扣留在业主方，颁发履约证书后再全部返还　　　　B. 返还总额的 40%

C. 返还总额的 50%　　　　　　　　　　　　　　　　　D. 全部返还

## 二、多项选择题

1. 根据 FIDIC《施工合同条件》，下列情形中，属于施工中承包商不可预见物质条件的有（　　）。

A. 污染物的影响

B. 不利于施工的气候条件

C. 实际地质情况与招标文件中提供的资料不一致

D. 施工中遇到业主提供资料中未标明的地下障碍

E. 与同时在现场施工的其他承包商发生施工交叉干扰

2. 根据 FIDIC《施工合同条件》，下列关于承包商施工机械和运输车辆管理的说法中，正确的有（　　）。

A. 运输车辆可以不受限制地进出工地

B. 施工机械在工程竣工前不得运出工地

C. 承包商可以随时自主地将施工机械调到其他工地使用

D. 目前闲置的机械，承包商可以自主调到其他工地使用

E. 后期不再使用的施工机械，经工程师同意后方可撤离工地

3. 根据 FIDIC《施工合同条件》，承包商提交工程师中期结算的工程进度款支付报表中，应包括的内容有（　　）。

A. 经工程师计量的合格工程的工程款额　　　B. 完成变更工程的款额

C. 作为保留金本期减扣的款额　　D. 承包商需支付给分包商的款额
E. 本期经工程师批准的索赔款额
4. 根据 FIDIC《土木工程施工分包合同条件》，工程师对分包工程的管理职责有（　　）。
A. 批准分包工程部位　　B. 审查分包商资质
C. 协商分包工程的施工　　D. 检查分包工程使用的材料
E. 参与计量分包人完成的永久工程
5. 根据 FIDIC《施工合同条件》，业主可以凭保函索赔的有（　　）。
A. 承包商的施工质量低劣，需拆除重做导致的费用
B. 履约保函到期但工程尚未竣工，承包商不办理保函延期手续
C. 缺陷通知期内承包商接到业主修补缺陷通知后，42d 未派人修补
D. 承包人的施工期限超过了合同工期
E. 业主因承包人的严重违约行为解除合同
6. 根据 FIDIC《施工合同条件》，解决合同争议的方式有（　　）。
A. 提交工程师确定　　B. 提交争端裁决委员会决定
C. 业主与承包商协商　　D. 仲裁　　E. 诉讼
7. 按照 FIDIC《施工合同条件》对风险责任的划分，应由业主承担的风险有（　　）。
A. 社会动乱对施工的干扰
B. 不属于承包商原因造成的爆炸
C. 业主提供施工图样因设计不当造成的损失
D. 不可抗力造成的工程损失
E. 承包商雇员因执行合同引起骚乱对施工的干扰
8. 根据 FIDIC《施工合同条件》，工程师只批准工期顺延而不给经济补偿的有（　　）。
A. 延误发放图样　　B. 施工中遇到异常恶劣的气候条件影响
C. 延误移交施工现场　　D. 执行政府部门发布的某时间段暂停施工的指示
E. 由于传染病的影响而暂时停止的施工
9. 施工企业以商业汇票向债权人提供担保，下列关于该担保的说法中，正确的有（　　）。
A. 该担保方式是抵押　　B. 该担保方式是质押
C. 施工企业应当将汇票交付债权人　　D. 双方应当办理登记
E. 汇票应由施工企业保管
10. 下列情形中，可能导致建筑工程一切险的保险责任期限终止的有（　　）。
A. 工程所有人对全部工程签发完工验收证书
B. 承包人撤出施工现场　　C. 工程所有人实际占用全部工程
D. 工程保修期满　　E. 工程合理使用期满
11. 下列关于合同订立过程的说法中，正确的有（　　）。
A. 发布招标公告是要约邀请　　B. 发布招标公告是要约
C. 投标是要约　　D. 发出中标通知书是承诺
E. 发出中标通知书是新要约

## 三、问答题

1. 应用 FIDIC 施工合同条件的前提是什么？

2. 简述 FIDIC 施工合同条件中工程计量的有关规定。

3. 最终支付证书说明的内容有哪些？

4. 因不可抗力而终止合同时应如何结算和付款？

5. FIDIC 施工合同条件对争端处理是如何规定的？

# 第十章 建设工程纠纷的处理

**【本章概述】**

建设工程纠纷通常贯穿于建设项目自招标、谈判与签约、合同履行，到竣工验收、结算、交付及保修期的项目建设全过程。

作为全球最活跃的建筑市场，近年来中国的建设工程纠纷涉及的领域越来越广泛，相关纠纷除了传统的住宅建筑领域，还涉及大量的公共建筑、工业建筑、商业建筑等地产领域，特别是大规模的基础设施建设工程领域，如地铁、轻轨、桥梁、港口、码头、铁路、核电站等。这些新型建筑特别是基础设施建筑的共同特点就是投资额巨大，设计施工难度高，项目参与方众多。因而相应的工程纠纷标的金额巨大，法律关系复杂。

随着中国项目管理模式日益多样化的革命性变革，建设工程纠纷从传统的法律关系相对简单的承发包双方之间的承发包纠纷，发展到项目业主和工程各个参与方之间以及项目各参与方之间多种法律关系下的多形态纠纷。这些纠纷涉及承发包法律关系、委托代理法律关系、买卖法律关系、侵权责任法律关系以及损害赔偿法律关系等。

正是因为建设工程纠纷具有复杂性，纠纷产生的后果具有严重性，所以只有了解掌握建设工程纠纷解决方式和程序，才能在纠纷发生时选择正确的途径，从而及时、有效地解决争议。

**【学习目标】**

1. 了解建设工程纠纷的种类与处理方式。

2. 掌握仲裁机构、仲裁协议的法律规定。

3. 掌握民事诉讼中案件管辖原则。

4. 掌握行政复议和行政诉讼的主要法律规定。

5. 熟悉仲裁、民事诉讼、行政复议和行政诉讼的程序。

**【能力目标】**

1. 能进行仲裁、民事诉讼程序的应用。

2. 能熟悉行政复议和行政诉讼的具体应用。

**【课时建议】**

4 课时。

## 第一节 建设工程纠纷的主要类型

所谓法律纠纷是指公民、法人、其他组织之间因人身、财产或其他法律关系所发生的对抗冲突（或者争议），主要包括民事纠纷、行政纠纷、刑事纠纷。建设工程项目通常具有投资大、建造周期长、技术要求高、协作关系复杂和政府监管严格等特点。建筑法律关系不是由单一的部门法律规范调整的社会关系，建筑民事法律规范和建筑行政法律规范在调整建筑活动的社会关系中相互作用，综合运用。建设工程领域里常见的是民事纠纷和行政纠纷。

### 一、建设工程民事纠纷

建设工程民事纠纷是在建设工程活动中平等主体之间的以民事权利义务法律关系为内容的争议。民事纠纷可分为财产关系和人身关系方面的民事纠纷。

1. 民事纠纷的特点

（1）民事纠纷主体之间的法律地位平等。

（2）民事纠纷的内容是对民事权利义务的争议。

（3）民事纠纷具有可处分性。这主要是针对有关财产关系的民事纠纷，而有关人身关系的民事纠纷多具有不可处分性。

在建设工程领域，较为普遍和重要的民事纠纷主要是合同纠纷和侵权纠纷。

2. 合同纠纷

合同纠纷是指因合同的生效、解释、履行、变更、终止等行为而引起的合同当事人之间的所有争议。在建设工程领域，合同纠纷主要有工程总承包合同纠纷、工程勘察合同纠纷、工程设计合同纠纷、工程施工合同纠纷、工程监理合同纠纷、以及劳动合同纠纷等。

3. 侵权纠纷

侵权纠纷是指一方当事人对另一方侵权而产生的纠纷。在建设工程领域也易发生侵权纠纷，如施工单位在施工过程中未采取相应防范措施造成对他方损害而产生的侵权纠纷。

### 二、建设工程行政纠纷

建设工程行政纠纷是在建设工程活动中行政机关之间或行政机关同公民、法人和其他组织之间由于行政行为而产生的纠纷，包括行政争议和行政案件。

（一）行政机关的行政行为特征

（1）行政行为是执行法律的行为，任何行政行为均须有法律根据，具有从属法律性，没有法律的明确规定或授权，行政主体不得做出任何行政行为。

（2）行政行为具有一定的裁量性，这是由立法技术本身的局限性和行政管理的广泛性、变动性、应变性所决定的。

（3）行政主体在实施行政行为时具有单方意志性，不必与行政相对方协商或征得其同意，即依法自主做出。

（4）行政行为是以国家强制力保障实施的，带有强制性，行政相对方必须服从并配合行政行为。否则，行政主体将予以制裁或强制执行。

（5）行政行为以无偿为原则，以有偿为例外。只有当特定行政相对人承担了特别公共负担，或者分享了特殊公共利益时，方可为有偿的。

（二）易引发纠纷的行政行为

在建设工程领域，行政机关易引发行政纠纷的具体行政行为主要有如下几种：

1. 行政许可

行政许可即行政机关根据公民、法人或者其他组织的申请，经依法审查，准予其从事特定活动的行政管理行为。行政许可易引发的行政纠纷通常是行政机关的行政不作为、违反法定程序等。

**2. 行政处罚**

行政处罚即行政机关或其他行政主体依照法定职权、程序对于违法但尚未构成犯罪的相对人给予行政制裁的具体行政行为。行政处罚易导致的行政纠纷，通常是行政处罚超越职权、滥用职权、违反法定程序、事实认定错误、适用法律错误等。

**3. 行政奖励**

行政奖励即行政机关依照条件和程序，对为国家、社会和建设事业做出重大贡献的单位和个人，给予物质或精神鼓励的具体行政行为。行政奖励易引发的行政纠纷，通常是违反程序、滥用职权、行政不作为等。

**4. 行政裁决**

行政裁决即行政机关或法定授权的组织，依照法律授权，对平等主体之间发生的与行政管理活动密切相关的、特定的民事纠纷争议进行审查，并做出裁决的具体行政行为。行政裁决易引发的行政纠纷，通常是行政裁决违反法定程序、事实认定错误、适用法律错误等。

# 第二节　建设工程民事纠纷的处理

建设工程民事纠纷主要是在建设单位、勘察设计单位、施工单位等平等主体之间，因其权利义务关系发生的争议。其中，最为常见的是合同纠纷、质量纠纷等。解决建设工程民事纠纷的主要方法有四种，即和解、调解、仲裁和诉讼。

**一、和解**

**1. 概念**

和解是指当事人在自愿互谅的基础上，就发生的争议进行协商并达成自行解决的方式。

**2. 法律效力**

（1）和解达成的协议不具有强制执行的效力，但可以成为原合同的补充部分。

（2）和解后当事人不执行，另一方不可以申请强制执行，但却可以追究其违约责任。

**3. 和解的特点**

通常建设工程纠纷发生后，解决纠纷的首选方式是和解。纠纷双方本着解决问题与分歧的诚意直接进行协商，以求相互谅解，从而消除分歧与异议，解决纠纷。

**4. 和解的适用情况**

（1）未经仲裁和诉讼的和解。发生争议后，当事人可以自行和解。如果达成一致意见，就无须仲裁或诉讼。

（2）申请仲裁后和解。当事人申请仲裁后，可以自行和解。达成和解协议的，可以请求仲裁庭根据和解协议做出裁决书，也可以撤回仲裁申请。当事人达成和解协议，撤回仲裁申请后反悔的，可以根据仲裁协议申请仲裁。

（3）诉讼后和解。当事人在诉讼中和解的，由原告申请撤诉，经法院裁定撤诉后结束诉讼。

（4）执行中和解。在执行中，双方当事人在自愿协商的基础上，达成的和解协议，产生结束之执行程序的效力。如果一方当事人不履行和解协议或反悔的，对方当事人只可以申请人民法院按照原生效法律文书强制执行。

## 二、调解

（一）概念

调解是指双方当事人以外的第三者，以国家法律、法规和政策以及社会公德为依据，对纠纷双方进行疏导、劝说，促使他们相互谅解，进行协商，自愿达成协议，解决纠纷的活动。

（二）调解的特点

调解往往是当事人经过协商仍不能解决争议时采取的方式，因此，与协商和解相比，它面临的争议要大一些。但与仲裁、诉讼相比，调解仍具有与协商和解相似的优点，它能够经济、及时地解决争议，节省时间和费用，不伤害争议双方的感情，维护双方的长期合作关系。

（三）调解的基本原则

1. 合理合法原则

调解必须依照法律法规进行，必须分清是非，明确责任，调解协议的内容必须合法；同时调解又要符合当事人的具体实际情况。

2. 自愿平等原则

是否进行调解，是否达成调解协议，都应充分尊重当事人的意愿，本着平等互利的精神来解决纠纷。

3. 尊重诉权原则

调解不能剥夺当事人的诉权，调解组织无权强迫调解，无权阻挠当事人进行诉讼，更无权采取强制手段。

（四）调解的分类

在我国，调解作为法律概念，包括民间调解、行政调解、仲裁机构调解和法庭调解四种类型。

1. 民间调解

当事人临时选择的社会组织或者个人作为调解人，对产生的争议进行调解。经双方签署的调解协议书对当事人不具有法律强制约束力，但具有与合同同等的法律效力。

2. 行政调解

由国家行政机关依照法律规定进行调解。行政调解达成的协议不具有法律强制约束力。

3. 仲裁机构调解

由仲裁庭主持进行的调解。当事人将争议提交仲裁机构后，经双方当事人同意，将调解纳入仲裁程序，调解成功后制作调解书，双方签署后生效。调解书与仲裁书具有同等的效力。

**4. 法庭调解**

由法庭主持的调解。当事人将争议提起诉讼后，可以请求法庭调解，调解成功的，法院制作调解书，双方签署后生效。调解书与判决书具有同等的效力。

## 三、仲裁

### （一）概念

仲裁是指发生争议的当事人根据其达成的仲裁协议，自愿将该争议提交中立的第三方（仲裁机构）进行裁判的争议解决制度。

### （二）仲裁的适用范围

在我国，《中华人民共和国仲裁法》（以下简称《仲裁法》）是调整和规范仲裁制度的基本法律。《仲裁法》的第二条规定："平等主体的公民、法人和其他组织之间发生的合同纠纷和其他纠纷，可以仲裁。"这里明确了三条原则：一是发生纠纷的双方当事人必须是民事主体，包括国内外法人、自然人和其他合法的具有独立主体资格的组织；二是仲裁的争议事项应当是当事人；三是仲裁范围必须是合同纠纷和其他财产权益纠纷。

根据《仲裁法》第三条的规定，有两类纠纷不能仲裁：

（1）婚姻、收养、监护、扶养、继承纠纷不能仲裁，这类纠纷往往涉及当事人本人不能自由处分的身份关系，需要法院做出判决或由政府机关做出决定，不属仲裁机构的管辖范围。

（2）行政争议不能裁决。法律规定这类纠纷应当依法通过行政复议或行政诉讼解决。

### （三）仲裁裁决的法律效力

仲裁机关不是行政机关，也不是司法机关，因而仲裁机关所做出的仲裁裁决，不是行政调解协议，也不是法院做出的判决和裁定。

### （四）仲裁协议

**1. 概念**

仲裁协议指当事人自愿将已经发生或者可能发生的争议通过仲裁解决的协议，仲裁协议必须是书面协议。没有仲裁协议，就不能发生仲裁。

**2. 仲裁协议的内容**

根据我国仲裁法第十六条的规定，仲裁协议应当包括下列内容：

（1）请求仲裁的意思表示。请求仲裁的意思表示是仲裁协议的首要内容，因为当事人解决纠纷的意愿正是通过仲裁协议中请求仲裁的意思表示体现出来的。因此，当事人应在仲裁协议中明确地肯定将争议提交仲裁解决的意思表示。

（2）仲裁事项。仲裁事项即当事人提交仲裁的具体争议事项。在仲裁实践中，当事人只有把订立与仲裁协议中的争议事项提交仲裁，仲裁机构才能受理。同时，仲裁事项也是仲裁庭审理和裁决纠纷的范围。

（3）选定的仲裁委员会。仲裁委员会是受理仲裁案件的机构。由于仲裁没有法定管辖的规定，因此，仲裁委员会是由当事人自主选定的。

对于仲裁委员会的选定，原则上应当是明确、具体的，即双方当事人在仲裁协议中要选定某一仲裁委员会进行仲裁。

3. 协议的效力

有效的仲裁协议，总体上具有三方面的法律效力，即对当事人的约束力、对仲裁机构的效力；对法院的制约力。

（1）当事人的法律效力。这是仲裁协议效力的首要表现。其一，仲裁协议约定的特定争议发生后，当事人就该争议的起诉权受到限制，只能将争议提交仲裁解决，不得单方撤销协议而向法院起诉。其二，当事人必须依仲裁协议所确定的仲裁范围、仲裁地点、仲裁机构等内容进行仲裁。其三，仲裁协议对当事人还产生基于前两项效力之上的附随义务，即：任何一方当事人不得随意解除、变更已发生法律效力的仲裁协议等。

（2）对仲裁机构的法律效力。有效的仲裁协议是仲裁机构行使管辖权，受理案件的唯一依据。仲裁协议对仲裁管辖权，有限制的效力，并对仲裁裁决的效力具有保证效力。当然，仲裁机构对仲裁协议的存在、效力及范围也有裁决权。

（3）对法院的制约力。首先，有效的仲裁协议排除了法院的管辖权。其次，对仲裁机构基于有效仲裁协议做出的裁决，法院负有执行职责。最后，有效的仲裁协议是申请执行仲裁裁决时必须提供的文件。

（五）仲裁程序

仲裁的具体程序，是指当事人提出仲裁申请直至仲裁庭做出判决的程序。它包括：

1. 仲裁的申请和受理

1）申请仲裁的条件：①有仲裁协议；②有具体的仲裁请求和事实、理由；③属于仲裁委员会的受理范围。

2）申请方式为递交仲裁申请书和仲裁协议。

3）审查与受理：①收到仲裁申请书5日内做出受理与否的决定；②将仲裁规则与仲裁员名册送交双方；③被申请人提交答辩书；④申请财产保全的要提交法院。

2. 组成仲裁庭

仲裁机构仲裁案件，不是仲裁委员会直接进行仲裁，而是通过一定的组织实现的。这个组织为仲裁庭。仲裁庭行使仲裁权基于当事人的授权。

根据《仲裁法》，仲裁庭组成有两种形式：

1）合议仲裁庭。即由三名仲裁员组成仲裁庭。当事人约定由三名仲裁员组庭时，应当各自选定或各自委托仲裁委员会主任指定一名仲裁员；第三名仲裁员即首席仲裁员，由当事人共同选定或共同委托仲裁委员会主任指定。

2）独任仲裁庭。即由一名仲裁员组成的仲裁庭。这时，当事人应当共同选定或共同委托仲裁委员会主任指定仲裁员。

3. 仲裁审理

仲裁审理的主要任务是审查、核实证据，查明案件事实，分清是非责任，正确使用法律，确认当事人之间的权利义务关系，解决当事人之间的纠纷。

（1）仲裁审理的方式。仲裁庭审理案件的形式有两种：一种是不开庭审理，这种审理一般是经当事人申请，或由仲裁庭征得双方当事人同意，只依据书面文件进行审理并做出裁决；第二种是开庭审理，这种审理按照仲裁规则的规定，采取不公开审理，如果双方当事人要求公开进行审理时，由仲裁庭做出决定。

（2）开庭审理程序。仲裁庭的开庭程序一般包括开庭前准备、开庭调查、开庭辩论、调解、开庭终结五个步骤。

（3）仲裁和解、调解。

1）仲裁和解是指仲裁当事人通过协商，自行解决已提交仲裁的争议事项的行为。

2）仲裁调解是指在仲裁庭的主持下，仲裁当事人在自愿协商、互谅互让的基础上达成协议从而解决纠纷的一种制度。

（4）仲裁裁决。仲裁裁决是指仲裁庭对当事人之间所争议的事项进行审理后所做出的终局权威性判定。

1）仲裁裁决做出的方式。仲裁裁决是由仲裁庭做出的。独任仲裁庭进行的审理，由独任仲裁员做出仲裁裁决；合议仲裁庭进行的审理，则由 3 名仲裁员集体做出仲裁裁决。

2）仲裁裁决的种类。一般分为先行裁决、最终裁决、缺席裁决、合意裁决四类。

3）仲裁裁决书。仲裁裁决书是仲裁庭对仲裁纠纷案件做出裁决的法律文书。

4）仲裁裁决的效力。仲裁裁决的效力是指仲裁裁决生效后所产生的法律后果。根据仲裁法第五十七条的规定：裁决书自做出之日起发生法律效力。仲裁裁决的效力体现在：

a. 当事人不得就已经裁决的事项再行申请仲裁，也不得就此提起诉讼。

b. 仲裁机构不得随意变更已生效的仲裁裁决。

c. 其他任何机关或个人均不得变更仲裁裁决。

d. 仲裁裁决具有执行力。

（六）仲裁裁决的撤销

仲裁实行一裁终局制，仲裁裁决一经做出，即发生法律效力。如果仲裁裁决发生错误就必然损害当事人的合法权益，而仲裁制度没有内部监督机制，因此只能由法院进行外部监督，具体表现在仲裁裁决的撤销与不予执行。

1. 法律规定应当撤销仲裁裁决的情形

不是所有的仲裁裁决都可以申请撤销。对于终局裁决，如果具有以下情形，可以自收到仲裁裁决书之日起三十日内向仲裁委员会所在地的中级人民法院申请撤销裁决：

（1）没有仲裁协议的。

（2）裁决的事项不属于仲裁协议的范围或者仲裁委员会无权仲裁的。

（3）仲裁庭的组成或者仲裁的程序违反法定程序的。

（4）裁决所根据的证据是伪造的。

（5）对方当事人隐瞒了足以影响公正裁决的证据的。

（6）仲裁员在仲裁该案时有索贿受贿、徇私舞弊、枉法裁决行为的。

2. 撤销的程序

当事人申请撤销裁决的，应当自收到裁决书之日起六个月内提出。

人民法院应当在受理撤销裁决申请之日起两个月内做出撤销裁决或者驳回申请的裁定。

3. 申请撤销仲裁裁决及裁定撤销裁决的后果

一方当事人申请执行裁决，另一方当事人申请撤销裁决的，人民法院应当裁定中止执行。

人民法院裁定撤销裁决的，应当裁定终结执行。撤销裁决的申请被裁定驳回的，人民法院应当裁定恢复执行。

（七）仲裁裁决的执行

1. 仲裁裁决执行的意义

我国《仲裁法》规定，仲裁裁决书自做出之日起发生法律效力，当事人应当履行仲裁裁决；仲裁调解书与仲裁裁决书具有同等的法律效力，调解书经双方当事人签收，即应自觉予以履行。通常情况下，当事人协商一致将纠纷提交仲裁，都会自觉履行仲裁裁决。当事人不自动履行仲裁裁决的，另一方当事人即可请求法院强制执行仲裁裁决。

2. 执行仲裁裁决的条件

仲裁裁决的执行，必须符合下列条件：

（1）必须有当事人的申请。一方当事人不履行仲裁裁决时，另一方当事人（权利人）须向人民法院提出执行申请，人民法院才可能启动执行程序。

（2）当事人必须在法定期限内提出申请。仲裁当事人在提出执行申请时，应遵守法定期限，及时行使自己的权利，超过了法定期限再提出申请执行时人民法院不予受理。我国《仲裁法》规定，当事人可以依照《民事诉讼法》的有关规定办理，即申请执行的期限。

（3）当事人必须向有管辖权的人民法院提出申请。当事人申请执行仲裁裁决，必须向有管辖权的人民法院提出。如何确定人民法院的管辖权，根据《仲裁法》的规定，应适用民事诉讼法的有关规定。

3. 执行仲裁裁决的程序

（1）申请执行。义务方当事人在规定的期限内不履行仲裁裁决时，权利方当事人在符合前述条件的情况下，有权请求人民法院强制执行。

（2）执行。当事人向有管辖权的人民法院提出执行申请后，受申请的人民法院应当根据《民事诉讼法》规定的执行程序予以执行。人民法院的执行工作由执行员进行。

a. 执行员接到申请执行书后，应当向被执行人发出执行通知，责令其在指定的期间履行仲裁裁决所确定的义务，如果被执行人逾期再不履行义务的，则采取强制措施予以执行。

b. 被执行人未按执行通知履行仲裁裁决确定的义务，人民法院有权采取冻结、划拨被执行人的存款，扣留、提取被执行人应当履行义务部分的财产等强制措施。

c. 被执行人未按仲裁裁决书或调解书指定的期间履行给付金钱义务的，应当加倍支付迟延履行期间的债务利息；未按规定期间履行其他义务的，应当支付迟延履行金。人民法院采取有关强制措施后，被执行人仍不能偿还债务，应当继续履行义务。

d. 在执行程序中，双方当事人可以自行和解。如果达成和解协议，被执行人不履行和解协议的，人民法院可以根据申请执行人的申请，恢复执行程序。

4. 仲裁裁决的不予执行

（1）仲裁裁决不予执行的理由。人民法院接到当事人的执行申请后，应当及时按照仲裁裁决予以执行。但是，如果被申请执行人提出证据证明仲裁裁决有法定不应执行的情形的，可以请求人民法院不予执行该仲裁裁决；人民法院组成合议庭审查核实后，裁定不予执行。根据《仲裁法》和《民事诉讼法》的规定，对于国内仲裁而言，不予执行仲裁裁决的情形包括：

　　1）当事人在合同中没有仲裁条款或者事后没有达成书面仲裁协议的。

　　2）裁决的事项不属于仲裁协议的范围或者仲裁机构无权仲裁的。

　　3）仲裁庭的组成或者仲裁的程序违反法定程序的。

　　4）认定事实的主要证据不足的。

　　5）适用法律确有错误的。

　　6）仲裁员在仲裁该案时有索贿受贿、徇私舞弊、枉法裁决行为的。

　　（2）不予执行仲裁裁决和撤销仲裁裁决的区别。不予执行仲裁裁决和撤销仲裁裁决都是人民法院对仲裁行使司法监督权的体现，都是在符合法律规定的特定情形下对仲裁裁决的否定。但两者也有不同之处，其具体体现在：

　　1）提出请求的当事人不同。有权提出撤销仲裁裁决申请的当事人可以是仲裁案件中的任何一方当事人，不论其是仲裁裁决确定的权利人还是义务人；而有权提出不予执行仲裁裁决的当事人只能是被申请执行仲裁裁决的一方当事人。

　　2）提出请求的期限不同。当事人请求撤销仲裁裁决的，应当自收到仲裁裁决书之日起6个月内向人民法院提出；而当事人申请不予执行仲裁裁决则是在对方当事人申请执行仲裁裁决之后，法院对是否执行仲裁裁决做出裁定之前。

　　3）管辖法院不同。当事人申请撤销仲裁裁决，应当向仲裁委员会所在地的中级人民法院提出，而当事人申请不予执行仲裁裁决只能向申请执行人所提出执行申请的法院提出。

　　4）法定理由不同。申请撤销仲裁裁决理由包括：裁决所依据的证据是伪造的，对方当事人隐瞒了足以影响公正裁决的证据的；而申请不予执行仲裁裁决理由包括：认定事实的主要证据不足的、适用法律确有错误的。而且，人民法院还可以以违背社会公共利益为由撤销仲裁裁决。法定理由的不同表明，人民法院在审查撤销仲裁裁决时，侧重对于仲裁裁决的事实认定进行审查；而在审查不予执行仲裁裁决时，既审查仲裁裁决所认定的事实，又审查仲裁裁决所适用的法律。

　　5）法律程序不同。在撤销仲裁裁决的程序中，法院认为可以由仲裁庭重新仲裁的，应通知仲裁庭在一定期限内重新仲裁；而在不予执行仲裁裁决的程序中，法院不可要求仲裁庭重新仲裁。

　　（八）仲裁的基本特点

　　作为一种解决财产权益纠纷的民间性裁判制度，其具有以下特点：

　　1. 自愿性

　　当事人的自愿性是仲裁最突出的特点。仲裁以双方当事人的自愿为前提，即当事人之间的纠纷是否提交仲裁，交与谁仲裁，仲裁庭如何组成，由谁组成，以及仲裁的审理方式、开庭形式等都是在当事人自愿的基础上，由双方当事人协商确定的。

　　2. 专业性

　　民商事纠纷往往涉及特殊的知识领域，会遇到许多复杂的法律、经济贸易和有关的技术性问题，故专家裁判更能体现专业权威性。根据我国仲裁法的规定，仲裁机构都备有分专业的，由专家组成的仲裁员名册供当事人进行选择，专家仲裁成为民商事仲裁的重要特点之一。

### 3. 灵活性

由于仲裁充分体现当事人的意思自治，仲裁中的诸多具体程序都是由当事人协商确定与选择的，因此，与诉讼相比，仲裁程序更加灵活，更具有弹性。

### 4. 保密性

仲裁以不公开审理为原则。有关的仲裁法律和仲裁规则也同时规定了仲裁员及仲裁秘书人员的保密义务。因此当事人的商业秘密和贸易活动不会因仲裁活动而泄露。

### 5. 快捷性

仲裁实行一裁终局制，仲裁裁决一经仲裁庭做出即发生法律效力，这使得当事人之间的纠纷能够迅速得以解决。

### 6. 经济性

仲裁的经济性主要表现在：第一，时间上的快捷性使得仲裁所需费用相对减少；第二，仲裁无须多审级收费，使得仲裁费往往低于诉讼费；第三，仲裁的自愿性、保密性使当事人之间通常没有激烈的对抗，对当事人之间今后的商业机会影响较小。

### 7. 独立性

仲裁机构独立于行政机关，各仲裁机构之间无隶属关系，仲裁庭独立进行仲裁，不受任何机关、社会团体和个人的干涉，不受仲裁机构的干涉，显示出最大的独立性。

## 四、诉讼

（一）概念

诉讼是指国家司法机关在当事人及其他诉讼参与人的参加下，依据法定的程序和方式，解决争议的活动。在解决建设工程民事纠纷的方式中，诉讼是最正规、权威、有效的方式。

（二）民事诉讼的特点

### 1. 民事诉讼具有公权性

民事诉讼是以司法方式解决平等主体之间的纠纷，是由法院代表国家行使审判权解决民事争议。

### 2. 民事诉讼具有强制性

强制性是公权力的重要属性。民事诉讼的强制性既表现在案件的受理上，又反映在裁判的执行上。只要原告起诉符合民事诉讼法规定的条件，无论被告是否愿意，诉讼均会发生。

### 3. 民事诉讼具有程序性

民事诉讼是依照法定程序进行的诉讼活动，无论是法院还是当事人和其他诉讼参与人，都需要按照民事诉讼法设定的程序实施诉讼行为，违反诉讼程序常会引起一定的法律后果。

（三）诉讼管辖

民事诉讼中的管辖，是指法院内部具体确定特定的民事案件由哪个法院行使民事审判权的一项制度。可以按照不同标准作多种分类，其中最重要、最常用的是级别管辖和地域管辖。

1. 级别管辖

级别管辖是要划分上下级法院之间受理第一审民事案件的分工和权限。

我国有基层人民法院、中级人民法院、高级人民法院和最高人民法院四级法院，都可以受理第一审民事案件，但受理案件的范围不同，具体是指：

（1）基层人民法院（指县级、不设区的市级、市辖区的法院）管辖第一审民事案件，法律另有规定的除外。这就是说，一般民事案件都由基层法院管辖，或者说除了法律规定由中级法院、高级法院管辖的第一审民事案件外，其余一切民事案件都由基层法院管辖。

（2）中级人民法院管辖重大涉外案件（包括涉港、澳、台地区的案件）、在本辖区有重大影响的案件、最高人民法院确定由中级人民法院管辖的案件。

（3）高级人民法院管辖的案件是在本辖区内有重大影响的第一审民事案件。

（4）最高人民法院管辖在全国范围内有重大影响的案件以及它认为应当由自己审理的案件。

2. 地域管辖

地域管辖是指同级人民法院之间受理第一审民事案件的分工和权限。

地域管辖是在级别管辖的基础上划分的，只有在级别管辖明确的前提下，才能确定地域管辖；而要最终确定某一案件的管辖法院，则必须在确定了级别管辖之后，再通过地域管辖来进一步具体落实受诉法院。

地域管辖可分为一般地域管辖、特殊地域管辖、专属管辖、协议管辖、共同管辖和选择管辖、合并管辖。

（1）一般地域管辖又可称"普通管辖"或"一般管辖"，它是以诉讼当事人住所所在地为标准来确定管辖的。

（2）特殊地域管辖是指民事案件以作为诉讼的特定法律关系或者标的物所在地为标准而确定的管辖。

（3）专属管辖是指某些民事案件依照法律规定必须由特定的人民法院管辖。

（4）协议管辖是指当事人可就第一审民事案件，在争议发生前或发生后，通过协议，选择在某一人民法院进行诉讼而产生的管辖。

（5）选择管辖。对同一案件，两个或两个以上人民法院都有管辖权的情况，民事诉讼法规定，遇有这种情况，原告可以向其中任何一个人民法院起诉。如原告同时向两个有管辖权的人民法院起诉的，由最先立案的人民法院行使管辖权。

（6）共同管辖是指两个以上的法院对同一个诉讼案件都有合法的管辖权的情况。

（7）合并管辖又称牵连管辖，是指对某个案件有管辖权的人民法院可以一并审理与该案有牵连的其他案件。合并管辖是因为对某个案件有管辖权的法院，基于另外案件与该案件存在某种牵连关系，有必要进行合并审理而获得对该另外案件管辖权的管辖。

（四）审判程序

我国法院实行两审终审制。审判程序是民事诉讼法规定的最为重要的内容，可以分为第一审程序、第二审程序和审判监督程序。

1. 第一审程序

一审程序包括普通程序和简易程序，普通程序是指人民法院审理第一审民事案件通常使用的程序。普通程序是第一审程序中最基本的程序，具有独立性和广泛性，是整个民事审判程序的基础。

（1）起诉和受理。起诉必须符合下列条件：原告是与本案有直接利害关系的公民、法人和其他组织；有明确的被告；有具体的诉讼请求和事实、理由；属于人民法院受理民事诉讼的范围和受诉人民法院管辖。

人民法院对符合《民事诉讼法》第一百零八条的起诉，必须受理；依照法律规定，在一定期限内不得起诉的案件，在不得起诉的期限内起诉的，不予受理；判决不准离婚和调解和好的离婚案件，判决、调解维持收养关系的案件，没有新情况、新理由，原告在六个月内又起诉的，不予受理。

人民法院收到起诉状或者口头起诉，经审查，认为符合起诉条件的，应当在七日内立案，并通知当事人；认为不符合起诉条件的，应当在七日内裁定不予受理；原告对裁定不服的，可以提起上诉。

（2）审理前的准备。人民法院应当在立案之日起五日内将起诉状副本发送被告，被告在收到之日起十五日内提出答辩状。被告提出答辩状的，人民法院应当在收到之日起五日内将答辩状副本发送原告。被告不提出答辩状的，不影响人民法院审理。

人民法院对决定受理的案件，应当在受理案件通知书和应诉通知书中向当事人告知有关的诉讼权利义务，或者口头告知。

合议庭组成人员确定后，应当在三日内告知当事人。审判人员必须认真审核诉讼材料，调查收集必要的证据。人民法院派出人员进行调查时，应当向被调查人出示证件。调查笔录经被调查人校阅后，由被调查人、调查人签名或者盖章。

人民法院在必要时可以委托外地人民法院调查。委托调查，必须提出明确的项目和要求。受委托人民法院可以主动补充调查。受委托人民法院收到委托书后，应当在三十日内完成调查。因故不能完成的，应当在上述期限内函告委托人民法院。

必须共同进行诉讼的当事人没有参加诉讼的，人民法院应当通知其参加诉讼。

（3）开庭审理。人民法院审理民事案件，除涉及国家秘密、个人隐私或者法律另有规定的以外，应当公开进行。

人民法院审理民事案件，根据需要进行巡回审理，就地办案。

人民法院审理民事案件，应当在开庭三日前通知当事人和其他诉讼参与人。公开审理的，应当公告当事人姓名、案由和开庭的时间、地点。

1）准备开庭。开庭审理前，书记员应当查明当事人和其他诉讼参与人是否到庭，宣布法庭纪律开庭审理时，由审判长核对当事人，宣布案由，宣布审判人员、书记员名单，告知当事人有关的诉讼权利义务，询问当事人是否提出回避申请。

2）法庭调查阶段。法庭调查按照下列顺序进行：当事人陈述；告知证人的权利义务，证人作证，宣读未到庭的证人证言；出示书证、物证和视听资料；宣读鉴定结论；宣读勘验笔录。

当事人在法庭上可以提出新的证据。当事人经法庭许可，可以向证人、鉴定人、勘验人发问。当事人要求重新进行调查、鉴定或者勘验的，是否准许，由人民法院决定。原告增加诉讼请求，被告提出反诉，第三人提出与本案有关的诉讼请求，可以合并审理。

3）法庭辩论。法庭辩论按照下列顺序进行：原告及其诉讼代理人发言；被告及其诉讼代理人答辩；第三人及其诉讼代理人发言或者答辩；互相辩论。

法庭辩论终结，由审判长按照原告、被告、第三人的先后顺序征询各方最后意见。法庭辩论终结，应当依法做出判决。判决前能够调解的，还可以进行调解，调解不成的，应当及时判决。

4）合议庭评议和宣判。法庭辩论结束后，调解又没有达成协议的，合议庭成员退庭进行评议。评议是秘密进行的。合议庭评议完毕后应制作判决书，宣告判决公开进行。宣告判决时，须告知当事人上诉的权力、上诉期限和上诉法院。

人民法院适用普通程序审理的案件，应当在立案之日起六个月内审结。有特殊情况需要延长的，由本院院长批准，可以延长六个月；还需要延长的，报请上级人民法院批准。

2. 第二审程序

第二审程序又称终审程序，是指民事诉讼当事人不服各级人民法院未生效的第一审裁判，在法定期限内向上级人民法院提起上诉，上一级人民法院对案件进行审理所适用的程序。

（1）提起上诉。

1）上诉的时间：当事人不服地方人民法院第一审判决的，有权在裁定书送达之日起十五日内向上一级人民法院提起上诉。当事人不服地方人民法院第一审裁定的，有权在裁定书送达之日起十日内向上一级人民法院提起上诉。

2）上诉条件：必须是原案件的当事人提起上诉；必须在规定的期限内提起上诉；必须向上一级人民法院提起上诉；必须提出上诉状。

上诉状的内容，应当包括当事人的姓名，法人的名称及其法定代表人的姓名或者其他组织的名称及其主要负责人的姓名；原审人民法院名称、案件的编号和案由；上诉的请求和理由。

（2）上诉的受理。上诉的受理是指人民法院通过法定程序对上诉主体的资格及上诉状进行审查，接受审理的诉讼行为。原审法院对上诉的人实质要件和形式要件进行审查后，认为符合法定上诉条件的，应在 5 日内将上诉状副本送交被上诉人，并注明在法定期间内提出答辩。原审法院收到上诉状、答辩状后，在法定期间内，将上诉状、答辩状，连同案卷材料和诉讼证据，一并报送上诉审法院。

（3）上诉的审理。二审法院对上诉案件的审理范围体现了第二审法院的职能。我国现行民事诉讼法第一百五十一条规定，第二审人民法院应当对上诉请求的有关事实和适用法律进行审查。

（4）对上诉案件的裁判。第二审人民法院对上诉案件，经过审理，按照下列情形，分别处理：

1）原判决认定事实清楚，适用法律正确的，判决驳回上诉，维持原判决。

2）原判决适用法律错误的，依法改判。

3）原判决认定事实错误，或者原判决认定事实不清，证据不足，裁定撤销原判决，发回原审人民法院重审，或者查清事实后改判。

4）原判决违反法定程序，可能影响案件正确判决的，裁定撤销原判决，发回原审人民法院重审。

（5）二审裁判的法律效力。第二审人民法院的判决、裁定，是终审的判决、裁定。

（五）审判监督程序

审判监督程序是指有监督权的机关或组织，或者当事人认为法院已经发生法律效力的判决、裁定确有错误，发动或申请再审，由人民法院对案件进行再审的程序。

1. 人民法院提起再审

人民法院提起再审，必须是已经发生法律效力的判决裁定确有错误。其程序为：各级人民法院院长发现本院做出的已生效的判决、裁定确有错误，认为需要再审的，应当裁定中止原判决、裁定的执行。最高人民法院对地方各级人民法院已生效的判决、裁定，上级人民法院对下级人民法院已生效的判决、裁定，发现确有错误，有权提审或指令下级人民法院再审。再审的裁定中同时写明中止原判决、裁定的执行。

2. 当事人申请再审

当事人申请只有同时符合下列条件的前提下，由人民法院依法决定，才可启动再审程序。

（1）只能向做出生效判决、裁定、调解书的人民法院或其上一级人民法院申请。

（2）当事人的申请应在判决、裁定、调解书发生法律效力之日起2年内提出。

（3）必须有法定的事实和理由。当事人的申请符合下列情形之一的，人民法院应当再审：有新的证据，足以推翻原判决、裁定的；原判决、裁定认定的基本事实缺乏证据证明的；原判决、裁定认定事实的主要证据是伪造的；原判决、裁定认定事实的主要证据未经质证的；对审理案件需要的证据，当事人因客观原因不能自行收集，书面申请人民法院调查收集，人民法院未调查收集的；原判决、裁定适用法律确有错误的；违反法律规定，管辖错误的；审判组织的组成不合法或者依法应当回避的审判人员没有回避的；无诉讼行为能力人未经法定代理人代为诉讼或者应当参加诉讼的当事人，因不能归责于本人或者其诉讼代理人的事由，未参加诉讼的；违反法律规定，剥夺当事人辩论权利的；未经传票传唤，缺席判决的；原判决、裁定遗漏或者超出诉讼请求的；据以做出原判决、裁定的法律文书被撤销或者变更的。对违反法定程序可能影响案件正确判决、裁定的情形，或者审判人员在审理该案件时有贪污受贿，徇私舞弊，枉法裁判行为的，人民法院应当再审。

（4）只有当事人才有提出申请的权力。如果当时人为无诉讼行为能力的人，可由其法定代理人代为申请。

3. 人民检察院抗诉提起再审

根据法律规定人民检察院是我国的法律监督机关，有权对人民法院的民事审判活动进行法律监督。具体到对民事审判的监督方式主要是人民检察院的民事抗诉，发生下列情形之一的，应按照审判监督程序提起抗诉：

（1）原判决、裁定认定事实的重要证据不足的。

（2）原判决、裁定适用法律确有错误的。

（3）人民法院违反法定程序，可能影响案件正确判决、裁定的。

（4）审判人员在审理该案时有贪污受贿、徇私舞弊、枉法裁判行为的。

（六）执行程序

审判程序与执行程序是并列的独立程序。审判程序是产生判决书的过程，执行程序是实现判决书内容的过程。执行程序是指人民法院的执行组织依照法定的程序，对发生法律效力的法律文书确定的给付内容，以国家强制力为后盾，依法采取强制措施，迫使义务人履行义务的行为。

1. 执行应具备的条件

以生效法律文书为依据；执行根据必须具备给付内容；必须以负有义务的一方当事人无故拒不履行义务为前提。

2. 执行依据

根据《民事诉讼法》的规定，向人民法院申请强制执行的依据主要有如下几种：

（1）人民法院制作的发生法律效力的民事判决书、裁定书以及生效的调解书等。

（2）人民法院做出的具有财产给付内容的发生法律效力的刑事判决书、裁定书。

（3）仲裁机构依法做出的依法由人民法院执行的发生法律效力的仲裁裁决书、生效的仲裁调解书。

（4）公证机关制作的依法赋予强制执行效力的债权文书。

（5）人民法院做出的先予执行的裁定、执行回转的裁定以及承认并协助执行外国判决、裁定或裁决的裁定。

（6）我国行政机关做出的法律明确规定由人民法院执行的行政决定。

3. 执行案件的管辖

人民法院制作的具有财产给付内容的生效民事判决书、裁定书以及生效的调解书和刑事判决，裁定书中的财产部分，由第一审人民法院执行。

法律规定由人民法院执行的其他法律文书，由被执行人住所地或被执行财产所在地人民法院执行。

法律规定两个以上人民法院都有管辖权的，由最先接受申请的人民法院执行。

4. 执行程序的发生

（1）申请。申请执行的期限为两年。该期限从法律文书规定履行期间的最后一日起计算，法律文书规定分期履行的，从规定的每次履行期间的最后一日起计算。

（2）执行。提交执行的案件有：具有交付赡养费、抚养费、医药费等内容的案件；具有财产执行内容的刑事判决书；审判人员认为涉及国家、集体或公民重大利益的案件。

（3）再申请。人民法院自收到申请执行书之日起超过六个月未执行的，申请执行人可以向上一级人民法院申请执行。

5. 执行中的特殊问题

（1）委托执行。委托执行是指被执行人或被执行的财产在外地的，负责执行的人民法院可以委托当地人民法院代为执行，也可以直接到当地执行。

（2）执行异议。执行异议是指执行过程中，案外人对执行标的主张权利的，可以向执行员提出异议的。对案外人提出的异议，执行员应当按照法定程序进行审查。

（3）执行和解。执行和解是指在执行中，双方当事人自行和解达成协议的，执行员应当将协议内容记入笔录，由双方当事人签名或者盖章。一方当事人不履行和解协议的，人民法院可以根据对方当事人的申请，恢复对原失效法律文书的执行。

6. 执行措施

执行措施指人民法院的执行组织，依照法定的程序，行使民事执行权，采取强制性的执行措施，迫使义务人履行义务，实现生效法律文书内容的活动。在执行中，执行措施和执行程序是合为一体的。

执行措施是法院依法强制执行生效法律文书的方法和手段。根据《民事诉讼法》第二十二章及相关司法解释规定，执行措施主要包括：

（1）查封、冻结、划拨被执行人的存款。

（2）扣留、提取被执行人的收入。

（3）查封、扣押、拍卖、变卖被执行人的财产。

（4）对被执行人及其住所或财产隐匿地进行搜查。

（5）强制被执行人交付法律文书指定的财物或票证。

（6）强制被执行人迁出房屋或退出土地。

（7）强制被执行人履行法律文书指定的行为。

（8）办理财产权证照转移手续。

（9）强制被执行人支付迟延履行期间的债务利息或迟延履行金。

（10）债权人可以随时请求人民法院执行。

7. 执行中止和终结

执行中止即在执行过程中，因发生特殊情况，需要暂时停止执行程序。有下列情况之一的，人民法院应裁定中止执行：申请人表示可以延期执行的；案外人对执行标的提出确有理由异议的；作为一方当事人的公民死亡，需要等待继承人继承权利或承担义务的；作为一方当事人的法人或其他组织终止，尚未确定权利义务承受人的；人民法院认为应当中止执行的其他情形如被执行人确无财产可供执行等。中止的情形消失后，恢复执行。

执行终结即在执行过程中，由于出现某些特殊情况，执行工作无法继续进行或没有必要继续进行时，结束执行程序。有下列情况之一的，人民法院应当裁定终结执行：申请人撤销申请的；据以执行的法律文书被撤销的；作为被执行人的公民死亡，无遗产可供执行，又无义务承担人的；追索赡养费、抚养费、抚育费案件的权利人死亡的；作为被执行人的公民因生活困难无力偿还借款，无收入来源，又丧失劳动能力的；人民法院认为应当终结执行的其他情形。

**五、民事纠纷解决途径中仲裁和诉讼的区别**

《中华人民共和国仲裁法》于 1995 年 9 月 1 日起施行，届时仲裁正式成为仅次于民事诉讼的解决纠纷的主要法律手段。仲裁作为一种具有准司法性质的活动，它与民事诉讼既相类似，又有较大的区别。仲裁（劳动争议和农业集体经济组织内部的农业承包合同纠纷的仲裁除外）与民事诉讼主要有以下六大区别：

（1）仲裁的受理范围限于合同纠纷和其他财产权益纠纷，婚姻、收养、监护、抚养、继承等涉及人身关系的纠纷不属于仲裁的受理范围；而民事诉讼的受理范围既包括合同纠纷和其他财产权益纠纷，也包括婚姻、收养、监护、抚养、继承等涉及人身关系的纠纷。

（2）仲裁应当双方自愿，达成仲裁协议，没有仲裁协议，一方申请仲裁的，不予受理；而民事诉讼则不需要双方自愿，不需要任何形式的协议，一方起诉只要符合起诉条件的，就应当予以受理。

（3）仲裁不实行级别管辖和地域管辖，双方当事人可以协议选定仲裁委员会；而民事诉讼则实行严格的级别管辖和地域管辖，只有合同纠纷双方当事人才可以在一定范围内协议选择法院管辖，但也不得违反级别管辖和专属管辖的规定。

（4）仲裁庭的组成尊重当事人的意愿，当事人可以约定由一名仲裁员仲裁或三名仲裁员仲裁，当事人还可以选定仲裁员或委托仲裁委员会主任指定仲裁员；而民事诉讼审判组织是实行独任制还是和议制，由人民法院自行决定，当事人无权决定，审判人员也由人民法院自行指定，当事人无权指定或委托人民法院选定。

（5）仲裁不公开进行，只有当事人协议公开的，才可以公开进行；而民事诉讼实行公开审判原则，只有在涉及国家秘密等特殊情况下，才不公开进行。

（6）仲裁实行一裁终局制度，裁决做出后，当事人就同一纠纷再申请仲裁或向人民法院起诉的，不予受理；而民事诉讼实行两审终审制度，除特别程序等以外，当事人不服一审判决、裁定的，有权在上诉期内提起上诉。

# 第三节　建设工程行政纠纷的处理

当事人对建筑行政处罚不服，发生争议时，根据我国《行政处罚法》的规定，有权向做出行政处罚决定的机关的上一级机关申请行政复议或者直接向人民法院提起行政诉讼。

## 一、行政复议

（一）概念

行政复议是指公民、法人或者其他组织不服行政主体做出的具体行政行为，认为行政主体的具体行政行为侵犯了其合法权益，依法向法定的行政复议机关提出复议申请，行政复议机关依法对该具体行政行为进行合法性、适当性审查，并做出行政复议决定的行政行为，是公民、法人或其他组织通过行政救济途径解决行政争议的一种方法。

（二）行政复议的合法原则

合法原则是指在行政复议的过程中做出原具体行政行为的行政主体，行政相对人和行政复议机关的一切活动都应当遵循现行法律、法规和规章的规定。这个原则包括：

（1）主体合法。行政复议必须是依照有关规定有权进行复议的机关，提起复议申请的必须是与被申请的具体行政行为有利害关系的相对人，被申请人必须是行政主体。

（2）复议的依据。合法复议机关的裁决、申请人的申请、被申请人参加复议活动均需合法进行。

（3）程序合法。行政复议就其本身而言是一种程序行为，为确保行政复议的顺利进行，必须按法定的程序进行。

（三）行政复议的特点

行政复议具有以下特点：

（1）提出行政复议的人。必须是认为行政机关行使职权的行为侵犯其合法权益的法人和其他组织。

（2）当事人提出行政复议。必须是在行政机关已经做出行政决定之后，如果行政机关尚未做出决定，则不存在复议问题。复议的任务是解决行政争议，而不是解决民事或其他争议。

（3）行政复议是一种依法申请的法律行为。没有相对人提出申请，行政机关不能主动进行复议。当事人对行政机关的行政决定不服，只能按法律规定，向有行政复议权的行政机关申请复议。

（4）行政复议，以书面审查为主，以不调解为原则。行政复议的结论做出后，即具有法律效力。只要法律未规定复议决定为终局裁决的，当事人对复议决定不服的，仍可以按行政诉讼法的规定，向人民法院提起诉讼。

（5）行政复议必须按照法定的程序进行。相对人提出复议必须在法律、法规规定的期限内提出。复议机关依法受理、调查并在一定时间内做出复议决定。

（四）行政复议的范围

1. 可以申请复议的事项

行政复议保护的是公民、法人或其他组织的合法权益。对行政相对人来说是申请行政复议的范围，而对司法行政机关而言是受理行政复议的范围。当事人可申请复议的情形通常包括：

（1）行政处罚。即当事人对行政机关做出的警告、罚款、没收违法所得、没收非法财物、责令停产停业、暂扣或者吊销许可证、暂扣或者吊销执照、行政拘留等行政处罚决定不服的。

（2）行政强制措施。即当事人对行政机关做出的限制人身自由或者查封、扣押、冻结财产等行政强制措施决定不服的。

（3）行政许可。包括：当事人对行政机关做出的有关许可证、执照、资质证、资格证等证书变更、中止、撤销的决定不服的，以及当事人认为符合法定条件，申请行政机关颁发许可证、执照、资质证、资格证等证书，或者申请行政机关审批、登记等有关事项，行政机关没有依法办理的。

（4）认为行政机关侵犯其合法的经营自主权的。

（5）认为行政机关违法集资、征收财物、摊派费用或者违法要求履行其他义务的。

（6）认为行政机关的其他具体行政行为侵犯其合法权益的。

2. 行政复议不受理的事项

（1）不服行政机关做出的行政处分或者其他人事处理决定。

（2）不服行政机关对民事纠纷做出的调解或其他处理。

（五）行政复议的程序

行政复议的具体程序分为申请、受理、审理、决定四个步骤。

1. 申请

（1）申请时效。申请人申请行政复议，应当在知道被申请人行政行为做出之日起60日内提出（法律另有规定的除外）。因不可抗力或者其他正当理由耽误法定申请期限的，申请期限自障碍消除之日起继续计算。

（2）申请条件。行政复议的申请条件如下：申请人是认为行政行为侵犯其合法权益的相对人；有明确的被申请人；有具体的复议请求和事实根据；属于依法可申请行政复议的范围；相应行政复议申请属于受理行政复议机关管辖；符合法律法规规定的其他条件。

（3）申请方式。申请人申请行政复议，可以书面申请，也可以口头申请；口头申请的，行政复议机关应当当场记录申请人的基本情况、行政复议请求、申请行政复议的主要事实、理由和时间。

（4）行政复议申请书。申请人采取书面方式向行政复议机关申请行政复议时，所递交的行政复议申请书应当载明下列内容：申请人如为公民，则为公民的姓名、性别、年龄、职业、住址等；申请人如为法人或者其他组织，则为法人或者组织的名称、地址、法定代表人的姓名；被申请人的名称、地址；申请行政复议的理由和要求；提出复议申请的日期。

2. 受理

行政复议机关收到行政复议申请后，应当在 5 日内进行审查，对不符合行政复议法规定的行政复议申请，决定不予受理，并书面告知申请人；对符合行政复议法规定，但是不属于本机关受理的行政复议申请，应当告知申请人向有关行政复议机关提出。除上述规定外，行政复议申请自行政复议机构收到之日起即为受理。公民、法人或者其他组织依法提出行政复议申请，行政复议机关无正当理由不予受理的，上级行政机关应当责令其受理；必要时，上级行政机关也可以直接受理。

3. 审理

（1）审理行政复议案件的准备。

1）送达行政复议书副本，并限期提出书面答复。行政复议机构应当自行政复议申请受理之日起 7 日内，将行政复议申请书副本或者行政复议申请笔录复印件发送被申请人。被申请人应当自收到申请书副本或者行政复议申请笔录复印件之日起 10 日内，向行政复议机关提出书面答复，并提交当初做出具体行政行为的证据、依据和其他有关材料。

2）审阅复议案件有关材料。行政复议机构应当着重审阅复议申请书、被申请人做出具体行政行为的书面材料、被申请人做出具体行政行为所依据的事实和证据、被申请人的书面答复。

3）调查取证，搜集证据。

4）通知符合条件的人参加复议活动。

5）确定复议案件的审理方式。行政复议原则上采取书面审查的办法，但是申请人提出要求或者行政复议机构认为有必要时，可以向有关组织和个人调查情况，听取申请人、被申请人和第三人的意见。

（2）行政复议期间原具体行政行为的效力。

根据《行政复议法》的规定，行政复议期间原具体行政行为不停止执行。这是符合行政效力先定原则的，行政行为一旦做出，即推定为合法，对行政机关和相对人都有拘束力。但为了防止和纠正因具体行政行为违法给相对人造成不可挽回的损失，《行政复议法》规定有下列情形之一的，可以停止执行：

1）被申请人认为需要停止执行的。

2）行政复议机关认为需要停止执行的。

3）申请人申请停止执行，行政复议机关认为其要求合理，决定停止执行的。

4）法律规定停止执行的。

（3）复议申请的撤回。在复议申请受理之后、行政复议决定做出之前，申请人基于某种考虑主动要求撤回复议申请的，经向行政复议机关说明理由，可以撤回。撤回行政复议申请的，行政复议终止。

4．决定

（1）复议决定做出时限。行政复议机关应当自受理行政复议申请之日起 60 日内做出行政复议决定；但是法律规定的行政复议期限少于 60 日的除外。情况复杂，不能在规定期限内做出行政复议决定的，经行政复议机关的负责人批准，可以适当延长，并告知申请人和被申请人；但是延长期限最多不超过 30 日。

（2）复议决定的种类。

1）决定维持具体行政行为。具体行政行为认定事实清楚，证据确凿，适用依据正确，程序合法，内容适当的，决定维持。

2）决定撤销、变更或者确认原具体行政行为违法。有两种情况：一是认为原行政行为认定的主要事实不清，证据不足，适用依据错误，违反法定程序，越权或者滥用职权，具体行政行为明显不当的，决定撤销、变更或者确认该具体行政行为违法。二是被申请人不依法提出书面答复、提交当初做出具体行政行为的证据、依据和其他有关材料的，决定撤销。

3）决定被申请人在一定期限内履行法定职责。有两种情况：一是拒绝履行。被申请人在法定期限内明确表示不履行法定职责的，责令其在一定期限内履行。二是拖延履行。被申请人在法定期限内既不履行，也不明确表示履行的，责令其在一定期限内履行。

4）决定被申请人在一定期限内重新做出具体行政行为。决定撤销或者确认该具体行政行为违法的，责令被申请人在一定期限内重新做出具体行政行为。

5）决定赔偿。行政复议机关在依法决定撤销、变更或者确认该具体行政行为违法时，申请人提出赔偿要求的，应当同时决定被申请人依法给予赔偿。

6）决定返还财产或者解除对财产的强制措施。行政复议机关在依法决定撤销或者变更罚款，撤销违法集资、没收财物、征收财物、摊派费用以及对财产的查封、扣押、冻结等具体行政行为时，应当同时责令被申请人返还财产，解除对财产的查封、扣押、冻结措施，或者赔偿相应的价款。

（3）行政复议决定书的制作。行政复议机关做出行政复议决定，应当制作行政复议决定书。行政复议决定书应载明下列事项：

1）申请人的姓名、性别、年龄、职业、住址（申请人为法人或者其他组织者，则为法人或者组织的名称、地址、法定代表人姓名）。

2）被申请人的名称、地址、法定代表人的姓名、职务。

3）申请行政复议的主要请求和理由。

4）行政复议机关认定的事实、理由，适用的法律、法规、规章和具有普遍约束力的决定、命令。

5）行政复议结论。

6）不服行政复议决定向法院起诉的期限。

7）做出行政复议决定的年、月、日。

8）行政复议决定书由行政复议机关的法定代表人署名，加盖行政复议机关的印章。

## 二、行政诉讼

（一）概念

在我国，行政诉讼是指公民、法人或者其他组织认为行政机关和法律法规授权的组织做出的具体行政行为侵犯其合法权益，依法定程序向人民法院起诉，人民法院在当事人及其他诉讼参与人的参加下，对具体行政行为的合法性进行审查并做出裁决的制度。

（二）行政诉讼的特点

（1）行政诉讼的被告一方是国家行政机关（及其工作人员）。行政案件是当事人控告政府机关（及其工作人员）的案件。行政诉讼是因行政机关和行政机关工作人员的具体行为侵犯相对人合法权益有争议而发生的诉讼活动。行政机关只能处于被告地位。

（2）行政诉讼的原告只能是相对人。即公民、法人或者其他组织。因为行政机关拥有国家赋予的行政管理权，可以依职权作单方面的意思表示，无须跟管理相对人商量。而管理相对人则有义务接受这种单方面的意思表示，若不愿意接受，可以向人民法院起诉，求助于法院拒绝这种意思表示。

（3）行政诉讼中，当事人争议的具体行为不因原告的起诉而停止执行，即诉讼期间不停止具体行政行为的执行。这是由行政管理的效率性，连续性，强制性决定的。

（4）被告负有举证责任。被告在诉讼中对争议事项有责任提供证明，如果不能提供足够的证据，则要承担败诉的风险。在行政诉讼过程中，被告不得向原告和证人搜集证据。

（5）行政诉讼不适用调解。因为行政管理中，行政机关代表着社会公共利益，行使国家赋予的权利，这种权利只能依法执行，否则就是滥用国家权力，损害公共利益。

（三）适用情况

建设工程领域出现的行政诉讼有三种适用情况：

（1）当事人对建设行政主管部门等机关做出的行政处罚不服，向人民法院起诉，被告是做出行政处罚的机关。

（2）当事人对建设行政主管部门等机关拒绝颁发许可证、资质证书和营业执照的不作为行为不服，向人民法院起诉，被告是不作为的行政机关。

（3）当事人申请复议后，对复议机关做出的行政复议决定不服，向人民法院起诉。复议机关维持原行政处罚的，做出行政处罚的机关是被告；复议机关变更原行政处罚决定的，复议机关是被告。

（四）行政诉讼的受理范围

1. 予以受理的行政案件

（1）对拘留、罚款、吊销许可证和执照、责令停产停业、没收财物等行政处罚不服的。

（2）对限制人身自由或者对财产的查封、扣押、冻结等行政强制措施不服的。

（3）认为行政机关侵犯法律规定的经营自主权的。

（4）认为符合法定条件申请行政机关颁发许可证和执照，行政机关拒绝颁发或者不予答复的。

（5）申请行政机关履行保护人身权、财产权的法定职责，行政机关拒绝履行或者不予答复的。

（6）认为行政机关没有依法发给抚恤金的。

（7）认为行政机关违法要求履行义务的。

（8）认为行政机关侵犯其他人身权、财产权的。

2．不予受理的行政案件

人民法院不受理公民、法人或者其他组织对下列事项提起的诉讼：

（1）国防、外交等国家行为。

（2）行政法规、规章或者行政机关制定、发布的具有普遍约束力的决定、命令。

（3）行政机关对行政机关工作人员的奖惩、任免等决定。

（4）法律规定由行政机关最终裁决的具体行政行为。

（五）行政诉讼程序

行政诉讼程序是国家审判机关为解决行政争议，运用司法程序而依法实施的整个诉讼行为及其程序。它包括第一审程序、第二审程序和审判监督程序。但并非每个案件都必须全部经过这三个程序。

1．第一审程序

第一审程序是从人民法院裁定受理到做出第一审判决的诉讼程序，是其他诉讼程序的基础和必经阶段，分为起诉、受理、审理和判决四个步骤。

（1）起诉。行政诉讼的起诉是指公民、法人及其他组织认为行政机关的具体行政行为侵犯了其合法权益，向人民法院提出诉讼请求，要求人民法院行使国家审判权，对具体行政行为进行审查，以保护自己合法权益的一种法律行为。

1）起诉的条件。根据《行政诉讼法》第四十一条的规定，起诉应当符合下列条件：原告是认为具体行政行为侵犯其合法权益的公民、法人或者其他组织；有明确的被告；有具体的诉讼请求和事实根据；属于人民法院受案范围和受诉人民法院管辖。

2）起诉期限。根据《行政诉讼法》和《若干问题的解释》的规定，起诉的期限有以下几种情况：

a. 公民、法人或其他组织不服行政机关的具体行政行为而直接向人民法院提起行政诉讼的，应当在知道做出具体行政行为之日起3个月内提起行政诉讼。法律另有规定的除外。

b. 公民、法人或其他组织不服行政机关的具体行政行为而向复议机关申请行政复议，对复议决定不服的，可以在收到复议决定书之日起15日内向人民法院提起行政诉讼。复议机关逾期不作决定的，公民、法人或者其他组织可以在复议期满之日起15日内向人民法院提起诉讼。法律另有规定的除外。

c. 公民、法人或者其他组织申请行政机关履行法定职责，行政机关在接到申请之日起60日内不履行的，公民、法人或其他组织可以在期满之日起3个月内提起行政诉讼。

d. 行政机关做出具体行政行为包括复议决定时，未告知公民、法人或者其他组织诉权或者起诉期限的，起诉期限从公民、法人或者其他组织知道诉权或者起诉期限之日起计算，但从知道或者应当知道具体行政行为内容之日起最长不得超过 2 年。

e. 公民、法人或者其他组织不知道行政机关做出的具体行政行为内容的，其起诉期限从知道或者应当知道该具体行政行为内容之日起计算。但是，对涉及不动产的具体行政行为从做出之日起超过 20 年，对其他具体行政行为从做出之日起超过 5 年提起诉讼的，人民法院不予受理。

（2）受理。人民法院经审查认为符合起诉条件的，应当在 7 日内立案受理。经审查不符合起诉条件的，在法定期限内裁定不予受理。对起诉审查的内容包括：法定条件、法定起诉程序、法定起诉期限、是否重复起诉等。

（3）审理。人民法院审理的主要内容是对具体行政行为的合法性进行审查。人民法院审理行政案件，不适用调解。法院决定立案依法组织合议庭开庭审理。除涉及国家秘密、个人隐私、商业秘密及法律另有规定的外，都应公开审理。对一审法院判决不服的，自一审判决书送达之日起 15 日内提出上诉；对一审裁定不服的，自一审裁定书送达之日起 10 日内提出上诉。

（4）判决。合议庭评议后，可以当庭宣判，也可以定期宣判。根据规定，人民法院应当在立案之日起三个月内做出一审判决。有特殊情况需要延长的，由高级人民法院批准，高级人民法院一审案件需要延长的，由最高人民法院批准。

一审法院经过审理，据不同情况，分别做出的判决：

1）具体行政行为证据确凿，适用法律、法规正确，符合法定程序，判决维持。

2）具体行政行为有下列情形的，判决撤销或部分撤销：主要证据不足；适用法律、法规错误；违反法定程序；超越职权；滥用职权。

3）被告不履行或拖延履行法定职责的，判决其在一定期限内履行。

4）行政处罚显失公正的，可以判决变更。

5）人民法院认为被诉具体行政行为合法，但不适宜判决维持或者驳回诉讼请求的，可以做出确认其合法或者有效的判决。

下列情形下，人民法院应当做出确认被诉具体行政行为违法或者无效的判决：

a. 被告不履行法定职责，但判决责令其履行法定职责已无实际意义的。

b. 被诉具体行政行为违法，但不具有可撤销内容的。

c. 被诉具体行政行为依法不成立或者无效的。

被诉具体行政行为违法，但撤销该具体行政行为将会给国家利益或者公共利益造成重大损失的，人民法院应当做出确认被诉具体行政行为违法的判决，并责令被诉行政机关采取相应的补救措施；造成损失的，依法判决承担赔偿责任。

2. 第二审程序

第二审程序指上级人民法院根据当事人的上诉，对下级人民法院未发生法律效力的行政判决、裁定进行审理、裁判的程序。

（1）上诉及受理。当事人上诉必须符合法定条件：

a. 上诉必须针对未生效的第一审判决、裁定，其中裁定只限于不予受理、驳回起诉和管辖异议的裁定。

b. 上诉人和被上诉人必须是一审程序中的当事人。

c. 必须在法定上诉期内提出上诉。根据规定，不服判决的上诉期限为 15 天，不服裁定的上诉期限为 10 天。

d. 上诉方式必须合法。即当事人必须以书面方式提起上诉。

e. 上诉必须向原审法院的上一级法院提起。二审案件无所谓的管辖问题，而是由人民法院的审判级别决定。

（2）上诉案件的审理。二审法院审理上诉案件，除法律有特别规定外，均适用第一审程序。第二审人民法院审理上诉案件，应当自收到上诉状之日起 2 个月内做出终审判决。根据不同情况，做出的判决有：判决驳回上诉，维持原判；依法改判；发回重审。

3. 审判监督程序

审判监督程序是指人民法院发现已经发生法律效力的判决、裁定违反法律、法规规定，依法对案件再次进行审理的程序，也称再审程序。

（1）审判监督程序的提起。

1）提起审判监督程序的条件如下：

a. 提起审判监督程序的对象，即人民法院的判决、裁定，必须已经发生法律效力。

b. 提起审判监督程序必须具有法定理由，即人民法院已经发生法律效力的判决、裁定确有错误。根据《若干问题的解释》的规定，有下列情形之一的，属于判决、裁定确有错误：

a）原判决、裁定认定的事实主要证据不足。

b）原判决、裁定适用法律、法规确有错误。

c）违反法定程序，可能影响案件正确裁判。

d）其他违反法律、法规的情形。

c. 提起审判监督程序的主体，只能是具有审判监督权的法定机关，即人民法院和人民检察院。其具体权限是：

a）各级人民法院院长对本院已经发生法律效力的判决、裁定，发现违反法律、法规规定认为需要再审的，有权提请审判委员会决定是否再审。

b）最高人民法院对地方各级人民法院、上级人民法院对下级人民法院已经发生法律效力的判决、裁定，发现确有错误的，有权提起审判监督程序。

c）人民检察院对人民法院已经发生法律效力的判决、裁定，发现违反法律、法规规定的，有权按照法定程序提出抗诉。对于人民检察院的抗诉，人民法院必须予以再审。

《若干问题的解释》规定，当事人申请再审，应当在判决、裁定发生法律效力后 2 年内提出。当事人对已经发生法律效力的行政赔偿调解书，提出证据证明调解违反自愿原则或者调解协议的内容违反法律规定的，也可以在 2 年内申请再审。

2）提起再审的程序如下：

a. 各级人民法院院长对本院发生法律效力的判决、裁定提起审判监督程序，必须提交审判委员会讨论决定。

b. 上级人民法院对下级人民法院已经发生法律效力的判决、裁定，发现违反法律、法规规定的，有权提审或指令下级人民法院再审。

c. 除最高人民检察院可以依法对最高人民法院的生效判决、裁定提出抗诉外，只能由上级人民检察院依法对下级人民法院的生效判决、裁定向同级人民法院提出抗诉。

（2）再审案件的审理。

1）再审案件的审理程序。再审案件的审理程序和裁判效力主要依据案件的原审来确定。人民法院按照审判监督程序再审的案件，发生法律效力的判决、裁定是由第一审人民法院做出的，按照第一审程序审理，所作的判决、裁定，当事人可以上诉；发生法律效力的判决、裁定是由第二审人民法院做出的，按照第二审程序审理，所作的判决、裁定是发生法律效力的判决、裁定；上级人民法院按照审判监督程序提审的，按照第二审程序审理，所作的判决、裁定是发生法律效力的判决、裁定。根据法律规定，凡原审人民法院审理再审案件，必须另行组成合议庭。

2）再审案件中原判决、裁定的执行问题。按照审判监督程序决定再审的案件，应当裁定中止原判决的执行，裁定由院长署名，加盖人民法院印章。上级人民法院决定提审或者指令下级人民法院再审的，应当做出裁定，裁定应当写明中止原判决的执行；情况紧急的，可以将中止执行的裁定口头通知负责执行的人民法院或者做出生效判决、裁定的人民法院，但应当在口头通知后 10 日内发出裁定书。

3）对再审案件的处理。

a. 人民法院经过对再审案件的审理，认为原生效判决、裁定确有错误，在撤销原生效判决或者裁定的同时，有两种处理办法：一是对生效判决、裁定的内容做出相应裁判。二是以裁定撤销生效判决或者裁定，发回做出生效判决、裁定的人民法院重新审判。

b. 人民法院经过对再审案件的审理，发现生效裁判有下列情形之一的，应当裁定发回做出生效判决、裁定的人民法院重新审理。

a）审理本案的审判人员、书记员应当回避而未回避的。

b）依法应当开庭审理而未经开庭即做出判决的。

c）未经合法传唤当事人而缺席判决的。

d）遗漏必须参加诉讼的当事人的。

e）对与本案有关的诉讼请求未予裁判的。

f）其他违反法定程序可能影响案件正确裁判的。

c. 人民法院审理再审案件，对原审法院不予受理或者驳回起诉错误的，应当作如下处理：如果第二审人民法院维持第一审人民法院不予受理裁定错误的，再审法院应当撤销第一审、第二审人民法院裁定，指令第一审人民法院受理；如果第二审人民法院维持第一审人民法院驳回起诉裁定错误的，再审法院应当撤销第一审、第二审人民法院裁定，指令第一审人民法院审理。

4）再审期限。

a. 再审案件按照第一审程序审理的，须在 3 个月内做出裁判。

b. 再审案件按照第二审程序审理的，须在 2 个月内做出裁判。

（六）行政诉讼的执行

1. 行政诉讼的执行的概念和特征

行政诉讼的执行是指行政案件当事人逾期不履行人民法院生效的法律文书，人民法院和有关行政机关运用国家强制力，依法采取强制措施，促使当事人履行义务，从而使生效法律文书的内容得以实现的活动。其特征如下：

（1）执行的主体既包括人民法院，也包括有行政强制执行权的行政机关。

（2）执行申请人或被申请执行人有一方是行政机关。

（3）强制执行的依据是已生效的诉讼文书，包括行政判决书、行政裁定书，行政赔偿判决书和行政赔偿调解书。执行依据的不同是行政诉讼执行与非诉行政案件执行的主要区别。非诉行政案件执行的依据是行政机关的具体行政行为。

（4）强制执行的目的是实现已生效的诉讼文书所确定的义务。

2．执行机关

执行机关指拥有行政诉讼执行权并主持执行过程的主体，包括人民法院和行政机关；但行政机关作为执行机关应满足两个条件：该行政机关必须具有法律、法规所赋予的强制执行权；人民法院判决维持被诉具体行政行为。

3．执行根据

行政诉讼执行的根据，包括行政判决书、行政裁定书、行政赔偿判决书和行政赔偿调解书。上述法律文书必须同时具备以下条件，才能作为执行根据。

（1）据以执行的法律文书必须已经发生法律效力。

（2）该法律文书必须具有可供执行的内容，通常包括物的给付，特定行为的执行和对人身的强制行为等。

（3）法律文书中可供执行的事项具体明确。

4．执行措施

行政案件中的执行措施分为对行政机关的执行措施和对公民、法人或其他组织的执行措施两类。

（1）对行政机关的执行措施。

a．对应当归还的罚款或应当给付的赔偿金，通知银行从该机关的账户内划拨。

b．在规定期限内不履行的，从期满之日起，对该行政机关按日处 50 至 100 元的罚款。

c．向该行政机关的上一级行政机关或者监察、人事机关提出司法建议。

d．拒不履行判决、裁定情节严重构成犯罪的，依法追究主管人员和直接责任人员的刑事责任。

（2）对公民、法人或其他组织的执行措施。在公民、法人或其他组织拒不履行义务时，人民法院可适用《民事诉讼法》及其司法解释中规定的执行措施。

### 三、行政复议与行政诉讼的区别

1．性质上的区别

行政复议是行政机关的行政行为，属于行政机关系统内部所设置的对行政管理相对人实施救济和对行政机关依法行使职权进行监督的制度；行政诉讼是人民法院对行政案件进行受理、审理和裁判的司法行为，属于行政机关外部所设置的对已经或者可能受到行政管理行为侵害的人实施救济的制度，是对行政机关具体行政行为的外部监督和制约。

2．程序上的区别

行政复议适用行政程序，一般实行一级复议制，具有及时、简便、快捷的特点；行政诉讼适用司法程序，实行两审终审制，具有严格、规范、全面的特点。

3. 受理范围的区别

行政诉讼的受理范围主要限于人身权、财产权的内容；行政复议的受理范围不仅包括人身权，财产权，而且包括法律、法规所规定的人身权、财产权以外的其他权利。即使是人身权、财产权的内容，如果法律有关于行政终局裁决权规定的，也不属于行政诉讼的受理范围。

4. 审理权限的区别

复议机关对争议对象的审查权比法院对争议对象的审查权要大，这主要表现在对不适当行政行为和抽象行政行为的审查权上。行政诉讼对行政不当行为的审查权只限于行政处罚，而行政复议则可以针对复议范围内的所有不适当行为，不仅仅限于行政处罚。对抽象行政行为，行政诉讼法仅规定人民法院在审理行政案件的过程中在适用上进行审查。

### 四、行政诉讼与民事诉讼的关系

行政诉讼与民事诉讼是两种相互联系又有重大差异的司法活动。许多司法原则是共同的，所以二者存在着紧密的联系。但毕竟是两种不同的诉讼程序，存在的差异主要有：

1. 案件性质不同

民事诉讼解决的是平等主体之间的民事争议；行政诉讼解决的是行政主体与作为行政管理相对方的公民、法人或者其他组织之间的行政争议。

2. 适用的实体法律规范不同

民事诉讼适用民事法律规范，如民法通则等；行政诉讼适用行政法律规范，如行政处罚法、治安管理处罚条例等。

3. 当事人不同

民事诉讼发生于法人之间、自然人之间、法人与自然人之间；行政诉讼只发生在行政主体与公民，法人或者其他组织之间。

4. 诉讼权利不同

民事诉讼中双方当事人的诉讼权利是对等的；行政诉讼双方当事人的诉讼权利是不对等的。

5. 起诉的先行条件不同

行政诉讼要求以存在某个具体行政行为为先行条件；民事诉讼则不需要。

6. 是否适用调解不同

通过调解解决争议，是民事诉讼的结案方式之一；行政诉讼是对具体行政行为的合法性进行审查，因而不可能通过被告与原告相互妥协来解决争议。

## 复 习 思 考 题

### 一、单项选择题

1. 和解与调解相比较，其主要区别为（　　）。

A. 是否能够经济、及时地解决纠纷　　　B. 纠纷的解决有无第三方介入

C. 是否利于维护双方的合作关系　　　D. 达成的协议是否具有强制执行的效力

2. 采用仲裁形式处理建设工程纠纷，当事人必须有（　　）。

A. 仲裁申请　　　　　B. 仲裁协议　　　　　C. 和解协议　　　　　D. 调解协议

3. 合同一方当事人不履行仲裁裁决的，仲裁委员会（　　）。

A. 可以委托工商行政管理部门执行　　　　B. 不可以强制执行

C. 由人民法院强制执行　　　　　　　　　D. 移交检察机关强制执行

4. 仲裁庭由（　　）名仲裁员组成时，应设首席仲裁员。

A. 2　　　　　　　　B. 3　　　　　　　　C. 4　　　　　　　　D. 5

5. 下列法律文书中，（　　）不是人民法院据以执行的根据。

A. 发生法律效力的民事判决、裁定

B. 合同当事人签字盖章的债权文书

C. 仲裁机构制作的发生法律效力的裁决书、调解书

D. 先予执行的民事裁定书

6. 仲裁充分体现了当事人的意思自治，其中许多具体程序都可以由当事人协商确定和选择。这种做法更多的体现了仲裁的（　　）？

A. 快捷性　　　　　B. 经济性　　　　　C. 灵活性　　　　　D. 独立性

7. 在民事诉讼中，当事人一方以合同中有仲裁条款为由，对人民法院受理本案提出异议的，应当在（　　）提出。

A. 首次开庭前　　　　　　　　　　B. 收到传票之日起 7 日内

C. 举证期满前　　　　　　　　　　D. 庭审结束前

8. 仲裁裁决人民法院裁定不予执行的，当事人可以（　　）？

A. 向人民法院上诉　　　　　　　　B. 向人民法院申请再审

C. 向人民法院执行庭申请复议　　　D. 根据双方达成的书面仲裁协议重新申请仲裁

9. 下列有关仲裁的事项中，不属于《仲裁法》规定仲裁协议应当具有的内容是（　　）？

A. 仲裁事项　　　　　　　　　　　B. 选定的仲裁委员会

C. 请求仲裁的意思表示　　　　　　D. 仲裁裁决的效力

10. 下列法律文书中，属于可以强制执行的是（　　）？

A. 双方签收的人民法院调解书

B. 双方签收的人民调解委员会制作的调解书

C. 双方签收的建设行政主管部门制作的调解书

D. 一方拒绝签收的仲裁调解书

## 二、多项选择题

1. 建设工程纠纷处理的基本形式有（　　）。

A. 和解　　　B. 调解　　　C. 索赔　　　D. 仲裁　　　E. 诉讼

2. 建设工程纠纷和解解决有以下特点（　　）。

A. 简便易行，能经济、及时地解决纠纷

B. 纠纷的解决依靠当事人的妥协与让步，没有第三方的介入

C. 有第三者介入作为调解人，调解人的身份没有限制

D. 有利于维护合同双方的友好合作关系，使合同能更好地得到履行

E. 和解协议不具有强制执行的效力，和解协议的执行依靠当事人的自觉履行

3. 下列各项中，关于仲裁的特点，说法正确的有（　　）。

A. 程序和实体判决的严格依法性　　　B. 仲裁员具备专业性

C. 仲裁制度具有公开性　　　　　　　D. 裁决具有终局性

E. 执行的强制性

4. 仲裁协议内容包括（　　）。

A. 请求仲裁的意思表示　　　B. 不向法庭起诉的承诺

C. 仲裁事项　　　　　　　　D. 双方争议的解决方式

E. 所选定的仲裁委员会

5. 仲裁案件当事人申请仲裁后自行达成和解协议的，可以（　　）。

A. 请求法院判决　　　　　　B. 请求仲裁庭根据和解协议制作裁决书

C. 撤回仲裁申请书　　　　　D. 请求强制执行

E. 请求仲裁庭根据和解协议制作调解书

6. 根据《仲裁法》和《民事诉讼法》规定，对国内仲裁而言，人民法院不予执行仲裁裁决的情形包括（　　）。

A. 约定的仲裁协议无效　　　B. 仲裁事项超越法律规定的仲裁范围

C. 适用法律确有错误　　　　D. 原仲裁机构被撤销

E. 申请人死亡

7. 下列哪些事项不得申请行政复议（　　）

A. 行政机关的人事处理决定　　　　　　B. 行政机关做出的行政拘留的处罚

C. 行政机关对民事纠纷做出的调解处理　　D. 行政处分

E. 行政机关做出的吊销营业执照的行政处罚

8. 某施工合同约定：发生争议由仲裁委员会或有管辖权的人民法院管辖，后双方发生施工合同争议，根据该条款，对该争议案件享有管辖权的应为（　　）。

A. 合同履行地法院　　　B. 仲裁委员会　　　C. 合同签订地法院

D. 被告住所地法院　　　E. 原告住所地法院

9. 当事人提交给法院的以下材料中，不属于民事诉讼证据的有（　　）。

A. 建筑工程法规　　　　B. 建筑材料检验报告

C. 工程竣工验收现场录像　　D. 双方往来的电子邮件　　E. 代理意见

10. 下列情形中，人民法院应该再审的有（　　）。

A. 管辖错误的　　　　B. 剥夺当事人辩论权利的　　　C. 缺席判决的

D. 原判决超出诉讼请求的　　E. 审判庭组成不合法

## 三、简答题

1. 什么是仲裁？简述仲裁的程序及其特点。

2. 简述发事纠纷解决途径中仲裁和诉讼的区别。

3. 什么是行政复议？简述行政复议的范围。

4. 简述行政诉讼的概念及特点。

5. 行政诉讼与民事诉讼有何区别。

# 参 考 文 献

[ 1 ]  全国一级建造师执业资格考试用书编写委员会. 建设工程法规及相关知识 [M]. 4 版. 北京：中国建筑工业出版社，2013.

[ 2 ]  全国二级建造师执业资格考试用书编写委员会. 建设工程法规及相关知识 [M]. 4 版. 北京：中国建筑工业出版社，2013.

[ 3 ]  曹林同. 建筑法规 [M]. 哈尔滨：哈尔滨工业大学出版社，2012.

[ 4 ]  战启芳. 工程建设法规与合同管理 [M]. 2 版. 北京：中国建筑工业出版社，2013.

[ 5 ]  王锁荣，张培新. 工程建设法规 [M]. 北京：高等教育出版社，2009.

[ 6 ]  生青杰. 工程建设法规 [M]. 北京：科学出版社，2004.

[ 7 ]  陈东佐. 建筑法规概论 [M]. 2 版. 北京：中国建筑工业出版社，2005.

[ 8 ]  建设部组织编写. 建设法规教程 [M]. 北京：中国建筑工业出版社，2002.

[ 9 ]  刘伊生. 建设工程招投标与合同管理 [M]. 北京：北方交通大学出版社，2002.

[10]  张培新. 建筑工程法规 [M]. 2 版. 北京：中国电力出版社，2008.

[11]  陈晓明，崔怀祖，宋丽伟. 工程建设法规 [M]. 北京：北京理工大学出版社，2009.

[12]  中国机械工业教育协会. 建设法规与案例分析 [M]. 北京：机械工业出版社，2002.

[13]  史商于，等. 工程招投标与合同管理 [M]. 北京：科学出版社，2004.

[14]  宋宗宇. 建设工程法规 [M]. 重庆：重庆大学出版社，2006.

[15]  徐占发. 建设法规与案例分析 [M]. 2 版. 北京：机械工业出版社，2012.

[16]  邱祥群. 建设法规与合同管理 [M]. 北京：中国水利水电出版社，2011.

[17]  夏芳，齐红军. 建设法规实务 [M]. 北京：人民交通出版社，2008.

[18]  刘勇. 建筑法规概论 [M]. 北京：中国水利水电出版社，2008.

[19]  李清立. 建设工程监理 [M]. 2 版. 北京：机械工业出版社，2011.

[20]  徐锡权，金从. 建设工程监理概论 [M]. 北京：北京大学出版社，2009.

[21]  叶胜川. 工程建设法规 [M]. 武汉：武汉理工大学出版社，2004.

[22]  高玉兰. 建设工程法规 [M]. 北京：北京大学出版社，2010.

[23]  黄安永. 建设法规 [M]. 南京：东南大学出版社，2007.